新工科暨卓越工程师教育培养计划光电信息科学与工程专业系列教材

PHOTOELECTRIC SIGNAL ACQUISITION AND PROCESSING

# 光电信号采集与处理

U0180115

王双保 编

华中科技大学出版社
http://press.hust.edu.cn
中国·武汉

# 内容简介

本书是以光电信号传递为主线,面向光电探测器件集成化的信号处理类教材。全书共分 6 章,第 1 章讲述光电信号处理的集成化趋势;第 2 章是光电转换的光电探测器基础,介绍已经面世和正在研制的光电探测器;第 3 章介绍典型光电采集电路;第 4 章介绍光电信号处理的基本放大电路和噪声分析;第 5 章是基于滤波器的微弱信号探测技术;第 6 章是图像传感器光电信号的量化处理。

本书可作为光电子相关专业的高年级学生以及硕博士学位课程教材,也可供信号处理专业技术人员参考。

**图书在版编目(CIP)数据**

光电信号采集与处理/王双保编. —武汉:华中科技大学出版社,2023.4
ISBN 978-7-5680-8854-1

Ⅰ.①光… Ⅱ.①王… Ⅲ.①光电检测-信号处理 Ⅳ.①TN2 ②TN911.7

中国版本图书馆 CIP 数据核字(2022)第 203776 号

**光电信号采集与处理**
Guangdian Xinhao Caiji yu Chuli

王双保 编

策划编辑:徐晓琦
责任编辑:余 涛
封面设计:廖亚萍
责任监印:周治超
出版发行:华中科技大学出版社(中国·武汉) 电话:(027)81321913
　　　　　武汉市东湖新技术开发区华工科技园 邮编:430223
录　　排:华中科技大学惠友文印中心
印　　刷:武汉科源印刷设计有限公司
开　　本:787mm×1092mm　1/16
印　　张:19.25
字　　数:502 千字
版　　次:2023 年 4 月第 1 版第 1 次印刷
定　　价:55.00 元

# 前言

随着现代科学技术的发展,光电信号采集与处理已经广泛应用于生活、生产和科学研究中的各个方面,也正在成长为当今光电信息技术中重要的领域之一。

光电信号采集与处理技术对光学测量、光通信、信号处理、过程监控、图像采集处理及图像分析等行业的发展产生了积极的促进作用。

客观上,光电信号采集与处理技术是光电子学的一个重要应用,它其实是在不断将光学、电子学、计算机等学科发展的成就和技术实现的方法进行综合运用,朝着先进的光电信号采集处理形式的方向迈进。教材应该能反映出光学与电子学的结合,逐渐形成光电互利互补的新型光电器件的设计思路。

出于对这一趋势的把握,本书对底层工艺有一定的介绍,并兼顾光电信号采集与处理的系统表述。围绕着集成和发展的远景,强调基础电路结构。编者基于这样的一个着眼点,构思并编写了本书。编者在课堂内外与青年学子的交流反馈,也是进行此项编写工作的缘由之一。

在编写过程中,华中科技大学研究生院不仅资助了本书的出版,还在编写过程提供了很多帮助。资料整理中也借鉴了华中科技大学以及国内相关的教学资源。研究生黄霖发和江远两位花费了很多时间,帮助查找资料、核对稿件,以及查遗补漏等。如果没有这些帮助,恐怕我也不会完成本书的编写,在此一并表示感谢。

本书由华中科技大学王双保副教授编写。华中科技大学的元秀华教授和曾延安副教授百忙之中审阅了全书,并提出了宝贵的意见,在此表示衷心的感谢。

本书适于作为高等院校光电子、仪器仪表、自动化等专业教材,也可作为从事光学、光电仪器、激光技术、自动控制等专业的工程技术人员参考。

由于光电领域持续高速的发展,在书稿完成之时,就已经感觉很多的不足,只能说是抛砖引玉吧。只有不停歇地消化和传播知识,才能不误学生韶华。由于作者水平所限,本书不妥之处在所难免,敬请读者批评指正。

编者

2022 年 12 月

# 目  录

# 第1章

# 光电信号处理概述

## 1.1 ‖ 光电信号处理趋势

### 1.1.1 引言

我们正处在一个高速发展的信息化时代,而信息化是现代化的战略引擎,得益于微电子和光电子技术的持续进步,信息技术的发展是越来越快,如伴随着光纤网络和无线接入技术的不断发展,我们逐步迈进了万物互联的时代,高清视频业务、自动驾驶、虚拟现实等技术逐渐进入我们的生活。数据流量将持续较快增长,手机普及以及人工智能、大数据等技术的发展对基础光电子信息技术提出更高的要求。

作为各类微电子和光电子器件的根基,微纳加工工艺也在不断发展。至今,极紫外光刻(EUVL)工艺的发展将加工精度提升至 5 nm。一方面,5 nm 以下的微加工精度越来越难达到;另一方面,作为集成电路基本单元的半导体二极管的物理尺度已逼近其物理极限,当栅氧化层的厚度不断减小直至纳米量级以下时,量子效应将不可忽视,二极管的性能会变得不稳定,这也意味着即便微加工能力能够进一步提高,二极管的尺度也无法缩小,集成度无法提升,摩尔定律将失效。此外,随着超大规模集成电路的出现,电子芯片内部功耗一直是困扰集成电路行业的首要问题。单位面积内拥挤了如此多的管子,单个处理器功耗不亚于一个微小炉子。此外,芯片之间的电互连也显现为一个高能耗的所在。

解决这一难题的办法大概率是采用集成光电技术,如用硅光芯片来提高芯片传输速率,同时减少功耗。硅光芯片可以以光的速度来传递信号,大大提高了信息传输速率。利用硅光芯片能够使计算机以及芯片间的互连速率达到 40 GB/s,同时光信号传输所需的功耗远小于电信号的,且片上不会发热,能完美解决大型服务中心或超级计算所面临的功耗和散热问题。集成光电芯片的大规模使用将会大大提高信息化时代的信息交换速率,满足大众对更便捷生活的需求。因此,集成光电的不断发展具有重要的科学意义和现实意义。

### 1.1.2 光电信号处理的发展现状

作为光电信息技术的重要组成之一,光电信号处理技术从诞生到现在,经过几十年间的发展,已日益成熟,其理论也逐步得到完善,广泛地应用于航空航天、国防科技、信息工程、机械制造、能源和电力、交通管制、建筑设计、医学治疗等领域。

客观上,光电信号处理是研究光电信号特点及处理方法的学科。光信息借助光电探测器进行光到电信号的转换,将光信号变换为电信号,然后借助信号处理电路和计算机来实现待测对象的特征检测,并进行数据显示、传输或存储。

完整的光电信号处理过程包括光电信号的转换(产生)、预处理、后置处理、特征提取与识别选择等。识别的主要任务是对经过处理的光电信息进行辨识与分类,是利用被识别(或诊断)对象与特征光学信息间的关联关系模型对输入的特征光信息集进行辨识、比较、分类和判断。因此,光电信号处理技术是遵循信息论和系统论的。它包含了许多技术,被众多的产业广泛采用。它也是现代科学技术发展的基础条件之一,应该受到足够地重视。

在传统的光电信号处理中,是从探测器输出信号上做信号处理。这方面已经有相当多的教材和参考书可供参考,这里就不过多介绍了。

当下,传统电子信息产业发展的速度已经不能满足信息化社会发展的进一步需要,万物互联时代来临,人们对信息传输提出了更高的要求。集成光电技术的发展也带动了光电探测器以及光电信号处理技术的发展,新的光电探测器和集成电路设计不断涌现,光电信号采集与处理能力(信息量、带宽、灵敏度、精度、噪声等)得到大幅提高或改善。同时,集成光电技术的持续发展,也对传统光电信号处理提出新的挑战。

事实上,为数众多的光电系统越来越趋于小型化的设计和实现。伴随着微纳加工工艺的发展,光电探测器与微电子器件(如放大器、滤波器等)越来越趋于集成化设计。在底层工艺技术上,光电探测器或其他器件也趋于光电集成的发展方向。在片上即能实现光信号到电信号的转换,并对电信号进行必要的电路处理。

随着集成光电这一新兴领域的持续发展,光电探测器件与信号处理电路逐渐趋于集成,过去在分立元件大型系统上获得的信息处理能力已经可以在小型的探测模块甚至单片探测器件上获得。为了介绍和推进这一领域的发展,光电信号处理需要有新的方法来紧跟持续发展的光电技术。

我们不仅要熟悉传统信号处理的方法和手段,还要熟悉光电探测器的设计,因为后者是光信息量转换为电信息量的关键所在。

在光电信号系统的设计和应用中,光电探测器越来越集成化、智能化。在过去的几十年里,光电探测器一直在快速地发展,已然可以满足人们对众多信息的采集、传递、处理、存储等多种功能要求。越来越多的光电探测器件开始具备系统级芯片(SoC)的特点。简言之,光电探测器正以一种十分新颖的姿态呈现在人们的面前。

### 1.1.3 光电信号处理的集成化趋势

随着微电子技术的快速发展以及集成光电技术的进步,特别是在底层微纳加工工艺的持续推动下,越来越多集成化的光电模组和器件也逐渐在发展成熟,集成使得器件和模组的体积越来越小，集成度越来越高。由于集成光电传感器拥有诸多优点，所以人们会越来越习惯采用它们来进行光电系统设计和检测应用。

参考对光电信号系统的传统定义，其常规构成包括光学链路（包含光源、光路及光学调制器件等）、光电探测器和电子信号处理三大部分。然而，随着集成光电技术的迅速发展，上述三个部分正在走向融合，其分界线越来越模糊，光电器件到系统的设计也越来越多地要求一体化考虑。

（1）举例 1　用于距离测量的激光测距仪设计。早期仪器均采用分立的激光器（大型的固体或气体激光器）和探测器，体积庞大，价格高。而现在已经基本实现了光电组件的模块化，整机可设计成一个小尺寸的模组，而且系统的尺寸还在不断变小，这就方便其嵌入其他硬件设备中，如无人驾驶中的飞行时间（TOF）应用等。

（2）举例 2　光通信领域的核心器件光发射机（TOSA）和光接收机（ROSA），以及将两者集成的模块——光收发机（BOSA）。BOSA 的集成化趋势如图 1-1 所示。

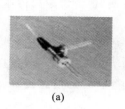  

(a)　　　　　　　　　　　　(b)　　　　　　　　　　　　(c)

**图 1-1　BOSA 的集成化趋势**

(a)组件级集成的 BOSA；(b)平面波导级集成的 BOSA；(c)单片级集成的 BOSA

早期 BOSA 的制作采用分立器件，包括有源光器件如激光器芯片、光探测器芯片等，无源光器件如透镜、滤波片、隔离器等，再加上机械结构部件，部件数多达 20 来个。

后来逐渐采用混合集成技术：平面光波导（PLC）技术，将无源器件部分集成到一片基于 $SiO_2$-Si 工艺的 PLC 器件中，有源器件部分仍然采用分立器件，总的部件数为 10 个左右。

而最新的方式采用 InP 基单片集成光学回路（PIC）技术，把所有有源器件和无源器件都集成到一块芯片当中。单芯片的设计消除了对收发器内部各个元件的校准需求，意味着收发器无需人工干涉就可实现一条龙地制造、装配和测试。唯一剩下的光学装配工作是将芯片与光纤对准。因此，该芯片在设计之初就考虑将芯片直接贴到硅工艺的光学基座上，使光纤通过光学基座上的卡槽就可以和芯片出光口对准。而这些靠机器人就可以完成，生产几乎是全自动化。

（3）举例 3　光电图像传感器方面，早期人们多用电荷耦合器件（CCD）进行成像系统设计。但是 CCD 不是集成电路兼容工艺制作的，所以系统的应用受到了很多制约。而互补金属氧化物半导体（CMOS）传感器由于敏感元阵列越做越多，并且制备工艺与集成电路工艺兼容，所以片上的集成度越来越高，信号处理能力也越来越强，使得成像系统的总体积越来越小。

早期光电成像系统设计由于缺乏先进的光电传感器，特别是面阵的光电传感器，所以不得不采取光机扫描方式来实现图像的采集。而当采用电子摄像管等技术时，必须为系统配备高压电源和各种辅助电路，从而导致系统的体积大、功耗大、重量重。当固体面阵传感器，特别是大面阵的半导体图像传感器面世后，人们在光电成像系统上的设计方案就方便和丰富了很多。凝视（无运动部件）成像系统设计成为基本路线，而且随着对视觉的研究展开，人们通过添加结构光、双目以及 TOF 等光学技术提升了传统机器视觉技术，发展出了 3D 视觉传感技术。

随着集成光电技术的不断进步,光电传感技术也在不断发展,如超薄型手机模组就采用了短距透镜设计,未来还可能采用超透镜设计,这些都是可以预期的。而探测器方面,大面阵(三星已经发布超过两亿像素)、高灵敏度、高带宽、高性能的光电传感器还在持续地诞生。这些都赋予了光电信号处理新的任务和要求,要求这些信号处理电路更加集成、噪声更低、晶体管数量更少、性能更高等。

# 1.2 ▏▏ 光电信号处理

## 1.2.1  光电信号分析

光信号作为一种信息和能量载体时,具有信息容量大、控制方便、适合长距离传输、可高速处理等优点,在通信、传感、探测等领域都有着广泛的应用。

为了得到光信号中传输的信息,可根据需要选择各种不同的光电探测器将光信号转换为电信号。光电信号处理就是对光电探测器输出的电信号再进行放大、滤波等处理,以提高信号信噪比,去除干扰信号,从而获得最接近原始发送的信号,便于进行后续的信息提取、分析、存储等操作。

传统的光电信号处理定义的是从光电探测器输出的电信号开始,再将电信号交由信号处理电路进行处理,最后输出信息数据。光电信号调制方式和信噪比水平不同,则光电信号处理电路的规模和组成结构也不同。

随着集成光电设计和半导体材料微纳加工工艺的快速进步,越来越多的光电信号处理系统将采用一体化或集成化的器件设计。目前典型的光电信号处理系统如图 1-2 所示,光电探测器与部分信号处理电路是可以设计到一起的,可以是一个芯片或者一个模块。如此一来,很多时候很难把光电探测器与信号处理电路分割开来进行研究。所以,本书中我们划分的光电信号处理是包含光电探测器部分的。从信号水平来看,当光电探测器输出信号的信噪比较高时,信号采集或处理电路是简单可行的;当输出信号的背景噪声大或信号特征复杂时,则处理电路复杂且探测效果剧减。为了改进这些不足,就需要从光电探测器信号采集阶段给出更好的设计以获得较高的信噪比输出。

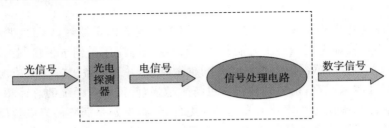

图 1-2  光电信号处理系统示意图

1. 光电信号的类型

经过连续的光调制信号作用和在合适的偏置电路驱动下,光电探测器处产生的连续光电信号经过放大器放大后的电信号就是模拟信号。例如,太阳光光照强度的变化、房间里灯的亮度的变化、人体体温的变化等,这些变量经过对应的光电探测器转换成电的模拟信号,还要经过后续的模拟电路的处理,最后再送入数字信号处理器或计算机接口中去。由于篇幅所限,本书将偏重讲解光电模拟信号的处理电路。

　　光电信号分析是对光电信号进行电路运算,但是与光电信号处理存在本质区别。光电信号分析不改变信号本身的状态和特征,它只是并联于光电信号传输过程上的运算,从旁路输出其运算结果。而光电信号处理会改变信号本身的状态和特征,是串联于光电信号传输过程上的运算,运算后的输出改变信号的状态。

　　在光电信号分析中常把信号分为 4 类:①时间连续、数值连续信号;②时间离散、数值连续信号;③时间连续、数值离散信号;④时间离散、数值离散信号。

　　第①类即所谓的模拟光电信号,如一般测量光强的光电二极管探测器在反偏压驱动下得到的就是时间连续的模拟信号。第④类称为数字光电信号,如光通信传输得到的就是数字光电信号。其他类型的信号形式本书中也会遇到,如光电图像传感器 CCD 和 CMOS 输出的为第②类信号,其他一些光学脉冲调制的为第③类信号。

　　由于绝大多数光电信号最后会引入计算机或微处理器来对信号进行处理(如显示、存储、识别等),而计算机或微处理器是数字电路系统,它们只能接收和处理数字信号,所以往往需要先将各类信号转换为数字信号再来进行处理。

　　2. 光电信号的分类

　　光电信号的分类主要是依据信号波形特征来划分的,在介绍信号分类前,先建立信号波形的概念。被测信号的幅度随时间的变化历程称为信号的波形。光电信号波形示意图如图 1-3 所示。

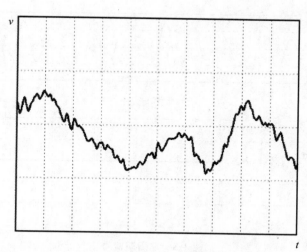

**图 1-3　光电信号波形示意图**

　　为了深入了解光电信号的物理实质,将其进行分类研究是非常必要的,依据不同的分类方法(从不同的角度观察信号),可以将其进行以下划分。

　　(1) 从信号描述上分——确定性信号与非确定性信号。

　　(2) 从分析域上分——时域信号与频域信号。

　　(3) 从连续性上分——连续时间信号与离散时间信号。

我们来具体看看这些表述。

1）确定性信号与非确定性信号

可以用明确数学关系式描述的信号称为确定性信号。不能用数学关系式描述的信号称为非确定性信号。

如图 1-4 所示，确定性信号又包括周期信号和非周期信号。

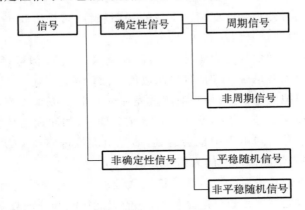

**图 1-4　信号分类（从信号描述上分）**

周期信号为经过一定时间可以重复出现的信号，常见表达式为 $x(t) = x(t + nT)$。

非周期信号为不具有周期性的信号，它包括准周期信号和瞬态信号，如图 1-5 所示。准周期信号由多个周期信号合成，但各周期信号的频率不成公倍数，其合成信号不是周期信号。瞬态信号为持续时间有限的信号，常见表达式为 $x(t) = \mathrm{e}^{-Bt} \cdot A\sin(2\pi ft)$。

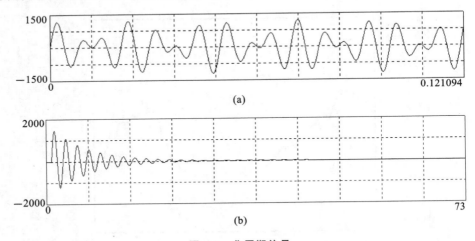

**图 1-5　非周期信号**

（a）准周期信号；（b）瞬态信号

非确定性信号不能用数学式描述，其幅值、相位变化不可预知，所描述物理现象是一种随机过程，如图 1-6 所示。

2）时域有限信号与频域有限信号

按照信号是按时域还是频域展开，信号可分为时域有限信号和频域有限信号，如图 1-7 所示。时域有限信号在时间段 $(t_1, t_2)$ 内有定义，在其外则恒等于零。频域有限信号在频率区间 $(f_1, f_2)$ 内有定义，在其外则恒等于零。

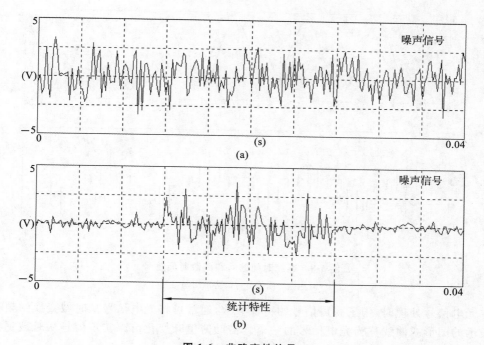

**图 1-6　非确定性信号**

（a）平稳随机信号；（b）非平稳随机信号

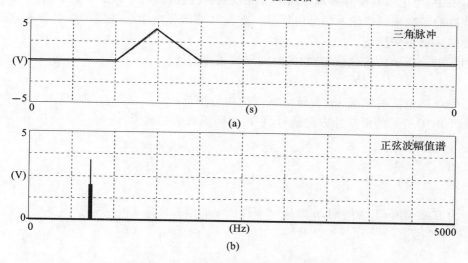

**图 1-7　时域有限信号和频域有限信号**

（a）时域有限信号；（b）频域有限信号

3）连续时间信号与离散时间信号

连续时间信号在所有时间点上有定义。离散时间信号在若干时间点上有定义，如图 1-8 所示。

3. 光电信号代表

鉴于光电信号形式的多样性，在后续的章节中，我们不可能一一分析。我们会对时域的连续信号和离散信号，以及频域的窄带信号和宽带信号进行重点介绍。

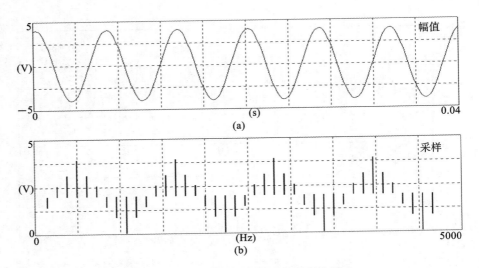

**图 1-8　连续时间信号和离散时间信号**

（a）连续时间信号；（b）离散时间信号

在光电信号处理时，为了获得信号的特征参数，通常可将光电信号从时域变换到频域。频域中表示的图形或曲线称为光电信号的频谱。借助傅里叶变化可以实现信号从时域到频域的变换。这样可以对光电信号的频率特性有进一步的了解。

在本书中，为了检验信号处理电路的实际效果，我们借助光学调制中常用到的三角正弦函数和方波脉冲函数来模拟输入的光电信号。方波脉冲信号由于具有宽的频域分布，常被用于激励或者输入信号来使用。

如图 1-9（a）所示的正弦信号，它的时间函数表达式为

$$v(t) = V_{\mathrm{m}}\sin(\omega_0 t + \theta) \tag{1-1}$$

式中：$V_{\mathrm{m}}$ 是脉冲电压的振幅；$\omega_0$ 为角频率；$\theta$ 为初始相角。

如图 1-9（b）所示的周期性方波信号，它的时间函数表达式为

$$v(t) = \begin{cases} V_0, & nT \leqslant t < (2n+1)\dfrac{T}{2} \\ 0, & (2n+1)\dfrac{T}{2} \leqslant t < (n+1)T \end{cases} \tag{1-2}$$

式中：$V_0$ 为方波幅值；$T$ 为周期；$n$ 为从 $-\infty$ 到 $+\infty$ 的整数。

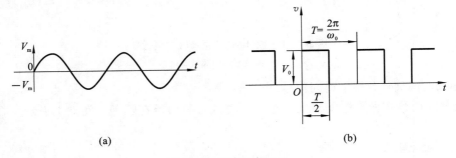

（a）　　　　　　　　　　　　　　　　（b）

**图 1-9　典型信号形式**

（a）正弦时域脉冲；（b）方波时域脉冲

图 1-9(b)和式(1.2)中的电压 $v$ 是时间 $t$ 的函数,所以称为方波光电信号的时域表达方式。此方波光电信号可展开为傅里叶级数表达式

$$v(t) = \frac{V_0}{2} + \frac{2V_0}{\pi} \sum_{m=1,3,5,\cdots}^{\infty} \frac{1}{m} \sin\left(-m\omega_0 t - \frac{\pi}{2}\right), \quad t = 0, \pm \frac{T}{2}, \cdots, \pm m\frac{T}{2} \quad (1-3)$$

式中: $\frac{V_0}{2}$ 为方波光电信号的直流分量; $\omega_0 = \frac{2\pi}{T}$ 为基波角频率; $\frac{2V_0}{\pi}\sin(\omega_0 t)$ 为该方波信号的基波。它的周期 $\frac{2\pi}{\omega_0}$ 与方波本身的周期相同。式(1-3)中其余各项都是高次谐波分量,它们的角频率是基波角频率的整数倍,即 $m=0,1,2,\cdots$。

当 $t = 0, \pm \frac{T}{2}, \cdots, \pm m\frac{T}{2}$ 时, $v(t)$ 收敛于 $\frac{V_0}{2}$。根据三角函数知识,由式(1-3)可以得到如下博里叶级数的标准形式:

$$v(t) = \frac{V_0}{2} + \frac{2V_0}{\pi} \sum_{m=1,3,5,\cdots}^{\infty} \frac{1}{n} \cos\left(-\omega_0 t - \frac{\pi}{2}\right) \quad (1-4)$$

由此可以得到如图 1-10 所示的辐值与角频率关系的图解形式,其中包括直流项($\omega=0$)和每一谐波分量在相应角频率处的振幅和相位。这种信号各频率分量的振幅随角频率变化的分布,称为该信号的幅度频谱(简称幅度谱,如图 1-10(a)所示);而信号各频率分量的相位随角频率变化的分布,称为该信号的相位频谱(简称相位谱,如图 1-10(b)所示)。图 1-10 为该方波光电信号的频谱图,是其频域表达方式。

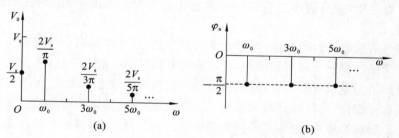

图 1-10　图 1-9(b)光电方波脉冲信号的频谱
(a)幅度谱；(b)相位谱

由傅里叶级数特性可知,许多形式的光电信号的频谱都是由直流分量、基波分量以及无穷多项高次谐波所组成。频谱表现为一系列离散频率上的幅值(常称为谱线),并且随着谐波次数的递增,幅值的总趋势是逐渐减小的。如果只截取 $N\omega_0$($N$ 为有限正值)以下的信号组合,则可以得到原周期信号的近似波形。$N$ 越大,波形的误差越小。

4. 光电信号的特点

1) 微弱性

由于是非接触测量,所以在很多光电探测的场合,光电信号是很微弱的,很多时候探测器上只有 pA、nA 级别的信号输出,这就对后面的信号处理提出了较高的要求。

2) 高速度

由于光学信号传输速度较快,所以对信号处理电路有较高的速度和带宽要求。光通信接收机的信号速度早已达到 28 Gb/s,这对光电探测器以及后面的放大和滤波电路的带宽要求是比较高的。

3) 高带宽

光电图像传感器输出的是视频信号,其内容可以是活动的也可以是静止的,可以是彩色的

也可以是黑白的,有时变化多、细节多,有时十分平坦。一般而言,视频信号信息量大、数据量大,传输网络所需要的带宽相对较宽。例如,一路可视电话或会议电视信号,由于其活动内容较少,所需带宽较窄,但要达到良好视频质量,不压缩则需若干 Mb/s 带宽,压缩后需要几百Kb/s 带宽;又如,一路高清晰度电视信号(HDTV),由于其信息量相当巨大,不压缩需 1 Gb/s带宽,利用 MPEG-2 压缩后,尚需 20 Mb/s 带宽。可见,视频信息虽然具有直观性、确定性、高效性等优越性能,但要传送包含视频信息的信号却需要较高的传输带宽。

4) 离散性

由于光电信号的采集以及处理经常采取时间离散的或者空间离散的信号作为信号输入的起始,所以经常会遇到离散采样以及处理方面的问题。

### 1.2.2    光电信号处理

事实上,光电信号处理的类型非常多样,但是共性的处理方法都会包括以下几个技术手段,如光电信号的采集、放大、滤波、抽样和量化。在本书中,我们会围绕这一共同的路线进行相应的介绍。

1. 光电信号的产生

1) 光学调制

光电信号处理中,信息载体总是以一种具有物质能量形态的信号形式(如光信号和电信号)出现和传递。

首先是作为信息载体的光载波,经过光学调制变换,成为在信道中传输和易于探测的光学信号。信号的变换过程——调制和解调,是研究光电信号的一般性方法,用一定的调制方法来改变调制过程的某些参量或者状态,就能将信息标记在光载波上。为此,可利用振荡或脉冲序列等实现物理参量变化,这样的处理称为调制。相反地,恢复因调制引起的参量变化的处理则称为解调。为了形成信号,可用表征任何物理性能的指定幅度、振荡或脉冲作为信息载体。在原始状态下,这些载体就像白纸一样,已经准备好可供调制,即可在白纸上标记上所需的数据。调制就是按照要传递的信息内容来有规律地改变一个或几个参量。例如,光波可用下式(正弦调幅)表达:

$$\Phi(t) = \Phi_0 + \Phi_m \sin(\omega t - \varphi) \tag{1-5}$$

这里,光载波的光强 $\Phi(t)$ 是通过幅度调制(即改变光通量 $\Phi_m$)来载荷信息(正弦波)的。除幅度之外,光载波的其他参量也可以载荷信息。例如,一个运动系统的位移量是一个被测量,用光学相位的调制可以精确测量位移,在这样的系统中,光学相位的变化载荷着位移的信息。再比如木材的燃烧过程中所形成的光辐射的频率,就包含着该物质内部结构成分的信息,这就是光学频率(或波长)的调制。

为了实现调制,人们广泛应用机电的、集成光学的、物理光学的各种效应,使光载波信号的一个或者几个特征参量随被测信息改变。因此,调制过程实际上是被测信息以能量形式变换和传递的过程,这是光学传感技术的一个基本过程。

载荷着信息的光信号通过对应的光电探测器转换成便于灵活处理的初始电信号,经过滤波放大等预处理后,进入信号解调器,变换成为原来的被测信息,这是光电信号处理技术的一个基本内容。

将信息直接载荷在光通量的幅度、频率和相位上,这种直接调制的方法在技术上比较简单,对应的系统信噪比较低,信息传输的通道距离近,抑制背景光干扰的能力差。为了改善系统的品质,可使载波光通量人为地随时间变化,形成多变量的载波信号,然后再使其特征参量随被测信息改变,从而实现二次调制。例如,利用幅度调制(AM)、频率调制(FM)等手段将信号加载到射频副载波上,已调副载波又通过强度调制方法加载到光载波上。在探测系统中,已调副载波信号首先由光探测器复原,再由电解调器解调出信息。这种调制方式的主要优点是在副载波解调过程中,信噪比可得到改善,因此被广泛应用于光通信中。

2)光电探测器响应

光电传感器经常使用的光电探测器有真空光电管、光电倍增管、光敏二极管、光敏三极管、光电池和光敏电阻。真空光电管、光电倍增管这类真空管不是本书关注的器件类型,后续将较少提及。而对于半导体光电传感器来说,自然界的各种物理量、生物量、化学量须先经过光电二极管及光电三极管进行接收,且这些管子的伏安特性在形状上基本相似,如图 1-11 所示。

图 1-11(a)所示的为光电二极管的输出特性,是以 $\Phi_p$ 来控制光电二极管的光电流 $I_b$,所以光电器件的输出电流 $I_p$ 可以用以下函数表示:

$$I_p = f(\Phi_p, V_p) \tag{1-6}$$

式中:$\Phi_p$ 是照射于光电器件的光通量;$V_p$ 为光电器件两端的电压。

对上式求全微分得

$$dI_p = \frac{dI_p}{d\Phi_p}\bigg|_{V_p} d\Phi_p + \frac{dI_p}{dV_p}\bigg|_{\Phi_p} dV_p \tag{1-7}$$
$$= S d\Phi_p + G_0 dV_p$$

式中:$S = \dfrac{dI_p}{d\Phi_p}\bigg|_{V_p}$,表示光电器件输出端交流短路时,单位光通量变化所产生的光电流变化量,称为光电接收器的灵敏度,一般用 $S$ 或 $R$ 表示,它的值可以在产品手册中给出或从图上求出;$G_0 = \dfrac{dI_p}{dV_p}\bigg|_{\Phi_p}$ 表示 $\Phi_p$ 为常量时光电器件的电导参量,通常用 $\dfrac{1}{R_p}$ 表示,即 $G_0 = \dfrac{1}{R_p}$,$R_p$ 是光电器件的输出电阻,$R_p$ 的值也可以从图中求得,它是伏安特性上某工作点斜率的倒数。

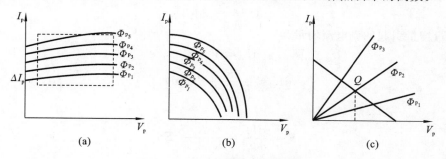

**图 1-11 光电探测器伏安特性**
(a)光电二极管;(b)光电池;(c)光敏电阻

在小信号作用下,$S$ 和 $R_p$ 可以认为是常量,用 $\Phi_p$、$I_p$、$V_p$ 分别代替 $d\Phi_p$、$dI_p$、$dV_p$,则全微分式改写为

$$I_p = S\Phi_p + V_p/R_p \tag{1-8}$$

这就是光电器件的输出方程,它表明光电器件输出电流主要由两个电流相加而成:一个是由光通量控制的电流源 $I_s = S\Phi_p$;另一是由输出电压 $V_p$ 加于 $R_p$ 上产生的电流 $I_R = V_p/R_p$。当然,光电器件还有暗电流和噪声电流 $I_n$ 的存在,极间电容 $C_p$ 及串联电阻 $R_s$(包括引出线电

阻在内)对输出特性也有影响,但由于它们的数值较小,在计算时常常忽略,这样就得到如图 1-12 所示的光电传感器电路模型,图中虚线连接的 $R_L$ 是外接等效电阻。

将 $\Phi_p = \Phi_s \Delta H + H \Delta \Phi_s$ 代入式(1-8),就得到光电传感器的输出方程

$$I_p = S(\Phi_s \Delta H + H \Delta \Phi_s) + G_0 V_p \tag{1-9}$$

其中,$\Phi_p$ 是投射到探测器的光通量,$\Phi_s$ 是光源发出的光通量,$H$ 相当于光路的传输函数。

从光电探测器输出特性可知,光敏二极管、光敏三极管及光电池的特性曲线在虚线框图范围内基本平行,相互间间隔基本相同,因此它们的输出动态电阻和灵敏度 $S$ 在该区域内基本上为常量,与电源电压和负载电阻无关。即使用上述元件时,$S$ 和 $G_0$ 是常量,但是光敏电阻的伏安特性是通过原点的直线,$\Phi_p$ 变化时,伏安特性直线的斜率也变化,因此 $R_p$ 与光照强弱有关。同理,光敏电阻灵敏度 $S$ 不仅随 $\Phi_p$ 而变,而且还与电源电压和负载电阻有关。

设光敏电阻按图 1-13 所示的方式连接,静态工作点 $Q$ 的电压 $V_p$ 为

$$V_p = \frac{R_p}{R_p + R_L} E \tag{1-10}$$

式中:$R_L$ 为负载电阻;$E$ 为电源电压。在低照度下,很多光敏电阻的光电导与光通量成正比,即

$$dg = S_g d\Phi_p \tag{1-11}$$

式中:$dg$ 是光电导增量;$d\Phi_p$ 是照射于光敏电阻的光通量增量;$S_g$ 是比例系数。

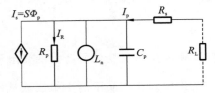

图 1-12 光电传感器电路模型

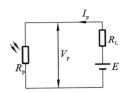

图 1-13 光敏电阻电路

若光敏电阻两端工作电压 $V_p$ 保持不变,则

$$dI_p = S_g d\Phi_p \tag{1-12}$$

而由光通量增量引起的光电流增量为

$$dI_p = V_p dg \tag{1-13}$$

$$dI_p = \frac{R_p}{R_p + R_L} E S_g d\Phi_p$$

因此

$$S = \frac{dI_p}{d\Phi_p} = \frac{R_p}{R_p + R_L} E S_g \tag{1-14}$$

可见,光敏电阻的微变等效电路中的 $S$ 和 $G_0$ 参量是一个变量。

3)光通量幅度直接调制系统的信噪比

光通量幅度直接调制系统的探测是将待测光信号直接入射到光电探测器光敏面上,光电探测器响应光辐射强度而输出光电流或电压。

光电探测器通常是平方律探测器,设 $E_0$ 是信号光电场的振幅,$\Phi$ 是平均光功率,则

$$\Phi = E_0^2 / 2 \tag{1-15}$$

光电探测器输出的光电流为

$$I_p = S\Phi = S E_0^2 / 2 \tag{1-16}$$

其中，$S$ 为光电变换比例常量（响应率或灵敏度），且有

$$S = e\eta/h\nu \tag{1-17}$$

式中：$e$ 为电子电荷；$\eta$ 为量子效率；$h$ 为普朗克常量；$\nu$ 为光频率。若光电探测器的负载电阻为 $R_L$，则光电探测器输出的电功率为

$$I_s^2 = I_p^2 R_L = S^2 \Phi^2 R_L \tag{1-18}$$

式（1-18）说明，光电探测器输出的电功率正比于入射光功率的平方。从这里可以看到，光电探测器的平方律特性包含两层含意：其一是光电流正比于光电场振幅的平方；其二是电输出功率正比于入射光功率的平方。

设入射到光电探测器的信号光功率为 $\Phi_s$，噪声功率为 $\Phi_n$，光电探测器输出的信号功率为 $I_s^2$，输出的噪声功率为 $I_n^2$，由光电探测器的平方律特性可知

$$I_s^2 + I_n^2 = S^2 R_L (\Phi_s + \Phi_n)^2 \tag{1-19}$$
$$= S^2 R_L (\Phi_s^2 + 2\Phi_s\Phi_n + \Phi_n^2)$$

考虑到信号和噪声的独立性，则有

$$I_s^2 = S^2 R_L \Phi_s^2 \tag{1-20}$$
$$I_n^2 = S^2 R_L (2\Phi_s\Phi_n + \Phi_n^2) \tag{1-21}$$

根据信噪比的定义，输出功率信噪比为

$$\left(\frac{S}{N}\right)_{功率} = \frac{S_\Phi}{N_\Phi} = \frac{\Phi_s^2}{2\Phi_s\Phi_n + \Phi_n^2} \tag{1-22}$$

$$\left(\frac{S}{N}\right)_{功率} = \frac{S_\Phi}{N_\Phi} = \frac{(\Phi_s/\Phi_n)^2}{1 + 2\left(\dfrac{\Phi_s}{\Phi_n}\right)} \tag{1-23}$$

从式（1-23）可以看出：

（1）如果 $\Phi_s/\Phi_n \ll 1$，则

$$\left(\frac{S}{N}\right)_{功率} = \left(\frac{\Phi_s}{\Phi_n}\right)^2 \tag{1-24}$$

这说明输出信噪比近似等于输入信噪比的平方，由此可见，直接探测系统不适合微弱光信号的探测。

（2）如果 $\Phi_s/\Phi_n \gg 1$，则

$$\left(\frac{S}{N}\right)_{功率} \approx \frac{1}{2} \cdot \frac{\Phi_s}{\Phi_n} \tag{1-25}$$

这时输出信噪比等于输入信噪比的一半，即经光电变换后，信噪比损失 3 dB。

从以上讨论可知，直接调制探测方法不能改善输入信噪比，不适合微弱光信号的探测，但对于不是十分微弱的光信号却是很适宜的探测方法。正是由于这种方法比较简单，易于实现，可靠性高，成本较低，所以仍然得到广泛的应用。例如，直接测量被测物体的光辐射强度和光谱分析，测量气体的浓度、薄膜厚度，通过测量物体表面的反射率以确定物体表面状态，测量辐射温度等。

光通量幅度调制是光电变换最基本的技术，由于它能用光的深调，所以在技术上比较简单。以后所涉及的频率调制、相位调制和偏振调制等，最终都要转变为光强的探测。

**2. 光电信号的采集**

不同的应用领域有着不同的光电信号形式，如缓变信号，高速数字信号，调幅、调频脉冲信号，视频信号等。光电信号运载信息的方法基本上分为幅度信息、频率信息和相位信息。如何

将这些信息送入计算机，完成信息的提取、处理和存储，是信号处理的核心问题。

1）时间的离散化采集

一般光电信号的采集主要是对时间连续信号的离散化采集，也就是对光电信号的抽样处理，即将输入的时间连续的模拟信号转变成时间离散的模拟信号输出。

2）空间的离散化采集

除了时间上的离散化采集，光电图像信号的离散化采样其实采取的是空间信号分布的离散化。

在图像信号的采集过程中，将空间坐标$(x,y)$离散化，并确定水平和垂直方向上的像素个数$N$、$M$。采样处理即是将$f(x,y)$连续图像函数分配到离散化的$N \times M$网格上，如图 1-14 所示，乘积$N \times M$即为总像素数。通过上述过程，可以把原本时间、空间连续的模拟光电信号采集成为离散的模拟信号。再通过二值化或 A/D 量化就获得了离散的信号数值（数字信号），于是，就可以将取得的数字信号送入各种类型的计算机进行后续的数字信号处理。

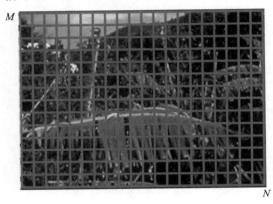

**图 1-14　图像信号采样示意图**

3）光电信号的截断及能量泄漏

当用数字设备对模拟光电信号进行采集时，不可能对无限长的信号进行采样测量和运算，于是需要截取其中有限的时间片段进行分析，这个过程称为信号截断。为了便于数学处理，经常会对截断信号做周期延拓，以得到虚拟的无限长信号，如图 1-15 所示。

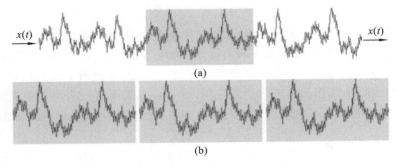

**图 1-15　原始信号和截断后虚拟的无线信号**

(a)原始光电信号；(b)截断后延拓的场信号

周期延拓后的信号与真实信号是不同的，下面我们从数学的角度来看这种处理带来的误差情况。设有余弦信号$x(t)$在时域分布为无限长$((-\infty,\infty))$，当用矩形窗函数$w(t)$与其相乘时,得到截断信号 $x_T(t) = x(t)w(t)$。根据傅里叶变换关系,余弦信号的频谱 $X(\omega)$ 是位于 $\omega_0$ 处的 $\delta$ 函数,而矩形窗函数 $w(t)$ 的谱为 $\mathrm{sinc}(\omega)$ 函数,按照频域卷积定理,则截断信号 $x_T(t)$ 的谱 $X_T(\omega)$ 应为:将截断信号的谱 $X_T(\omega)$ 与原始信号的谱 $X(\omega)$ 相比较可知,它已不是原来的两条谱线,而是两段振荡的连续谱。这表明原来的信号被截断以后,其频谱发生了畸变,原来集中在 $f_0$ 处的能量被分散到两个较宽的频带中去了。这种现象称为频谱能量泄漏 (leakage)。

信号截断以后产生能量泄漏现象是必然的,因为窗函数 $w(t)$ 是一个频带无限的函数,所以即使原信号 $x(t)$ 是限带宽信号,其在截断以后也必然成为无限带宽的函数,即信号在频域的能量与分布被扩展了。又从采样定理可知,无论采样频率多高,只要信号一经截断,就不可避免地引起混叠,因此信号截断必然导致一些误差,这是信号分析中不容忽视的问题。

如果增大截断长度 $T$,即矩形窗口加宽,则窗谱 $W(\omega)$ 将被压缩变窄($\pi/T$ 减小)。虽然从理论上讲,其频谱范围仍为无限宽,但实际上中心频率以外的频率分量衰减较快,因而泄漏误差将减小。当窗口宽度 $T$ 趋于无穷大时,则窗谱 $W(\omega)$ 将变为 $\delta(\omega)$ 函数,而 $\delta(\omega)$ 与 $X(\omega)$ 的卷积仍为 $X(\omega)$,这说明,如果窗口无限宽,即不截断,就不存在泄漏误差。

为了减少频谱能量泄漏,可采用不同的截断函数对信号进行截断。截断函数称为窗函数,简称为窗。泄漏与窗函数频谱的两侧旁瓣有关,如果两侧瓣的高度趋于零,从而使能量相对集中在主瓣,就可以接近于真实的频谱。为此,在时间域中可采用不同的窗函数来截断信号。

实际应用中常用的窗函数可分为以下主要类型。

(1) 幂窗　采用时间变量某种幂次的函数,如矩形、三角形、梯形或其他时间的高次幂。其中矩形窗使用最多,习惯上不加窗就是使信号通过矩形窗。这种窗的优点是主瓣比较集中,缺点是旁瓣较高,并有负旁瓣,从而导致变换中带进了高频干扰和泄漏,甚至会出现负谱现象。

(2) 三角函数窗　采用三角函数,即正弦或余弦函数等组合成复合函数,如汉宁窗、海明窗等。

(3) 指数窗　采用指数时间函数,如 $\mathrm{e}^{-\alpha t}$ 形式、高斯窗等。

对于窗函数的选择,应考虑被分析信号的性质与处理要求。如果仅要求精确读出主瓣频率,而不考虑幅值精度,则可选用主瓣宽度比较窄而便于分辨的矩形窗,如测量物体的自振频率等;如果分析窄带信号,且有较强的干扰噪声,则应选用旁瓣幅度小的窗函数,如汉宁窗、三角窗等;对于随时间按指数衰减的函数,则可采用指数窗来提高信噪比。

**3. 光电信号的放大**

在大多数模拟电路和许多数字电路中,信号的放大是一个基本的需求。我们放大一个信号是因为这个信号太小而不能驱动负载,不能克服后继的噪声或是不能为数字电路提供逻辑电平。放大在信号系统中起着重要的作用。

在分析放大电路的信号特性时,我们会建立一些直观的方法和模型,这些方法和模型对于理解更复杂的系统时被证明是有效的。电路设计任务的一个重要部分就是采用适当的近似来建立复杂放大电路的简化模型。这样的实践使我们通过观察就能用公式表示大多数电路的特性,而不需要卷入繁复冗长的计算。

例如,我们可以采用一个多项式来近似描述放大器的输入/输出特性的非线性表达,如式 (1-26)所示:

$$y(t) \approx a_0 + a_1 x(t) + a_2 x^2(t) + \cdots + a_n x^n(t) \tag{1-26}$$

输入和输出可以是电流值也可以是电压值,如果在足够窄的范围里取值,则

$$y(t) \approx a_0 + a_1 x(t) \tag{1-27}$$

这里,$a_0$ 可以认为是工作(偏置)点,$a_1$ 可以认为是小信号增益。只要满足 $a_1 x(t) \ll a_0$,偏置点受到的扰动可以忽略不计,式(1-27)就可以提供一个合理的近似,高阶项就不重要了。换句话说,$\Delta y = a_1 \Delta x$ 指明输入增量与输出增量之间是一个线性的关系。随着 $x(t)$ 幅度的增加,高阶项显现出来,从而导致非线性,就需要进行大信号分析。从另一个观点来看,如果特性曲线的斜率(增大的增益)随着信号电平的变化而变化,则这个系统是非线性的。

除了增益和速度之外,放大器性能中,功耗、电源电压、线性度、噪声和最大电压摆幅等参数也是重要的。更进一步,输入/输出阻抗决定了电路该如何与前级和后级互相配合。在实际中,这些参数中的大多数都会互相牵制,这将导致设计变成一个多维优化的问题。模拟电路设计的八边形法则如图 1-16 所示,实际设计时需要在众多参数之间折中取舍,从而得到一个较佳的折中方案。

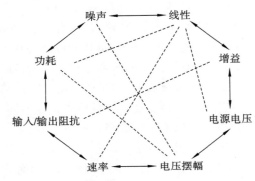

**图 1-16   模拟电路设计的八边形法则**

4. 光电信号的滤波

滤波电路是一种能够使有用频率信号通过,而同时抑制无用频率信号的电子装置。工程上常用它来作信号处理、数据传送和抑制干扰等。这里主要介绍模拟滤波器。以往这种滤波电路主要采用无源元件 $R$、$L$、$C$ 组成。20 世纪中叶以来,集成运放获得了迅速发展,由它和 $R$、$C$ 组成的有源滤波电路,具有不用电感、体积小、质量轻等优点。

此外,集成运放的开环电压增益和输入阻抗均很高,输出阻抗又低,因此构成有源滤波电路后还具有一定的电压放大和缓冲作用。但是,集成运放的带宽有限,所以目前有源滤波电路的工作频率难以做得很高。此外,有源滤波难以对功率信号进行滤波,这是它的不足之处。

**图 1-17   滤波电路的一般结构图**

滤波电路的一般结构如图 1-17 所示,其中 $V_i(t)$ 为输入信号,$V_o(t)$ 为输出信号。假设滤波电路是一个线性时不变网络,则在复频域内有如下的关系式:

$$A(s) = V_o(s)/V_i(s) \tag{1-28}$$

式中:$A(s)$ 是滤波电路的电压传递函数。

$$A(j\omega) = |A(j\omega)| e^{j\varphi(\omega)} \tag{1-29}$$

这里,$|A(j\omega)|$ 为传递函数的模,$\varphi(\omega)$ 为输出电压与输入电压之间的相位角。

此外,在滤波电路中值得注意的另一个量是时延 $\tau(\omega)$,单位为 s(秒),它定义为

$$\tau(\omega) = \frac{\mathrm{d}\varphi(\omega)}{\mathrm{d}\omega} \tag{1-30}$$

通常用幅频响应来表征一个滤波电路的特性。实际上欲使信号通过滤波电路的失真小,不仅

需要考虑幅频特性,还要考虑相位或时延响应。当相位响应 $\varphi(\omega)$ 成线性变化,即时延响应 $\tau(\omega)$ 为常数时,输出信号才可能避免失真。

对于幅频响应,通常把能够通过的信号频率范围称为通带,把受阻或衰减的信号频率范围称为阻带,通带和阻带的界限频率称为截止频率。

理想滤波电路在通带内应具有零衰减的幅频响应和线性的相位响应,而在阻带内幅度衰减到零($|A(j\omega)|=0$)。按照通带和阻带的相互位置不同,滤波电路通常可分为低通滤波电路、高通滤波电路、带通滤波电路、带阻滤波电路和全通滤波电路。对于具体的滤波电路形式,我们在后面章节进行介绍。

5. 光电信号的量化

为了方便计算机等数字设备处理相应信号,我们需要对模拟处理过的光电信号进行采样和量化处理。

1) 采样

采样解决的问题是确定合理的采样间隔 $\Delta t$ 以及合理的采样长度 $T$,保障采样所得的数字信号能接近真实的代表原来的信号 $x(t)$。采样过程如图 1-18 所示。

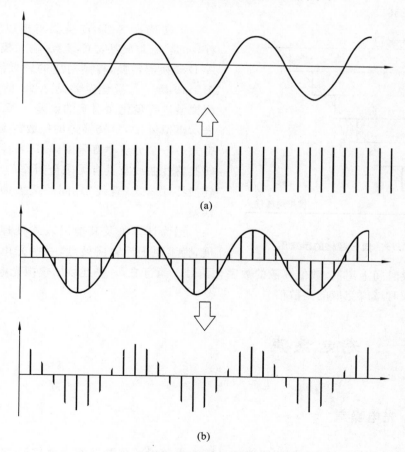

**图 1-18　采样过程示意图**
(a)采集;(b)抽样

衡量采样速度高低的指标称为采样频率 $f_s$。一般来说,采样频率 $f_s$ 越高,采样点越密,所获得的数字信号越逼近原信号。为了兼顾计算机的存储量和计算工作量,一般保证信号不丢失或不歪曲原信号信息就可以满足实际需要了。这个基本要求就是所谓的采样定理,是由 Shannon 提出的,也称为 Shannon 采样定理。

Shannon 采样定理规定了不丢失信息的最低采样频率 $f_s$($f_s > 2f_m$,$f_m$ 为原信号中最高频率成分的频率)。

采集的数据量大小 $N$ 为 $f_s$×量化位数×时间×通道数。

因此,当采样量化长度一定时,采样频率越高,采集的数据量就越大。

带限信号变换的快慢受其最高频率分量的限制,也就是说,它的离散时刻采样表现信号细节的能力是非常有限的。采样定理指出,如果信号带宽小于奈奎斯特频率(即采样频率的二分之一),那么此时这些离散的采样点能够完全表示原信号。高于或处于奈奎斯特频率的频率分量会导致混叠现象,所以大多数应用都要求避免混叠。

2)量化

将连续模拟信号进行抽样,并对幅值进行数字化被称为信号的分级量化。量化处理是将连续函数 $f$ 映射到整数 $Z$ 的信号处理过程。如果用二进制表示,则确定的最大级数 $Z = 2^m$,如 $m = 8$,则 $Z = 256$。

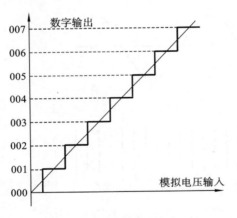

经常选择 A/D 转换器实现以上的量化过程,$m$ 是 A/D 转换器的级数,输入模拟信号通过 A/D 转换器转换,得到对应的整数编码输出,如图 1-19 所示。量化误差是 ADC 的有限位数对模拟量进行量化而引起的误差。实际上,要准确表示模拟量,A/D 转换器的位数需要很大甚至无穷大。一个分辨率有限的 A/D 转换器的阶梯状转换特性曲线与具有无限分辨率的 A/D 转换器转换特性曲线(直线)之间的最大偏差即是量化误差。

图 1-19 信号量化的示意图

因为计算机及其他嵌入式处理器的快速发展,为了便于计算机处理,一些光电模拟信号被采集和处理成时间上离散、数值离散的数字化信号。简言之,一些连续的模拟光电信号被采集和量化处理成时域或空域的离散信号。

# 1.3 ‖ 光电噪声

## 1.3.1 光电噪声

大多数光电系统是由光电探测器接收目标的光辐射并将其转换为电信号,再进行必要的处理从而提取出有用的信息。光电探测器输出的电信号有时十分微弱,其电平值一般在微伏、纳伏量级甚至更低,如生物体基因检测荧光、宇宙中的遥远星系光辐射等。此时,一个光电系统性能的优劣,很大程度上是由系统对噪声和干扰抑制的水平决定的。

随着微电子以及光电集成技术的发展,传统的系统级的信号处理系统开始走向集成化,光电信号单元的体积越来越小,信号越来越弱,对噪声的容忍也越来越苛刻。这也是光电系统发展的一个重要趋势。

为了使探测器的输出信号尽可能大、信噪比尽可能高,并且在达到以上性能要求的前提下,系统体积做得越来越小,我们就必须知道底层的器件设计和部分工艺知识,必须能够设计特定探测器以及其配置合理的偏置电路,甚至后面的采集和处理电路。而目前微电子领域的很多工作已经取得了不错的成果,我们会将其与探测器与放大器进行一些结合来介绍。

光电信号的分析既可以在时域内进行,也可以在频域或复频域内进行。噪声和小信号的分析可以在时域内进行,还可既在时域内进行,也在频域或复频域内进行。一般经常采用频域的分析方法。

## 1.3.2　光电噪声的定义

在光电系统或电子系统中,噪声也是某些电信号,它是会对有用信号产生干扰或是不期望出现的、随机的信号。简言之,噪声就是破坏性有害光电信号。它是来自于组成信号系统的器件内部微观粒子的无规则运动,也称为光电随机噪声。如果有害信号来自光电元件外部,像电磁辐射、电涌冲击、机械振动等,一般称之为干扰。部分不合理的电路设计造成系统内的有害信号也归为干扰——电磁干扰(EMC),如数模混合电路中,数字脉冲对模拟信号的干扰、开关电源对传感器的干扰等。

光电信号处理的一个重要任务,就是要设计一个好的低噪声前置放大器。如果没有噪声和干扰,在理论上任何微弱的光电信号都可以被探测和接收到。实际上,各种光电探测仪器和接收机的性能都是以受噪声干扰的影响程度来界定的。受到影响的程度越小,光电信号处理的水平越高。当然,很多时候不光是看噪声抑制能力,在噪声抑制能力足够的前提下,光电系统的综合性能,如体积、成本及适用性等都会成为设计考虑的要点。

本书主要讲述光电探测器、信号采集、放大器设计,以及滤波器与微弱信号检测相关内容。此外,我们以图像传感器作为应用示例来讲述光电信号的处理。同时,我们也做以上电路的噪声分析。

## 1.3.3　光电信号系统中常见的噪声源

光电信号系统中的基本元件有探测器、集成有源电路、片上或片外电阻、电容、电感等,这些元器件中的电子的微观运动,在宏观上遵守电路定律和元器件的约束规律外,在微观上还有各种起伏和涨落。事实上,每一个元件都是一个甚至多个噪声源。

噪声是一种随机信号,也是一种随机过程,因而它服从概率统计规律。通常用均值、方差以及功率谱来描述噪声的性质。

电子线路中常见的噪声包括热噪声、低频噪声($1/f$噪声)和散粒噪声等。上述三种常见的噪声又称为基本噪声。

1. 热噪声及其表示

热噪声是由导体中自由电子的随机热运动引起的,由于电子携带 $1.6 \times 10^{-19}$ C 的电荷,因而电子的随机运动表现为电流大小有波动。虽然从长时间来看,这些波动产生的电流平均值为零,但是在每一瞬时它们并不为零,而是在平均值上下波动。所以,在每一瞬时这种波动电流便在导体两端形成电位差,这就是热噪声电压。可以证明一个电阻为 $R$ 的导体两端的热噪声电压的均方值为

$$\overline{v_n^2} = 4kTR\Delta f \tag{1-31}$$

式中:$R$ 为电阻或阻抗的实部,$\Omega$;$k$ 为玻尔兹曼常数,$k = 1.38 \times 10^{-23}$ J/K;$T$ 为导体的绝对温度,K;$\Delta f$ 为测量系统的带宽,Hz。显然,这个公式两边的量纲是一致的($V^2$)。若取室温 $T = 290$ K,则可求出 $\sqrt{\overline{v_n^2}} \approx \left(40\sqrt{\dfrac{R}{10^{23}}\Delta f}\right)$,若电阻值为 1 kΩ,则在 1 Hz 带宽内的均方根热噪声电压就是 4 nV。

式(1-31)对绝缘介质是不适用的,因为绝缘介质中没有自由电子,不符合推导公式的条件。为了简化符号,常记 $E_n^2 = \overline{v_n^2}$ 或 $E_n = \sqrt{\overline{v_n^2}}$。从式(1-31)可以看出,热噪声电压的均方值与带宽成正比,而与频率并没有什么关系。要想减小热噪声,则需要使 $R$ 尽量地小,使温度尽可能低,同时也应当尽量减小电子系统的带宽。

通常在频率域(简称频域)中研究信号,对噪声的研究也是如此。在式(1-31)两边除以 $\Delta f$,就得到

$$\frac{E_n^2}{\Delta f} = 4kTR = S(f) \tag{1-32}$$

式中:$S(f)$ 为单位带宽内的噪声电压的均方值,$V^2/Hz$,也就是频率带宽内的噪声,通常称为功率谱密度。

$S(f)$ 意味着单位带宽内的噪声是频率的函数,但从式(1-32)看,$S(f)$ 中没有包含 $f$,也就是说在整个频带内,热噪声呈现均匀的分布。在整个频带内均匀分布的噪声被称为白噪声。

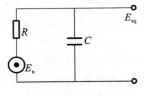

图 1-20  产生噪声的电阻及其旁路电容

从前述的热噪声表达式 $E_n^2 = 4kTR\Delta f$ 可推得,无穷大电阻 $R$ 会产生无穷大的噪声电压,但实际情况却并不是这样的。真实地做实验时会使用导体,而导体的电阻不可能为无穷大,只有绝缘体的电阻才可看成无穷大。当导体电阻 $R$ 增大时,在实际电路中往往存在一些限制电压的旁通电容。例如,一个实际的产生噪声的电阻及其旁路电容如图 1-20 所示。

因为 $E_n$ 不是一个矢量,所以可只关心它的振幅,即

$$E_{n\omega} = E_n \left| \frac{\dfrac{1}{j\omega C}}{R + \dfrac{1}{j\omega C}} \right| = \frac{E_n}{\sqrt{1 + (\omega RC)^2}}$$

$$E_{n\omega}^2(f) = \frac{E_n^2}{1 + (\omega RC)^2} = \frac{4kTR\Delta f}{1 + (2\pi f RC)^2} \tag{1-33}$$

将式(1-33)在整个频带内积分,可得全频带内的噪声功率(实际上也只要相当大的上限频率即可):

$$E_{n\omega}^2 = \int_0^{+\infty} \frac{4kTR\,\mathrm{d}f}{1 + (2\pi f RC)^2} \xrightarrow{x = 2\pi RCf} \frac{1}{2\pi RC}\int_0^{+\infty} \frac{4kTR\,\mathrm{d}x}{1 + x^2} \tag{1-34}$$

$$= \frac{2kT}{\pi C}\int_0^{+\infty} \frac{\mathrm{d}x}{1 + x^2} = \frac{2kT}{\pi C}\arctan x \Big|_0^{+\infty} = \frac{2kT}{\pi C}\left(\frac{\pi}{2} - 0\right) = \frac{kT}{C}$$

实验中观察到电阻的热噪声功率与 $T$ 和 $\Delta f$ 成正比。因此,旁路电容的作用不应忽视,旁

路电容也是抑制热噪声的一个常用的有效方法。后面将会看到,减小电阻热噪声对电路影响的一个重要方法,就是给电阻加旁路电容,而且加上的电容必须是高质量的,否则电容本身也会引入新的更大的噪声。

**2. 散粒噪声及其表示**

散粒噪声是由美国物理学家肖特基于 20 世纪早期发现的。他验证了该噪声的存在及其影响因素,发现散粒噪声与电流流过电子管阴极表面的势垒有关。在晶体三极管与二极管中,都存在散粒噪声,它是由载流子越过势垒区(或 PN 结)时随机性产生的,当载流子扩散通过 PN 结时,载流子的速度不可能完全一致,因而电流会产生波动,于是就产生了散粒噪声。在普通导体中,由于没有势垒,因而没有散粒噪声。由统计物理学可以证明散粒噪声电流的均方根值为

$$I_{sh} = \sqrt{2qI_{DC}\Delta f} \tag{1-35}$$

式中:$q$ 为电子的电荷量,$q = 1.6 \times 10^{-19}$ C;$I_{DC}$ 为流过晶体管结的直流电流,A;$\Delta f$ 为带宽,Hz。散粒噪声的功率谱密度为

$$\frac{I_{sh}^2}{\Delta f} = 2qI_{DC} \tag{1-36}$$

散粒噪声的功率谱密度显然与频率无关,因而也是一种白噪声。由式(1-35)可见,散粒噪声与电流 $I_{DC}$ 和频宽 $\Delta f$ 有关。因此,要降低散粒噪声就必须减小电流 $I_{DC}$,同时应尽量使频带变窄。

**3. 低频噪声及其表示**

在电子元器件中还存在这样一类噪声,其功率大小与 $\frac{1}{f^a}$ 成正比,其中 $f$ 为频率,$a$ 为常数($a$ 的取值范围为 $0.8 \sim 1.3$)。对于不同元器件,$a$ 取不同的值,但通常为了简单可取为 1。由于这类噪声的功率随频率的减小而增大,所以称为低频噪声或 $1/f$ 噪声。因为它是在电子管中首先发现的,所以又称为闪烁噪声,还可称为"过量噪声""接触噪声"或"过剩噪声"等。

在半导体元器件中,$1/f$ 噪声被归结为是由载流子在半导体表面能态上的产生与复合所引起的,因而与半导体表面状况密切相关。

$1/f$ 噪声的功率谱密度一般由经验公式表示,即

$$S(f) = \frac{K_0}{f} \tag{1-37}$$

式中:$K_0$ 为与元器件有关的常数;$S(f)$ 的单位为 $V^2/Hz$。

$1/f$ 噪声是普遍存在的,不仅在电子管、晶体管、二极管和电阻中存在,而且在热敏电阻、薄膜和光源中都有。还没有一个电子放大器在最低频率时没有闪烁噪声。

式(1-37)也可写成噪声电压的均方值形式,即

$$E_f^2 = \frac{K_0}{f}\Delta f \tag{1-38}$$

这种噪声不是白噪声,它会随频率的降低而增大。$1/f$ 噪声的物理机制比较复杂,目前还没有明确的解释。对 $1/f$ 噪声进行观察和测量,其最低频率达 $6 \times 10^{-5}$ Hz。值得注意的是,不能认为在直流时,$1/f$ 噪声为无穷大,这个公式是一个实验规律的总结,它是有一个适用范围的。

$$P_N = \int_{f_1}^{f_2} S(f) \mathrm{d}f = \int_{f_1}^{f_2} \frac{K_0}{f} \mathrm{d}f = K_0 \ln \frac{f_2}{f_1} = K_0 \ln 10 = 2.3 K_0 \tag{1-39}$$

除了上述三种主要的噪声外,还有一些其他噪声,如产生-复合噪声、温度噪声、开关噪声及放大器噪声等,后面将在用到时再具体阐述。

### 1.3.4 多噪声叠加

**1. 多噪声**

一般电子电路中的基本元器件包括晶体管、集成电路模块、电阻、电容、电感等,这些元器件中电子的微观运动除了在宏观上遵从电路定律和元器件的约束规律外,在微观上还有起伏和涨落现象。因此,每个元器件都是一个甚至是多个噪声源。所以,经过一段电子线路上各个元件的共同作用,会达到一个总的噪声水平。人们一般都很关心总的噪声,下面就对多个噪声在线路中叠加的方式进行研究。

**2. 噪声的关联**

当噪声电压、电流彼此独立地产生,且各瞬时值之间没有关系时,称它们是不相关联的,简称为不相关;若各瞬时值之间有某种关系存在,则称为相关。两个频率相同、相位一致的正弦波就是完全相关的一个例子。

设有两个噪声电压 $E_1$、$E_2$,其均方合成电压一般为

$$E^2 = E_1^2 + E_2^2 + 2r E_1 E_2 \tag{1-40}$$

式中:$r$ 为相关系数。可以证明 $-1 \leqslant r \leqslant 1$,下面分几种情况讨论。

(1) 当 $r=0$ 时,两噪声电压不相关,则均方合成电压为

$$E_n^2 = E_1^2 + E_2^2 \tag{1-41}$$

即不相关噪声电压的合成应当是均方值相加或功率相加,而不能线性相加。

(2) 当 $r=1$ 时,两噪声电压完全相关,则

$$E^2 = E_1^2 + E_2^2 + 2 E_1 E_2 = (E_1 + E_2)^2 \tag{1-42}$$

即完全相关时,噪声电压的合成应当是瞬时值或均方根值的线性相加,同频、同相的正弦波合成即是如此。

(3) 当 $r=-1$ 时,两噪声电压也完全相关,但相位相反,则

$$E^2 = E_1^2 + E_2^2 - 2 E_1 E_2 = (E_1 - E_2)^2 \tag{1-43}$$

即相位相反的相关噪声电压的合成是其瞬时值或均方根值的线性相减,如同频、反相的正弦波合成。

(4) 当 $r$ 取其他值时,两噪声电压部分相关。

在实际的电路计算中必须分析噪声源的性质,弄清它们的关联情况,才能决定合成它们的方式,这一点应当十分注意。

**3. 噪声叠加原则**

每一个噪声都包含很多的频率分量,而每一个频率分量的振幅及相位都是随机分布的。两个独立的噪声电压发生器(它们不相关,相关系数 $r=0$)串联时,根据能量守恒原理,总输出功率等于各个噪声源分别单独作用时的功率之和。因此,总均方噪声电压等于各个噪声源均方电压之和,这一原则可以推广到独立的噪声电流源并联的情况。

图 1-21 中 $E_1$ 和 $E_2$ 为互不相关的两个噪声电压源,串联时得到的总噪声电压为 $E_n$,并且有

$$E_{eq}^2 = E_1^2 + E_2^2 \qquad (1\text{-}44)$$

当两个噪声源串联时,每个噪声电阻可用一个噪声电压发生器与一个无噪声电阻串联代替(见图 1-22(a))。为了获得如图 1-22(a)所示电路中 $a$、$b$ 两端的噪声电压,可以画出其等效电路(见图 1-22(b)),于是有

$$R_{eq} = R_1 + R_2 \qquad (1\text{-}45)$$

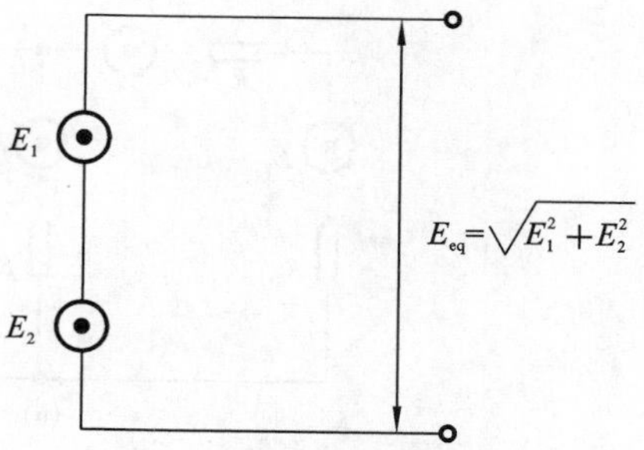

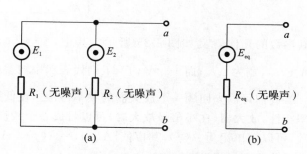

**图 1-21　噪声电压源的串联**

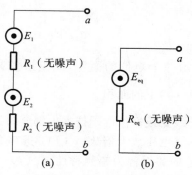

**图 1-22　噪声电阻的串联及其等效电路**

(a)噪声电阻的串联;(b)等效电路

**图 1-23　噪声电阻的并联及其等效电路**

(a)噪声电阻的并联;(b)等效电路

当两个噪声电阻并联时(见图 1-23(a)),为了获得图 1-23(a)所示电路中 $a$、$b$ 两端的噪声电压,可以画出其等效电路(见图 1-23(b))。可求出电路的等效电阻为

$$R_{eq} = \frac{R_1 R_2}{R_1 + R_2} \qquad (1\text{-}46)$$

等效噪声电压为

$$
\begin{aligned}
E_{eq}^2 &= \left(\frac{E_1 R_2}{R_1 + R_2}\right)^2 + \left(\frac{E_2 R_1}{R_1 + R_2}\right)^2 = E_1^2\left(\frac{R_2}{R_1 + R_2}\right)^2 + E_2^2\left(\frac{R_1}{R_1 + R_2}\right)^2 \\
&= 4kT\Delta f\left[R_1\left(\frac{R_2}{R_1 + R_2}\right)^2 + R_2\left(\frac{R_1}{R_1 + R_2}\right)^2\right] = 4kT\Delta f\frac{R_1 R_2}{R_1 + R_2} \qquad (1\text{-}47) \\
&= 4kT\Delta f R_{eq}
\end{aligned}
$$

式(1-47)结果说明:当两个噪声电阻并联时,总噪声电压等于其等效电阻的热噪声电压。这个结论可推广至复杂的电阻网络。例如,在图 1-24 所示电路中,对端点 $a$、$b$ 而言,等效电阻可表示为

$$R_{eq} = R_4 + \frac{R_3(R_1 + R_2)}{R_1 + R_2 + R_3} \qquad (1\text{-}48)$$

则等效电路的噪声电压为

$$E_{eq}^2 = 4kT\Delta f R_{eq} = 4kT\Delta f\left[R_4 + \frac{R_3(R_1 + R_2)}{R_1 + R_2 + R_3}\right] \qquad (1\text{-}49)$$

**4. 等效噪声带宽**

设系统的功率增益为 $A^2(f)$,当 $f = f_0$ 时,$A^2(f)$ 取得最大值 $A^2(f_0)$,那么,系统的等效噪声带宽为

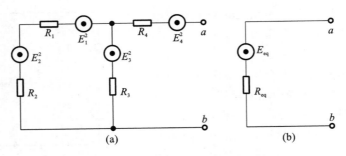

**图 1-24 复杂噪声电路及其等效电路**

(a)复杂噪声电路;(b)等效电路

$$\Delta f_{\mathrm{n}} = \frac{\int_0^{+\infty} A^2(f)\mathrm{d}f}{A^2(f_0)} \tag{1-50}$$

其参数的几何意义如图 1-25 所示。其中,$\Delta f_{\mathrm{n}} A^2(f_0)$ 表示一个矩形的面积,此矩形的高为 $A^2(f_0)$,宽为 $\Delta f_{\mathrm{n}}$;而 $\int_0^{+\infty} A^2(f)\mathrm{d}f$ 则代表功率增益曲线 $A^2(f)$ 下的面积。

我们可以先回顾一下放大器的频率特性。在低频电子线路或模拟电子技术中都介绍过频率特性,放大器(在小信号放大时)可以看成一个线性网络,其电压放大倍数 $A_{\mathrm{v}}(f)$ 是频率的函数,可以简单记为 $A(f)$,其模值 $|A(f)| = A(f)$。$A(f)$-$f$ 的关系称为幅频特性。$\varphi(f)$-$f$ 的关系称为相频特性。

对于常规的放大器,当 $f$ 为中频时,$A(f)$ 取得最大值,随着 $f$ 的升高或降低,$A(f)$ 都会减小,其幅频特性如图 1-26 所示。

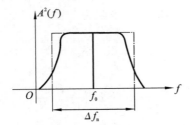

**图 1-25 系统等效噪声带宽的几何意义**

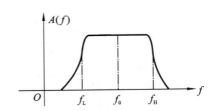

**图 1-26 放大器的幅频特性**

当 $f = f_0$ 时,$A(f)$ 取得最大值,$f_0$ 是通频带的中心频率。随着 $f$ 的升高,$A(f)$ 减小,当 $f = f_{\mathrm{H}}$ 时,$A(f_{\mathrm{H}}) = \frac{\sqrt{2}}{2} A(f_0) = 0.707 A(f_0)$,$f_{\mathrm{H}}$ 称为上限频率;随着 $f$ 的降低,$A(f)$ 也会减小,当 $f = f_{\mathrm{L}}$ 时,$A(f_{\mathrm{L}}) = \frac{\sqrt{2}}{2} A(f_0) = 0.707 A(f_0)$,$f_{\mathrm{L}}$ 称为下限频率。放大器的通频带 $B = \Delta f_{0.7} = f_{\mathrm{H}} - f_{\mathrm{L}}$,如图 1-26 所示,它也是一个带宽,常称为 3 dB 带宽,或半功率点之间的频率间隔。

现在来看看一个噪声通过上述放大器时的情况。设输入端的噪声功率谱密度为 $S_{\mathrm{i}}(f)$,那么,输出端的噪声功率谱密度 $S_{\mathrm{o}}(f)$ 为

$$S_{\mathrm{o}}(f) = A^2(f)S_{\mathrm{i}}(f) \tag{1-51}$$

因此,若作用于输入端的是功率谱密度为 $S_{\mathrm{i}}(f)$ 的白噪声,通过图 1-27(a)所示的功率传输系数为 $A^2(f)$ 的线性网络后,输出端的噪声功率谱密度就不再是均匀的了,如图 1-12(b)所示,即

白噪声通过有频率选择性的线性放大器（或线性网络）后，输出的噪声就不再是白噪声了。

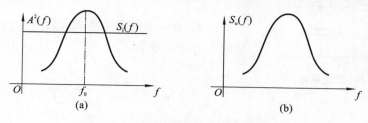

**图 1-27 白噪声通过放大器时功率谱的变化**
(a)白噪声的功率谱与放大器的功率增益；(b)放大器输出端的噪声功率谱

噪声只能用功率来度量，白噪声的频率也不是延伸到 $+\infty$，实际上只能到 $10^5$ Hz 左右。通常用电压的均方值计量噪声，那么，在这种情况下，如何求得输出端噪声电压的均方值呢？根据噪声功率谱的含义可得平均功率

$$P = \overline{v_n^2} = \lim_{T \to +\infty} \frac{1}{T} \int_0^T V_n^2(t)\,dt \tag{1-52}$$

输出端的噪声电压均方值 $\overline{V_{no}^2}$ 可以写为

$$\overline{V_{no}^2} = \int_0^{+\infty} S_o(f)\,df = \int_0^{+\infty} A^2(f)S_i(f)\,df$$

$$= S_i(f) \int_0^{+\infty} A^2(f)\,df = S_i(f)A^2(f_0)\Delta f_n \tag{1-53}$$

如果输入端是热噪声，即

$$S_i(f) = 4kTR$$

于是有

$$\overline{V_{no}^2} = 4kTRA^2(f_0)\Delta f_n \tag{1-54}$$

由此可见，电阻热噪声通过线性网络后，输出的均方值电压就是该电阻在等效噪声带宽 $\Delta f_n$ 内的均方值电压的 $A^2(f_0)$ 倍。通常 $A^2(f_0)$ 是已知的，所以只要求出等效噪声带宽 $\Delta f_n$，就很容易求出 $\overline{V_{no}^2}$。对于其他噪声源，只要噪声是白噪声，都可以用等效噪声带宽 $\Delta f_n$ 来计算其通过线性网络后的输出端噪声电压的均方值。

一个放大器（或线性网络）的通频带（简称带宽，又常称 3 dB 带宽，记为 $\Delta f_{3\,dB}$）是描述这个放大器频率特性的参数，表示放大器允许信号通过的频率范围。

噪声是有害信号，由于噪声的随机性，噪声一般用电压的均方值或功率谱来描述，因而又引入了放大器（或线性网络）的等效噪声带宽 $\Delta f_n$ 这个参数。有了这个参数之后，在已知输入端白噪声功率谱密度的情况下，计算输出端噪声电压的均方值就非常方便。同样，$\Delta f_n$ 也是描述系统频率特性的参数，但它是针对噪声而言的，且只有等效意义。

现在来看系统的等效噪声带宽与系统的 3 dB 带宽之间的关系。对于同一个系统，可分别根据定义求出其等效噪声带宽和 3 dB 带宽，这两者之间存在着一定的关系，且对不同的系统，两者间关系不一样。

例如，对于常用的单调谐并联谐振电路，有

$$\Delta f_n = \frac{\pi}{2}\Delta f_{3\,dB} \tag{1-55}$$

又如对于 RC 电路，如图 1-28 所示，有

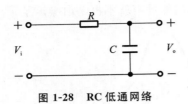

**图 1-28 RC 低通网络**

$$\frac{\Delta f_n}{\Delta f_{3\,dB}} = \frac{\pi}{2} \tag{1-56}$$

例如,有一个低通滤波网络如图 1-28 所示,试求该系统的等效噪声带宽。

$$A_v(f) = \frac{V_o}{V_i} = \frac{\dfrac{1}{j\omega C}}{R + \dfrac{1}{j\omega C}} = \frac{1}{1 + j\omega RC} \tag{1-57}$$

$$A_v^2(f) = |A_v(f)|^2 = \left(\frac{1}{\sqrt{1 + (\omega RC)^2}}\right)^2 \tag{1-58}$$

$$= \frac{1}{1 + (2\pi f RC)^2}$$

当 $f=0$ 时,功率增益 $A_v^2(f)$ 取得最大值,即

$$A_v^2(f_0) = A_v^2(0) = 1 \tag{1-59}$$

根据系统噪声带宽的定义有:

$$\Delta f_n = \frac{\displaystyle\int_0^{+\infty} A_v^2(f)\,\mathrm{d}f}{A_v^2(f_0)} = \int_0^{+\infty} \frac{\mathrm{d}f}{1 + (2\pi f RC)^2} = \frac{1}{(2\pi RC)^2}\int_0^{+\infty} \frac{\mathrm{d}f}{f^2 + \dfrac{1}{(2\pi RC)^2}} \tag{1-60}$$

令 $a = \dfrac{1}{2\pi RC}$ 代入式(1-60),得

$$\Delta f_n = a^2 \int_0^{+\infty} \frac{\mathrm{d}f}{a^2 + f^2} \tag{1-61}$$

根据不定积分

$$\int \frac{\mathrm{d}\omega}{a^2 + u^2} = \frac{1}{a}\arctan\frac{u}{a} + C \tag{1-62}$$

得

$$\Delta f_n = a^2 \left[\frac{1}{a}\arctan\frac{f}{a}\,\Big|_0^{+\infty}\right] = a^2 \left[\frac{1}{a}\left(\frac{\pi}{2} - 0\right)\right] \tag{1-63}$$

$$= a\frac{\pi}{2} = \frac{\pi}{2}\frac{1}{2\pi RC} = \frac{1}{4RC}$$

故而系统的等效带宽为

$$\Delta f_n = \frac{1}{4RC} \tag{1-64}$$

上例中,若 $R=1\ \mathrm{k\Omega}$,$C=1\ \mu\mathrm{F}$,则可求得

$$\Delta f_n = \frac{1}{4 \times 1 \times 10^3 \times 1 \times 10^{-6}}\ \mathrm{Hz} = 250\ \mathrm{Hz} \tag{1-65}$$

由模拟电路分析可知,上述 RC 低通网络的上限频率为

$$f_H = \frac{1}{2\pi RC} \tag{1-66}$$

如下限频率为 0,则 3 dB 带宽

$$\Delta f_{3\,dB} = f_H - f_L\ \frac{1}{2\pi RC} \tag{1-67}$$

对于上述 RC 低通滤波器,有

$$\frac{\Delta f_{\mathrm{n}}}{\Delta f_{3\,\mathrm{dB}}} = \frac{\frac{1}{4RC}}{\frac{1}{2\pi RC}} = \frac{\pi}{2} \tag{1-68}$$

用以上方法可以证明,随着级数的增加,$\dfrac{\Delta f_{\mathrm{n}}}{\Delta f_{3\,\mathrm{dB}}}$ 将越来越接近于 1,如表 1-1 所示。

表 1-1　级数 $N$ 与比值 $\dfrac{\Delta f_{\mathrm{n}}}{\Delta f_{3\,\mathrm{dB}}}$ 的关系

| $N$ | 1 | 2 | 3 | 4 | 5 |
|---|---|---|---|---|---|
| $\dfrac{\Delta f_{\mathrm{n}}}{\Delta f_{3\,\mathrm{dB}}}$ | 1.57 | 1.22 | 1.15 | 1.13 | 1.11 |

### 1.3.5　噪声的特征

噪声可以近似地看成是独立随机过程。可以用概率论中关于独立随机过程和平稳随机过程的理论来研究电子线路中的基本噪声。有时又将电子元器件中由于物理原因产生的噪声称为随机噪声。

1. 随机噪声

用数学语言来说,随机过程是一类没有确定的变化形式和必然的变化规律的过程。事物变化的过程不能用一个(或几个)时间 $t$ 的确定函数来予以描绘。但随机过程可以用一族随机函数来描述。例如,观测光电导探测器两端的热噪声电压,观测结果如图 1-29 所示,显示电阻两端电压一直是在随机波动着。一般来说,随机过程 $X(t)$ 是由一族随机

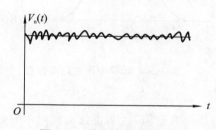

图 1-29　热噪声的随机过程

函数 $\{x_i(t)\}$ 组成的,对于每一个确定的时刻 $t$,随机过程都是一个随机变量 $X(t)$,因此,可以用随机变量的统计方法来描述随机过程的统计特性。

由于此处的噪声是一种随机过程,因此,任何时刻它的幅度及相位都是不可预先知道的,即噪声形式是随机的。但该噪声遵从独立平稳的随机过程的统计分布规律。

2. 噪声电压 $V_{\mathrm{n}}(t)$ 服从一定的统计分布规律

由于噪声电压在任何时刻都是一个连续的随机变量,因此,可以根据统计得出它的概率密度函数 $f(x)$(这里 $x = V_{\mathrm{n}}(t)$),且实验表明,大多数噪声(如热噪声、散粒噪声)的瞬时值概率密度函数符合正态分布,即

$$f(x) = \frac{1}{\sqrt{2\pi}\sigma} \mathrm{e}^{\frac{-(x-a)^2}{2\sigma^2}} \tag{1-69}$$

式中:$a$ 为独立平稳随机过程的均值;$\sigma^2$ 为独立平稳随机过程的方差。概率密度函数 $f(x)$ 的分布函数为

$$F(x) = \int_{-\infty}^{x} f(x)\,\mathrm{d}x \tag{1-70}$$

$f(x)$、$F(x)$ 两者具有不同的量纲。

而均值的数学含义为

$$E(x) = \int_{-\infty}^{+\infty} x \left[ \frac{1}{\sqrt{2\pi}\sigma} e^{\frac{-(x-a)^2}{2\sigma^2}} \right] dx = a \qquad (1\text{-}71)$$

方差的数学含义为

$$D(x) = \int_{-\infty}^{+\infty} (x-a)^2 f(x) dx = \int_{-\infty}^{+\infty} (x-a)^2 \left[ \frac{1}{\sqrt{2\pi}\sigma} e^{\frac{-(x-a)^2}{2\sigma^2}} \right] dx = \sigma^2 \qquad (1\text{-}72)$$

它们的实际物理含义为

$$a = \overline{x} = \overline{V_n(t)} = \lim_{T \to +\infty} \frac{1}{T} \int_0^T V_n(t) dt \qquad (1\text{-}73)$$

对于正态分布，$a=0$，即 $\overline{V_n(t)}=0$。

$\sigma^2$ 为噪声电压的均方值可表示为

$$\sigma^2 = \overline{x^2} = \lim_{T \to +\infty} \frac{1}{T} \int_0^T V_n^2(t) dt \qquad (1\text{-}74)$$

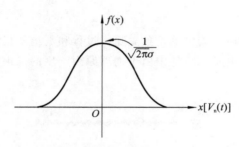

图 1-30　噪声电压的正态分布

对于噪声来说，$a=0$ 的随机噪声展现为以纵轴为对称轴的正态分布，如图 1-30 所示。

噪声电压的瞬时值为 $V_n(t)$，$\overline{V_n^2(t)}$ 可简记为 $\overline{V_n^2}=E_n^2$，代表了噪声功率的大小。这里用电压的平方代表功率的大小的理由是什么？因为 $\overline{V_n^2}$ 可以看作是这个电压作用在 $1\ \Omega$ 的电阻上对应的功率；同样，$\overline{I_n^2(t)}=\overline{I_n^2}=I_n^2$ 代表了噪声功率的大小，也是由于可以认为它作用在 $1\ \Omega$ 的电阻上。而均方根值 $\sqrt{\overline{V_n^2(t)}} = \sqrt{E_n^2} = E_n$，代表了噪声电压的有效值，这和正弦交流电中有效值的定义是完全一致的。

根据正态分布概率密度表达式，可以计算出噪声电压 $V_n(t)$ 落在下列区间的概率值：

$$P(0-\sigma < V_n < 0+\sigma) = 0.6826$$
$$P(0-2\sigma < V_n < 0+2\sigma) = 0.9544$$
$$P(0-3\sigma < V_n < 0+3\sigma) = 0.9974$$
$$P(0-4\sigma < V_n < 0+4\sigma) = 0.99994 \qquad (1\text{-}75)$$

可见，噪声电压主体分布在 $\pm 3.3\sigma$ 之间，这就是所谓的"$3\sigma$ 规则"。噪声电压瞬时值越过 $\pm 4\sigma$ 的可能性只有 $0.006\%$，因此 $\pm 3.3\sigma$ 常用于噪声电压测量。噪声电压的有效值与峰-峰值之间的关系为 $V_{n(rms)} = V_{n(p-p)}/1.414$。

有两种方法可以用来研究噪声：一种是在时域中分析研究；另一种是在频域中分析研究。两种方法互为补充，各有优劣。噪声是一种随机信号，不能用确定的时间函数表达式来描述，因此也无法用时域幅度谱来表示。噪声是一个近似的独立平稳随机过程，只要产生噪声过程的宏观条件不变，噪声功率在给定时间内的能量就不变。因此，可以用平稳随机过程的理论定义噪声的功率谱密度 $S(f)$ 来研究噪声的频谱分布：

$$S(f) = \lim_{\Delta f \to 0} \frac{P(f, \Delta f)}{\Delta f} \qquad (1\text{-}76)$$

式中：$P(f, \Delta f)$ 表示频率为 $f$、带宽为 $\Delta f$ 的噪声的平均功率。该式的含义在前面论述热噪声、散粒噪声时已经介绍过。

　　平稳随机过程的数字特征的特点是均值为常数,自相关函数为单变量 $\tau(\tau = t_2 - t_1)$ 的函数,这就使得随机过程的自相关函数的含义和确知信号的自相关函数的含义完全一致(这意味着相关理论可用于平稳随机过程的研究),可以共同地表达为

$$R(\tau) = \lim_{T \to +\infty} \frac{1}{T} \int_{-\frac{T}{2}}^{\frac{T}{2}} x(t) x^*(t - \tau) \mathrm{d}t \tag{1-77}$$

式中: * 为共轭号,如果为实函数,则共轭号 * 可以去掉。

　　正因为如此,平稳随机过程中的功率谱函数 $S(f)$ 与其自相关函数 $R(\tau)$ 是一对傅里叶变换关系,是维纳-欣钦(Wiener-Khinchine)关系,即

$$S(\omega) = \int_{-\infty}^{+\infty} R(\tau) \mathrm{e}^{-\mathrm{j}\omega\tau} \mathrm{d}\tau \tag{1-78}$$

$$R(\tau) = \frac{1}{2\pi} \int_{-\infty}^{+\infty} S(\omega) \mathrm{e}^{\mathrm{j}\omega\tau} \mathrm{d}\omega \tag{1-79}$$

这样,就可以通过自相关函数来求得噪声的功率谱;或相反,利用噪声的功率谱求得相关函数,进而利用相关函数进行相关检测。例如,白噪声的功率谱密度为常数,根据傅里叶逆变换,其自相关函数为冲激函数。

　　随机噪声的自相关函数 $R(\tau)$ 有以下几点重要性质。

　　(1) $R(\tau)$ 仅与时间差(即时延 $\tau$)有关,而与计算的时间起点无关(正因为如此,可用相关理论来分析噪声功率谱密度)。

　　(2) 由于绝大多数噪声是独立的随机过程,所以 $R(\tau)$ 随着 $\tau$ 的增加而衰减,即 $\tau \to +\infty$, $R(\tau) \to 0$。实际上 $R(\tau)$ 随 $\tau$ 的增加衰减得很快,根本用不着 $\tau \to +\infty$,这一性质在相关检测中有着重要意义。

　　当 $\tau = 0$ 时,有

$$\begin{aligned} R(0) &= \lim_{T \to +\infty} \frac{1}{T} \int_{-\frac{T}{2}}^{\frac{T}{2}} x(t) x^*(t - \tau) \mathrm{d}t \\ &= \lim_{T \to +\infty} \frac{1}{T} \int_{-\frac{T}{2}}^{\frac{T}{2}} x^2(t) \mathrm{d}t = \overline{x^2(t)} \end{aligned} \tag{1-80}$$

式(1-80)说明,噪声的自相关函数在 0 点的值就是噪声的均方值。

　　假如噪声是一个理想冲激函数,则它的频域函数就是一条直线。而实际上,噪声是一个窄脉冲,因而频谱仍是一个 Sa 函数。

　　噪声电压是无数个单脉冲电压叠加而成的,但由于噪声的随机性,各个脉冲的振幅频谱中相同频率分量之间没有确定的相位关系,所以,不能直接叠加得到整个噪声电压的振幅频谱。

　　虽然总电压的振幅频谱得不出来,但其功率频谱却是完全确定的。噪声是以功率形式表达的。由于单个脉冲的频谱是确定的,因此总噪声功率频谱也是确定的,那么由各个脉冲的功率频谱叠加而得到的整个噪声电压的功率频谱也是确定的。因此,常用功率谱来说明噪声的频率特性。

### 3. 光电图像信号的噪声

　　由于光电图像传感器的设计及信号处理方式等,在图像信号采集和处理中存在着不同类型的诸多噪声,这些噪声的存在妨碍了人对所接收的信源信息的理解。

　　光电图像传感器作为一种半导体图像传感器,其主要原理是内光电效应。因此,光的粒子性和半导体对热的敏感性都会在成像过程中得到体现,也就是光生电子和热生电子类噪声。

（1）暗电流噪声。

半导体热效应产生热生电子，即暗电流信号。暗电流信号与光生电荷信号一样以信号形式存在，但是对于图像传感器而言，暗电流信号不是有效信号。暗电流噪声属于热生电子型噪声，受环境温度和器件积分时间影响较大，通过控制环境温度并且在相同状态下减去暗场图像可以实现对该噪声的消除。

（2）散粒噪声。

光子散粒噪声是由光子发射的随机性造成的，这种随机性在时间域和空间域均存在。在时间域上的表现为同一像素在相同光照和固定积分时间下，每次积分过程中势阱内搜集的电荷均不同，且变化具有随机性，基本符合泊松分布。在空间域上的表现为在相同光照和固定积分时间下，一次积分过程中不同像素势阱内搜集的电荷均不同，且变化具有随机性，同样符合泊松分布。这种随机噪声无法减少和抑制，因此成为限制光电成像传感器信噪比的基本因素。

由于散粒噪声是无法消除的，因此不能直接通过电路设计抵消。可利用散粒噪声属于随机噪声的特性，采用多次测量取平均的方法来进行抑制。具体做法为：在相同光照、温度和积分时间条件下采集 $N$ 帧图像，求取单个像素 $N$ 次采样的均值，从而消除单像素散粒噪声的影响。

（3）光子响应非均匀性噪声。

光子响应非均匀性噪声是由器件制造过程中各像素的通光面积，以及膜层透光程度的差异引起的，它体现了像素间响应度的差异，属于固定的系统噪声。该噪声也无法通过电路抑制，但如果能够进行精确的测试，则可以通过后续的图像处理进行校正和补偿。

（4）低频噪声、KTC 噪声、读出噪声、量化噪声。

在由驱动电路引入的噪声中，部分噪声可以通过相关电路的设计进行抑制，如 KTC 噪声。而电路读出噪声或量化噪声在使用过程中会作为本底噪声一直存在。

由于噪声的特点是不可预测的，现在普遍采用概率统计方法来推出随机误差，借助计算机算法来描述噪声随机现象。但在很多情况下，这样的描述方法是很复杂的，且实际应用中往往也不必要。所以通常是用数字特征来反映噪声的特征。

# 1.4 ‖ 集成电路工艺基础

由于集成光电和微电子技术的飞速发展，许多原来是分立的光电器件现在可以实现集成化的设计和制作。所以，本书的内容一直是以集成作为线索来展开的。

事实上，正是微纳加工工艺的持续提升，缩小了光电探测器件单元的尺寸，在原来的面积里实现了更高集成度的设计。这决定了光电信号系统的发展走向，同时，集成化程度又决定了光电系统的功能、体积和成本。

## 1.4.1 光电处理器件的工艺基础

### 1. 材料基础

硅材料具有高折射率差、损耗低等优点，且具有良好的热光效应，同时也是较好的传播光的波导材料。然而在光电集成领域，它却并不是特别适合用来制作光电器件。其限制因素主要有两点：其一，硅材料不是一种直接带隙材料，它的发光效率较低，室温条件下的发光效率在 $10^{-7} \sim 10^{-6}$ 量级，与直接带隙的半导体材料相比小几万倍，因而一直被认为不适合用来制作光源材料；其二，硅不具备线性电光效应等，因此也不是很适合用来制作光调制器、光开关等信号处理器件。但是鉴于硅材料本身具备的优点并且可以与成熟的 CMOS 工艺高度兼容的特点，科研工作者们经过几十年的努力，依旧获得了令人瞩目的成就。Intel 公司早在 2004 年就研制出调制带宽超过 1 GHz 的硅基高速光波导调制器，紧接着于 2005 年报道了波长为 1686 nm 的连续硅基拉曼激光器。2006 年，世界首个电泵浦硅基 Ⅲ-Ⅴ 族混合硅激光器被 Intel 公司和加州大学联合研制成功。硅基电光调制器也在 2007 年有了突破性的进展，其 3 dB 带宽扩展到 30 GHz，实现了 40 Gb/s 的信号传输速率。IBM 公司在 2013 年第一次实现了真正意义上的单片集成，在 90 nm CMOS 工艺线集成了光路和电路的 25 Gb/s WDM 系统。

光电探测器是将入射光能量转化为电信号的光电子器件，它不像激光器那样必须使用直接带隙的材料，因此硅虽然是间接带隙材料，但也可以制作探测器。作为应用最为普遍的半导体材料，硅一直在努力实现硅基光电的集成和应用。

许多年过去了，人们在硅及锗硅合金上发展出了各种光子学结构和相关的应用，如光耦合、光波导、光探测、放大器，以及各类电信号处理的 IC 器件或者系统。

由于锗硅在红外波段具有高的响应，同时其制备技术和 CMOS 工艺兼容，因而锗硅探测器成为目前最有前景的硅基光电探测器。

然而，正是由于硅一直不能作为光发射器件来应用，人们也通过在其他 Ⅲ-Ⅴ 半导体基底（如 InP、GaAs 等）上制作光发射和光探测器件。然后，以这些基底制作的光有源器件会与硅基无源器件、硅基有源器件（如锗硅探测器等）进行混合集成。

这些器件也可以通过模块化设计的方式，然后借助 System in Package（SIP）技术实现。混合集成在一定程度上推进了光电组件封装技术的发展，并进一步推动了光电信息行业的进步和发展。

当然，基于硅材料上较为成熟的半导体工艺设计的各类微电子器件，如放大器、滤波器、ADC 等都可以在成熟的微电子工艺制程上得以实现。也有一部分探测器可以用这些类似工艺来获得，如 CCD、CMOS、光电二极管等。下面将着重介绍微电子的基本单元结构——MOSFET（见图 1-31）的具体制作工艺。

**2. 平面工艺技术**

利用研磨、抛光、氧化、扩散、光刻、外延生长、蒸发等一整套平面工艺技术，在一小块硅单晶片上同时制造晶体管、二极管、电阻和电容等元件，并且采用一定的隔离技术使各元件在电性能上互相隔离，然后在硅片表面蒸发铝层，并用光刻技术刻蚀成互连图形，使元件按需要互连成完整电路，制成半导体单片集成电路。随着从小、中规模单片集成电路发展到大规模、超大规模集成电路，平面工艺技术也随之得到发展。例如，扩散掺杂发展成用离子注入掺杂；紫外光刻发展出一整套微细加工技术，如采用电子束曝光制版、等离子刻蚀、反应离子铣等；外延生长发展成采用超高真空分子束外延技术；采用化学汽相淀积工艺制造多晶硅、二氧化硅和表面钝化薄膜；互连细线除采用铝或金以外，还采用了化学汽相淀积重掺杂多晶硅薄膜和贵金属硅化物薄膜，以及多层互连结构等工艺。

现在平面工艺已经是制造各种半导体器件与集成电路的基本工艺技术。

**1）薄膜集成电路**

整个电路的晶体管、二极管、电阻、电容和电感等元件及其间的互连线，全部用厚度在

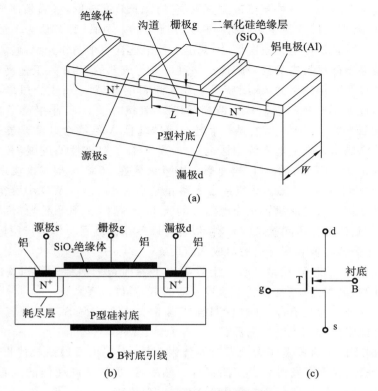

图 1-31　MOSFET 晶体管结构

1 μm以下的金属、半导体、金属氧化物、多种金属混合相、合金或绝缘介质薄膜，并通过真空蒸发、溅射和电镀等工艺重叠构成。用这种工艺制成的集成电路称为薄膜集成电路。

薄膜集成电路中的晶体管采用薄膜工艺制作，它的材料结构有两种形式：①薄膜场效应硫化镉和硒化镉晶体管，还可采用碲、铟、砷、氧化镍等材料制作晶体管；②薄膜热电子放大器。薄膜晶体管的可靠性差，无法与硅平面工艺制作的晶体管相比，因此完全由薄膜构成的电路尚无普遍的实用价值。

2）厚膜集成电路

由于集成电路工艺的限制，很难以低成本在一个元件上集成光电探测器、信号处理和输出控制电路。在集成工艺不成熟的阶段，为了减少电路的设计难度和生产调试难度，可将部分功能电路分别做成体积较小的模板，做好引脚并封装成一个较大的集成电路的形状，再作为一个零件装配在电路板上。这个封装好的模板称为厚膜集成电路，以区别于普通的集成电路。

厚膜集成电路通常采用丝网印刷和烧结等厚膜工艺在同一基片上制作无源网络，并在其上组装分立的半导体器件芯片、单片集成电路或其他微型元件，再外加封装后形成的混合集成电路。厚膜混合集成电路是一种微型电子功能部件。

与薄膜混合集成电路相比，厚膜混合集成电路的特点是设计更为灵活、工艺简便、成本低廉，特别适合多品种小批量生产。在电性能上，它能耐受较高的电压、更大的功率和较大的电流，适用于各种电路，特别是消费类和工业类电子产品用的模拟电路。带厚膜网路的基片作为微型印制线路板已得到广泛的应用。

### 3. CMOS 工艺技术

因为对电路性能的许多限制均与制造工艺问题有关,所以在集成电路及版图的设计中,整体了解器件的工艺是十分必要的。而且,现在的半导体技术要求工艺工程师和电路设计师之间经常地交流以熟悉相互的需要,因而我们必须对工艺的基本规则有一定的了解。

在介绍制造工艺之前,我们有必要先了解 NMOS 和 PMOS 晶体管的基本结构及所需要的生产工序,了解如何在一个 P 型衬底(晶片)上形成阱、源/漏区、栅介质、多晶硅、N 阱连接、衬底连接以及金属互连。

这种单晶硅的生长可采用"切克劳斯基法"(Czochralski method)实现:将一块单晶硅的籽晶浸入熔融硅中,然后在旋转籽品的同时逐渐地将其从熔融硅中拉出。这样,一个可以切成薄晶片的大单晶"棒"就形成了。随着新一代工艺的诞生,晶片的直径在随之增大,现今已超过了12 in(1 in＝2.54 cm)。注意,要在熔融硅中掺入杂质来获得所需要的电阻率。然后,晶片被抛光和化学腐蚀,以去除在切片过程中造成的表面损伤。在大多数 CMOS 工艺中,晶片的电阻率为 $0.05{\sim}0.1\ \Omega \cdot cm$,厚度为 $500{\sim}1000\ \mu m$(这一厚度在所有的工序完成后会减小到几百微米)。

#### 1) 氧化

硅的一个独有特性是,可以在其表面生成非常均匀的氧化层而几乎不在晶格中产生应力,从而允许制造的栅氧化层薄到几个埃(只有几个原子层)。除了作为栅的绝缘材料外,氧化层在很多制造工序中可以作为保护层。在器件之间的区域,也可以生成一层称为"场氧"(FOX)的厚 SiO 层,使后面的工序可以在其上制作互连线,如图 1-32 所示。

场氧是将二氧化硅裸露硅片放在 1000 ℃ 左右的氧化气体(如氧气)中"生长"而成的,其生长速度取决于氧化气体的类型和压强、生长的温度以及硅片的掺杂浓度。

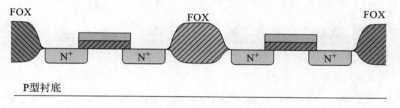

**图 1-32　场氧**

栅氧化层的生长是非常关键的一道工序。因为氧化层的厚度 $t_0$ 决定了晶体管的电流驱动能力和可靠性,所以其精度必须控制在几个百分点以内。例如,在晶片相距 $20\ \mu m$ 的两个晶体管,它们的氧化层厚度差必须小于几个埃,这就要求整个晶片上的氧化层厚度具有极高的均匀性,并因此而要求氧化层缓慢生长。而且,其下面的硅表面的"清洁程度"也会影响沟道中载流子的迁移率,并会因此而影响晶体管的电流驱动能力、跨导和噪声。

#### 2) 薄膜淀积

薄膜淀积是集成电路制造过程中必不可少的环节,传统的薄膜淀积工艺主要有 PVD、CVD 等气相淀积工艺。

随着技术发展,现在光电探测器和微电子器件的制造工艺也都越来越复杂,主要包括高深宽比的沟开挖、在源与漏中不掺杂、完全平行的侧壁、众多级的台阶、在整个硅片面上均匀的淀积层、一步光刻阶梯成形、硬掩模刻蚀、通孔工艺、孔内壁淀积工艺、多晶硅沟道、电荷俘获型存储、多种材料的通孔刻蚀、复合多层膜沉积等。

相比传统的 PVD 和 CVD 等淀积工艺,ALD 充分利用表面饱和反应,天生具备厚度控制和高度的稳定性能,对温度和反应物通量的变化不太敏感。因此,ALD 法沉积的薄膜兼具高纯度、高密度,既平整又具有高度的保型性,即使对于纵宽比高达 100∶1 的结构也可实现良好的阶梯覆盖。而 ALD 此前主要的缺点在于沉积速度较慢,大约 1 Å/min,但是随着目前沉积薄膜层厚度要求越来越薄,这一缺点的影响已不再成为问题,ALD 在栅氧化层、扩散阻挡层和存储器结构中的电极薄膜层已应用得越来越广泛。

3) 光刻

光刻是半导体器件平面工艺中的一个重要技术,是利用紫外光线进行辐照,借助光刻胶的曝光交联特性,将掩膜版上的图形转移到光刻胶上的过程。一般的光刻工艺要经过硅片表面清洗、涂底胶、施光刻胶、软烘、对准曝光、显影、坚膜、刻蚀、去胶等工序(见图 1-33)。光刻需要用到的关键设备是光刻机。光刻机走过了从接触式光刻机、接近式光刻机、全硅片扫描投影式光刻机、分布重复投影式光刻机到目前普遍采用的步进式扫描投影式光刻机的发展历程。另外,在光刻机的开发中,使用的光源从 436 nm g-line 到 365 nm I-line,之后到 248 nm KrF 受激准分子激光器,再到 193 nm ArF 受激准分子激光器,近年又开始使用 13.5 nm 极紫外(EUV)光源。

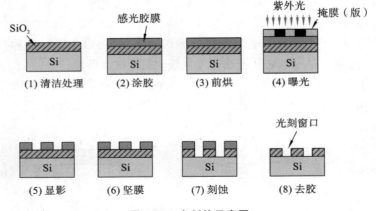

图 1-33　光刻的示意图

目前,在集成电路产业中使用的中、高端光刻机采用的是 193 nm ArF 光源和 13.5 nm EUV 光源。使用 193 nm 光源的干法光刻机,其光刻工艺节点可达 45 nm。进一步采用浸液式光刻、光学邻近效应矫正(OPC)等技术后,其极限光刻工艺节点可达 28 nm。然而当工艺尺寸缩小至 22 nm 时,则必须采用辅助的两次图形曝光技术(double patterning,DP)。使用两次图形曝光会带来两大问题:一是光刻加掩模的成本迅速上升;二是工艺的循环周期延长。因而,在 22 nm 的工艺节点,光刻机发展处于 EUV 与 ArF 两种光源共存的状态。对于使用液浸式光刻及两次图形曝光的 ArF 光刻机,它可以将光刻工艺节点延伸至 10 nm,之后将很难持续。而 EUV 光刻机作为下一代光刻技术的唯一代表,目前已经使集成电路工艺制程继续延伸到 7 nm、5 nm。

光刻工艺首先是在晶圆表面建立尽可能接近设计规则中所要求尺寸的图形,其次是在晶圆表面正确定位图形。

光刻是把电路版图信息转移到晶片上的第一步。正如 CMOS 非门所示的那样,版图由代表不同类型层的多边形组成,如 N 阱、源/漏区、多晶硅和接触孔等。出于制造的目的,我们把版图分解成多个层,图 1-34 所示的版图分成了五个不同的层,其中每一层都要在晶片上以很高的精度加工出来。值得注意的是,"有源"(或"扩散")层包括源/漏区和用于连接衬底及阱区的 $P^+$、$N^+$ 接触区。

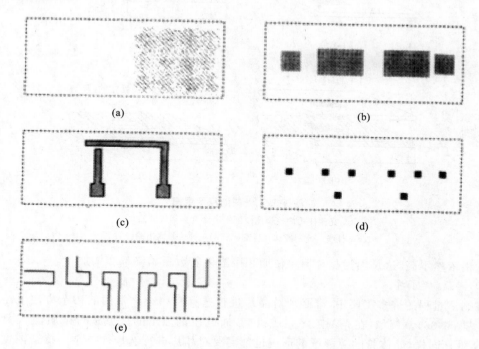

(a)

(b)

(c)

(d)

(e)

**图 1-34　组成 CMOS 结构的层**
(a)N 阱;(b)有源区;(c)多晶;(d)接触窗口;(e)金属层

　　为了解某一层是如何从版图转移到硅片上的,我们以图 1-34 中的 N 阱图形为例来说明。首先,利用被精确控制的电子束将该图形"写"在透明玻璃"掩模版"上(见图 1-35(a))。然后,在晶片上涂一薄层,即光照后刻蚀特性会发生变化的"光刻胶"(见图 1-35(b))。接下来,将掩模版置于晶片上方,用紫外线将图形投影到晶片上(见图 1-35(c))。曝光区域的光刻胶随即"变硬",不透明区域的光刻胶则保持"松软"。将晶片放到腐蚀剂中后"松软"的光刻胶被去除,从而暴露出下方的硅表层(见图 1-35(d))。这样,就可以在暴露出的区域制作 N 阱了。这一系列操作过程称为一次光刻流程,而与每一层的光刻相关的流程都需要一块掩模版和三道工序:

　　(1)在晶片上涂光刻胶;

　　(2)对准掩模版并进行曝光;

　　(3)刻蚀曝光后的光刻胶。

　　值得注意的是,在光刻中有两类光刻胶,"负"性光刻胶在曝光的区域是坚硬的,"正"性光刻胶在未曝光的区域是坚硬的。

　　在生产中用到的掩模版数目会严重影响制造的整体造价,并最终影响芯片的单位价格。这主要基于两个原因:一是每一块掩模版价值数千美元;二是出于必要的精确度要求使光刻成为一项缓慢而昂贵的作业。实际上,CMOS 技术最初的吸引力就是其相对较少的掩模版数量——大约七块。尽管在现代 CMOS 工艺中,掩模版的总成本很高昂,但是每块集成电路芯

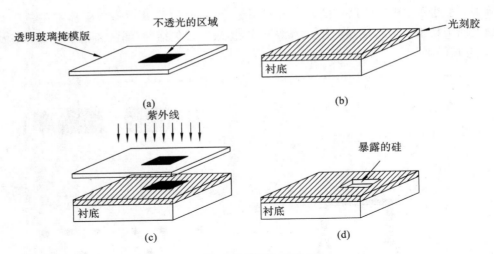

**图 1-35    光刻流程示意图**

(a)光刻使用的玻璃掩模版;(b)涂有光刻胶的晶片;

(c)紫外线对光刻胶选择性曝光;(d)刻蚀后暴露出的硅衬底

片的价格依然不高,这是因为晶片上单位面积中晶体管数目始终都在增加。

4)掺杂(离子注入)

在制造过程的许多工序中,都必须对晶片进行选择性掺杂。常用的掺杂方法就是离子注入法(见图 1-36)。例如,在光刻工序完成以后,通过在刻蚀出的区域进行杂质注入 P 离子而形成 N 阱。同样,晶体管的源漏区的形成也都需要对晶片进行选择性掺杂。掺杂浓度(剂量)由注入密度和注入时间决定,而掺杂的深度则取决于离子束的能量。

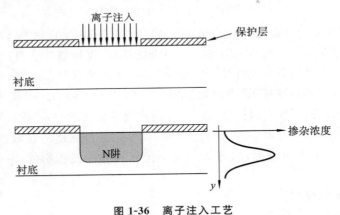

**图 1-36    离子注入工艺**

(a)离子注入;(b)纵向离子分布

离子注入是通过高压下杂质离子轰击注入硅片中,然后经过退火使杂质激活,从而达到改变电学性能的目的。离子注入的优点是:可精确控制杂质含量,获得很好的杂质均匀性,对杂质分布深度能很好地控制,且无固浓度限制;离子注入的主要缺点是:高能杂质轰击原子将对晶体结构造成辐射损伤,不过大多损伤都可以通过高温退火得以修复。

光电传感器 CCD 中的 BCCD、沟阻、势垒、槽、收集二极管等都是通过离子注入工序来实现的,而场区、地、源和漏则是在热扩散中完成的。

离子注入的另一个重要应用是在晶体管之间形成"沟道阻断"区。例如,如图 1-37 所示的

$M_1$ 和 $M_2$ 两个相邻 MOS 管的场氧区和源/漏结,假设一根互连线从场氧上通过,两个 $N^+$ 区和场氧形成一个 MOS 晶体管,当连线上有很高的正电势时,该晶体管就会微微导通,在 $M_1$ 和 $M_2$ 之间形成漏电通路。为了解决这个问题,通常在场氧淀积之前先进行沟道阻断注入(也称为场注入),从而大幅度地提高场氧晶体管的阈值电压。

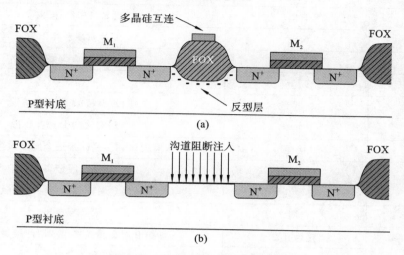

图 1-37 离子注入"沟道阻断"应用

(a)场氧引起的有害导电层;(b)沟道阻断注入

离子注入会严重地破坏硅的晶格,因此,离子注入后通常会将硅片在大约 1000 ℃下加热 15~30 min,以使晶格键再次形成。这道工艺称为"退火",它同时会引起杂质扩散,使杂质分布在各个方向展宽。例如,退火会导致源/漏区侧向扩散,形成与栅覆盖区域的交叠。因此,一般在所有注入都完成后进行一次退火。

通过以上的光刻和离子注入形成有源区。

例如,可通过光刻和离子注入来形成 MOSFET 上的选择扩散区,具体光刻工艺如下:

(1) 在要进行光刻的硅片上均匀地涂覆光刻胶;

(2) 用紫外线使通过玻璃掩模版所选择的区域曝光;

(3) 在被曝光的区域,光刻胶发生化学物理变化而被腐蚀去除,使硅片直接暴露在窗口;

(4) 用离子注入的方法从窗口向硅片注入符合设计要求浓度的掺杂,产生 N 阱、P 阱、$N^+$ 或者 $P^+$ 选择扩散区;

(5) 去除光刻胶,生成设计所要求的半导体结构。

用类似的方法还可以实现薄氧化层和厚氧化层的制作。在工艺过程中,金属、多晶硅和绝缘材料等被淀积在硅片上,每淀积一层就通过光刻-腐蚀来形成这一层所需的形状。实际上在硅片上的所有工艺步骤,都是用光刻来确定被处理的位置和形状的,每一步工艺都要进行一次光刻,并要求有一个特定的掩模。一个复杂的超大规模模拟数字混合集成电路芯片要经过二十次左右的光刻步骤来完成,每一次光刻使用不同的光刻掩模版图,产生不同的工艺层。基本的工艺层包括:有源区、N 阱、P 阱、N 型选择扩散、P 型选择扩散、多晶硅、有源区和多晶硅连接金属 1 的电接触,金属层 1,金属层 2,…,最上一层金属,以及金属层之间的连接通孔,等等。而且这些工艺层的版图在平面位置上必须严格对准。

CMOS 集成电路芯片工艺的一些基本步骤如表 1-2 所示,每一个步骤产生一个对应的半导体结构。表中所列的工艺包含有 5 层金属导体。

表 1-2　CMOS 版图设计环节

| 序　号 | 工　艺　层 | 说　　明 |
|---|---|---|
| 1 | 薄氧化层 | 有源区 |
| 2 | P 阱 | 在 P 阱中制作 N 管 |
| 3 | N 阱 | 在 N 阱中制作 P 管 |
| 4 | 厚氧化层 | 工作电压为 3 V 的有源区 |
| 5 | 多晶硅 | 栅极 |
| 6 | N 扩散 | 源极/漏极的 N 选择扩散 |
| 7 | P 扩散 | 源极/漏极的 P 选择扩散 |
| 8 | 接触 | 有源区和多晶硅接触金属 1 的接触 |
| 9 | 金属 1 | 第 1 层金属 |
| 10 | 接触孔 1 | 第 1 层金属连接第 2 层的接触孔 |
| 11 | 金属 2 | 第 2 层金属 |
| 12 | 接触孔 2 | 第 2 层金属连接第 3 层的接触孔 |
| 13 | 金属 3 | 第 3 层金属 |
| 14 | 接触孔 3 | 第 3 层金属连接第 4 层的接触孔 |
| 15 | 金属 4 | 第 4 层金属 |
| 16 | 接触孔 4 | 第 4 层金属连接第 5 层的接触孔 |
| 17 | 金属 5 | 第 5 层金属，最上面一层的金属 |

随着工艺精细水平的提高，工艺的特征尺寸缩小到纳米量级，用于光刻工艺的紫外线波长已经超过所要求的加工尺寸，无法正确地实现精细尺寸的光刻。因此，人们广泛使用 X 射线和电子束曝光来实现光刻工艺，它们的"掩模"的物理形式与紫外线曝光的有很大不同，但从设计的角度看，工艺层和版图的概念并没有因此而不同。

### 1.4.2　版图设计

在 CMOS 工艺中，芯片的电路结构是通过光刻的版图来实现的，所以芯片物理设计是通过对工艺版图的设计完成的。

掌握一些 MOSFET 版图的知识对器件的学习是有好处的。MOSFET 版图由电路中器件要求的电特性和工艺要求的设计规则共同决定。例如，选择适当的 $W/L$ 来确定跨导和其他电路参数，而 $L$ 的最小值由工艺决定。除了栅极外，源极和漏极的面积也必须正确地确定。

图 1-38 为 MOSFET 的鸟瞰图和俯视图。多晶硅栅和源及漏端一般连接到具有低电阻和电容的金属（铝）互连线上。为了实现这一目的，在每个区域必须有一个或多个"接触窗口"。这些窗口填满了金属并与上层金属线连接。应注意，多晶硅栅要超出沟道区域一定的量，以确保晶体管的边缘有安全的定界。

源结和漏结在晶体管的性能中起着重要的作用，为了使它们的电容最小，每个结的总面积必须最小。如图 1-38 所示，结的一个尺寸等于 $W$，而另外的尺寸必须足够大以满足接触孔的需要,并由工艺设计规则决定,如图 1-39 所示。

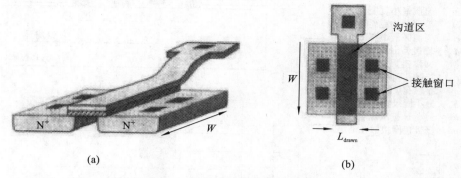

图 1-38　MOSFET 的鸟瞰图和俯视图
(a)鸟瞰图;(b)俯视图

CMOS 超大规模集成电路的设计方法学,是在 1979 年由林恩·康薇和卡弗·米德合著出版的《Introduction to VLSI Systems》一书中提出的。该方法随即带来了超大规模集成电路(VLSI)设计的革命。随着 CMOS 工艺的成熟,从 20 世纪 80 年代起,VLSI 引领了电子学、计算机、数字通信和整个 IT 业的飞速发展。一个 CMOS 集成芯片的设计工程包含了从半导体物理、电子电路到计算机体系结构的大跨度多领域知识。以 VLSI 设计方法为基础,在体现半导体物理知识的 CMOS 工艺线上,进行规范化的

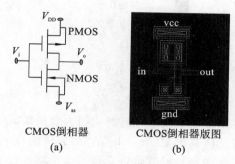

图 1-39　CMOS 结构电路示意图
(a)非门的结构;(b)版图

加工生产,被称为"晶圆代工(silicon foundry)"。在这种工艺线上生产出来的产品具有高度一致的基本半导体参数,而不同性能的器件,只用不同的平面形状和尺寸来实现,不同的电路功能,又用不同性能的器件之间不同的连接来实现。换言之,用完全相同的工艺,只改变版图就能制造不同性能和功能的超大规模集成电路芯片产品。这样一来,特定性能和功能的芯片设计工程,只包含体现电路和系统结构的版图设计,而不再包含扩散的浓度或掺杂之类的半导体物理设计。

从设计角度出发,晶圆代工工艺线提供版图设计规则和半导体参数模型,就可以用计算机辅助设计方法,由电路和系统工程师设计超大规模集成电路芯片。

从工艺技术角度讲,同一个工艺精密的 CMOS 工艺线,用不同的版图就能制造出不同性能和功能的 CMOS 集成芯片,这也成为当代超大规模集成设计和制造的基础。

在 20 世纪 70 年代集成电路发展的早期,集成电路设计曾对半导体工艺细节高度依赖。当下,晶圆代工已经成为 CMOS 集成电路工艺普遍采用的方法,设计公司专注于设计,而工艺流片则交给专门的代工厂。

一个特定的晶圆代工工艺线,应该向芯片的设计者提供对应于本工艺线的加工几何形状和尺寸的设计规则,被称为版图设计规则(layout design rules)。工艺线应保证符合规则的设计能在工艺中实现,并在批量生产中保证高合格率。图 1-40 所示的为版图设计规则的一部分,实际的规则是非常复杂的,它必须完全覆盖设计中包含的所有结构和工艺层,并由计算机

辅助设计工具(design rules checking,DRC)来检查巨大规模和非常复杂的版图设计。

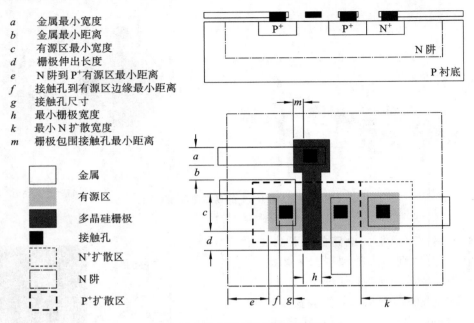

| | |
|---|---|
| $a$ | 金属最小宽度 |
| $b$ | 金属最小距离 |
| $c$ | 有源区最小宽度 |
| $d$ | 栅极伸出长度 |
| $e$ | N 阱到 P$^+$有源区最小距离 |
| $f$ | 接触孔到有源区边缘最小距离 |
| $g$ | 接触孔尺寸 |
| $h$ | 最小栅极宽度 |
| $k$ | 最小 N 扩散宽度 |
| $m$ | 栅极包围接触孔最小距离 |

| | |
|---|---|
| □ | 金属 |
| ▨ | 有源区 |
| ■ | 多晶硅栅极 |
| ■ | 接触孔 |
| ⌷ | N$^+$扩散区 |
| □ | N 阱 |
| ⌷ | P$^+$扩散区 |

**图 1-40　基本的 CMOS 版图结构**

　　按照晶圆代工方式制造超大规模集成芯片,代工厂必须向芯片设计者提供 CMOS 器件电路设计仿真模型(models)的方式,传递特定工艺线的基本半导体参数,从而供设计者实现器件和电路的参数。电路仿真是当今电路设计的重要手段,模拟电路和数字电路的设计者用计算机辅助设计的仿真工具计算电路设计的结果,并用波形、数据和曲线的方式显示出来。仿真的重要依据是器件的模型,模型数学描述的准确性和电参数的精确度,决定了仿真结果是否可以与实际情况高度吻合。最基本的模拟电子电路仿真工具是 SPICE(simulation program with integrated circuit emphasis),这是一款从 20 世纪 70 年代开始在美国伯克利-加利福尼亚大学开发的仿真软件。当前水平的 CMOS 工艺节点使用 BSIM3 和 BSIM4 仿真模型。图 1-41 所示的为一个描述 MOSFET 参数特性的仿真文件,它被用于 SPICE 仿真,符合某特定工艺线的特性并由这个工艺线提供。

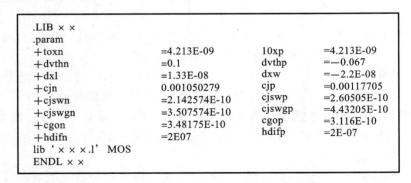

```
.LIB × ×
.param
+toxn          =4.213E-09      10xp      =4.213E-09
+dvthn         =0.1            dvthp     =−0.067
+dxl           =1.33E-08       dxw       =−2.2E-08
+cjn           0.001050279     cjp       =0.00117705
+cjswn         =2.142574E-10   cjswp     =2.60505E-10
+cjswgn        =3.507574E-10   cjswgp    =4.43205E-10
+cgon          =3.48175E-10    cgop      =3.116E-10
+hdifn         =2E07           hdifp     =2E-07
lib ' × × ×.l' MOS
ENDL × ×
```

**图 1-41　一个描述 MOSFET 参数特性的仿真文件**

逻辑电路的仿真通常用 Verilog HDL 或 VHDL 的仿真软件工具,而基本逻辑单元的参数也是用 SPICE 仿真产生的。由于当代微型计算机硬件达到极快的运算速度,并具备极大的存储容量,所以 SPICE 程序可以仿真相当复杂的模拟电路,或直接仿真相当规模的逻辑电路部件。

　　CMOS 图像传感器的设计和制作可以使用所有超大规模集成的现成方法。一些晶元代工厂商也向图像传感器和带图像传感功能的超大规模系统设计项目提供设计规则和仿真模型,甚至提供改善图像传感器性能所需要的特殊工艺。

　　综上所述,所有应用或潜在应用 CMOS 图像传感器的电路和系统设计师,都有可能而且应该考虑设计完全符合自身系统要求的,并且可能嵌入大规模数字模拟系统中的 CMOS 图像传感器,使系统具备更高的功能和性能。一个全定制(full custom)的 CMOS 图像传感器,不但可以取得市场优势,而且可以使系统产品占据知识产权的制高点。

　　一个可能的 CMOS 图像传感器芯片设计流程如图 1-42 所示。流程的最上端是芯片的系统设计,包括征集系统对芯片的要求和芯片与系统的连接特性,以及芯片本身作为一个子系统的设计。由于芯片的光电传感器特点,在芯片系统工程中必须同时考虑光学设计元素,芯片中的传感器及其阵列的设计应满足图像的光学特性和光学透镜提出的要求。

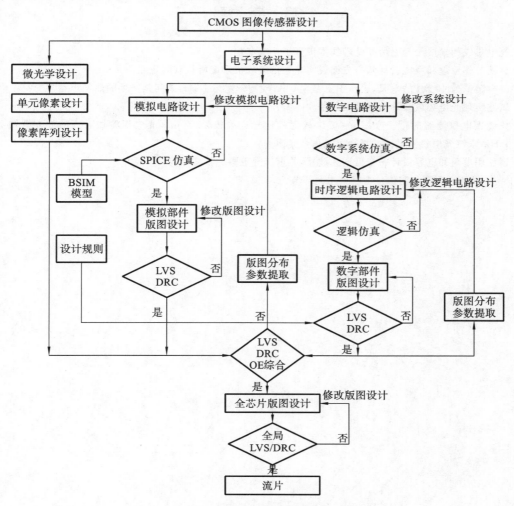

**图 1-42　CMOS 图像传感器芯片设计流程图**

流程中电子系统的设计是设计工作的主要部分,分为模拟电路设计和数字电路设计两个部分。模拟电路采用全定制设计方法,设计师直接利用电子学知识设计模拟电路,设计的模拟部件可以采用其他厂商版权的 IP Core(intellectual property core),SPICE 仿真和厂商提供的 BSIM 模型帮助设计师验证和修正设计的电路。模拟电路的版图通常采用手工设计方式。设计完成的版图通过与设计的电路相比较(layout versus schematics,LVS)验证程序和通过设计规则检查(DRC)。最后修改的版图设计经过分布参数提取,把版图的分布参数加入电路原理图中,并再次经过 SPICE 仿真。反复修改和检查,直到电路和版图完全合乎设计要求。

数字电路部分首先经过系统设计,完成全系统的功能和时序分配,并经过系统仿真确认功能和时序的正确性。逻辑电路部分的设计可以用全定制设计方法或半定制设计方法,以及利用 IP Core 部件。逻辑电路部分经过逻辑仿真验证,与模拟电路一样也必须通过设计规则检查,以及版图与电路的比较。最后验证确认的像素列阵、模拟电路部分和数字电路部件三部分版图集合成一个全芯片版图,完成全部设计。严格按照这样流程设计的芯片经过试投片,设计成功的概率非常高。

## 思 考 题

1-1 光电集成的发展给光电信号处理技术带来了什么变化?

1-2 试从工作原理和系统设计两个方面说明光通信接收机系统所具有的特点。

1-3 一个阻值为 100 Ω 的电阻,工作于室温 300 K,检测带宽为 1 Hz,请问其产生的热噪声是多少?

1-4 试述实现光电集成设计需要满足的条件。

1-5 假设光电检测器的量子效率 $\eta = 0.5$,入射的信号光波长 $\lambda = 1~\mu m$,光电探测器后面的放大器的 $\Delta\nu = 1$ Hz,求该光电检测系统的最小可测信号是多少?

1-6 请使用电阻和电容设计一个低通滤波器,并求其等效噪声带宽 $\Delta f_n$。

1-7 一个 CMOS 非门的制作包含哪些工艺环节?

# 第 2 章
# 光电探测器与信号噪声模型

## 2.1 ‖ 光电探测器的物理基础

在人类生存和发展过程中,需要获取各种各样的信息。例如,人们在生活中需要不时感知自己的健康信息、居住的环境信息、生产活动时仪器设备的状态信息等。很多信息的获取都得借助传感器。一般来说,传感器将采集到的信息转变成电信号,然后经过电路的采样、去噪、放大、模数转换,变为数字信号,经由数字电子系统如计算机等进行存储、运算、处理等操作,并且在屏幕上复现或显示对应的数据,为用户所接收。之所以选择电信号(电量,即电流和电压)作为大部分传感器采集的非电量(温度、压强等)的转换结果,是因为电信号在产生、控制和处理上都十分方便和精确,且容易转换为数字信号。然而,电信号在传输速率上会受到电信号参数和电子仪器的限制,无法达到特别高的信息传输速率,同时也容易被干扰。

随着 5G 时代到来,人们对信息传输提出了更高的要求。光子作为信息的载体,具有许多电子无法比拟的优势。光子的传输速度更快,带宽更宽,作为电中性粒子相互之间不会发生干扰,能耗低,抗干扰能力强。另外,光还具有光强、频率、偏振、相位等多种参数,每个参数都可以加载信息,从而具有更高的信息容量。正因为如此,光电传感器受到了广泛关注。

作为光电传感器的敏感单元,光电探测器基于对电中性的光子进行探测,因此赋予了光电传感器非接触、高精度、抗干扰等优点,在测量的过程中对被检测物体几乎没有影响,自问世以来在测量与控制等多个领域受到广泛关注。随着科学技术的不断进步,光电探测器的种类越来越多,应用也越来越广泛,在一些领域已经依靠低成本、无接触、抗干扰等特点,部分替代原本的测量方法。例如,离子烟感报警器基于电离辐射的离子工作,尽管精度高,但是成本也高,并且有电离辐射污染,在一部分对灵敏度要求不高的场合已被低成本、环保的光电烟感报警器替代。

本章主要讨论光电探测器中的光电导探测器、光伏探测器、光热探测器,介绍它们的物理效应、器件结构、工作特性、偏置电路、噪声特性和等效电路模型。

### 2.1.1 辐射度量

光电探测器获取的是光辐射的信息,为了对光辐射进行定量分析,就需要使用对应的计量单位。光辐射的计量单位有辐射度量和光度量。辐射度量是使用能量单位对电磁辐射能量的客观描述,采用的基本单位为瓦特(W)或焦耳(J),可以应用到整个电磁辐射的波段。光度量考虑到人眼只对可见光波段有视觉响应且响应度随波长变化的因素(380~760 nm),是对光辐射在人眼视觉中的明暗程度的描述,只处理可见光波段。下面我们简单回顾已经学习过的相关概念。

(1) 辐射能。

物体以电磁波的形式发射或传输的能量称为辐射能,用符号 $Q_e$ 表示,单位为焦耳(J)。

(2) 辐射通量。

单位时间内流过的辐射能称为辐射通量(或辐射功率),用符号 $\Phi_e$ 表示,单位为瓦特(W),表达式为

$$\Phi_e = \frac{\mathrm{d}Q_e}{\mathrm{d}t} \tag{2-1}$$

(3) 辐射出射度。

辐射体从表面单位面积 $\mathrm{d}A$ 上向半球空间发射的辐射通量 $\mathrm{d}\Phi_e$ 称为辐射出射度,用符号 $M_e$ 表示,它表征了物体辐射能力的强弱,单位为 $\mathrm{W/m^2}$,表达式为

$$M_e = \frac{\mathrm{d}\Phi_e}{\mathrm{d}A} \tag{2-2}$$

(4) 辐射强度。

一个点辐射源在单位立体角 $\mathrm{d}\Omega$ 内发射的辐射通量 $\mathrm{d}\Phi_e$ 称为辐射强度,用符号 $I_e$ 表示,单位为 $\mathrm{W/sr}$,表达式为

$$I_e = \frac{\mathrm{d}\Phi_e}{\mathrm{d}\Omega} \tag{2-3}$$

(5) 辐射亮度。

面辐射源 $\mathrm{d}A$ 在某一指定方向 $\theta$ 上的辐射通量称为辐射亮度,符号用 $L_e$ 表示,单位为 $\mathrm{W/(sr \cdot m^2)}$,表达式为

$$L_e = \frac{\mathrm{d}I_e}{\mathrm{d}A\cos\theta} = \frac{\mathrm{d}^2\Phi_e}{\mathrm{d}\Omega\mathrm{d}A\cos\theta} \tag{2-4}$$

(6) 辐射照度。

受辐射能照射的表面,其单位面积 $\mathrm{d}A$ 上接收的辐射通量 $\mathrm{d}\Phi_e$ 称为辐射照度,符号用 $E_e$ 表示,单位为 $\mathrm{W/m^2}$,表达式为

$$E_e = \frac{\mathrm{d}\Phi_e}{\mathrm{d}A} \tag{2-5}$$

(7) 辐照量。

照射到物体表面上的辐射照度 $E_e$ 在时间 $t$ 内的积分量称为辐照量,表征了受辐射能照射的物体上单位面积接收辐射能的多少,符号用 $H_e$ 表示,单位为 $\mathrm{J/m^2}$,表达式为

$$H_e = \int_0^t E_e \mathrm{d}t \tag{2-6}$$

## 2.1.2 光度量

由于人眼对同样辐射通量的不同频率电磁辐射有着不同的响应,因此不能用辐射度量来衡量人眼对不同频率辐射的响应状况。根据人眼对不同频率的电磁辐射的响应不同这点,提出了反映辐射源在人眼视觉中明暗关系的光度量,光度量的物理量和辐射度是一一对应的,如表 2-1 所示。

**表 2-1 辐射度量和光度量的定义对应**

| 辐 射 度 量 | | | | 光 度 量 | | | |
|---|---|---|---|---|---|---|---|
| 名称 | 符号 | 定义式 | 单位 | 名称 | 符号 | 定义式 | 单位 |
| 辐射能 | $Q_e$ | | J | 光量 | $Q_\nu$ | $Q_\nu = \int \Phi_\nu \mathrm{d}t$ | lm·s |
| 辐射通量 | $\Phi_e$ | $\Phi_e = \dfrac{\mathrm{d}Q_e}{\mathrm{d}t}$ | W | 光通量 | $\Phi_\nu$ | $\Phi_\nu = \int I_\nu \mathrm{d}\Omega$ | lm |
| 辐射出射度 | $M_e$ | $M_e = \dfrac{\mathrm{d}\Phi_e}{\mathrm{d}A}$ | W/m² | 光出射度 | $M_\nu$ | $M_\nu = \dfrac{\mathrm{d}\Phi_\nu}{\mathrm{d}A}$ | lm/m² |
| 辐射强度 | $I_e$ | $I_e = \dfrac{\mathrm{d}\Phi_e}{\mathrm{d}\Omega}$ | W/sr | 发光强度 | $I_\nu$ | | cd |
| 辐射亮度 | $L_e$ | $L_e = \dfrac{\mathrm{d}I_e}{\mathrm{d}A\cos\theta}$ | W/(sr·m²) | 光亮度 | $L_\nu$ | $L_\nu = \dfrac{\mathrm{d}I_\nu}{\mathrm{d}A\cos\theta}$ | cd/m² |
| 辐射照度 | $E_e$ | $E_e = \dfrac{\mathrm{d}\Phi_e}{\mathrm{d}A}$ | W/m² | 光照度 | $E_\nu$ | $E_\nu = \dfrac{\mathrm{d}\Phi_\nu}{\mathrm{d}A}$ | lx |
| 辐照量 | $H_e$ | $H_e = \int_0^t E_e \mathrm{d}t$ | J/m² | 曝光量 | $H_\nu$ | $H_\nu = \int_0^t E_\nu \mathrm{d}t$ | lx·s |

辐射能的基本量为辐射能,而光度学中考虑到人眼对同样辐射通量的不同频率光感受到的明暗不同,所以基本单位不选择光量或光通量,而是采用定义上和频率相关的发光强度。发光强度定义为"发出 $540 \times 10^{12}$ Hz 频率的光的单色辐射源在给定方向上的发光强度,该方向上的辐射强度为 1/683 W/sr,则光源在这个方向上的发光强度是 1 cd"。根据发光强度,可推导出其余和辐射度量对应的光度量单位。

需要注意的是,在后文中常常提到的光功率,即为光通量。而对于同一个探测器而言,由于探测器的光敏面积 $A$ 相同,如果光照强度的分布均匀,则光照强度和光功率在语句中可以相互替换,表达的意义不变。

人眼对同样辐射通量的不同频率光感受到的明暗差异可以用光视效能来表示,光视效能描述了不同频率光的辐射通量产生的光通量的多少,定义为光通量和辐射通量的比值:

$$K_\lambda = \frac{\Phi_\nu}{\Phi_e} \tag{2-7}$$

使用同样辐射通量的不同频率光,由标准光度观测者测量得到光通量,再由式(2-7)计算得到光视效能。在 540 nm 时光视效能达到最大,为 683 lm/W。

### 2.1.3   光电效应与热电效应

光电效应是指探测器材料吸收光子后,材料的原子或分子的内部电子状态直接改变的效应。发生光电效应时,材料的原子或分子的内部电子状态改变程度与光子能量 $h\nu$ 有关,越高频的光子会造成材料内部电子状态越大的改变,而能量低于材料禁带宽度的低频光子无法引起光电效应,也就是说光电效应对频率具有选择性。而且,由于光子是直接作用在电子上的,所以光电效应的响应速度很快。

热电效应与光电效应不同,光子不会直接作用到材料的原子或分子的内部电子上,而是会被材料吸收,自身的光能转化为材料的晶格能,引起探测器材料升温,导致材料的电学性质和化学性质发生改变。热电效应对光子频率 $\nu$ 不具有选择性。而且,由于热电效应中光子被材料吸收是一个热积累的过程,所以热电效应的响应速度比光电效应的要慢,还会受到周围环境温度的影响。

#### 1. 光电导效应

半导体材料由于对光子的吸收产生光生载流子(电子和空穴),引起载流子浓度的变化,导致材料电导率变化,这种现象称为光电导效应。金属没有光电导效应,因为金属晶体导电的机理是内部有大量的自由电子,其电子浓度不受光照的影响。下面来推导半导体材料的电导率,以及与光照的关系。

对于半导体材料,当不受到光照时,内部也会由于热激发不断产生载流子,这些载流子在扩散中又会复合消失,当载流子产生和复合消失的速率相当时,载流子浓度维持在热平衡状态。热平衡下的电子浓度 $n_0$ 和空穴浓度 $p_0$ 分别具有平均寿命 $\tau_n$ 和 $\tau_p$,满足式(2-8)的关系:

$$n_0 p_0 = n_i^2 \tag{2-8}$$

式中:$n_i$ 是本征半导体的本征热生载流子的密度。这说明在 N 型半导体和 P 型半导体中,一种载流子浓度增大,另一种载流子浓度减小,但是不会变成零。

电子和空穴这两种载流子具有的电荷量都为电子电荷量 $e = 1.602 \times 10^{-19}$ C,但符号相反,计算中电子电荷量可以取 $e = 1.6 \times 10^{-19}$ C。在外电场的作用下,电子和空穴会产生漂移运动,其速度 $v$ 和电场强度 $E$ 的比值为载流子迁移率 $\mu$。设加在半导体两端的电压为 $u$,电压方向的半导体长度为 $L$,可得到电子和空穴的载流子迁移率 $\mu$ 的表达式:

$$\begin{cases} \mu_n = \dfrac{v_n}{E} = \dfrac{v_n L}{u} \\[2mm] \mu_p = \dfrac{v_p}{E} = \dfrac{v_p L}{u} \end{cases} \tag{2-9}$$

式中:$\mu_n$、$\mu_p$ 分别为半导体材料中电子和空穴的迁移率;$v_n$、$v_p$ 分别为电子和空穴的漂移速度。

半导体材料中的电子和空穴都参与导电,其不受到光照时的电导率即暗电导率为 $\sigma_d$,它与热平衡下的载流子浓度 $n_0$、$n_p$,以及载流子迁移率 $\mu_n$、$\mu_p$ 都有关,表达式为

$$\sigma_d = e(n_0 \mu_n + p_0 \mu_p) \tag{2-10}$$

设半导体的截面积为 $A$,则其暗电导 $G_d$ 为

$$G_d = \sigma_d \frac{A}{L} \tag{2-11}$$

下面来看半导体材料受到光照的情况。当光子能量大于材料禁带宽度时,价带中的电子

激发到导带,在价带中留下自由空穴,从而使得电子和空穴的浓度在原来平衡的基础上分别变化了 $\Delta n$ 和 $\Delta p$,这个变化量是非平衡载流子,称为光生载流子,引起材料电导率的变化,称为本征光电导效应。在本征半导体中,设受到光辐射后每秒产生的光生电子-空穴对的数量为 $N$,得到电子和空穴的浓度变化量为

$$\begin{cases} \Delta n = \dfrac{N}{AL} \cdot \tau_n \\ \Delta p = \dfrac{N}{AL} \cdot \tau_p \end{cases} \tag{2-12}$$

式中:$\tau_n$ 和 $\tau_p$ 分别为电子和空穴的平均寿命。由式(2-10)、式(2-11)、式(2-12)可得到电导率 $\sigma$、电导率变化量 $\Delta\sigma$ 和电导变化量 $\Delta G$ 分别为

$$\sigma = e[(n_0 + \Delta n)\mu_n + (p_0 + \Delta p)\mu_p] \tag{2-13}$$

$$\Delta\sigma = \sigma - \sigma_d = e(\Delta n\mu_n + \Delta p\mu_p) \tag{2-14}$$

$$\Delta G = \Delta\sigma \cdot \frac{A}{L} = \frac{eN}{L^2}(\mu_n\tau_n + \mu_p\tau_p) \tag{2-15}$$

可见本征光电导效应中,导带中的光生电子和价带中的光生空穴对光电导率都有贡献。

另外,电导 $G$ 的变化会引起外回路电流 $i$ 的变化。设施加在半导体两端的电压为 $u$,则 $i$ 的变化量为

$$\Delta i = u\Delta G = \frac{eNu}{L^2}(\mu_n\tau_n + \mu_p\tau_p) \tag{2-16}$$

从式(2-16)可见,外回路电流变化量 $\Delta i$ 不等于每秒钟光激发的电荷量 $eN$(也可以理解为光电子形成的内电流),定义 $\Delta i$ 和 $eN$ 的比值为光电导效应中本征半导体的电流增益 $M$,即

$$M = \frac{u}{L^2}(\mu_n\tau_n + \mu_p\tau_p) = \frac{v_n}{L} \cdot \tau_n + \frac{v_p}{L} \cdot \tau_p = \frac{\tau_n}{t_n} + \frac{\tau_p}{t_p} \tag{2-17}$$

式中:$t_n$ 和 $t_p$ 分别为电子和空穴在外电场作用下渡越半导体长度 $L$ 所花费的时间。

若光子激发杂质半导体,使电子从施主能级跃迁到导带或从价带跃迁到受主能级,产生光生自由电子或空穴,引起了电导率变化,则称为非本征光电导效应或杂质光电导效应。由于杂质原子数比晶体本身的原子数小很多个数量级,所以与本征光电导相比,杂质光电导是很微弱的。尽管如此,杂质半导体作为远红外波段的探测器具有重要的作用。

若入射光子能量大于杂质电离能,但不足以使价带中的电子跃迁到导带时,样品中发生非本征光电导效应,只产生一种光生载流子,即 N 型半导体只产生电子作为载流子,P 型半导体只产生空穴作为载流子,此时半导体的载流子迁移率等于电子迁移率(N 型半导体)或空穴迁移率(P 型半导体),即

$$\begin{cases} \Delta\sigma_n = \sigma - \sigma_d = e(\Delta n\mu_n) & (\text{N 型}) \\ \Delta\sigma_p = \sigma - \sigma_d = e(\Delta p\mu_p) & (\text{P 型}) \end{cases} \tag{2-18}$$

非本征光电导效应中,对于 N 型半导体只有导带中的光生电子对光电导有贡献,对于 P 型半导体只有价带中的光生空穴对光电导有贡献。以 N 型半导体为例,少子的空穴可以忽略,则式(2-17)所示的电流增益 $M$ 变为

$$M = \frac{u}{L^2}\mu_n\tau_n = \frac{\tau_n}{t_n} \tag{2-19}$$

如果电子的渡越时间 $t_n$ 小于电子的平均寿命 $\tau_n$,则 $M > 1$,此时光电子形成的内电流造成了比自身更大的外回路电流变化,就有电流增益的效果。

2. 光伏效应

光伏器件在产生光生载流子的原理上和光电导器件一样,也是基于半导体受到光照后能带电子跃迁,从而产生了可以导电的光生电子-空穴对。和光电导器件不同的是,光伏器件通过在相邻的两个半导体区域分别掺杂施主杂质和受主杂质,形成相邻的 N 型半导体区域和 P 型半导体区域,N 区和 P 区的交界面就是 PN 结区。实际上,除了不均匀半导体构成的 PN 结和 PIN 结,还有半导体和金属结合的肖特基结,以及多种半导体材料构成的异质结等,它们都具有光伏效应。

光伏器件在内部的 PN 结处具有电势垒,形成一个在结附近的定向电场。当光照射在结上面,会激发出新的电子-空穴对,由于电子和空穴带有相反的电荷,所以它们会被内部定向电场分开,朝相反的方向漂移,在结两边产生电位差,这种效应称为光生伏特效应。由此可见,光电导效应是半导体材料的体效应,不需要 PN 结,而是依靠外加偏置电压在材料内形成外加电场,使受光照产生的电子-空穴对定向漂移产生电流;光伏效应则是半导体材料的结效应。

光伏器件可以看作是一个增大了受光面的 PN 结二极管。下面以二极管的 PN 结的形成,以及光伏器件受光照射后的载流子情况的分析,来说明光伏效应的原理。二极管中,PN 结的形成可以分为三个步骤,即多数载流子的扩散运动、少数载流子的漂移运动、扩散运动和漂移运动的动态平衡。

1) PN 结的形成

对同一块半导体进行不同掺杂可以形成 N 区和 P 区,N 区的电子浓度较高而空穴浓度低,其多数载流子是电子,少数载流子是空穴;P 区的空穴浓度较高而电子浓度低,其多数载流子是空穴,少数载流子是电子。在 N 区和 P 区的交界处就出现了电子和空穴的浓度差。由于浓度差的原因,电子浓度高的 N 区的电子会扩散到浓度低的 P 区,留下带正电荷的杂质离子,N 区由于失去电子而带正电;同理,P 区的空穴会扩散到 N 区,留下带负电荷的杂质离子,从而 P 区带负电。这些不能移动的带电杂质离子称为空间电荷。因为扩散作用在 N 区和 P 区的交界面形成一个空间电荷区,称为 PN 结。空间电荷区内只留下了不能自由移动的正、负离子,其中的载流子在扩散和漂移的共同作用下变得特别少,因此空间电荷区也称为耗尽层,是一个高电阻层。

PN 结形成后,在结区会有一个由带正电的 N 区指向带负电的 P 区的内建电场。这个内建电场会阻止多数载流子(N 区电子和 P 区空穴)的扩散作用。同时,内建电场会使少数载流子(N 区空穴和 P 区电子)的漂移作用增强,N 区空穴漂移到 P 区,而 P 区电子漂移到 N 区,使得内电场减弱,扩散作用增强。多数载流子的扩散和少数载流子的漂移最后达到动态平衡,没有净电流通过 PN 结,使用电压表测不出 PN 结两侧的电压。

PN 结不外加偏置时,称为零偏状态。P 区接外加电源的正极,N 区接外加电源的负极,即 PN 结正向偏置时,外加电场抵消掉内建电场,使得多数载流子发生漂移作用,此时电阻很小,形成较大的正向电流。N 区接外加电源的正极,P 区接外加电源的负极,即 PN 结反向偏置时,相当于内建电场增强,少数载流子发生漂移作用,形成很小的反向电流。

PN 结二极管的伏安特性满足下式

$$i_D = i_S\left[\exp\left(\frac{eu}{kT}\right) - 1\right] \tag{2-20}$$

式中:$i_D$ 为通过二极管的电流;$i_S$ 为反向饱和电流;$e$ 为电子电荷量;$u$ 为施加在二极管两侧的偏置电压;$k$ 为玻尔兹曼常数;$T$ 为绝对温度。

2) 光伏器件的载流子情况分析

零偏状态下，如果有能量大于带隙的光子照射到光伏器件上，则无论 P 区、N 区还是 PN 结区，都会激发出电子-空穴对。在 P 区产生的光生电子-空穴对，光生空穴无法越过 PN 结内建电场而留在 P 区，光生电子会扩散到 PN 结的附近，然后被内建电场拉向 N 区；同理，N 区产生的光生电子-空穴对，光生电子留在 N 区，而光生空穴扩散到 PN 结附近时被拉向 P 区。需要注意的是，如果光生载流子距离 PN 结过远，在扩散到内建电场附近之前就会发生复合而损失掉。光生空穴在 P 区边界积累，光生电子在 N 区边界积累，产生的电场由 P 区指向 N 区，使内建电场的势垒变低，其减小量即为光生电动势。此时使用电压表可以测出 P 区高电势、N 区低电势的开路电压 $u_{oc}$，这就是光伏效应。如果在外部将 P 区电极和 N 区电极连接起来，则会有和内建电场同向的光电流通过。

外加反向偏置电压的 PN 结光伏器件，在受到光照时产生的电子-空穴对在 PN 结的电场作用下定向漂移，产生电流大小和光功率成正比的反向（即材料内部由 N 区指向 P 区的方向，和内建电场同向）光电流，这种状态下的 PN 结光伏器件称为光电二极管，它具有线性的光电转换的功能，常用于光学相关的测量和成像等。

3. 温度-电阻效应

导体和半导体材料的电阻率随温度变化而变化的现象称为温度-电阻效应，也称热电阻效应。基于温度-电阻效应的器件称为热敏电阻，其材料吸收光照辐射后会产生温升，导致自身阻值的改变。热敏电阻的温度和电阻的关系可以用温度系数来表示，温度系数 $\alpha_T$ 定义为温度每变化 1 ℃时热敏电阻阻值的相对变化量，单位为 %/℃，表达式如下：

$$\alpha_T = \frac{\Delta R_T / \Delta T}{R_T} = \frac{dR_T / dT}{R_T} \tag{2-21}$$

式中：$R_T$ 为温度 $T$ 时测得的电阻。温度系数 $\alpha_T$ 与材料有关，$\alpha_T > 0$ 时称为正温度系数（PTC），随着温度上升，热敏电阻的阻值增加。大部分金属由于自由电子密度高，温度上升导致的晶格振动加剧，反而阻碍了自由电子定向漂移，在外表现为电阻升高，因此具有正温度系数。一部分陶瓷材料，如 $BaTiO_3$ 掺杂金属氧化物形成的半导体材料，在高于居里温度后电阻阶跃增长，也具有正温度系数。$\alpha_T < 0$ 时称为负温度系数（NTC），随着温度上升，热敏电阻的阻值下降。Mn、Co、Ni、Cu 等金属的氧化物或者 Si、Ge、InSb 等半导体材料具有半导体的性质，在低温下载流子数目少，具有很高的电阻率，随着温度上升载流子数目增多，电阻率下降，因此具有负温度系数。

在将热敏电阻应用于光热探测器时，热敏电阻接收入射辐射，导致材料温度和电阻率发生变化。在热敏电阻加上偏置电压，则通过的电流会发生改变，由此将光照变化转换为电流变化输出。温度-电阻效应对辐射的功率敏感，但对辐射的波长不敏感，即基于温度-电阻效应的热敏电阻光谱响应基本上与入射辐射的波长无关，光谱响应宽度远大于基于光电效应的光电导和光伏器件的，这是光热探测器相比光电探测器的优势。

## 2.2 ┃ 光电导探测器

利用光电导效应制作的光电探测器称为光电导探测器。光电导探测器在光照下会改变自身的电导率（电阻率），光照越强则自身电阻越小，因此也称光敏电阻。

### 2.2.1　光电导探测器的分类

根据工作机理的不同,光电导探测器可以分为本征型和杂质型两大类。通常,属于本征型的有硫化镉(CdS)、碲镉汞($Hg_{1-x}Cd_xTe$)、碲化铟(InSb)和硫化铅(PbS)光电导探测器等;属于杂质型的有锗掺汞(Ge:Hg)、锗掺铜(Ge:Cu)、锗掺锌(Ge:Zn)和硅掺砷(Si:As)光电导探测器等。本征半导体材料的价带到导带之间具有较大的禁带宽度,因此价带的价电子跃迁到导带成为自由电子的过程需吸收能量较高的光子,通常本征型光电导探测器适用于可见光和近红外波段。杂质半导体材料的施主能级到导带,或者受主能级到价带的禁带宽度,相比价带到导带的禁带宽度更小,因此电子跃迁需要吸收的光子能量比本征半导体的更低,通常杂质型光电导探测器适用于中、远红外波段。

本征型光电导探测器的响应截止波长为

$$\lambda_c = \frac{hc}{E_g} = \frac{1.24}{E_g} \tag{2-22}$$

式中:$E_g$ 为本征半导体价带和导带之间的禁带宽度。

从原理上说,P 型、N 型半导体均可制成杂质型光电导探测器,但因电子的迁移率比空穴大,而且用 N 型材料制成的光电导探测器性能较为稳定、特性好,故而目前杂质型光电导探测器大都使用 N 型半导体作为光敏材料。杂质型光电导探测器的响应截止波长为

$$\lambda'_c = \frac{hc}{\Delta E} = \frac{1.24}{\Delta E} \tag{2-23}$$

式中:$\Delta E$ 为杂质电离能,即 N 型半导体的施主能级到导带底,或者 P 型半导体的受主能级到价带顶的禁带宽度。同种半导体材料的杂质电离能 $\Delta E$ 比本征半导体的电离能 $E_g$ 小得多,所以它的光谱响应的长波限比本征探测器的长波限大很多。目前,本征探测器的长波限可达 $10\sim14~\mu m$,而杂质探测器的长波限可达 $130~\mu m$。因此,测量长波光时通常采用非本征光导探测器。

在非本征探测器中,杂质原子的浓度远比基质原子的浓度低得多。常温下杂质原子的多数束缚电子或空穴已经被热激发成自由载流子作为暗电导率的贡献量,因此受到激发光照时,能够参与光激发的束缚态的载流子很少,对应着电导变化量为零或很微弱的现象。所以为使杂质型光电导探测器正常工作,必须降低它的使用温度,使热激发载流子浓度减小,才能增加光激发载流子的浓度,以提高相对电导率 $\Delta\sigma/\sigma_d$。因此,杂质型光电导探测器通常在低温下工作,而本征型光电导探测器一般在室温下工作。

### 2.2.2　光电导转换原理

假设 $L$ 是光敏电阻在电流方向的长度,$w$ 和 $h$ 分别是光敏电阻在垂直电流方向的宽度和高度。光通量为 $\Phi$ 的光从 $L$-$w$ 平面入射,入射深度为 $x$,光照会改变光敏电阻的电阻率,在恒定偏置电压 $u$ 下,电阻率的改变体现为通过光敏电阻的电流 $i_\Phi$ 的变化,下面计算光电流 $i_\Phi$。

设光敏电阻的材料的吸收系数为 $\alpha$,反射率为 $R$,则光通量在材料内部深度为 $x$ 的位置满足下式:

$$\Phi(x) = \Phi(1-R)\exp(-\alpha x) \tag{2-24}$$

$L$-$w$ 端面光照均匀,则面电流密度只和深度 $x$ 相关,在深度 $x$ 处的面微元 $w\mathrm{d}x$ 有面电流密度 $j(x)$,即

$$j(x) = ev_\mathrm{n}n(x) \tag{2-25}$$

式中:$e$ 是电子电荷量;$v_\mathrm{n} = \mu_\mathrm{n}E = \mu_\mathrm{n}(u/L)$ 是电子在外电场 $E=u/L$ 作用下的漂移速度;$\mu_\mathrm{n}$ 是 N 型半导体材料的电子迁移率;$n(x)$ 是光生电子在深度 $x$ 处的体密度。在面微元 $w\mathrm{d}x$ 上的光电流为

$$\mathrm{d}i_\Phi = j(x)w\mathrm{d}x \tag{2-26}$$

流过电极的光电流 $i_\Phi$ 为

$$i_\Phi = \int_0^h \mathrm{d}i_\Phi = \int_0^h j(x)w\mathrm{d}x = ev_\mathrm{n}w\int_0^h n(x)\mathrm{d}x \tag{2-27}$$

根据稳态下电子产生率和复合率相等即可求出 $n(x)$。设电子的平均寿命为 $\tau_\mathrm{n}$,则电子的复合率为 $n(x)/\tau_\mathrm{n}$,而电子的产生率等于单位体积单位时间吸收的光子数乘以量子效率 $\eta$。量子效率 $\eta$ 是描述光电器件的参数,定义为单位时间内外电路中产生的电子数与单位时间内的入射单色光子数之比,即吸收一个入射光子可以产生的光电子的数量。由此可得 $n(x)$ 为

$$n(x) = \frac{\eta \cdot \alpha\Phi(1-R)\exp(-\alpha x) \cdot e\tau_\mathrm{n}}{hv \cdot Lw} \tag{2-28}$$

把式(2-28)代入式(2-27),得到光电流 $i_\Phi$ 的表达式为

$$i_\Phi = \frac{e\eta'}{hv}M\Phi = S_i'M\Phi = \left(S_i'\frac{\mu_\mathrm{n}\tau_\mathrm{n}}{L^2}\Phi\right)u = G_\mathrm{g}u \tag{2-29}$$

且有如下关系成立:

$$\eta' = \eta \cdot \alpha(1-R)\int_0^h \exp(-\alpha x)\mathrm{d}x \tag{2-30}$$

$$M = \frac{\mu_\mathrm{n}\tau_\mathrm{n}u}{L^2} = \frac{\tau_\mathrm{n}}{t_\Phi} \tag{2-31}$$

$$G_\mathrm{g} = S_i'\frac{\mu_\mathrm{n}\tau_\mathrm{n}}{L^2}\Phi \tag{2-32}$$

式中:$\eta'$ 为有效量子效率;$S_i'$ 为有效电流灵敏度;$G_\mathrm{g}$ 为与入射半导体材料的光功率 $\Phi$ 有关的光电导;$M$ 为电荷放大系数,也称为光电流内增益,等于载流子平均寿命 $\tau_\mathrm{n}$ 与载流子渡越时间 $t_\Phi$ 之比,表示一个光生载流子对探测器外回路电流的有效贡献,即吸收光子产生一个载流子时能对外电路提供的通过电极的电子个数。当 $M=1$ 时,表示光生载流子平均寿命 $\tau_\mathrm{n}$ 刚好等于它在电极间的渡越时间 $t_\Phi$,每产生一个光电子对外回路电流正好提供一个电子的电荷 $e$。当 $M<1$ 时,表示 $\tau_\mathrm{n}$ 小于 $t_\Phi$,显然每个光电子对外回路电流的贡献将小于一个电子的电荷 $e$。对 $M>1$ 的情况,似乎光电子已渡越完毕,但其平均寿命却还未中止。这种现象可以简单解释为,光生电子向正极运动,空穴向负极移动,空穴在移动过程中很容易被半导体内晶体缺陷和杂质形成的陷阱所俘获。当光电子在阳极消失时,空穴仍留在体内,它将负极的电子感应到半导体中来,感应到体内的电子又在电场中运动到正极,如此循环,直到正电中心(俘获的空穴)消失。这种情况相当于一个光子激发会引起多个电子通过电极,对光电流而言多于一个光子的贡献,相当于光电流被放大。

　　光电探测器的光电转换定律通常可以写为如下形式:

$$i_\Phi = \frac{e\eta}{hv}\Phi \tag{2-33}$$

将式(2-33)和式(2-29)对比,可以发现两者形式上很接近,但式(2-29)多了一个光电流内增益系数 $M$,$M$ 的大小主要与探测器的材料、结构尺寸及外加的偏置电压相关。

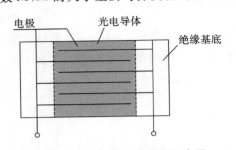

图 2-1    光电导探测器结构示意图

从光电流内增益系数 $M$ 的表达式(2-31)和光电导 $G_g$ 的表达式(2-32)可以看出,为了使光电导探测器灵敏度更高,需要更大的 $M$ 和 $G_g$,在结构上可使光敏电阻在电流方向的长度 $L$ 尽可能减小,还可以通过增大光敏面积的手段来增大入射光敏面的光功率 $\Phi$。实际的光电导探测器结构如图 2-1 所示,掺杂导体薄膜淀积在绝缘基底上,然后在薄膜面上蒸渡金或铟等金属,形成梳状的电极结构。梳状电极的间距短($L$ 小),并且空间利用率好,光敏面积大,增大了 $M$ 和 $G_g$,从而获得高灵敏度。为了防止潮湿对灵敏度的影响,整个管子采用封闭结构。

### 2.2.3    光电导探测器的基本特性

光电导探测器为半导体材料中多数载流子导电的光敏感器件,它的基本特性包括光电特性、伏安特性、时间响应特性、温度特性与噪声特性等。

#### 1. 光电特性

式(2-29)是理想情况下的光敏电阻的光电转换关系,而实际情况中由于各种因素的影响,光敏电阻在一定偏置电压 $u$ 下的光照特性为非线性关系,其通过的电流大小 $i_\Phi$ 可以由如下关系式表示:

$$i_\Phi = Ku^\alpha\Phi^\gamma \tag{2-34}$$

式中:$u$ 为偏置电压;$\Phi$ 为入射光通量(光功率);$K$、$\alpha$、$\gamma$ 为常数,$K$ 与光敏电阻材料、结构、尺寸、形状及载流子寿命有关;$\alpha$ 为电压指数,一般取值 $1.0\sim1.2$,它主要受到接触电阻的影响,在较小的偏置电压(几伏到几十伏)情况下,可以使 $\alpha=1$;$\gamma$ 为照度指数,由杂质的种类和数量决定,一般取值 $0.5\sim1$,在弱光照($10^{-3}\sim10^{-1}$ lx)时,$\gamma=1$,称为线性光电导,在强光照时,$\gamma=0.5$,则为非线性光电导。在低偏压和弱光照的情况下,$\alpha=1$,$\gamma=1$,则式(2-34)变为如下形式:

$$i_\Phi = Ku\Phi = G_g u \tag{2-35}$$

式(2-35)和式(2-29)的形式一致,其中光电导 $G_g=K\Phi$,单位为西门子(S)。在低偏压和弱光照的情况下可认为光敏电阻的伏安特性($i$-$u$)呈线性关系。

由于对同一个探测器而言,探测器的光敏面积 $A$ 不变,且假设光照强度均匀分布,所以下文的照度(即光照强度)和光通量(即光功率)只相差一个面积参数,在语句中表达的意义相同。图 2-2 所示的为硫化镉(CdS)光敏电阻的光照强度 $E$ 和产生的光电流 $I_p$ 的关系的光照曲线。可见 CdS 在弱光照下,$I_p$ 与光功率 $\Phi$ 具有良好的线性关系,在强光照下则为非线性关系。

对于式(2-34),令 $\alpha=1$,将其进行整理可以得到光照和阻值的关系式 $\Phi^\gamma=(1/K)R^{-1}$,即光照和阻值有一个对数关系。在实际使用中,也会绘制光敏电阻的照度-电阻特性曲线,可采用线性坐标系或对数坐标系,如图 2-3 所示。

图 2-3(a)、(b)是 CdS 光电导探测器分别在线性坐标和对数坐标中表示的照度-电阻特性曲线。由图 2-3(a)可见,随着光照的增加,阻值迅速下降,然后逐渐趋近饱和。但在图 2-3(b)

中某一段照度范围内,电阻与照度特性曲线基本上是直
线,即式(2-34)中的 $\gamma$ 值保持不变,因此 $\gamma$ 值也可以说是
对数坐标中电阻与照度特性曲线的斜率,即

$$\gamma = \left| \frac{\lg R_A - \lg R_B}{\lg \Phi_A - \lg \Phi_B} \right| \qquad (2\text{-}36)$$

式中:$R_A$ 和 $R_B$ 分别为光功率 $\Phi_A$ 和 $\Phi_B$ 对应的光电导探
测器阻值。如果取 $\Phi_B = 10\Phi_A$,则上式可简化为

$$\gamma = \lg\left(\frac{R_A}{R_B}\right) \qquad (2\text{-}37)$$

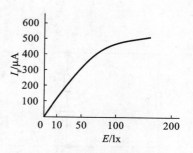

图 2-2　硫化镉光电导探测器
的光电特性曲线

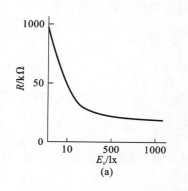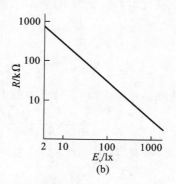

图 2-3　光电导探测器的光电特性

(a)线性直角坐标系;(b)对数直角坐标系

如果同一光电导探测器在某一照度范围内通过几个照度测量点所计算出的几个 $\gamma$ 值相
同,就说明该光电导探测器线性度较高(完全线性是不可能的)。显然,当说明一个光电导探测
器的 $\gamma$ 值时,一定要说明它的照度范围,否则没有意义。

**2. 伏安特性**

光电导探测器的工作电路图如图 2-4 所示,光敏电阻 $R_g$ 和负载电阻 $R_L$ 串联,由电源 $V$
供电。在一定的光功率 $\Phi$ 下,工作电路中光敏电阻 $R_g$ 两端的电压 $u$ 与流过光敏电阻 $R_g$ 的电
流 $i$ 之间的关系式为

$$u = V - iR_L \qquad (2\text{-}38)$$

光敏电阻在不同的光照下有不同的阻值。作一个如图 2-5 所示的坐标系,横轴为 $R_g$ 两端
的电压 $u$,纵轴为流过 $R_g$ 的电流 $i$,其斜率为 $R_g$ 阻值的倒数,则 $R_g$ 的伏安特性曲线是一组斜
率受到光照强度(光通量)影响的通过原点的直线。如图 2-5 所示,$\Phi_1$、$\Phi_2$、$\Phi_3$、$\Phi_4$ 和 $\Phi = 0$ 对应
不同光通量下的光敏电阻的伏安特性曲线,光照越强则曲线斜率越大,光敏电阻的阻值越小。

线段 $MN$ 是根据 $R_g$ 两端电压 $u$ 与流过 $R_g$ 的电流 $i$ 的关系式(2-38)所作出的工作电路的
负载线,负载线和光敏电阻伏安特性曲线的交点即为电路的静态工作点 $(u, i)$,负载线的斜率
为负载电阻 $R_L$ 倒数的负数。图中虚线为额定功率线,使用光敏电阻时,应不使电阻的实际功
耗超过额定值,从图 2-5 来说,就是不能使静态工作点居于虚线上方的区域。按照这一要求,
在设计光敏电阻工作电路时,应注意 $R_L$ 和电源 $V$ 的取值,使负载线不与额定功率线相交。下
面计算使光敏电阻灵敏度最高的负载电阻。

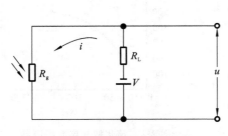

图 2-4 光敏电阻工作电路图

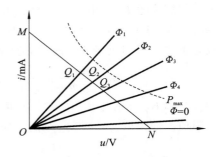

图 2-5 光敏电阻的伏安特性曲线

当光照发生变化时，$R_g$ 变为 $R_g + \Delta R_g$，则通过光敏电阻的电流 $i$ 有

$$i + \Delta i = \frac{V}{R_L + R_g + \Delta R_g} \tag{2-39}$$

$$i = \frac{V}{R_L + R_g} \tag{2-40}$$

将式(2-39)和式(2-40)相减，并令分母中的 $R_L + R_g + \Delta R_g \approx R_L + R_g$，可得

$$\Delta i = -\frac{V \Delta R_g}{(R_L + R_g)(R_L + R_g + \Delta R_g)} \approx -\frac{V \Delta R_g}{(R_L + R_g)^2} \tag{2-41}$$

如果光照 $\Phi$ 增大，则 $R_g$ 减小（$\Delta R_g < 0$），$\Delta i > 0$，即电流 $i$ 增大。电流 $i$ 的变化 $\Delta i$ 也引起了电压 $u$ 的变化 $\Delta u$，有

$$\begin{cases} u + \Delta u = V - (i + \Delta i)R_L \\ \Delta u = -\Delta i R_L = \dfrac{V \Delta R_g R_L}{(R_L + R_g)^2} \end{cases} \tag{2-42}$$

由式(2-42)可以看出，光敏电阻的输出电压信号（即电压 $u$ 的变化量 $\Delta u$）和负载电阻 $R_L$ 不为线性关系。为了增大 $\Delta u$，对式(2-42)中 $R_L$ 进行求导求 $\Delta u$ 最大值，有 $R_L = R_g$，即当负载电阻 $R_L$ 和光敏电阻 $R_g$ 相等时工作电路可获得最高的灵敏度，在同样的光照 $\Phi$ 下输出最大光电信号，这种状态称为匹配工作状态。然而，光照 $\Phi$ 在较大的范围内变化时，$R_g$ 也在不断变化，难以保持匹配工作状态，这是光电导探测器的一个不利因素。

3. 时间响应特性

照射在光敏电阻上的光强发生变化时，回路电流并不会立即增大或减小，而是间隔一段时间再作出响应，这段时间称为响应时间。光敏电阻的响应时间等于光生载流子的平均寿命，用电流上升时间 $t_r$ 和电流衰减时间 $t_f$ 来表示。图 2-6 给出了 $t_r$ 和 $t_f$ 的图像表示。

大多数常用光敏电阻，其响应时间都比较大。例如，CdS 光敏电阻的响应时间为 $10^{-2} \sim 10^0$ s 量级，CdSe 光敏电阻的响应时间为 $10^{-3} \sim 10^{-2}$ s 量级，PbS 光敏电阻的响应时间为 $10^{-4}$ s 量级，明显不能处理常见的窄脉冲光信号。但近年来发展的采用平面结构和同轴结构的快速光电导器件，其上升时间可达到几十皮秒（$10^{-11}$ s）量级。

较长的响应时间会使光敏电阻在处理高速变化的光信号，如交变调制光时，电流的上升和下降赶不上信号振幅的变化，随着调制光频率的增加，其输出电流会减少。图 2-7 所示的为几种光敏电阻的频率特性曲线。可见，光敏电阻的频率特性差，不适于接收高频光信号。

光敏电阻的响应时间与入射光的照度 $\Phi$、偏置电压 $u$、负载电阻 $R_L$，以及照度变化前电阻所经历的时间（光敏电阻的时间响应特性受到前一段时间的工作状态的影响，称为前历效应）

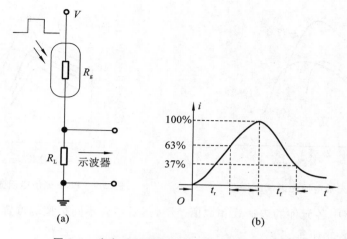

**图 2-6　响应时间测量电路以及 $R_L$ 的响应波形**

(a)测量电路;(b)$R_L$ 的响应波形,波形上升和下降阶段的时间分别对应 $t_r$、$t_f$

等因素有关。一般来说,照度越强,响应时间越短;负载电阻越大,上升时间 $t_r$ 越短而衰减时间 $t_f$ 越长;暗处放置时间越长,响应时间越长。实际使用时,为了改善光敏电阻的时间响应特性,需要采取尽量提高照明度、降低偏置电压、施加适量的偏置光照以防止其处于完全黑暗的环境等措施。

4. 温度特性

光敏电阻的特性参数受工作温度的影响较大,只要温度略微变化,它的各波段响应率、峰值响应波

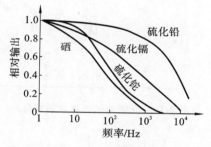

**图 2-7　几种光敏电阻的频率特性曲线**

长、长波限、响应时间等参数都将发生变化。一般来说,光敏电阻在弱光照和强光照下,其温度系数(阻值随温度变化的变化率)的绝对值较大,而在中等光照下该值则较小。例如,CdS 光敏电阻在 10 lx 的照度下温度系数为 0,而在高于 10 lx 时温度系数为正。低于 10 lx 时温度系数为负,照度偏离 10 lx 越远,温度系数越大。对于光敏电阻的响应时间,当环境温度为 30~60 ℃时,响应时间基本不变,而在低温环境下响应速度变慢,响应时间变长,如 −30 ℃时的响应时间是 20 ℃时的 2 倍。光敏电阻的额定功率还会随着环境温度的升高而降低。图 2-8 和图 2-9 所示的分别为 PbS、PbSe 光敏电阻的光谱响应特性,横坐标为入射光的波长,纵坐标为比探测率,含义为当探测器响应元面积为 1 cm$^2$,放大器带宽为 1 Hz 时,单位功率所能给出的信噪比,这个数值描述了光电探测器对弱光的探测能力,值越高则性能越好。从图 2-8 和图 2-9 可以看出温度对光谱响应峰、峰值响应波长、长波限的影响。为了提高光敏电阻性能的稳定性,降低噪声和提高探测率,有必要采取冷却装置。

## 2.2.4　光电导探测器的偏置电路

光电导探测器的阻值随入射光通量的变化而变化,因此,可以用光电导探测器将光学信息变换为电学信息。但是,电阻值的变化信息不能直接输出,须将电阻值的变化转变为电流或电压的变化来输出,完成这个转换工作的电路称为光电导探测器的偏置电路或变换电路。下面

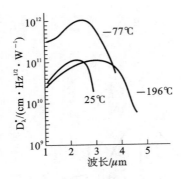

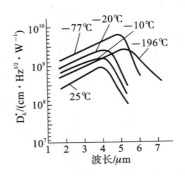

**图 2-8　PbS 光敏电阻光谱响应特性**　　　　**图 2-9　PbSe 光敏电阻光谱响应特性**

首先推导偏置电路中各元件的表达式和取值范围,然后结合不同类型的偏置电路加深理解。

1. 偏置电路参数计算

1) 选择负载电阻和偏置电源电压

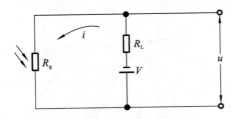

**图 2-10　光敏电阻的基本偏置电路**

图 2-10 所示的为光敏电阻的基本偏置电路, $R_g$ 为光敏电阻, $R_L$ 为负载电阻, $V$ 为偏置电压,光敏电阻 $R_g$ 两端的电压为 $u$ ,流过光敏电阻 $R_g$ 的电流为 $i$ 。

为了使光敏电阻正常工作,必须正确选择 $V$ 和 $R_L$ 。一方面,要使其静态工作点低于图 2-5 所示的额定功率线;另一方面, $V$ 越大,电路输出的信号可以越大,因此需要求出 $V$ 的取值范围以找到一个较大的 $V$ 值。

因为流过光敏电阻的电流为 $i$ ,其两端的压降为 $u$ ,所以光敏电阻的耗散功率 $P = ui$ 。为了避免光敏电阻在任何光照下因过热而烧坏,要求光敏电阻的实际功率满足:

$$P = ui \leqslant P_{max} \tag{2-43}$$

即图 2-5 中, $P_{max}$ 曲线的左下部分为允许的工作区域。下面计算使负载线与 $P_{max}$ 曲线不相交的 $V$ 和 $R_L$ 的取值条件。

在一定的光功率 $\Phi$ 下,光敏电阻 $R_g$ 两端的电压 $u$ 与流过光敏电阻 $R_g$ 的电流 $i$ 之间的伏安特性表达式,即负载线公式为

$$u = V - iR_L \tag{2-44}$$

当式(2-44)中的 $R_L$ 不同时,在伏安特性图 2-5 中有不同的负载线。联立式(2-43)和式(2-44),可得负载线与额定功率线交点对应的 $i$ 值为

$$i = \frac{V \pm \sqrt{V^2 - 4P_{max}R_L}}{2R_L} \tag{2-45}$$

要使负载线与 $P_{max}$ 曲线不相交,即为使光敏电阻工作在 $P_{max}$ 曲线的左下部分,则有

$$V^2 - 4P_{max}R_L \leqslant 0$$

即

$$R_L \geqslant \frac{V^2}{4P_{max}} \tag{2-46}$$

式中: $P_{max}$ 为光敏电阻的额定功率,可由器件的数据手册查出。例如,某款照相机用的硫化镉

光敏电阻的 $P_{max}=30\ mW$。

因此，当 $R_L$ 确定后，可按照式(2-46)的限定，适当选择较大的 $V$ 值，以增大光敏电阻的输出信号电压；或者当光敏电阻与检测电路共用一个电源 $V$，即当 $V$ 确定后，也应按照式(2-46)的限定，选择适当的 $R_L$ 值，以免光敏电阻的实际功耗超过 $P_{max}$。

此外，有时为了得到光敏电阻较大的输出电流，$R_L$ 取得很小，即 $R_L \approx 0$。此时，应按照下式来确定电源电压

$$V \leqslant \sqrt{P_{max}R_{gmin}} \tag{2-47}$$

式中：$R_{gmin}$ 为辐射通量(辐射照度)最大时的光敏电阻值。

2) 计算输出信号电流和输出信号电压

根据偏置电路，可得出回路电流 $i$ 及负载电压 $u_L$ 分别为

$$i = \frac{V}{R_L + R_g} \tag{2-48}$$

$$u_L = \frac{R_L}{R_L + R_g}V \tag{2-49}$$

设入射光敏电阻的光功率变化 $\Delta\Phi$ 时，光敏电阻变化 $\Delta R_g$，引起电流变化 $\Delta i$，则由式(2-48)和式(2-49)可得输出信号电流变化 $\Delta i$ 为

$$\Delta i = -\frac{V}{(R_L + R_g)^2}\Delta R_g \tag{2-50}$$

式中负号的物理意义为，当光敏电阻上的照度增加，阻值减小($\Delta R_g < 0$)时，电流变化 $\Delta i > 0$，即输出信号电流增加，又由

$$S_g = \frac{\Delta G}{\Delta\Phi}, \quad \Delta G = \Delta\left(\frac{1}{R_g}\right) = S_g\Delta\Phi$$

得到

$$\Delta R_g = -S_g R_g^2 \Delta\Phi \tag{2-51}$$

则光功率变化 $\Delta\Phi$ 时，输出信号电流的变化又可表示为

$$\Delta i = \frac{R_g^2}{(R_L + R_g)^2}S_g V\Delta\Phi \tag{2-52}$$

所以，$R_L$ 输出信号电压为

$$\Delta u_L = \Delta i \cdot R_L = \frac{R_g^2}{(R_L + R_g)^2}R_L S_g V\Delta\Phi \tag{2-53}$$

以上计算是在 $\Delta R_g$ 变化不很大的情况下得到的近似式。

**2. 不同种类偏置电路的分析**

1) 恒流偏置电路

在图 2-10 所示的基本偏置电路中，若负载电阻 $R_L$ 比光敏电阻 $R_g$ 大得多，即 $R_L \gg R_g$ 时，回路电流 $i$ 由式(2-48)变成

$$i = \frac{V}{R_L} \tag{2-54}$$

这表明负载电流与光敏电阻无关，近似保持常数，这种电路称为恒流偏置电路。随着输入光通量 $\Delta\Phi$ 的变化，负载电流的变化量由式(2-52)变为

$$\Delta i = S_g V\left(\frac{R_g}{R_L}\right)^2\Delta\Phi \tag{2-55}$$

式(2-55)表明,输出信号电流取决于光敏电阻与负载电阻的比值,与偏置电压成正比。还可以证明恒流偏置的电压信噪比较高,因此适用于微弱光信号的探测。但由于 $R_L$ 很大,使光敏电阻 $R_g$ 正常工作的偏置电压需要很高(达 100 V 以上),这给使用带来不便,所以一般不会采用大负载电阻和图 2-10 所示的基本偏置电路来构成恒流偏置电路。

为了降低电源电压,在实际中常采用图 2-11 所示的晶体管恒流偏置电路。由于滤波电容 $C$ 和稳压管 $VD_z$ 的作用,晶体管基极的输入电压恒定,从而使基极电流 $I_b$ 和集电流 $I_c$ 恒定,光敏电阻实现了恒流偏置。

2) 恒压偏置电路

在基本偏置电路中,若负载电阻 $R_L$ 比光敏电阻 $R_g$ 小得多,即 $R_L \ll R_g$ 时,负载 $R_L$ 两端的电压 $u_L$ 由式(2-49)变成 $u_L \approx 0$,因此光敏电阻上的电压 $u$ 近似等于 $V$,这种光敏电阻上电压保持不变的偏置称为恒压偏置。图 2-12 所示的为利用晶体管构成的恒压偏置电路,图中晶体管基极被稳压,忽略 $U_{be}$ 的影响,光敏电阻 $R_g$ 近似被恒压偏置到基极电压。

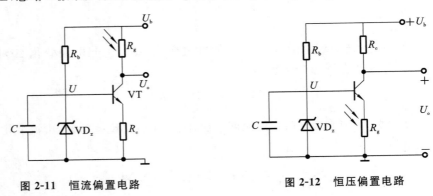

图 2-11　恒流偏置电路　　　　　　图 2-12　恒压偏置电路

负载上的信号电压由式(2-53)变为

$$\Delta u_L = S_g V R_L \Delta \Phi \tag{2-56}$$

式中:$S_g \Delta \Phi = \Delta G$,是光敏电阻的电导变化量,为引起信号输出的原因。式(2-56)表明,恒压偏置的输出信号 $\Delta u_L$ 与光敏电阻的阻值 $R_g$ 无关,仅取决于 $\Delta G$。在大多数实际应用中,$R_L \ll R_g$ 成立,故检测电路在更换光敏电阻时,对电路初始状态影响不大,这是该电路的优点。

3) 恒功率偏置电路

在基本偏置电路中,若负载电阻 $R_L$ 与光敏电阻 $R_g$ 相等,则 $R_g$ 消耗的功率为

$$P = i^2 R_g = \left( \frac{V}{R_L + R_g} \right)^2 R_g = \frac{V^2}{4R_L} \tag{2-57}$$

$P$ 为恒定值,故称为恒功率偏置电路。这种电路的特点是负载可获得最大的功率输出,但是当入射光通量的变化达到几个数量级时,光敏电阻阻值的变化也会很大,很难维持 $R_L = R_g$ 的阻抗匹配。

## 2.3 ▌ 光伏探测器

利用光生伏特效应制造的光电敏感器件称为光生伏特器件。光生伏特效应与光电导效应同属于内光电效应,然而两者的导电机理相差很大。光生伏特效应是少数载流子导电的光电

效应,而光电导效应是多数载流子导电的光电效应。这就使得光生伏特器件在许多性能上与光电导器件有很大的差别。其中,光生伏特器件的暗电流小、噪声低、响应速度快、响应线性度高、受温度的影响小等特点是光电导器件无法比拟的,而光电导器件对微弱辐射的探测能力和光谱响应范围又是光生伏特器件所望尘莫及的。

具有光生伏特效应的半导体材料有很多,如硅(Si)、锗(Ge)、硒(Se)、砷化镓(GaAs)、磷化铟(InP)等半导体材料。利用这些材料能够制造出具有各种特点的光生伏特器件,其中硅光生伏特器件具有制造工艺简单、成本低等特点,使它成为目前应用最广泛的光生伏特器件。光生伏特器件在不同的偏置电路下具有不同的工作模式,通常有光电池和光电二极管的区分。因此,在探讨光生伏特器件的特性之前,需要先弄清楚它的工作模式。

### 2.3.1　光电转换原理

第 2.1.3 节介绍了光伏效应的原理:光伏器件在相邻的两个半导体区域分别掺杂施主杂质和受主杂质,形成相邻的 N 区和 P 区,以及称为 PN 结的 N 区和 P 区的交界面。在 PN 结中由于多数载流子的扩散作用形成 N 区指向 P 区的内建电场,内建电场使多子的扩散作用和少子的漂移作用达到动态平衡。当受到大于材料带隙的光照时,产生的光生载流子在内建电场的作用下定向漂移,分别积蓄在 P 区和 N 区而形成光电压,在外部接通 N 极和 P 极后可以形成光电流。光伏效应是基于材料不均匀的"结"产生的面效应(内建电场),它和光电导效应这种在块状均匀材料中的体效应有明显的区别。

然而,在光电流形成的机理上,光伏探测器和光电导探测器还是十分类似的,都是受光照产生光生电子和空穴,光生电子和空穴受到电场影响定向漂移形成光电流。因此,可以把光电导探测器的光电转换关系式(2-29)改写为适用于光伏探测器的关系式。

图 2-13 为常见光伏探测器的结构图。设光伏探测器的耗尽层宽度为 $L$,入射光功率为 $\Phi$,穿透到材料内部 $x$ 处时具有的光功率参考式(2-24)为 $\Phi(x)$,将式(2-27)中的 $h$ 改为 $L$,可得到光伏探测器的光电流表达式为

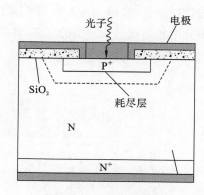

**图 2-13　光伏探测器结构图**

$$i_\Phi = \int_0^L eM_n \cdot \frac{\Phi}{h\nu} \cdot \eta \cdot (1-R)\exp(-\alpha x)\mathrm{d}x$$

$$(2\text{-}58)$$

式中:$e$ 是电子电荷量;$M_n$ 为光电流内增益,表示一个光生载流子对探测器外回路电流的有效贡献;$\eta$ 是半导体材料的量子效率;$\alpha$ 是材料的吸收系数;$R$ 是表面反射率;$\Phi$ 是光照功率。

令 $eM_n = Q$,其意义为光电导探测器中一个光生电子贡献的总电荷量,现在计算总电荷量 $Q$。假设宽度为 $L$ 的耗尽层中的 $x$ 处产生一个光生电子-空穴对,空穴受到耗尽层内建电场的作用漂移了 $x$ 距离到 P 区,电子漂移了 $(L-x)$ 距离到 N 区,则光生电子和空穴分别贡献的电荷量 $Q_p$、$Q_n$ 以及这个光生电子-空穴对的总电荷量 $Q$ 满足下列关系式:

$$\begin{cases} Q_{\mathrm{p}} = \dfrac{x}{L} \cdot e \\[2mm] Q_{\mathrm{n}} = \dfrac{L-x}{L} \cdot e \\[2mm] Q = Q_{\mathrm{p}} + Q_{\mathrm{n}} = e \end{cases} \tag{2-59}$$

将 $Q = eM_{\mathrm{n}} = e$ 代入式(2-58),得到光伏探测器的光电转换关系式,即光电流 $i_\Phi$ 的表达式为

$$i_\Phi = \frac{e\eta'}{h\nu}\Phi = S_i'\Phi \tag{2-60}$$

$$\eta' = \eta\alpha(1-R)\int_0^L \exp(-\alpha x)\mathrm{d}x \tag{2-61}$$

式中:$\eta'$ 为有效量子效率;$S_i'$ 为有效电流灵敏度。

将式(2-60)和光电导探测器的光电转换关系式(2-29)相比,可以看出光伏探测器的电流增益系数 $M=1$,每产生一个光电子对外回路电流正好提供一个电子的电荷 $e$,光电流没有被放大。

### 2.3.2 光伏探测器的工作模式

在说明光伏探测器的工作模式前,先来介绍 PN 结的伏安特性。如图 2-14(a)所示,PN 结的空间电荷区有一个 N 区指向 P 区的内建电场,阻碍多数载流子(P 区空穴和 N 区电子)的扩散运动,允许少数载流子(P 区电子和 N 区空穴)的漂移运动。图 2-14(b)所示的为二极管的伏安特性曲线,横轴为施加在 PN 结上的偏置电压,P 指向 N 为偏置电压的正方向,纵轴为外加偏置电压后通过 PN 结的电流,P 指向 N 为电流正方向。

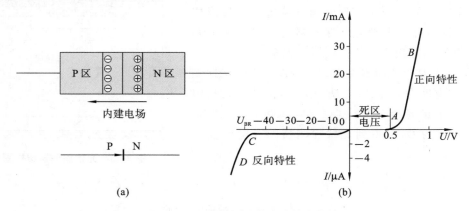

**图 2-14　二极管以及伏安特性曲线**
(a)PN 结示意图;(b)二极管伏安特性曲线

如果对 PN 结施加正向偏置电压,即 P 区接外电源正极,N 区接外电源负极,外加电场和内建电场方向相反而相互抑制抵消,外加电场还未能完全抵消内建电场的情况,对应图 2-14(b)中的死区电压;随着外加电场逐渐增大并强于内建电场,空间电荷区变窄甚至消失,多数载流子的扩散运动增强,形成较大的正向扩散电流。在一定范围内,外电场增强则正向电流增大,此时 PN 结处于导通状态。如果对 PN 结施加反向偏置电压,外加电场和内建电场同向,使空间电荷区变宽,内电场增强,多数载流子更难扩散;少数载流子的漂移运动增强,但是由于

少数载流子数量少,形成的反向电流非常小并且几乎不随反向偏置电压的增加而变化,电流小说明 PN 结处于高阻态,称为截止状态。当反向偏置电压增大到超过反向电压 $U_{BR}$ 时,会产生雪崩击穿,反向电流迅速增大;进一步增大电压,导致功耗超过额定功耗后会发生热击穿,二极管永久损坏,所以在反向偏置工作时需要注意偏置电压的大小。

普通二极管的伏安特性表达式为

$$i_D = i_S\left[\exp\left(\frac{eu}{k_BT}\right) - 1\right] \tag{2-62}$$

式中:$i_D$ 为通过二极管的电流;$i_S$ 为反向饱和电流;$e$ 为电子电荷量;$u$ 为施加在二极管两侧的偏置电压;$k_B$ 为玻尔兹曼常数;$T$ 为绝对温度。

PN 结光伏探测器可以视作一个普通的二极管和一个反向光电流源的并联,其工作模式由外加偏压决定,在零偏置、正向偏置和反向偏置的状况下有不同的工作特性。相比普通二极管,PN 结光伏探测器的伏安特性表达式多了一项反向的光电流 $i_\Phi$,$i_\Phi$ 是 PN 结光伏探测器受光照时产生的光生电子和空穴在内建电场作用下漂移而成的,其大小可用式(2-60)表示。PN 结光伏探测器伏安特性表达式,即流经 PN 结外电路的总电流 $i$ 的表达式如下:

$$i = i_D - i_\Phi = i_S\left[\exp\left(\frac{eu}{k_BT}\right) - 1\right] - i_\Phi \tag{2-63}$$

式中:$u$ 是光伏探测器的偏置电压。可以根据式(2-63),以 $i$ 和 $u$ 为坐标轴作出光伏探测器的伏安特性曲线,如图 2-15 所示。

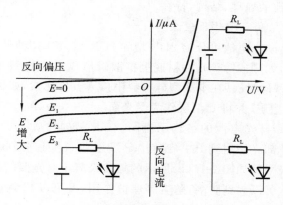

**图 2-15　光伏探测器的伏安特性曲线**

设光伏探测器受到光照,图 2-15 第一象限处的曲线为 PN 结外加正向偏置电压的情况,P 区接外电源正极而 N 区接外电源负极,二极管导通,导通电流 $i_D$ 远大于反向光电流 $i_\Phi$,在此模式下工作和普通二极管几乎没有区别。

图 2-15 第四象限处的曲线为 PN 结不外加正向偏置电压的情况,光伏探测器外接负载电阻 $R_L$,反向光电流在 $R_L$ 上的压降,对光伏探测器产生了正向偏置,因此产生导通电流 $i_D$,$i_D$ 对反向光电流 $i_\Phi$ 有一定程度的抵消,对应的正向偏置电压称为自偏压,这种工作模式下光伏探测器对外部电路的负载输出电压和电流,称为光伏工作模式,此时光伏探测器一般称为光电池,可将光能转化为电能驱动负载。零偏置的典型应用为光伏发电。

图 2-15 第三象限处的曲线为 PN 结外加反向偏置电压的情况,此时二极管处于截止状态,电流 $i_D$ 非常小,且方向和反向光电流相同,随着反向偏置的增大而有所增大,最后等于反向饱和电流 $i_S$,远小于反向光电流,则反向光电流 $i_\Phi$ 成为通过光伏探测器的主要电流,在一定

范围内随着光功率的增大而增大,光伏探测器的这种光电流随光功率变化的模式和光电导探测器相似,称为光电导工作模式,此时光伏探测器一般称为光电二极管(LD),可以用来检测照度大小。

### 2.3.3 基本光伏探测器单元器件

#### 2.3.3.1 光电池

光电池是一种无需加偏置电压就能把光能直接转换成电能的光伏器件,其工作区间对应图 2-15 第四象限处的曲线。光伏探测器按光电池的功用可分为两大类:太阳能光电池和测量光电池。太阳能光电池可以将光能转化为电能,其主要的用途是对负载供电,因此要求光电转换效率高、成本低、输出功率大。太阳能光电池广泛应用于不适合覆盖电网系统的领域,如无电地区的生活用电、无人气象站、微波站、人造卫星等,或者以较大规模的阵列组成光伏发电站,以获取太阳能这种清洁能源。测量光电池的主要功能是作光电探测,即在不加偏置的情况下将光信号以特定的比例转换成电信号,其要求线性度高、线性范围宽、灵敏度高、光谱响应合适。它常被应用在近红外辐射探测器、激光准直、光电开关等领域。

使用硅作为半导体主要材料的硅光电池是使用最广泛的光电池之一,它具有成本低、光电转换效率高、光谱响应范围宽($0.4 \sim 1.2 ~\mu m$)、寿命长、化学稳定性好、耐辐射等特点。下面以硅光电池为例讨论光电池的原理、结构、特性。

1. 硅光电池的基本结构和工作原理

按衬底材料的不同,硅光电池可分为 2DR 型和 2CR 型。2DR 型是 P 型硅衬底(在本征型硅材料中掺入三价元素,如硼或镓等),在衬底上扩散磷形成很薄的 N 型层,并将 N 型层作为受光面;2CR 型则是 N 型硅衬底(在本征型硅材料中掺入五价元素,如磷或砷等),然后在衬底上扩散硼形成很薄的 P 型层,并将 P 型层作为受光面。

图 2-16(a)为 2DR 型硅光电池的结构示意图,在 P 型硅衬底上扩散磷形成很薄的 N 型层,薄的受光面可以使外部光照射到 PN 结附近;P 型层和 N 型层分别引出正、负电极,由于 N 型层是受光面,所以负极采用如图 2-16(b)所示的梳状来减小对光照的阻碍;将 N 型层上表面氧化,形成 $SiO_2$ 保护膜,可以起到防潮、防尘等保护作用,又可以减少硅光电池表面对入射光的反射,从而增加对入射光的吸收。

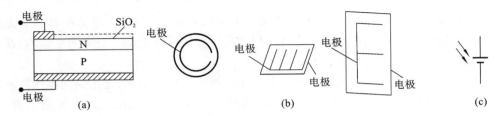

**图 2-16 2DR 型硅光电池的结构与电路符号**

(a)结构示意图;(b)外形;(c)电路符号

2. 硅光电池工作状态

如第 2.3.2 节所述,零偏置时光伏探测器工作在光电池模式下。当响应波段的光作用于半导体材料时,产生的光生载流子扩散到 PN 结附近,受到内建电场的作用而定向漂移,产生和内建电场方向相同的反向光电流 $i_\Phi$。$i_\Phi$ 在外接负载 $R_L$ 上产生压降 $u$，$u$ 同时作用在光伏探测器两端产生正向导通电流 $i_D$，且和 $i_\Phi$ 的方向相反。下文分析光电池的伏安特性时，方便起见我们以 $i_\Phi$ 为正方向。

　　实际情况中，光电池的伏安特性计算不单只考虑 $i_\Phi$、$i_D$ 和外接负载 $R_L$，还有 PN 结漏电流 $i_{sh}$ 及对应的等效泄露电阻 $R_{sh}$，电极和管芯接触电阻 $R_s$，以及结电容 $C_j$，其等效电路如图 2-17 所示。

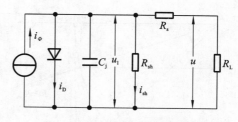

图 2-17　光电池的等效电路

　　通过 $R_L$ 的总电流 $i$ 为反向光电流 $i_\Phi$、正向导通电流 $i_D$ 与 PN 结漏电流 $i_{sh}$ 的和，即

$$i = i_\Phi - i_D - i_{sh} \qquad (2\text{-}64)$$

由于 $R_s$ 非常小，因此光伏探测器两侧的自偏压 $u_1$ 和输出电压 $u$ 接近，即 $u_1 \approx u$。结合式(2-62)和式(2-64)可得光伏探测器的输出电压 $u$ 为

$$u \approx u_1 = \frac{k_B T}{e} \ln\left( \frac{i_\Phi - i - i_{sh}}{i_s} + 1 \right) \qquad (2\text{-}65)$$

式中：$e$ 为电子电荷量；$k_B$ 为玻尔兹曼常数；$T$ 为绝对温度。

　　光伏探测器对负载 $R_L$ 输出的电压为 $u$，电流为 $i$，则输出功率 $P$ 的表达式为

$$P = ui = u_1 i - i^2 R_s = \frac{k_B T}{e} \cdot i \cdot \ln\left( \frac{i_\Phi - i - i_{sh}}{i_s} + 1 \right) - i^2 R_s \qquad (2\text{-}66)$$

### 3. 光电池的伏安特性

　　下面根据图 2-17 所示的光电池等效电路，讨论硅光电池的伏安特性，包括负载短路时的输出电流 $i_{sc}$ 和开路时的输出电压 $u_{oc}$，还有光伏探测器输出的最大功率 $P_{max}$，以及对应的负载 $R_L$ 的取值。

#### 1) 短路电流 $i_{sc}$ 和开路电压 $u_{oc}$

　　对于图 2-17，当电路短路时，$R_L = 0$，忽视 $R_{sh}$ 和 $R_s$ 的影响，则 $i_{sh} = 0$，$u = u_1 = 0$，短路电流 $i_{sc} = i_\Phi$，输出电功率 $P = 0$。处于这种工作模式下的光电池，输出的短路电流为光电流，其大小和照射到受光面的光功率成正比，因此可以用作光电探测器件。如果考虑 $R_{sh}$ 和 $R_s$ 的影响，则短路电流 $i_{sc}$ 的表达式如下：

$$i_{sc} = i_\Phi - i_s \left[ \exp\left( \frac{eu}{k_B T} \right) - 1 \right] + \frac{u_1}{R_{sh}} \qquad (2\text{-}67)$$

　　对于图 2-17，电路开路时，$R_L = \infty$，忽视 $R_s$ 的影响，则对负载的输出电流 $i = 0$，输出电功率 $P = 0$，开路电压 $u_{oc} = u_1$ 的表达式如下：

$$u_{oc} = \frac{k_B T}{e} \ln\left( \frac{i_\Phi - i_{sh}}{i_s} + 1 \right) \qquad (2\text{-}68)$$

由式(2-68)可以看出，当光电流 $i_\Phi$ 减小至接近漏电流 $i_{sh}$ 时，开路电压会大幅下降，因此在根据开路电压进行伏安特性测量时，需要注意所选型号的光电池的漏电流不能太大。

#### 2) 最佳负载电阻 $R_{opt}$ 的估算

　　由短路电流 $i_{sc}$ 和开路电压 $u_{oc}$ 的计算可知，在一定的光照功率下，当负载 $R_L$ 从 0 增大到 $+\infty$，输出电流 $i$ 从短路电流 $i_{sc}$ 降低到 0，输出电压 $u$ 从 0 增大到开路电压 $u_{oc}$，而负载在 $R_L = 0$（短路）和 $R_L = \infty$（开路）的情况下输出功率都为 0，显然，$R_L$ 在 0 和 $\infty$ 之间存在着最佳负载电

阻 $R_{opt}$，在最佳负载电阻情况下光电池有特定光照频率下的最大输出功率 $P_{max}$。计算 $R_{opt}$ 的方法如下。

（1）根据光电池输出特性曲线作图计算。

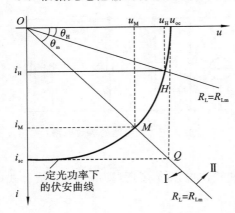

**图 2-18　光电池的输出特性曲线**

在实际工程计算中，常常通过分析图 2-18 所示的输出特性曲线得到经验公式，负载电阻 $R_L$ 的负载线（过零点 $O$，斜率为 $\tan\theta = i/u = 1/R_L$ 的直线）和光电池的输出特性曲线的交点是电路的静态工作点 $Q$，由该点和零点 $O$ 围成的矩形面积即为光电池对负载 $R_L$ 的输出功率，求最佳负载电阻 $R_{opt}$，即是求围出矩形的最大面积。最佳负载电阻 $R_{opt}$ 的求法如下：过开路电压和短路电流作伏安特性曲线的切线，将切线交点 $R$ 和零点 $O$ 连线，连线和光电池的输出特性曲线的交点 $M$ 和零点 $O$ 围出的矩形面积最大，对应最大输出功率 $P_{max}$，由连线斜率 $\tan\theta_M = i_M/u_M$ 可得到最佳负载电阻 $R_{opt}$，即

$$R_{opt} = \frac{1}{\tan\theta_M} \tag{2-69}$$

当照射功率增大时，由于 $u_{oc}$ 增加缓慢、$i_{sc}$ 增加较快，因此输出特性曲线会向电流轴方向拉伸，此时最佳负载电阻 $R_{opt}$ 的负载线也会更加贴近电流轴，斜率变大，$R_{opt}$ 变小，即 $R_{opt}$ 随光功率的增大而减小。

（2）对输出电功率求导求极大值估算。

将式（2-66）的输出电功率 $P$ 对负载电流 $i$ 求导，令此时的电流 $i=i_m$、偏置电压 $u=u_m$ 为取得最大输出电功率 $P_{max}$ 的电流和电压，且忽视 $R_s$，则有

$$\frac{dP}{di} = \frac{k_B T}{e}\ln\left(\frac{i_\Phi - i_m - i_{sh}}{i_s} + 1\right) + \frac{k_B T}{e}\left(\frac{-i_m}{i_\Phi - i_T - i_{sh} + i_s}\right) = 0$$

即

$$\ln\left(\frac{i_\Phi - i_m - i_{sh}}{i_s} + 1\right) = \frac{-i_m}{i_\Phi - i_m - i_{sh} + i_s} \tag{2-70}$$

将式（2-70）代入式（2-65），可得到取得最大输出电功率 $P_{max}$ 的 $u_m$ 和 $i_m$ 为

$$u_m = \frac{k_B T}{e} \cdot \frac{i_m}{i_\Phi - i_m - i_{sh} + i_s} \tag{2-71}$$

$$i_m = \frac{u_m(i_\Phi - i_{sh} + i_s) \cdot \dfrac{e}{k_B T}}{1 + u_m \cdot \dfrac{e}{k_B T}} \tag{2-72}$$

则可以求出最大输出电功率 $P_{max}$ 和对应的最佳负载电阻 $R_{opt}$ 为

$$P_{max} = u_m i_m = \frac{i_\Phi - i_{sh} + i_s}{1 + u_m \dfrac{e}{k_B T}} \cdot \frac{e}{k_B T} u_m^2 \tag{2-73}$$

$$R_{opt} = \frac{u_m}{i_m} = \frac{1 + u_m \dfrac{e}{k_B T}}{(i_\Phi - i_{sh} + i_s)\dfrac{e}{k_B T}} \tag{2-74}$$

式(2-74)中，$u_m \dfrac{e}{k_B T} \gg 1$，此时的输出电流近似于光电流，有 $i_{sh} - i_s \ll i_\Phi$，通常取输出电压 $u_m = (0.6 \sim 0.7)u_{oc}$，则可估算最佳负载电阻 $R_{opt}$ 为

$$R_{opt} = \frac{u_m}{I_m} = \frac{u_m}{i_\Phi} = (0.6 \sim 0.7)\frac{u_{oc}}{i_\Phi} \tag{2-75}$$

**3）实际光照射下的开路电压计算**

一般数据手册只会给出光电池在特定光照强度下的开路电压值，但实际使用中光照强度不一定等于手册给定的数值，需要基于手册给定的光照强度和实际光照强度来进行开路电压的计算。设数据手册给定的光功率为 $\Phi$，开路电压为 $u_{oc}$，光电流为 $i_\Phi$，实际光功率为 $\Phi'$，实际光电流为 $i'_\Phi$，则实际光照射下的开路电压 $u'_{oc}$ 的计算方法如下。

对于式(2-68)，通常 $i_\Phi \gg i_{sh}$，且 $i_\Phi - i_{sh} \gg i_s$，于是式(2-68)可简化为

$$u_{oc} = \frac{k_B T}{e}\ln\left(\frac{i_\Phi}{i_s}\right) \tag{2-76}$$

实际光照强度下的开路电压 $u'_{oc}$ 为

$$u'_{oc} = \frac{k_B T}{e}\ln\left(\frac{i'_\Phi}{i_s}\right) \tag{2-77}$$

联立式(2-76)、式(2-77)可得实际光照射下的开路电压 $u'_{oc}$ 和数据手册给定参量间的关系式

$$u'_{oc} = u_{oc} + \frac{k_B T}{e}\ln\left(\frac{i'_\Phi}{i_\Phi}\right) = u_{oc} + \frac{k_B T}{e}\ln\left(\frac{\Phi'}{\Phi}\right) \tag{2-78}$$

**4. 光电池的其他特性**

**1）光电特性**

随着光照度的变化，光电池的输出电流和输出电压的变化状况不同。图 2-19 所示的为硅光电池的光照特性，其中短路电流 $i_{sc}$ 随光照强度增大而线性增大，开路电压 $u_{oc}$ 随光照强度增大而非线性增大（和光照强度为对数关系）。所以如果想用光电池测量光的强弱，应当使用光电池的短路电流随光照强度线性变化的特性。需要注意的是，短路电流和光照强度的线性度与负载电阻的大小有关，负载电阻越小，线性度越高，保持线性的照度范围越大。作测量用途时，使用的负载电阻需要根据光强范围来定，阻值越小越好。

图 2-20 所示的为硅光电池在不同光照强度下的伏安特性曲线。为了观察和分析的方便，将原本第四象限的伏安特性曲线旋转到第一象限，其中 $E_1$ 到 $E_4$ 光照强度逐渐增大，随着光照强度的增加，开路电压 $u_{oc}$ 增长缓慢，短路电流 $i_{sc}$ 增长明显，曲线整体向电流轴方向伸长。实际使用硅光电池时，需要注意这个特性。

**2）光谱响应特性**

光电池的光谱响应特性是指在相同入射光功率的情况下，不同波长的光照射光电池产生的短路电流和波长之间的关系曲线。如果将各波长的短路电流与其中最大短路电流比较，按波长的分布求得其比值变化曲线，就是光电池的相对光谱响应。如图 2-21 所示，硅光电池的光谱响应范围为 400～1100 nm，峰值响应为 900 nm，覆盖了可见光波段和近红外波段，可以用于可见光和近红外的应用。硒光电池的光谱响应范围为 380～760 nm，峰值响应为 560 nm，和人眼的光谱响应范围及峰值响应相似，加上适当的滤光片后可以模拟人眼对光照的响应。

**3）频率特性**

光电池的频率特性是指输出电流的大小和接收光的调制频率的关系，通常随着光调制频

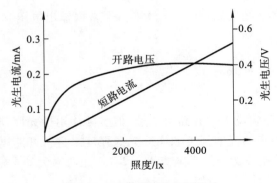

图 2-19 硅光电池的光照特性

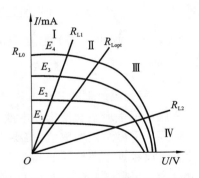

图 2-20 硅光电池在不同光照强度下的伏安特性曲线

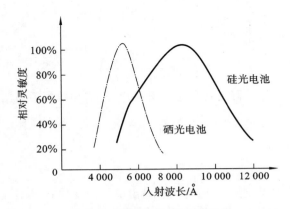

图 2-21 常用光电池的光谱特性

率的增加,在光功率不变的情况下,光电池产生的光电流会减小。光电池具有较大的光敏面,极间电容较大,而且在光照强度较小时,即使有正向的自偏压,内阻也较大,这些会使电路的时间常数增大。此外,负载电阻增大也会使时间常数增大,最终使频率特性变差。如图 2-22 所示,硅光电池的频率特性比硒光电池的更好,硅光电池的截止频率可达到几十千赫兹。

为了改善频率特性,可以从采用硅光电池、减小光敏面积、减小负载电阻等方面着手。

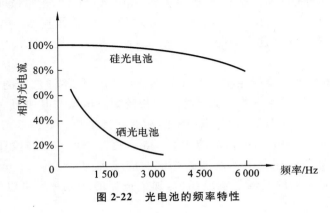

图 2-22 光电池的频率特性

4)温度特性

光电池的温度特性是指温度会直接影响到光电池的光电流和光电压输出。如图 2-23 所示,从短路电流 $i_{sc}$ 和开路电压 $u_{oc}$ 可以直观地看到温度对光电池输出的影响,$u_{oc}$ 随温度升高而线性下降,$i_{sc}$ 随温度升高而线性升高。

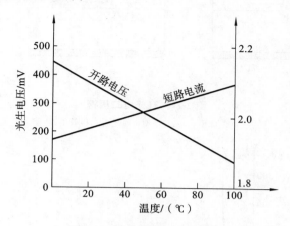

**图 2-23　硅光电池的温度特性**

由于温度变化产生的输出电流和电压变化称为温度漂移,它会影响到光电池作为测量设备时的精度,所以在设计时就应当考虑对温漂的抑制和补偿。此外,在如强光持续照射且散热不好的情况下,温度过高会使得光电池的 P 型和 N 型半导体转变为本征半导体,PN 结势垒消失,其中 Si 材料的最高工作温度为 200 ℃,Se 材料的最高工作温度为 50 ℃。

### 2.3.3.2　光电二极管

两端加上反向偏置电压、处于光电导工作模式的光伏探测器称为光电二极管。光电二极管加上反向偏置电压后暗电流 $i_D$ 非常小,反向光电流 $i_\phi$ 是主要电流,在外电路表现为输出电流随光功率增大而线性增大的特性,可以根据输出电流大小计算出光照强度,其精度和线性度是光电二极管能作为光电测量器件的原因。根据半导体材料和结构的不同,光电二极管可分为硅光电二极管、PIN 光电二极管、雪崩光电二极管(APD)、肖特基势垒二极管、HgCdTe 光电二极管和光电三极管等。硅光电二极管是最简单、最具代表性的光生伏特器件,其他光生伏特器件都是在它的基础上为提高某方面的特性而发展起来的。学习硅光电二极管的原理与特性可为学习其他光生伏特器件打下基础。

**1. 硅光电二极管的工作原理**

**1)基本结构**

硅光电二极管分为 N 型单晶硅为衬底的 2CU 型和 P 型单晶硅为衬底的 2DU 型两种结构。图 2-24 为 2CU 型和 2DU 型光电二极管的原理结构图以及光电池的基本电路示意图。以 2DU 型光电二极管为例,在轻掺杂 P 型硅片上通过扩散或注入的方式生成很浅(约为 1 μm)的 N 型层,形成 PN 结,将受光面表面氧化而成的 SiO₂ 保护膜既可保护光敏面,又可增加器件对光的吸收。硅光电二极管的符号和偏置方向如图 2-24(c)所示。

**2)工作状态**

光电二极管的工作区域在图 2-25(a)所示的第三象限,不便于观察,为此我们把反向偏置电压 $u$ 和反向光电流 $i_\phi$ 的方向分别定义为电压和电流的正方向,则可以将特性曲线从第三象限旋转到第一象限,如图 2-25(b)所示。重新定义的电流与电压的正方向均与 PN 结 N 区指向 P 区的内建电场方向一致。

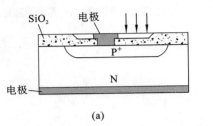 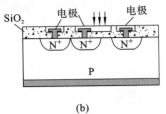 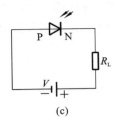

(a)         (b)         (c)

**图 2-24　硅光电二极管**

(a)2CU 型；(b)2DU 型；(c)光电二极管电路

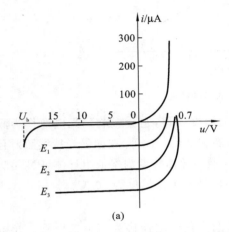 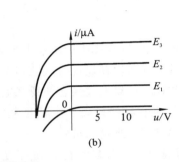

(a)                 (b)

**图 2-25　硅光电二极管的伏安特性曲线**

(a)旋转前；(b)旋转后

由图 2-25 可见,在反向偏置电压 $u=0$ 时,电流 $i$ 随 $u$ 的变化就已经很小,并且随着 $u$ 增加,输出的光电流几乎不变,说明光生载流子的收集率已经达到极限,光电流趋于饱和。在反向偏置电压小于雪崩电压时,光电流与反向偏置电压几乎无关,主要取决于入射光功率。反向偏置过大时发生雪崩击穿、电流迅速增大的情况将在后面章节讨论。

3) 工作电路

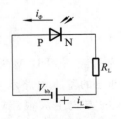

**图 2-26　光电二极管的反向偏置电路示意图**

自偏置电路的输出电流或输出电压与入射光功率之间的线性关系很差,因此在测量电路中很少采用自偏置电路,而通常采用反向偏置电路。光伏器件在反向偏置状态下 PN 结势垒区加宽,有利于光生载流子的漂移运动,使光伏器件的线性范围和光电变换的动态范围加宽。因此,反向偏置电路被广泛地应用到大范围的线性光电检测与光电变换中。所有的光生伏特器件都可以进行反向偏置,尤其是光电三极管、光电场效应管、复合光电三极管等必须进行反向偏置。下面以图 2-26 所示的最简单的反向偏置电路为例分析光电二极管的输出特性。

在图 2-26 所示的光电二极管反向偏置电路中,流过负载电阻 $R_L$ 的电流 $i_L$ 为式(2-60)描述的反向光电流 $i_\Phi$ 和二极管电流方程(式(2-62))描述的反向暗电流 $i_D$ 的和,$i_L$ 表达式即是光电二极管的全电流方程,即

$$i_{\mathrm{L}} = i_{\varPhi} + i_{\mathrm{D}} = \frac{e\eta'}{h\nu}\varPhi + i_{\mathrm{S}}\left[\exp\left(\frac{eu}{k_{\mathrm{B}}T}\right) - 1\right] \tag{2-79}$$

输出电压 $V_{\mathrm{o}}$ 为

$$V_{\mathrm{o}} = V_{\mathrm{bb}} - i_{\mathrm{L}}R_{\mathrm{L}} = V_{\mathrm{bb}} - (i_{\varPhi} + i_{\mathrm{D}})R_{\mathrm{L}} \tag{2-80}$$

由于制造光生伏特器件的半导体材料一般都采用高阻轻掺杂的器件,其反向暗电流 $i_{\mathrm{D}}$ 很小,可以忽略不计,所以输出电压的表达式可简化为

$$V_{\mathrm{o}} = V_{\mathrm{bb}} - i_{\varPhi}R_{\mathrm{L}} = V_{\mathrm{bb}} - R_{\mathrm{L}}\frac{e\eta'}{h\nu}\varPhi \tag{2-81}$$

式中:$\varPhi$ 为入射光功率。此式为输出电压和入射光功率的关系式,当入射光功率 $\varPhi$ 受调制而产生了变化量 $\Delta\varPhi$,则输出电压也会产生相应的变化 $\Delta V_{\mathrm{o}}$。

$$\Delta V_{\mathrm{o}} = -R_{\mathrm{L}}\frac{e\eta'}{h\nu}\Delta\varPhi \tag{2-82}$$

可以看出,$\Delta V_{\mathrm{o}}$ 和光功率变化量 $\Delta\varPhi$ 呈线性关系,负号表示随着光功率增大,输出电压变小。

图 2-27 所示的为不同光照强度、不同负载电阻下光电二极管反向偏置电路的输出特性曲线。若电路的静态工作点为负载线 1 的 $Q$ 点,入射光受到调制使得照度在 250 lx 到 1250 lx 之间变化,在负载线和 250 lx、1250 lx 的光电二极管伏安特性曲线的交点作垂线交于电压轴,可得到输出电压在这个状态下的变化范围,称为输出电压的动态范围。不难看出,反向偏置电路的输出电压的动态范围取决于电源电压 $V_{\mathrm{bb}}$ 与负载电阻 $R_{\mathrm{L}}$,电流 $i_{\mathrm{L}}$ 的动态范围也与负载电阻 $R_{\mathrm{L}}$ 有关。适当地设计 $R_{\mathrm{L}}$ 可以获得所需要的电流、电压动态范围。

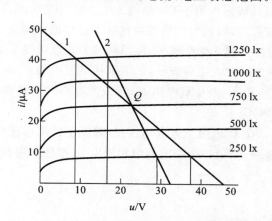

**图 2-27　光电二极管反向偏置电路的输出特性曲线**

**2. 硅光电二极管的特性**

**1) 灵敏度和光谱响应**

入射到光敏面的光通量变化引起的电流变化 $\mathrm{d}i$ 与光通量变化 $\mathrm{d}\varPhi$ 之比称为光电二极管的灵敏度,则由光电转换关系式(2-60)可直接得到灵敏度 $S_{\mathrm{i}}'$ 的表达式为

$$S_{\mathrm{i}}' = \frac{\mathrm{d}i_{\varPhi}}{\mathrm{d}\varPhi} = \frac{e\eta'}{h\nu} = \frac{e\eta'\lambda}{hc} \tag{2-83}$$

其中,$\eta'$ 为有效量子效率,$\eta'$ 的表达式为

$$\eta' = \eta\alpha(1-R)\int_0^L \exp(-\alpha x)\mathrm{d}x \tag{2-84}$$

式中:$R$ 为受光面表面反射率;$\alpha$ 为材料吸收系数;$\lambda$ 为入射光波长。根据式(2-83),表面上看

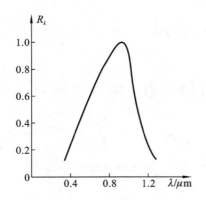

**图 2-28 硅光电二极管的光谱响应曲线**

灵敏度 $S_i'$ 与波长 $\lambda$ 成正比,实际上 $R$ 和 $\alpha$ 也会受到 $\lambda$ 的影响,使得 $S_i'$ 和 $\lambda$ 的关系很复杂。对于波长 $\lambda$ 确定的单色辐射,光电二极管的灵敏度 $S_i'$ 是常数,据此能作出灵敏度和波长的关系曲线,称为光谱响应曲线。图 2-28 所示的为硅光电二极管的相对光谱响应曲线。

可以看出,曲线远远偏离式(2-83)的灵敏度和波长成正比的关系,并且有上、下波限。常温下,硅光电二极管光谱响应的长波限为 1.1 $\mu$m 左右,短波限接近 0.4 $\mu$m,峰值响应波长为 0.9 $\mu$m 左右。硅光电二极管光谱响应的长波限受硅材料禁带宽度 1.12 eV 限制,短波限受窗口材料及 PN 结的厚度对光吸收的影响。入射波长越短,管芯表面反射损失越大,材料吸收率也越大,从而使能够到达 PN 结附近的短波长光减少,距离 PN 结太远的光生载流子在到达 PN 结附近之前就已经发生复合而损失掉,因此减薄 PN 结的厚度可提高短波限的光谱响应。硅光电二极管的灵敏度主要取决于和波长相关的量子效率 $\eta'$,在峰值波长为 0.9 $\mu$m 时,$\eta' > 50\%$,电流灵敏度 $S_i' \geqslant 0.4$ $\mu$A/$\mu$W。

2)时间响应

硅光电二极管的时间响应特性是半导体光电二极管中最好的,适用于接收较高速变化的光信号。

设以频率 $f$ 调制振幅的辐射作用于 PN 结硅光电二极管光敏面,PN 结硅光电二极管电流的产生要经过以下 3 个过程,其时间响应特性由这 3 个过程的时间决定。

①在 PN 结耗尽层内产生的光生载流子,以漂移的方式渡越耗尽层的漂移时间 $\tau_{dr}$。

②在 PN 结耗尽层外产生的光生载流子,扩散到耗尽层内的扩散时间 $\tau_p$。

③由结电容 $C_j$、管芯电阻 $R_i$ 及负载电阻 $R_L$ 构成的电路时间常数 $\tau_{RC}$。

(1)耗尽层内的漂移时间 $\tau_{dr}$。

设耗尽层的宽度为 $w$,在 $w$ 内由于高电场存在,载流子的漂移速度趋于饱和,可以将载流子的漂移运动估计为匀速移动,用一个固定的饱和速度 $v_d$ 描述。则载流子在耗尽层内最长的漂移时间 $\tau_{dr}$ 为

$$\tau_{dr} = \frac{w}{v_d} \tag{2-85}$$

一般的 PN 结硅光电二极管,内建电场强度 $E_i$ 都在 $10^5$ V/cm 以上,载流子的平均漂移速度取 $10^5$ cm/s,耗尽层的宽度 $w$ 一般约为 100 $\mu$m。由式(2-85)可算得漂移时间 $\tau_{dr} = 10^{-9}$ s,为纳秒数量级。

(2)耗尽层外的扩散时间 $\tau_p$。

半导体材料中,载流子扩散是一个比较慢的物理过程,扩散时间满足

$$\tau_p = \frac{d^2}{2D_c} \tag{2-86}$$

式中:$d$ 为扩散距离;$D_c$ 为少数载流子扩散系数。

对于 PN 结硅光电二极管,入射辐射在耗尽层外激发的光生电子和空穴必须经过扩散运动到耗尽层内,才能被内建电场分别拉向 N 区与 P 区。载流子的扩散运动往往很慢,因此扩散时间 $\tau_p$ 很长,约为 100 ns,它是限制 PN 结硅光电二极管时间响应的主要因素,为了减少扩

散时间 $\tau_p$,一般把光敏面做得很薄。

　　硅材料对不同波长的光具有不同的吸收系数,对长波长的吸收系数小,对短波长的吸收系数大,这导致了对不同波长的光具有不同的扩散时间。对于以 P 型硅作为受光面的 2CU 光电二极管,长波长的光可以入射到 N 区的深处,激发出的光生载流子距离 PN 结较远,扩散时间较长,短波长的光激发的载流子大部分产生在 PN 结内或者附近,扩散时间短。所以硅光电二极管短波长的时间响应特性比长波长的要好,通常来说由波长不同引起的响应时间差别可达 $10^2 \sim 10^3$ 倍。为了改善长波长的时间响应特性,后续提出了 PIN 光电二极管。

　　(3)电路时间常数 $\tau_{RC}$。

　　PN 结电容 $C_j$、管芯电阻 $R_i$ 及负载电阻 $R_L$ 构成的时间常数 $\tau_{RC}$ 可表示为

$$\tau_{RC} = C_j(R_i + R_L) \tag{2-87}$$

对于突变结,结电容满足下面的关系:

$$C_j = \frac{A}{2}\left[\frac{2e\varepsilon}{u_0 - u} \cdot \left(\frac{N_d N_a}{N_d + N_a}\right)\right]^{\frac{1}{2}} \tag{2-88}$$

式中:$A$ 为结面积;$N_a$ 和 $N_d$ 分别为受主和施主杂质浓度;$u$ 为端电压;$u_0$ 为零偏置内部的结电压。此处以 2CU 光电二极管($P^+N$ 结构,P 区为重掺杂)为例,有 $N_a \gg N_d$,则式(2-88)化为

$$C_j = \frac{A}{2}(2e\varepsilon N_d)^{\frac{1}{2}} \cdot u^{-\frac{1}{2}} \tag{2-89}$$

由式(2-89)可得结电容和端电压的关系,如果想减小结电容,应选择较高的反向偏置电压,使得耗尽层加宽,或者改进光电二极管结构,如采用 PIN 管或者 APD 管。普通 PN 结硅光电二极管的管芯内阻 $R_i$ 约为 250 Ω,PN 结电容 $C_j$ 常为几个皮法,在负载电阻 $R_L$ 低于 500 Ω 时,时间常数 $\tau_{RC}$ 也在纳秒数量级。但是,当负载电阻 $R_L$ 很大时,时间常数 $\tau_{RC}$ 将会接近扩散时间 $\tau_p$,成为影响硅光电二极管时间响应的一个重要因素。

　　目前,用来制造 PN 结型光电二极管的半导体材料主要有硅、锗、硒和砷化镓等,用不同材料制造的光电二极管具有不同的特性。表 2-2 所示的为几种不同材料光电二极管的基本特性参数。

### 2.3.3.3　PIN 光电二极管

　　为了提高 PN 结硅光电二极管的时间响应,一方面需要减小 PN 结耗尽层外光生载流子的扩散运动时间,另一方面需要减小 PN 结电容。从这个需求出发,采用在 P 区与 N 区之间生成本征层(I 层)的方法来扩展耗尽层的宽度,同时达到了减小载流子扩散运动的距离和减小结电容的效果。在 PIN 光电二极管中,P 区和 N 区很薄,I 层较厚,结构如图 2-29 所示。PIN 光电二极管是一种快速光电二极管,与 PN 结光电二极管相比,其时间常数更小,光谱响应范围向长波方向移动,可应用于光纤通信、雷达等高速响应的场合。下面介绍 PIN 光电二极管的工作原理。

　　在 PIN 管工作时,I 层由于掺杂非常低,电阻率相对于 P 区和 N 区很高,外加的反向偏置电压集中在 I 层,使得该层内部电场很强,在这里产生的光生载流子被快速拉向 P 区和 N 区,即 I 层也变为耗尽层,使耗尽层扩展到几乎整个半导体,宽度相比 PN 结结构中的耗尽层大幅增加,光生载流子的扩散时间减小。同时,I 层可以视作电容介质,耗尽层的宽度大幅增加,相当于增大了 PN 结形成的电容的间距,令结电容变小,并且由于其受到大部分的反向偏置,而结电容也随反向偏压增大而减小,由此减小了电路时间常数 $\tau_{RC}$。

表 2-2 几种国产光电二极管的基本特性参数

| 型号 | 材料 | 光敏面积 $s/mm^2$ | 光谱响应 $\Delta\lambda/nm$ | 峰值波长 $\lambda_m/nm$ | 时间响应 $\tau/ns$ | 暗电流 $i_d/nA$ | 光电流 $i_\Phi/\mu A$ | 反向偏压 $u_R/V$ | 功耗 $P/mW$ | 生产厂家 |
|------|------|------|------|------|------|------|------|------|------|------|
| 2AU1A～D | Ge | 0.08 | 0.86～1.8 | 1.5 | ≤100 | 10000 | 30 | 50 | 15 | 南通光电器件厂 |
| 2CU1A～D | Si | Φ8 | 0.4～1.1 | 0.9 | ≤100 | 200 | 0.8 | 10～50 | 300 | |
| 2CU2 | Si | 0.49 | 0.5～1.1 | 0.88 | ≤100 | 100 | 15 | 30 | 30 | |
| 2CU5A | Si | Φ2 | 0.4～1.1 | 0.9 | ≤50 | 100 | 0.1 | 10 | 50 | |
| 2CU5B | Si | Φ2 | 0.4～1.1 | 0.9 | ≤50 | 100 | 0.1 | 20 | 50 | 北京光电器件厂 |
| 2CU5C | Si | Φ2 | 0.4～1.1 | 0.9 | ≤50 | 100 | 0.1 | 30 | 150 | |
| 2DU1B | Si | Φ7 | 0.4～1.1 | 0.9 | ≤100 | ≤100 | ≥20 | 50 | 100 | |
| 2DU2B | Si | Φ7 | 0.4～1.1 | 0.9 | ≤100 | 100～300 | ≥20 | 50 | 100 | |
| 2CU101B | Si | 0.2 | 0.5～1.1 | 0.9 | ≤5 | ≤10 | ≥10 | 15 | 50 | |
| 2CU201B | Si | 0.78 | 0.5～1.1 | 0.9 | ≤5 | ≤50 | ≥10 | 50 | 50 | |
| 2DU3U | Si | Φ7 | 0.4～1.1 | 0.9 | ≤100 | 300～1000 | ≥20 | 50 | 100 | |
| PIN09A | Si | 0.06 | 0.5～1.1 | 0.9 | ≤4 | 50 | ≥10 | 25 | 10 | 国营746厂 |
| PIN09B | Si | 0.2 | 0.5～1.1 | 0.9 | ≤4 | 50 | ≥10 | 25 | 15 | |
| PIN09C | Si | 0.78 | 0.5～1.1 | 0.9 | ≤4 | 300 | ≥20 | 25 | 30 | |
| UV102BK | Si | 4.2 | 0.25～1.1 | 0.88 | ≤100 | 0.1 | 5 | | | 武汉大学半导体厂 |
| UV105BK | Si | 30 | 0.25～1.1 | 0.88 | ≤100 | 1 | 28 | | | |
| UV110BK | Si | 102 | 0.25～1.1 | 0.88 | ≤100 | 3 | 150 | | | |
| 2CUGS1A | Si | 5.3 | 0.4～1.1 | 0.9 | ≤50 | 10 | 140 | 30 | 150 | |
| 2CUGS1B | Si | 1.44 | 0.4～1.1 | 0.9 | ≤50 | 10 | 50 | 30 | 100 | |

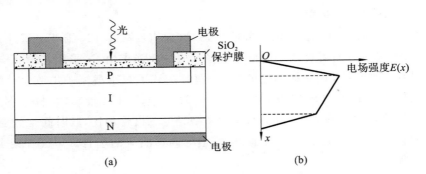

图 2-29 PIN 光电二极管结构示意图

(a)管芯结构；(b)电场分布

　　耗尽层的加宽,还导致吸收光辐射的区域加宽了。如前面章节所述,对于 2CU 型 PN 结光电二极管,长波长的辐射吸收系数低,因此会深入 N 区深处,产生的光生载流子距离耗尽层很远,导致硅光电二极管的长波长的频率特性较差。PIN 结构加宽了耗尽层,有利于长波长辐射的吸收,改善了光电二极管的长波段频率响应特性。

PIN 光电二极管减小了光生载流子扩散时间和结电容,实际使用时,决定光电二极管时间响应特性的主要还是电路时间常数 $\tau_{RC}$,而 $\tau_{RC}$ 又由电路的电阻和电容决定,因此合理选择负载电阻 $R_L$ 十分重要。

#### 2.3.3.4　雪崩光电二极管

为了使光电二极管的灵敏度达到更高程度,人们提出了雪崩光电二极管的概念。雪崩光电二极管是具有内增益的一种光生伏特器件,它利用光生载流子在强电场内的定向运动,产生雪崩倍增效应以获得光电流的增益。一般硅和锗的雪崩光电二极管的电流增益可达到 $10^2 \sim 10^3$,灵敏度很高且响应时间短,带宽可达 100 GHz,广泛应用于弱信号、高速响应的场合,如微弱光信号检测、激光测距、光纤通信等。

1. 原理和结构

雪崩光电二极管(APD)利用雪崩倍增效应获得高的内增益和快速的响应。在 APD 工作过程中,对 PN 结施加很高的反向偏置电压(100~200 V,接近反向击穿电压),产生强电场,受到光照时,光生载流子在强电场作用下进行高速定向运动,具有很高动能的光生电子或空穴与晶格原子碰撞,使晶格原子电离产生二次电子-空穴对,新产生的电子和空穴在电场的作用下又获得足够的动能,使晶格电离产生新的电子-空穴对,此过程像"雪崩"似地继续下去,产生大量载流子,电离产生的载流子数远大于光激发产生的光生载流子数,雪崩光电二极管的输出电流迅速增加,这种在很高的反向电压下光电二极管输出电流迅速增加的效应就是雪崩倍增效应。

雪崩光电二极管有多种结构,下面介绍其中较为简单的三种常见结构,如图 2-30 所示。

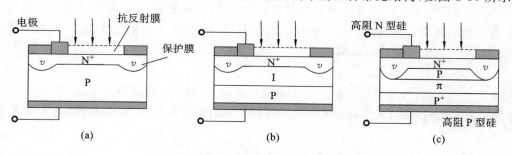

**图 2-30　常见雪崩光电二极管结构示意图**
(a)PN 结 APD;(b)PIN 型 APD;(c)拉通型 APD

图 2-30(a)所示的为结构最简单的 PN 结 APD,P 型 N⁺ 结构,P 层为衬底,在衬底上重掺杂磷元素得到 N⁺ 层作为受光面,峰值电场在 PN 结面上,则 PN 结面及附近的雪崩效应最明显。PN 结 APD 的问题是电场不均匀,过于集中在 PN 结面,容易引起较大的电流以及缺陷处的击穿。为了解决这些问题,在 N⁺ 层和 P 层之间进行扩散,形成轻掺杂高阻 N 型硅,起到保护环作用。保护环的作用是增加高阻区厚度,减小表面漏电流避免边缘击穿。

图 2-30(b)所示的为 PIN 型 APD,是在 PN 结 APD 的基础上改进而成的 N⁺IP 结构,P 层和 N⁺ 层之间加入了低掺杂高阻的本征层(I 层),在 PIN 型 APD 工作时,整个 I 层变为很宽的耗尽层,在耗尽层内电场强度高且相对均匀分布,因此耗尽层同时作为吸收区和倍增区。PIN 型 APD 的优点是耗尽层宽,能吸收大部分光子,量子效率高,并且电场分布均匀,不容易被击穿;缺点是较宽的耗尽层需要较高的工作电压,且耗尽层同时作为吸收区和倍增区,噪声产生的载流子也会被放大,使得 PIN 型 APD 的噪声较大。

图 2-30(c)所示的为拉通型 APD(RAPD)的 $N^+P\pi P^+$ 结构,在其工作时,$N^+P$ 界面到 $P\pi$ 界面之间的 P 层很薄,电场很高,为雪崩倍增区;$P\pi$ 界面到 $\pi P^+$ 界面之间的 $\pi$ 层为高阻低掺杂 P 型硅且相对其他层很宽,因此电场较低,不足以发生雪崩倍增效应,其主要作用是作为很宽的吸收区吸收外界光照,产生大量光生电子-空穴对。吸收区产生的光生电子和空穴都会受电场作用发生漂移,但根据各层的位置关系,只有光生电子会向倍增区漂移,发生雪崩倍增而得到较高的内部增益,而光生空穴会向阳极漂移,不会被倍增;在倍增区 P 层也会因光照产生电子-空穴对,但是由于倍增区很薄,产生的空穴相对吸收区漂移过来的电子数量很少,因此主要还是电子被倍增。拉通型 APD 相比 PIN 型 APD,把吸收区和雪崩倍增区分开了,耗尽层拉宽的同时噪声也较小,同时还可以主要放大其中一种载流子,进一步减小了噪声水平。拉通型 APD 的性能与掺杂浓度相关,如果倍增区的掺杂浓度太高,电场会集中在倍增区,吸收区电场减小,光生载流子漂移效果减弱,影响到响应时间和光谱响应曲线;如果倍增区的掺杂浓度太低,则不利于发生雪崩倍增效应。

### 2. 光电性能

雪崩光电二极管在反向偏置电压较小时不会进入雪崩倍增状态,而是和普通的光电二极管一样,输出较小的光电流 $i_0$。随着反向偏置电压 $V$ 逐渐增大到接近雪崩击穿电压时,雪崩光电二极管发生雪崩倍增效应,光电流被雪崩倍增,发生指数级的增长。将雪崩倍增后的输出光电流 $i$ 和倍增前的电流 $i_0$ 的比值定义为雪崩倍增系数 $M$,有

$$M = \frac{i}{i_0} \tag{2-90}$$

下面来求雪崩光电二极管的雪崩倍增系数 $M$ 和反向偏置电压 $V$ 的关系式。雪崩倍增系数 $M$ 与碰撞电离率有密切的关系。碰撞电离率表示一个载流子在电场作用下,漂移单位距离所产生的电子-空穴对数目。碰撞电离率 $\alpha$ 与电场强度 $E$ 有如下经验公式:

$$\alpha = Ae^{-\left(\frac{b}{E}\right)^m} \tag{2-91}$$

式中:$A$、$b$、$m$ 为与材料有关的系数。电子碰撞电离率 $\alpha_n$ 和空穴碰撞电离率 $\alpha_p$ 不完全一样,但此处为了表达式的简洁,还是假定 $\alpha_n = \alpha_p = \alpha$,得到雪崩倍增系数 $M$ 与碰撞电离率 $\alpha$ 的关系为

$$M = \frac{1}{1 - \int_0^{X_D} \alpha \mathrm{d}x} \tag{2-92}$$

式中:$X_D$ 为耗尽层的宽度。当 $\int_0^{X_D} \alpha \mathrm{d}x \to 1$ 时,$M \to \infty$,此时会发生雪崩击穿。其物理意义是:在强电场作用下,当通过耗尽层的每个载流子平均能产生一个电子-空穴对时,就发生雪崩击穿现象。当 $M \to \infty$ 时,PN 结上所加的反向偏压就是雪崩击穿电压 $V_B$。$M$ 随反向偏置电压 $V$ 的变化可用经验公式近似表示为

$$M = \frac{1}{1 - \left(\frac{V}{V_B}\right)^n} \tag{2-93}$$

式中:指数 $n$ 取决于半导体材料、掺杂分布和辐射波长,通常取值 $1 \sim 3$。图 2-31 所示的为雪崩光电二极管暗电流 $i_d$、雪崩倍增系数 $M$ 和反向偏压 $V$ 的关系,$i_d$ 线为暗电流大小,AB 线为雪崩倍增系数曲线。

由图 2-31 可知,在 A 点之前反向偏压 $V$ 较小,能产生光电激发但没有雪崩倍增效应,雪崩倍增系数 $M$ 维持在较小的水平;随着偏置电压 $V$ 逐渐增大,从 A 点开始产生雪崩倍增效

应,雪崩倍增系数 $M$ 随 $V$ 增大而指数增长;当 $V$ 趋近于 $B$ 点对应的击穿电压 $V_B$ 时, $M$ 趋近于无穷大,此时 PN 结发生击穿。

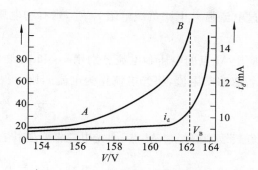

适当调节雪崩光电二极管的工作偏压,便可得到较大的雪崩倍增系数,一般雪崩光电二极管的偏压在几十伏到几百伏。$B$ 点之后容易发生击穿,且暗电流也开始迅速增长。所以最佳工作点应该在 $A$ 点和 $B$ 点之间,接近击穿点附近,此时雪崩倍增系数高,电流灵敏度大。有时为了压低暗电流,把工作点向左边低电压处移动一些,虽然灵敏度有所降低,但是

**图 2-31　APD 的暗电流、雪崩倍增系数和反向偏置电压的关系曲线**

暗电流和噪声特性有所改善。目前,雪崩光电二极管的偏压分为低压和高压两种,低压在几十伏左右,高压达几百伏,相应的雪崩倍增系数在 $10^2 \sim 10^3$ 量级。

### 2.3.3.5　光电二极管反向偏置电路参数计算

光电二极管的反向偏置电路参数包括偏置电压 $V$ 和负载电阻 $R_L$。为了计算光电二极管的 $V$ 和 $R_L$ 的取值,需要从光电三极管的伏安特性曲线出发。图 2-32(a)所示的为光电三极管的反向偏置电路,其中外加偏置电压为 $V$,负载电阻为 $R_L$。图 2-32(b)所示的为图 2-32(a)中光电三极管的伏安特性曲线,点 $M$ 对应的电压 $u_M$ 是饱和区和线性区的分界线,称为拐点电压(屈膝电压)。小于拐点电压的区域为饱和区,大于拐点电压的区域为线性区。

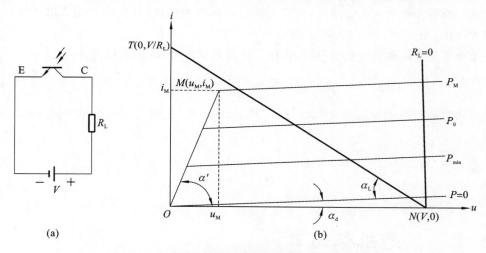

**图 2-32　光电三极管的反向偏置电路和伏安特性曲线**
(a)反向偏置电路;(b)伏安特性曲线

当负载线 $TN$ 与 $OM$ 段相交时,输出电压 $\Delta V$ 随光功率 $P$ 的变化而产生非线性变化,不利于光学测量。为了发挥器件测量光功率的功能,需要使其工作在线性区,即负载线不能和 $OM$ 段相交,此时输出电压 $\Delta V$ 随光功率 $P$ 线性变化。负载线与偏置电压 $V$ 和负载电阻 $R_L$ 有关,需要调整 $V$ 和 $R_L$ 使得光电三极管工作在线性区。下面计算工作在线性区时 $V$ 和 $R_L$ 取值范围。

设光照为恒定功率的直流信号即 $P(t)=P$,光电三极管的偏置电压为 $V$,两端电压为 $u$,

流过电流为 $i$，电路负载电阻为 $R_L$，则有和电压轴交于 $N$ 点$(V,0)$ 的负载线方程

$$u = V - iR_L \tag{2-94}$$

对应于 $M$ 点的电压和电流分别用 $u_M$ 和 $i_M$ 表示，此时的光功率为 $P_M$，器件的光电流灵敏度为 $S$，若忽略暗电流，将光电流作为电流 $i$，则可得到器件的饱和电阻 $R'$ 为

$$R' = \frac{u_M}{i_M} = \frac{u_M}{SP_M} \tag{2-95}$$

设负载线刚好经过 $M$ 点，即光电三极管工作在线性区边缘，则满足

$$R_L = R'\left(\frac{V}{u_M} - 1\right) \tag{2-96}$$

联立式(2-95)、式(2-96)即得经过 $M$ 点的负载电阻 $R_L$ 的取值 $R_{LM}$。为了使器件保持在线性区，负载线不与 $OM$ 段相交，负载线的斜率必须大于 $MN$ 段，$R_L$ 需要满足式(2-97)所示的条件

$$R_L < R_{LM} = \frac{V}{SP_M} - R' \tag{2-97}$$

如果光功率是正弦调制信号 $P(t) = P_0 + P_m\sin(\omega t)$，则表达式由式(2-97)得

$$R_L < \frac{2(V - u_M)}{S(2P_0 + P_m)} \tag{2-98}$$

由式(2-98)可得使光电三极管工作在线性区时 $V$ 和 $R_L$ 的取值范围。根据图 2-32(b)可知，偏置电压 $V$ 越大，在光功率变化时输出电压 $\Delta V$ 越大，所以在式(2-98)允许的线性范围内可以适当地增大偏置电压 $V$。

光电二极管和光电三极管不同，在其工作区间内均为线性区，对应的拐点电压 $u_M = 0$，饱和电阻 $R' = 0$。

在光功率是直流和慢变化信号时，光电二极管负载电阻 $R_L$ 的取值范围为

$$R_L < \frac{V}{SP_M} \tag{2-99}$$

在光功率是正弦调制信号 $P(t) = P_0 + P_m\sin(\omega t)$ 时，光电二极管负载电阻 $R_L$ 的取值范围为

$$R_L < \frac{V}{S\left(P_0 + \frac{1}{2}P_m\right)} \tag{2-100}$$

# 2.4 ∥ 光热探测器

光电探测器基于光电效应，其半导体材料的电子吸收光子改变状态，从而影响材料电学性质，然而这一吸收过程要求光子的能量高于半导体的禁带宽度，而光子能量又与光子频率有关，也就是说光电探测器对入射光的频率具有选择性。光热探测器基于热电效应，光子被材料直接吸收，光能转化为晶格能引起材料升温，从而改变材料电学性能，这个过程没有频率的选择性，使其从近紫外到远红外的波段都具有较为均匀的光谱响应。由于热量的积累需要一定时间，所以光热探测器的响应速度比光电探测器的要慢，并且容易受到外界环境的影响。新型的快速响应热释电探测器在一定程度上缓解了响应时间慢的问题。

### 2.4.1　光热探测器原理

光热探测器在工作过程中发生了两步能量转化过程:第一步是材料吸收光子升温,这个过程中光能转化为热能;第二步是材料升温改变了电学性质,如输出电压和电流等变化的电信号,热能转化为电能。为了理解光热探测器的工作过程,下面先介绍材料吸收光能以及散热等导致的温度变化,然后再介绍材料电学性质随温度变化的影响。

1. 温度变化量和入射光功率的关系

在没有受到光照的情况下,光热探测器的温度维持在 $T_0$ 的热平衡状态下。设有光功率为 $\Phi_e$ 的辐射入射光热探测器材料,材料的吸收系数为 $\alpha$,则材料吸收的光功率为 $\alpha\Phi_e$。吸收光能后,材料温度升高 $\Delta T$ 并达到新的热平衡状态。设 $C$ 为系统的热容,则单位时间的内能增量为

$$\Delta\Phi_i = C\frac{\mathrm{d}\Delta T}{\mathrm{d}t} \tag{2-101}$$

同时光热探测器还会和周围环境交换热量,设 $G$ 为热导,则单位时间内由于热传导的能量变化为 $G\Delta T$。根据能量守恒定律,光热探测器吸收的光功率等于单位时间的内能增量和热传导能量之和,有

$$\alpha\Phi_e = C\frac{\mathrm{d}\Delta T}{\mathrm{d}t} + G\Delta T \tag{2-102}$$

假设入射光为以 $\omega$ 频率调制的正弦信号,即 $\Phi_e = \Phi_0\exp(\mathrm{j}\omega t)$,并且在 $t=0$ 时,$\Delta T=0$,代入式(2-102)得温度变化量和时间的关系

$$\Delta T(t) = -\frac{\alpha\Phi_0\exp\left(-\dfrac{G}{C}t\right)}{G+\mathrm{j}\omega C} + \frac{\alpha\Phi_0\exp(\mathrm{j}\omega t)}{G+\mathrm{j}\omega C} \tag{2-103}$$

当 $t\gg\dfrac{C}{G}$ 时,式(2-103)的第一项可以省去,其幅值 $|\Delta T(t)|=\Delta T$ 为在光功率 $\Phi_0$ 的照射下材料达到热平衡对应的温度变化量,即

$$|\Delta T(t)| = \Delta T = \frac{\alpha\Phi_0}{\sqrt{G^2+\omega^2C^2}} \tag{2-104}$$

此关系式展示了光功率和探测器温度变化量的关系,在光功率 $\Phi_0$ 下,温度最终会提升 $\Delta T$ 并达到新的热平衡状态。

2. 热敏度

如果用单位入射光功率产生的温度变化表示探测器的热敏度 $R_t$,则式(2-104)可改写为

$$R_t = \frac{\Delta T}{\Phi_0} = \frac{\alpha}{\sqrt{G^2+\omega^2C^2}} = \frac{\alpha}{G\sqrt{1+\omega^2\tau_T^2}} \tag{2-105}$$

式中:$\tau_T$ 为探测器的热时间常数,$\tau_T$ 的表达式为

$$\tau_T = \frac{C}{G} \tag{2-106}$$

$\tau_T$ 与探测器的材料、尺寸、形状和颜色等有关。从式(2-105)可以看出,要想得到高灵敏度的光热探测器,需要较大的吸收系数 $\alpha$、较小的热容 $C$ 和热导 $G$。所以光热探测器一般都涂黑以提高 $\alpha$,做成小面积的薄片以减小 $C$。减小热导 $G$ 也可以提升灵敏度,但由于 $G$ 和时间常数成反比,减小 $G$ 会使探测器的时间常数变大,响应变坏,所以需要采用较好的热沉支架来保证尽可

能大的 $G$。热时间常数 $\tau_T$ 通常在毫秒级到秒级,所以光热探测器一般是慢响应探测器。

**3. 热噪声功率**

下面计算热噪声功率 $P_f$。根据斯特藩-玻尔兹曼定律,设探测器温度为 $T$,接收面积为 $A$,并将其近似为黑体(吸收系数等于发射系数),在热平衡下单位时间向外辐射的功率为

$$P = A\alpha\sigma T^4 \tag{2-107}$$

式中:$\sigma$ 是斯特藩-玻尔兹曼常数。由热导的定义式,可得到辐射热导 $G_R$,即

$$G_R = \frac{\mathrm{d}\Phi_e}{\mathrm{d}T} = 4A\alpha\sigma T^3 \tag{2-108}$$

经证明,当探测器和环境达到热平衡时,在频带宽度 $\Delta f$ 内的热噪声功率 $P_f$ 只受温度影响,$P_f$ 表达式为

$$P_f = \sqrt{4k_B T^2 G_R \Delta f} = \sqrt{16 k_B T^5 A\alpha\sigma\Delta f} \tag{2-109}$$

式(2-109)表示了光热探测器的动态范围的下限,动态范围的下限不会小于热噪声功率。

## 2.4.2　热敏电阻

电阻值随温度改变的器件称为热敏电阻。在测辐射热计等光热探测器中,热敏电阻接收入射辐射后产生温度变化,引起回路电流和电压的变化,根据电流和电压的变化可以计算出温度变化的程度,进而得到入射光的功率。

热敏电阻的结构如图 2-33 所示,薄片电阻(热敏元件)通过高导热的绝缘衬底和高热容高导热的金属基底相连,电阻两端引出电极用以接入电路,并将电阻表面用发黑材料涂黑。其中,薄片电阻具有的低热容有利于热敏电阻获得高灵敏度;高导热、高热容的基底可以在吸收传导过来的热量后维持自身温度相对稳定,涂黑电阻表面可以提高吸收系数,从而提高灵敏度。

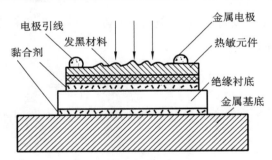

电极引线　发黑材料　　　　　金属电极

黏合剂　　　　　　　　　　　热敏元件

　　　　　　　　　　　　　　绝缘衬底

　　　　　　　　　　　　　　金属基底

**图 2-33　热敏电阻结构图**

下面介绍热敏电阻的工作特性。

**1. 电阻-温度特性**

热敏电阻的温度与电阻的关系可以使用温度系数来表示,温度系数 $\alpha_T$ 定义为温度每变化 1 ℃ 时热敏电阻阻值的相对变化量,单位为 %/℃。

$$\alpha_T = \frac{\Delta R/\Delta T}{R} = \frac{\mathrm{d}R/\mathrm{d}T}{R} \tag{2-110}$$

式中:$R$ 为温度为 $T$ 时测得的电阻。温度系数 $\alpha_T$ 与材料有关,$\alpha_T > 0$ 时称为正温度系数(PTC),随着温度上升,热敏电阻的阻值增加,大部分金属和一部分陶瓷材料如 $BaTiO_3$ 掺杂金属氧化物形成的半导体材料具有正温度系数。$\alpha_T < 0$ 时称为负温度系数(NTC),随着温度

上升,热敏电阻的阻值下降,Mn、Co、Ni、Cu 等金属的氧化物,或者 Si、Ge、InSb 等半导体材料具有负温度系数。材料温度系数的正负规律在第 2.1.3 节有展开讲解,此处不再赘述。

**2. 输出特性**

将式(2-104)温升 $\Delta T$ 的表达式代入式(2-110),就可得到入射光功率 $\Phi_e = \Phi_0 \exp(j\omega t)$ 时,光功率 $\Phi$ 和电阻变化量 $\Delta R$ 的关系为

$$\Delta R = \alpha_T R \frac{\alpha \Phi}{G \sqrt{1 + \omega^2 \tau_T^2}} \tag{2-111}$$

在热敏电阻的工作电路中,电阻变化量 $\Delta R$ 将转化为输出电压 $\Delta V_o$,使得容易测量的电压变化量 $\Delta V_o$ 和入射光功率建立了关系。例如,图 2-34 显示了忽略各种因素干扰的简单电路,在电阻变化 $\Delta R$ 后,输出电压变化量 $\Delta V_o$ 为

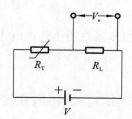

$$V_o = \frac{R_L}{R_T + R_L} V$$

$$V'_o = \frac{R_L}{(R_T + \Delta R) + R_L} V$$

**图 2-34　热敏电阻的简单电路**

$$\Delta V_o = V'_o - V_o = -\frac{R_L \Delta R}{(R_T + R_L)(R_T + \Delta R + R_L)} V \tag{2-112}$$

此处令 $R_T = R_L$,且设 $\Delta R \ll R_T$,则式(2-112)简化为

$$\Delta V_o = \frac{V \Delta R}{4 R_L} \tag{2-113}$$

若入射光为以 $\omega$ 频率调制的正弦信号,即 $\Phi_e = \Phi_0 \exp(j\omega t)$,电阻变化量 $\Delta R$ 如式(2-111)所述,代入式(2-113)中即可得到入射光功率 $\Phi$ 和电压变化量 $\Delta V_o$ 的关系:

$$\Delta V_o = \frac{VR}{4 R_L} \frac{\alpha_T \alpha \Phi}{G \sqrt{1 + \omega^2 \tau_T^2}} = \frac{V}{4} \frac{\alpha_T \alpha \Phi}{G \sqrt{1 + \omega^2 \tau_T^2}} \tag{2-114}$$

**3. 灵敏度**

灵敏度为单位入射光功率的输出电压 $\Delta V_o$,将式(2-114)化为灵敏度表达式,有

$$R_T = \frac{\Delta V_o}{\Phi} = \frac{V}{4} \frac{\alpha_T \alpha}{G \sqrt{1 + \omega^2 \tau_T^2}} \tag{2-115}$$

其中,$\tau_T = C/G$,所以灵敏度的表达式中暗含了系统热容 $C$。由式(2-115)可以看出,为了提高灵敏度,可采取如下措施:

(1)提高偏置电压 $V$,但是同时会增大噪声;

(2)温度系数 $\alpha_T$ 与材料有关,可以选择温度系数 $\alpha_T$ 较大的材料;

(3)将热敏电阻的接受面涂黑,以提高吸收系数 $\alpha$;

(4)减小器件和周围环境的热量交换,例如将器件装入真空壳内,以减小热导 $G$,但由于热时间常数 $\tau_T$ 与热导成反比,会恶化热敏电阻的时间响应特性;

(5)将器件做成小面积的薄片状,以减小系统热容 $C$。

**4. 噪声**

下面来计算热探测器的热噪声电压。式(2-109)表示了热探测器的热噪声功率,热噪声功率决定了探测器的最小可探测功率(即噪声等效功率,简称 NEP),探测器的 NEP 经过吸收(吸收系数为 $\alpha$)后,在数值上就等于热噪声功率,则有

$$\text{NEP} = \frac{P_f}{\alpha} = \sqrt{\frac{16 k_B T^5 A \sigma \Delta f}{\alpha}} \tag{2-116}$$

根据 NEP 的定义,联立 NEP 表达式(2-116)和热敏电阻的电压灵敏度表达式(2-115),即可得到热探测器的热噪声电压

$$u_{nf} = \text{NEP} \cdot R_T = \sqrt{4 k_B T^2 G \Delta f} \cdot \frac{V}{4} \frac{\alpha_T}{G \sqrt{1 + \omega^2 \tau_T^2}} = V \alpha_T \sqrt{\frac{k_B T^2 \Delta f}{4 G (1 + \omega^2 \tau_T^2)}} \tag{2-117}$$

负载电阻 $R_L$ 同样也对热噪声电压有贡献,其数值为

$$u_{nT} = \sqrt{4 k_B T \Delta f R_L} \tag{2-118}$$

则热探测器总的热噪声电压为

$$u_n = \sqrt{u_{nf}^2 + u_{nT}^2} \tag{2-119}$$

### 2.4.3　热释电探测器

**1. 热释电探测器工作原理**

利用热释电效应制成的热释电探测器,材料在常温下具有自发电极化的效应,在垂直电极化矢量的表面会出现束缚电荷,其密度与自发电极化强度成正比。探测器受到辐射时材料升温,自发电极化强度下降,束缚在表面的电荷得以释放,在晶体两端连接电极,则在电路中会形成电流;不受到辐射时材料降温,自发电极化强度上升,电极上束缚电荷的量增加。如果辐射恒定不变地持续作用在材料上,材料温度达到平衡,则不再释放电荷。这意味着热释电探测器是一种交流响应的器件,在测量恒定不变的直流辐射时输出的电信号为零,只有测量交变辐射时才能输出电信号。不同光照强度下材料升温速度不同,产生的电流大小有差异,可以据此反推出光照强度的大小。

图 2-35 为热释电探测器的结构示意图和一些常见结构。在一个电容器的两个极板之间放入热电体,用电流表把两个电极接通即构成简单的热释电探测器。面电极结构中电极作为光敏面,辐射从电极面入射,因此电极面需要对辐射透明并且面积较大,所以极间电容大,热时间常数 $\tau_T$ 大,系统响应缓慢;边电极结构中电极面和光敏面垂直,电极可以做得较小,并且距离远所以极间电容小,适合高速响应的场合。

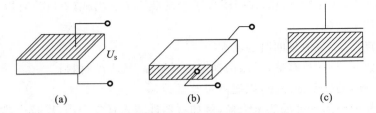

(a)　　　　　　　(b)　　　　　　　(c)

**图 2-35　热释电探测器的结构示意图**

**2. 输出特性**

对于已经完成单畴化(外加电场使自发电极化取向一致)的铁电体材料,在垂直极化方向的表面上,表面层的电偶极子构成束缚电荷,因此面束缚电荷密度 $\sigma$ 在数值上等于自发电极化强度。设极板重叠面积为 $A$,材料的自发电极化强度为 $p_s$,$T$ 为材料温度,则表面束缚电荷量 $Q$ 为

$$Q = A\sigma = Ap_s \tag{2-120}$$

短路热释电流 $i$ 为

$$i = \frac{\mathrm{d}Q}{\mathrm{d}t} = A\frac{\mathrm{d}p_s}{\mathrm{d}t} = A\frac{\mathrm{d}p_s}{\mathrm{d}T} \cdot \frac{\mathrm{d}T}{\mathrm{d}t} = A\beta\frac{\mathrm{d}T}{\mathrm{d}t} \tag{2-121}$$

此处, $\beta = \mathrm{d}p_s/\mathrm{d}T$ 为材料的热电系数。可以看出,短路热释电流正比于材料的温度变化率。

下面考虑受到入射光照后短路热释电流的大小。设材料的温度在调制频率为 $\omega$ 的交变辐射作用下,随时间 $t$ 变化的表达式为

$$\Delta T(t) = \Delta T \exp(\mathrm{j}\omega t) \tag{2-122}$$

将温度变化量 $\Delta T$ 的表达式(2-104)代入温度变化率 $|\mathrm{d}T/\mathrm{d}t|$,有

$$\left|\frac{\mathrm{d}T}{\mathrm{d}t}\right| = \omega\Delta T = \frac{\alpha\omega\Phi_0}{\sqrt{G^2 + \omega^2 C^2}} \tag{2-123}$$

短路热释电流 $i$ 表达式(2-121)改写为

$$i = \frac{A\beta\alpha\omega\Phi_0}{\sqrt{G^2 + \omega^2 C^2}} \tag{2-124}$$

由此得到了热释电探测器的输出电流和入射光功率的关系。

**3. 热释电探测器的特点和应用**

与其他热探测器如热敏电阻相比,热释电探测器具有许多特点,主要包括以下方面。

(1)具有相当宽的工作频率,可达到几兆赫兹,并且在工作频率内时间常数很小,在 $10^{-5}$ ~$10^{-4}$ s 范围,优于其他热探测器的 $10^{-2}$~$10^{-1}$ s。

(2)光敏面的面积大,探测率高,制造工艺简单且可靠性好。

(3)自身在零偏置下即可输出电信号,不需要外加电源。

(4)在温度变化时才有电信号输出,因此也可以理解为受温度变化影响小。同时,在温度恒定(入射辐射恒定不变)时没有电信号,即热释电探测器只能响应交变辐射。

# 2.5 ‖ 新型光电探测器

## 2.5.1 超导纳米线单光子探测器

单光子探测技术普遍用于通信、量子信息、荧光和拉曼光谱学等领域。传统的单光子探测器件有光电倍增管(PMT)、工作在盖革模式下的雪崩光电二极管(APD)等。在 $400$~$900$ nm 光波段,以硅 APD 为敏感元件的单光子探测器性能良好。但由于带隙宽度的限制,硅 APD 对波长 $1$ $\mu$m 以上的光没有响应。在近红外光波段($1100$~$1650$ nm),目前性能很好的是基于铟镓砷(InGaAs)APD 的单光子探测器,其量子效率在 $1.55$ $\mu$m 波长处能达到约 $25\%$,暗计数约 $10^3$ cps。不论光电倍增管还是基于 APD 的单光子探测器,其量子效率、暗计数等性能远不能满足量子信息计数发展的需要。即使在传统的光纤通信和荧光光谱领域的应用,对单光子探测器的性能提高也非常迫切。传统的单光子探测器的性能已基本达到极限,很难再有本质的提高。

超导纳米线单光子探测器(superconducting nanowire single-photon detector, SNSPD)是

一种利用超导纳米膜条进行光子检测的高灵敏光子探测器。与现有商用单光子探测器相比，SNSPD 具有暗计数低、响应频谱宽、重复速度快等特点，因此在量子信息、单光子源表征、集成电路检测、高速光通信和分子荧光检测等领域具有重要的应用价值。

SNSPD 的工作原理如下：使用低温超导材料制成很薄很细的纳米线，当其通过的电流大于超导临界电流时，便会退出超导状态，产生有阻区；在工作时，给纳米线通上比临界电流略小的偏置电流，如果此时有一个光子入射，由于光子的能量是纳米线材料的超导能隙的数十倍或上百倍，可以产生上百个库珀对，使得入射的局部区域的电流大于超导临界电流，从而变成有阻区；有阻区会阻碍电流通过，迫使电流从其他超导区流过，这会导致其他超导区的电流也大于临界电流，从而迅速形成覆盖整个纳米线的有阻区；有阻区的能量通过声子弛豫等方式被衬底吸收，使有阻区恢复为超导区。由上述原理，如果将低温超导纳米线材料接入电路中并给予合适的偏置电流，在单个光子入射时，纳米线会产生"超导—有阻—超导"的变化过程，从而在其两端产生一个电压脉冲信号，通过对脉冲信号的计数实现了单光子探测的功能。

SNSPD 仍处于蓬勃发展的阶段，随着更加深入的研究和产业化推广，有望在以下方面进一步提高工作性能和扩大应用领域。

（1）SNSPD 的单项指标还会进一步提升，比如 1550 nm 工作波长探测效率有望提升至 95% 以上。

（2）激光通信等应用需求会带动 SNSPD 阵列技术的发展，未来有望实现基于 SNSPD 的图像传感器。

（3）SNSPD 低温和电子学配套技术会得到快速发展，包括地面和空间用小型制冷机、超导 SFQ/半导体（阵列）电路技术、低温恒温器等。而这些技术的发展对于 SNSPD 的产业化也至关重要。

## 2.5.2　基于二维材料的光电探测器

目前应用广泛的硅基半导体随着工艺和需求的进一步发展，出现了一些问题。硅基半导体的制造技术已经接近摩尔定律的极限，当器件尺寸缩小到一定程度，经典物理理论不再适用，也会出现短沟道效应等对器件性能产生影响的现象；硅基材料是间接带隙，对光的吸收系数小，响应波段窄，对中远红外光的响应差；硅基材料的载流子寿命较长，容易发生扩散，在图像传感器的像素阵列中会干扰到周围其他像素；硅基大多是三维的块状结构，延展性和柔性差。

新兴的二维材料是由一层或数层原子构成的几个纳米厚的晶体材料膜层，具有稳定的结构以及独特的物理特性，并且可通过引入外加电场或者化学掺杂来调控它们的性质。对于三维块状材料，其电子和空穴构成的激子对由于没有空间限制，相距会较远从而库仑作用弱，而二维材料中的激子对受到层状结构的尺寸限制，从而电子和空穴相距较近，库仑作用强，导致激子结合能增大，载流子更容易结合使得发光效率提高。通过调整二维材料的膜层厚度，可以获得不同的带隙宽度，其光谱响应范围可以覆盖从紫外到红外的波段，这个特性解决了三维材料中想要获得某些特定带隙时，需要使用高成本半导体材料的问题。二维层状的电学和光学特性容易受材料层数的影响，如体材料形式的过渡金属二硫化物 TMDs 表现为间接带隙半导体，而单层的 TMDs 转变为直接带隙，而且随着材料层数的减少其带隙宽度逐渐增加。另外，原子层薄的二维半导体具有良好的透明性和机械韧性，能够应用于可穿戴、便携式的电子器件。

目前发现的二维材料有石墨烯、TMDs、黑磷（BP）、六方氮化硼（h-BN）、二维钙钛矿等。

其中石墨烯具有高的载流子迁移率,并且由于其特殊的零带隙(即禁带宽度为 0,导带和价带相互连通)特点,具有涵盖从紫外光到远红外光的很宽的吸收光谱,因此常被用于高速、宽光谱光电探测器。但也因为零带隙的特点,石墨烯制成的场效应管不能由栅极控制通断,即不能作为半导体开关使用,电子在其中流动的情况与金属的类似。TMDs 中的 $MoS_2$ 具有对光有良好的吸收率、可调节的能带宽度(通过改变 $MoS_2$ 的层数可改变带隙)等优点,在单层时还将变为直接带隙半导体,载流子寿命短,发光效率高。层数较少的 BP 具有双极性、直接带隙、载流子迁移率高、面内各向异性的特点,其会随着层数的减小带隙逐渐增大。二维钙钛矿同时具有二维材料和钙钛矿的特点,钙钛矿是直接带隙半导体,且带隙可通过改变离子种类或比例来调整,载流子迁移率高,最重要的是材料成本低、可溶液加工,而二维材料又具有激子结合能大的特点,具有较高的量子效率和较强的发光特性。综合来看,二维钙钛矿材料在光电探测器、太阳能电池、场效应管和发光器件上有很大的发展潜力。

大部分二维材料都是通过微机械剥离的方法获得的,这种方法虽然能获得高质量的二维材料薄膜,但无法进行大规模生产,因此还难以应用到实际生产中。随着二维材料厚度的增加,器件对光的吸收率也增加,但同时会使得大部分二维材料由直接带隙转变为间接带隙半导体,反而削弱了其对光的吸收。难以获得同时具有高光响应度和高响应速度的器件也是目前急需解决的一大问题,另外如何提高二维材料器件的稳定性同样值得被关注。

为了解决以上难题,未来可从以下几个方面入手:积极寻找新材料、发现新特性、设计新结构的器件;改善材料的合成方法,实现一种能够均匀制造高质量二维材料薄膜的低成本、可大面积推广的方法;采用表面封装或掺杂、改性等手段进一步提高光电探测器的性能。总体来说,二维材料光电探测器在未来具有良好的发展和应用前景。

### 2.5.3　有机光电探测器

随着技术发展,基于有机半导体材料的有机光电探测器慢慢成熟。有机光电探测器相比无机器件更有发展潜力,可能会逐渐取代无机器件。有机半导体材料相比无机半导体材料具有许多优点,比如:①有机材料以碳、氢、氧、氮为主,自然界中来源众多;②将各类有机材料按一定比例混合,或者改变有机化合物中的同族离子的比例,或者对有机物分子进行修剪,可以灵活调整材料的响应波段,得到较宽的响应波段;③有机材料的分子间主要是范德瓦耳斯力在起作用,范德瓦耳斯力是较弱的力,因此有机材料相对无机材料来说较软,可以在柔性的材料上应用而不轻易断裂,如近年来采用有机光电二极管(organic light-emitting diode,OLED)制作的手机折叠屏;④由于有机材料能溶解在有机溶剂中,可以由较为简单的生产工艺如喷涂、印刷工艺等进行大面积有机光电器件的生产。就目前情况来看,对有机光电探测器的研究和应用还处于实验阶段,工艺、材料等都不成熟,但有机光电探测器已经在动态范围、响应光谱、比探测率、暗电流噪声、外量子效率、3 dB 带宽等方面优于传统的无机光电探测器。

有机光电探测器的工作原理与无机光电探测器的很相似,依靠给体材料和受体材料组成的活性层吸收高于禁带宽度的光子产生光生载流子,然而,有机半导体材料受到光照后不会直接产生自由电子和空穴,而是产生受到相互的库仑力束缚的电子-空穴对,其工作原理如下。

给体材料受到大于其禁带宽度的光子入射并吸收时,其 HOMO 能级的电子受到激发,跃迁到 LUMO 能级,并在 HOMO 能级留下一个空穴,电子-空穴对受到相互的库仑力束缚,称为激子。激子因为浓度梯度扩散到给体/受体接触界面时,其中的电子受到受体 LUMO 能级俘获,空穴保留在给体的 HOMO 能级,因此电子和空穴分开,并受到阴极指向阳极的内建电场的作用分别向阴极和阳极漂移,产生光电流。给体和受体是两种不同材料的半导体,接触界面形成异质结,可以知道,增大给体/受体接触界面的面积是提高激子分离效率的重要手段。

以最常见的有机光电二极管为例,其结构为典型结构“三明治”型,两个功函数不同的电极(阳极和阴极)夹着活性层,电极和活性层的接触界面形成肖特基结,产生内建电场使载流子向阳极和阴极漂移。阳极一般为透光面,需要使用透明材料如氧化铟锡(ITO)导电薄膜。活性层分为三种:单层、平面异质结、体异质结,结构如图 2-36 所示。

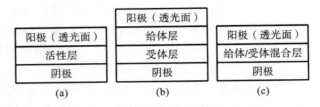

**图 2-36 有机光电探测器器件的结构示意图**

(a)单层;(b)平面异质结;(c)体异质结

单层活性层不分给体和受体材料,产生的激子数量和分离效率都很低,光电流弱且响应波段窄,没有很好的发展前景。平面异质结的活性层由一层给体和一层受体组成,在给体和受体界面形成较大的平面异质结,提升了激子分离效率,并且两种材料的吸收光谱互补,提高了器件的响应光谱波段。平面异质结主要的问题是给体和受体两层材料太厚,光生激子在扩散时容易发生复合,从而降低了器件的外量子效率,还有异质结面积相对较小,没有很好地利用空间。体异质结的活性层由给体材料和受体材料充分混合而成,在该活性层内每个受体和给体的接触点都形成异质结,极大地提升了异质结面积,从而获得很高的激子分离效率,而且只有一层材料,厚度比平面异质结的要小。除此之外,还有多层混合活性层和各种载流子传输层的多层结构,进一步拓宽了波段,并且可以对每一层单独优化,方便调控有机探测器性能。

2009 年,加州大学圣芭芭拉分校通过将小带隙半导体聚合物与富勒烯衍生物混合,制备了聚合物光电探测器(见图 2-37)。在室温 25 ℃条件下,该有机光电探测器具有 $300\sim1450$ nm 的宽光谱响应,超过 100 dB 的动态范围,大于 $10^{12}$ cm·$Hz^{1/2}$·$W^{-1}$ 的比探测率。

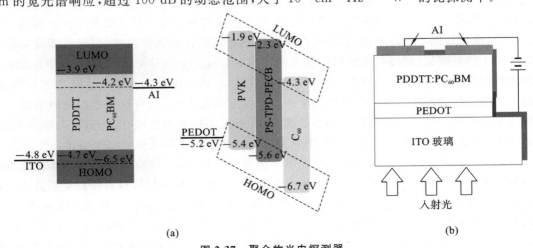

(a)                                      (b)

**图 2-37 聚合物光电探测器**

(a)有机光电半导体材料能带图;(b)器件结构图

2017 年,哈尔滨工业大学制作了一款有机光电探测单元(见图 2-38)。测试结果表明,在室温及 1.0 V 的正向偏置电压条件下,从紫外线到近红外波段的外部量子效率可达 50,具有突出的光电转换效应。

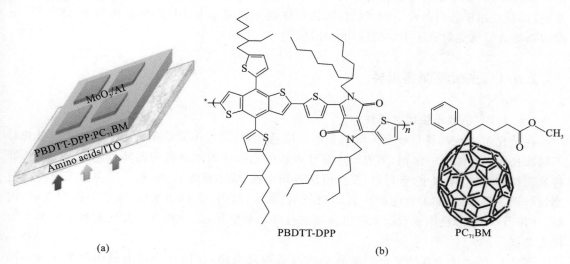

**图 2-38　有机光电探测单元**

(a)器件结构;(b)器件材料

有机光电探测器的研究主要关注器件的工艺、结构、材料这几方面。除了单元探测器以外,在有机光电探测器阵列化上也有许多研究成果。美国帕洛阿尔托研究中心 2008 年报道了一种新的有机异质结光电二极管(见图 2-39),暗电流小于 1 nA/cm$^2$,在高于 1 V/$\mu$m 的电场中电荷收集效率可大于 75%;并将该有机单元进行阵列化,制成了有机图像传感器阵列,实物如图 2-39(b)所示。测试结果显示,在反向偏置电压为 4 V 时,噪声等效功率为 30 pW/cm$^2$,外部量子效率为 35%。

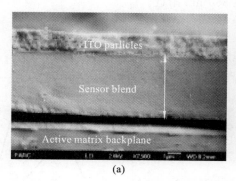
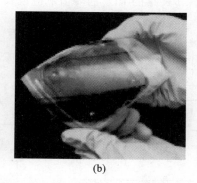

**图 2-39　有机光电单元和阵列**

(a)有机单元结构;(b)有机阵列结构

# 2.6 ‖ 光电探测器组件和光电图像传感器

在对基础光电探测器进行了梳理之后,我们来介绍一下光电探测器组件。光电探测器组件定义为:基于基本的光电探测器物理单元,通过拓展、拼接、联合等方式实现具体的封装,并提供了一系列可用的接口。

如前所述,光生伏特器件具有结构简单、体积小、重量轻、变换电路容易掌握、成本低等特点,被广泛应用于各行各业。而光伏探测器组件则是利用光生伏特器件结构简单、体积小、电路容易集成等优点得到了很好的应用和发展。

### 2.6.1 光伏探测器组件

#### 2.6.1.1 色敏光生伏特器件

色敏光生伏特器件是根据人眼视觉的三原色原理,利用不同厚度的 PN 结光电二极管对不同波长光谱灵敏度的区别,制成的能够分辨彩色光源或物体颜色的器件。色敏光生伏特器件具有结构简单、体积小、重量轻、变换电路容易掌握、成本低等特点,被广泛应用于简易颜色测量与识别等领域,如工业生产中自动检测纸、纸浆、颜料、染料的颜色,医学上检测皮肤、内脏、牙齿等颜色,彩色电视机荧光屏色彩测量与自动调整等,是一种具有发展前途的新型半导体光电器件。

图 2-40 所示的为双结光电二极管结构及其等效电路,在同一硅片上制作两个深浅不同 PN 结构成光电二极管 $PD_1$ 和 $PD_2$,$PD_1$ 的 PN 结较浅,$PD_2$ 的 PN 结较深。根据半导体材料对光吸收的理论,硅材料对短波长的吸收系数大,对长波长的吸收系数小。因此,短波长的光只能入射到半导体材料较浅的地方,产生的光生载流子距离深处的 PN 结较远而距离浅处的 PN 结近;长波长的光能够入射到较深的地方,激发出的光生载流子距离深处的 PN 结近。载流子距离 PN 结越近,则扩散到 PN 结耗尽层的时间越短,对应波长的响应越好。因此,具有浅 PN 结的 $PD_1$ 对短波长的灵敏度高,具有深 PN 结的 $PD_2$ 的对长波长的灵敏度高。如图 2-41 所示的为 $PD_1$ 和 $PD_2$ 的光谱响应曲线,可以看出浅 PN 结的 $PD_1$ 的峰值响应波长在 600 nm 附近,深 PN 结的 $PD_2$ 的峰值响应波长在 850 nm 附近。

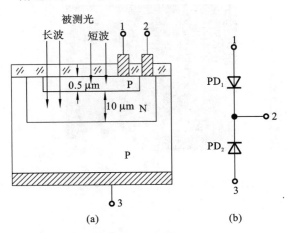

图 2-40　双结光电二极管结构及其等效电路
(a)结构示意图　(b)等效电路

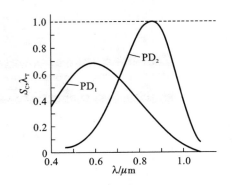

图 2-41　双结光电二极管的光谱响应曲线

双结光电二极管的两个结的短路电流比($i_{sc2}/i_{sc1}$)与入射波长的关系如图 2-42 所示,横轴为入射波长,纵轴为两个 PN 结的短路电流比的对数值。从关系曲线不难看出,每一种波长的光都对应于一个短路电流比值,因此可以根据短路电流比值判别入射光波长,达到识别颜色的目的。双结光电二极管只能通过测量单色光的波长,或者测量光谱功率分布与黑体辐射相接近的光源色温来确定颜色,不能测量宽光谱光。

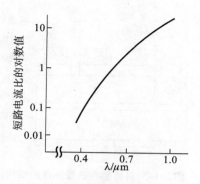

图 2-42　短路电流比与入射波长的关系曲线

用图 2-43 所示的电路可以得到双结光电二极管的短路电流比值。图中 $PD_1$、$PD_2$ 为双结光电二极管,输出的短路电流分别进入运算放大器 $OP_1$、$OP_2$,经过对数二极管以对数形式输出两个电压,$OP_1$、$OP_2$ 输出的电压在差分放大器 $OP_3$ 中进行减法运算,最终输出电压 $u_o$。$u_o$ 的表达式如下:

$$u_o = V_a (\lg i_{sc2} - \lg i_{sc1}) \cdot \frac{R_2}{R_1} = V_a \frac{R_2}{R_1} \lg \left( \frac{i_{sc2}}{i_{sc1}} \right) \tag{2-125}$$

式(2-125)中包含了短路电流比($i_{sc2} / i_{sc1}$),而根据短路电流比就可以知道入射光波长,进而得到颜色。

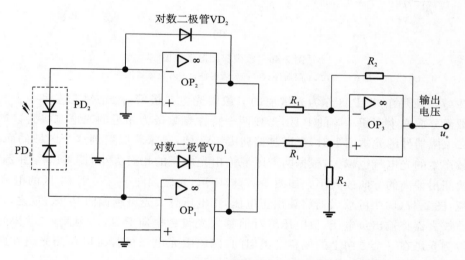

图 2-43　双结光电二极管信号处理电路

图 2-44 为集成全色色敏器件的结构示意图,在同一块非晶体硅基片上制作 3 个深浅不同的 PN 结,并分别配上 R、G、B 三块滤色片而构成集成全色色敏器件,通过 R、G、B 三个不同结输出电流的大小比较识别可见光波段内的各种颜色。集成全色色敏器件的光谱响应曲线如图 2-45 所示,该曲线近似于国际照明委员会制定的 CIE 1931-RGB 标准色度系统光谱三刺激值曲线。

### 2.6.1.2　象限探测器

利用集成电路光刻技术,将一个圆形或方形的光敏面窗口分成数个面积相同、形状相同、位置对称的区域,每一个区域都可以看作一个光敏元件,这种光电器件称为象限探测器。象限探测器可以用来确定照射到其光敏面上的光点在光敏面上的精确位置,一般用于准直、定位、跟踪或光谱分析等。图 2-46 为象限探测器的示意图,象限探测器常见的类型有二象限光电二极管、二象限光电池、四象限光电二极管等。

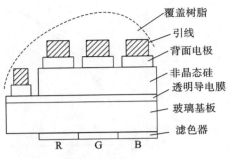

图 2-44 集成全色色敏器件的结构示意图

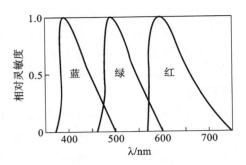

图 2-45 集成全色色敏器件的光谱特性

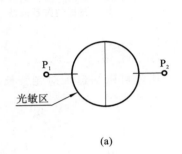

(a)

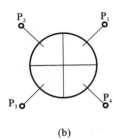

(b)

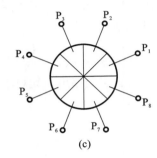

(c)

图 2-46 象限探测器示意图

(a)二象限器件;(b)四象限器件;(c)八象限器件

图 2-47(a)所示的为 P 区作为光敏面的二象限光电二极管,用光刻工艺将一个光电二极管的光敏面分成两个面积相等的 P 区,形成两个特性参数极为相近的光电二极管。当被测光斑落在二象限器件的光敏面上时,光斑越偏向哪一区域,意味着照射到这个区域的面积越大,这个区域产生的光电流也越大,根据两个区域输出光电流的相对大小,就可以由图 2-47(b)所示电路检测出偏离的方向或大小。如图 2-47(a)所示,光斑偏向 $P_2$ 区,则 $P_2$ 区的电流大于 $P_1$ 区的电流,图 2-47(b)中的放大器将输出正电压,正电压越大光斑越偏向 $P_2$ 区;反之,若光斑偏向 $P_1$ 区,放大器将输出负电压,负电压绝对值越大光斑越偏向 $P_1$ 区。因此,二象限光电二极管可以检测光斑在一个方向上的偏移。类似的,四象限光电二极管可以检测光斑在两个方向上的偏移,得到光斑的二维位置。

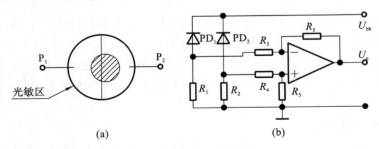

(a)

(b)

图 2-47 二象限探测器

(a)光斑照射于光敏面;(b)二象限探测器检测电路

根据四象限光电二极管坐标轴线与测量系统基准线间的安装角度的不同,可以采用图 2-48 所示的和差电路或图 2-49 所示的直差电路,来进行光斑所在象限和位置的测定。

### 1. 和差电路

当器件坐标轴线与测量系统基准线间的安装角度为 0°（器件坐标轴线与测量系统基准线平行）时，采用图 2-48 所示的和差检测电路，其中 $u_1$、$u_2$、$u_3$、$u_4$ 分别为四个象限输出的信号电压经放大器放大后的电压值。

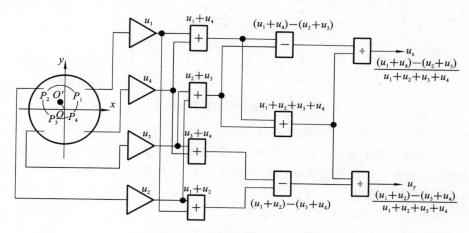

图 2-48　四象限探测器和差电路

用加法器先计算相邻象限输出光电信号之和，再计算和信号之差得到 $u_x$、$u_y$。$u_x$、$u_y$ 分别表示光斑在 $x$ 方向和 $y$ 方向偏离四象限光电二极管中心点（$O$ 点）产生的电压值，其表达式为

$$
\begin{cases}
u_x = (u_1 + u_4) - (u_2 + u_3) \\
u_y = (u_1 + u_2) - (u_3 + u_4)
\end{cases}
\tag{2-126}
$$

$u_x$、$u_y$ 电压的大小反映了光斑在两个方向上偏离的程度，从而获得光斑的精确坐标。

为了消除光斑自身总能量的变化对测量结果的影响，通常需要将 $u_x$、$u_y$ 送入除法器，除以四象限电压之和，这种电路称为和差比幅电路，则输出电压变为

$$
\begin{cases}
u_x = \dfrac{(u_1 + u_4) - (u_2 + u_3)}{u_1 + u_2 + u_3 + u_4} \\[3mm]
u_y = \dfrac{(u_1 + u_2) - (u_3 + u_4)}{u_1 + u_2 + u_3 + u_4}
\end{cases}
\tag{2-127}
$$

### 2. 直差电路

当四象限组合器件的坐标轴线与测量系统基准线成 45°时，常采用如图 2-49 所示的直差电路。直差电路输出的偏移量为

$$
\begin{cases}
u_x = \dfrac{u_1 - u_3}{u_1 + u_2 + u_3 + u_4} \\[3mm]
u_y = \dfrac{u_2 - u_4}{u_1 + u_2 + u_3 + u_4}
\end{cases}
\tag{2-128}
$$

这种电路需要的逻辑门少，构成简单，但是灵敏度和线性度等特性相对较差。

#### 2.6.1.3　光电位置探测器

光电位置探测器（position sensitive detectors，PSD）是一种对入射到光敏面上的光点位置敏感的光电器件，它可根据光斑照射在光敏面上的位置不同，在各个电极输出不同大小的电信号。与象限探测器相比，PSD 对光斑的形状无特定要求，其输出与光斑的能量中心有关，并且避免了分割线附近的死区，对光斑位置可进行连续测量，位置分辨率高，如一维 PSD 的分辨率

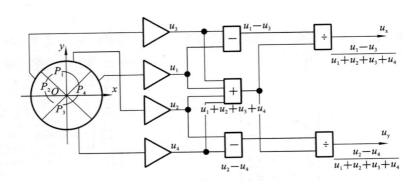

图 2-49　四象限探测器直差电路

可达 $0.2~\mu m$。PSD 在检测位置的同时还可以根据总的输出电流得到光强。

　　PSD 被广泛地应用于激光的监控(对准、位移、振动)、平面度的检测、倾料度的检测和二维位置的检测系统等。已研制出基于 PSD 的光电水准仪,可提供高精度水准测量、俯仰测量、倾斜及方位测量和扫平测量。

　　下面简要介绍 PSD 的结构及其工作原理。

1. 一维 PSD

　　图 2-50(a)为 PIN 型一维 PSD 的断面结构示意图,图 2-50(b)为其等效电路图。该 PSD 包含三层,上面为 P 层,下面为 N 层,中间为 I 层,它们全被制作在同一硅片上。P 层不仅是光敏层,还是均匀的电阻层。

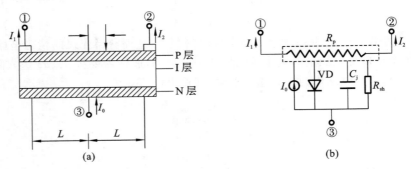

图 2-50　PIN 型一维 PSD 示意图

(a)断面结构;(b)等效电路图

　　当入射光照射到 PSD 的光敏层上时,在入射位置上就会产生光电荷,其电荷量与光功率成正比,此电荷以光电流的形式通过均匀电阻层(P 层)由两个电极输出。设电极①和电极②的距离为 $2L$,电极①和电极②输出的光电流分别为 $i_1$ 和 $i_2$,电极③上的电流为总电流 $i_0$,则 $i_0 = i_1 + i_2$。若以 PSD 的中心点位置作为原点,光点和 PSD 中心点的距离 $x$ 作为光点在光敏面上的一维坐标,则两个电极的输出电流满足下式:

$$\begin{cases} i_1 = \dfrac{L - x}{2L} i_0 \\[2mm] i_2 = \dfrac{L + x}{2L} i_0 \\[2mm] x = \dfrac{i_2 - i_1}{i_2 + i_1} L \end{cases} \tag{2-129}$$

由此根据两个电极的输出电流 $i_1$、$i_2$ 可确定光斑能量中心在光敏面上的一维坐标 $x$。

### 2. 二维 PSD

类似于一维 PSD 可以得到光斑在一个方向上的一维坐标 $x$，二维 PSD 比一维 PSD 多了一对电极，可以测出光斑在光敏面上的二维坐标 $x$、$y$。二维 PSD 分为两种结构，即单面型和双面型。单面型结构如图 2-51(a) 所示，光敏面上设有两对相互垂直的电极，每对的两个电极相互平行，此处 A、B 为 $x$ 轴电极，C、D 为 $y$ 轴电极，$U_b$ 为背面衬底的共用电极，可对正面各电极进行反偏置。设 $i_A \sim i_D$ 为电极 A～D 的光电流，则光点能量中心的位置坐标为

$$\begin{cases} x = \dfrac{i_B - i_A}{i_B + i_A}L \\ y = \dfrac{i_D - i_C}{i_D + i_C}L \end{cases} \tag{2-130}$$

双面型结构如图 2-51(b) 所示，两对相互垂直的电极分别在上、下两个表面上，上、下两个表面都是均匀电阻层。光斑照射光敏面时，产生的光电流分别在两个面流向四个电极。光斑能量中心的位置同样由式 (2-130) 计算。这种结构的 PSD 和单面型相比具有更高的分辨率和位置线性度，缺点是由于上、下两个面都有输出光电流的电极，无法采用单面型二维 PSD 在背面的共用电极进行反偏，双面型的反偏电压需要通过这四个电极施加，因此输出电流信号会和反偏电压叠加，不利于信号处理。

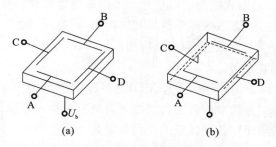

**图 2-51　二维 PSD 结构示意图**

(a) 单面型；(b) 双面型

需要指出，式 (2-129) 和式 (2-130) 为近似式，光点在器件中心附近计算结果是较准确的，而距离器件中心越远、越接近边缘部分时，误差就越大，要得到良好的线性关系，还要求 PSD 满足反向偏压高、光电流大等工作条件。为了改善单面型二维 PSD 接近边缘时的误差，并且避免双面型 PSD 共用电极难以设置的问题，对电极的位置还有光敏面的形状进行了改进，得到如图 2-52 所示的枕型二维 PSD。

由于光敏面被改成了类似于枕头的形状，所以称为枕型二维 PSD。四个电极在同一个面，分别设置在枕型光敏面的四个顶点，对四个电极施加反偏电压的共用电极设置在背面。枕型二维 PSD 具有单面型 PSD 响应速度快、易于施加反偏电压的特点，同时比单面型 PSD 在边缘的误差更小，入射光斑二维坐标 $(x, y)$ 的表达式为

$$\begin{cases} x = \dfrac{(i_{x'} + i_y) - (i_x + i_{y'})}{i_x + i_{x'} + i_y + i_{y'}}L \\ y = \dfrac{(i_{x'} + i_{y'}) - (i_x + i_y)}{i_x + i_{x'} + i_y + i_{y'}}L \end{cases} \tag{2-131}$$

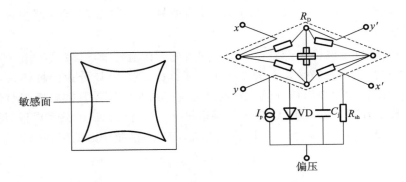

图 2-52    枕型二维 PSD 示意图

## 2.6.2    光电图像传感器

光电图像传感器是一种将光敏面光强分布转换为与光强成比例的电信号的器件,其利用了光电器件的光电转换功能。与只能获取一个点的光强的点传感器如光电二极管相比,光电图像传感器的光敏面分为阵列化排布的多个单元,每个单元都可以进行光电转换,由此将光敏面的光强分布转换为按一定制式输出的电信号。图像传感器可分为光导摄像管和固态图像传感器。与光导摄像管相比,固态图像传感器具有体积小、重量轻、集成度高、分辨率高、功耗低、寿命长、价格低等特点,在各个行业得到广泛应用。

### 2.6.2.1    CCD 图像传感器

电荷耦合器件(charge-coupled device,CCD)是一种在 20 世纪 70 年代发展起来的新型光电转换器件,它能将入射到其像素阵列上的二维光强分布转换为电荷分布,并且在特定的时序脉冲驱动下,按照特定的顺序使各个像素的光积分电荷在垂直和水平的沟道中转移,由水平移位寄存器将电荷包一个个地送入输出端的采集和放大电路,并对每个电荷包进行采集、放大、输出。CCD 主要由光敏单元、输入结构和输出结构等组成,其基本功能是信号电荷的注入、存储、转移和输出。下面主要介绍其注入、存储、转移的过程,关于输出的过程与电路设计和本书第 3 章的内容有更密切的关系,此处不作介绍。

1. 信号产生

1) CCD 的结构

CCD 有两种基本类型:一是电荷包存储在半导体与绝缘体之间的界面,并沿界面传输,这类器件称为表面沟道 CCD(简称 SCCD);二是电荷包存储在离半导体表面一定深度的体内,并在半导体体内沿一定方向传输,这类器件称为体沟道或埋沟道器件(简称 BCCD)。下面以 SCCD 为主讨论 CCD 的信号电荷从产生到输出的过程。

图 2-53 所示的为 CCD 的像素单元结构。CCD 的像素单元是一个金属-氧化物-半导体(简称 MOS 结构)构成的电容器,其制作方法是:在 P 型 Si 衬底表面上用氧化的办法生成一层厚度为 $1000 \sim 1500$ Å 的 $SiO_2$,再在 $SiO_2$ 表面蒸镀一层金属层(多晶硅),金属层通过栅极 G 和外界电源正极相连,$SiO_2$ 作为电容器介质,衬底接地。在衬底和金属电极间加上偏置电压,就构成一个 MOS 电容器。

当栅极 G 上未加电压时,如图 2-54(a)所示,P 型 Si 内的多数载流子(空穴)均匀分布。若

栅极上施加正电压 $U_G$，如图 2-54（b）所示，则会在栅极与衬底之间产生电场，半导体上表面附近区域内的空穴会被外加电场排斥到半导体的下部，从而在半导体上表面附近形成一层空穴耗尽区；而少数载流子（电子）将会受到外加电场的作用漂移到耗尽区，电子在耗尽区内的电势能（$E_p = -e \cdot U_s$，电势 $U_s > 0$）很低，无法随意脱离耗尽区，耗尽区对于电子来说就像一个"阱"，故称为势阱。势阱具有存储电子的能力，且存储能力与栅极电压 $U_G$ 有关，$U_G$ 越大，半导体内的电场越强，势阱越深，存储能力就越强。

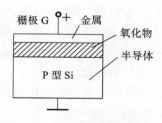

图 2-53　CCD 的像素单元结构

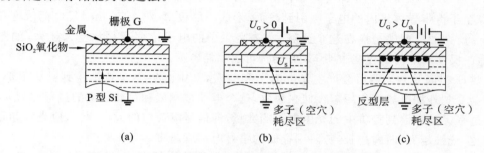

图 2-54　CCD 栅极电压 $U_G$ 的变化对 P 型 Si 耗尽区的影响

（a）栅极未加电压空穴均匀分布；（b）$U_{th} > U_G > 0$ 形成耗尽区；（c）$U_G > U_{th}$ 形成反型层

**2）电荷注入**

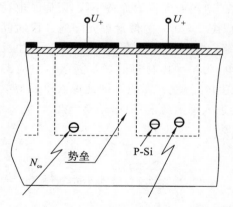

图 2-55　背面照射式光注入示意图

当光照射到 P 型 Si 衬底时，会在衬底内产生电子-空穴对，空穴被栅极电压排斥到衬底底部，电子则被收集在势阱中形成信号电荷包。

光注入方式可分为正面照射式与背面照射式。入射光从金属栅极层所在的一面照射光敏区，则光需要通过金属栅极层和氧化层，才能照在半导体衬底上，产生光电子，这种方式属于正面照射，因为金属栅极层有很多金属线路和电极，会吸收和反射入射光，所以正面照射式会导致 CCD 的灵敏度降低。背面照射式从没有金属栅极层的一面直接照射半导体，如图 2-55 所示，其灵敏度比正面照射式的更好。

光注入的电荷量表达式为

$$Q_{in} = \eta N_{eo} A t_c \tag{2-132}$$

式中：$\eta$ 为材料的量子效率；$q$ 为电子电荷量；$N_{eo}$ 为入射光的光子流速率；$A$ 为光敏单元的受光面积；$t_c$ 为光的注入时间。当 CCD 的光敏材料、结构确定以后，$\eta$、$q$ 与 $A$ 均为常数，而注入时间 $t_c$ 由 CCD 转移脉冲的周期 $T_{sh}$ 决定。当所设计的驱动器能够保证注入时间 $t_c$ 稳定不变时，注入势阱中的信号电荷 $Q_{in}$ 只与入射辐射的光子流速率 $N_{eo}$ 成正比。当入射辐射为单色光时，入射光的光子流速率与入射光谱辐通量的关系为

$$N_{eo} = \frac{\Phi_{e,\lambda}}{h\nu} \tag{2-133}$$

式中：$h$ 为普朗克常数；$\nu$ 为入射光频率。在这种情况下，光注入的电荷量 $Q_{in}$ 与入射光通量 $\Phi_{e,\lambda}$ 呈线性关系。因此，CCD 可用于光谱强度检测、多光谱分析、光电检测和光学成像的定量分析。

**3）电荷存储**

CCD 单元能够存储电荷信号，且其存储能力可通过调节 $U_G$ 而加以控制。这是 CCD 的一个基本功能和特性。

对于 P 型 Si 材料作衬底的 CCD，其多数载流子是空穴，当栅极施加正偏压 $U_G$（此时 $U_G < U_{th}$）后，空穴被排斥，产生耗尽区，如图 2-54(b) 所示。$U_G$ 继续增加，耗尽区将进一步向半导体内延伸。当 $U_G > U_{th}$ 时，半导体与绝缘体界面上的电势（常称为表面势，用 $\Phi_s$ 表示）变得如此之高，以至于将半导体体内的电子吸引到表面，形成一层极薄（约 $10^{-2}$ $\mu m$）且电荷浓度很高的反型层。所谓的反型层是指在这个区域，本来是少子的电子浓度变得比空穴还大，如图 2-54(c) 所示。反型层电荷的存在表明 MOS 结构可以存储电荷。

P 型 Si 衬底受到光照后会产生光生电子和空穴，其中光生空穴被排斥到衬底下部，而光生电子会受到外加电场的作用被存储在势阱，这个电子被积累和存储起来的过程称为 CCD 的光积分过程。被存储到势阱中的光生电子的数量，即信号电荷包的大小，与入射光强和曝光时间成正比，光强越大，时间越长，势阱中存储的信号电荷就越多。

表面势可作为势阱深度的量度，存储信号电荷会导致势阱变浅，即耗尽区将收缩，表面势下降，氧化层上的电压增加。在势阱存储的电荷不多或者空势阱时，光功率和电荷积分量间还是线性关系，势阱的深度与栅极电压 $U_G$ 呈线性关系，对应图 2-56(a) 的像素单元未开始曝光的空势阱情况。而在存储一定量电荷后，反型层产生的电场或者说表面势下降，阻碍了电荷的存入，此时光功率与电荷积分量变成非线性关系，对应图 2-56(b) 的像素单元曝光一段时间后的情况，光生反型层电荷填充了 1/3 势阱，表面势收缩。光强过大或曝光时间过长，光生反型层电荷足够多，使势阱被填满，表面势 $\Phi_s$ 降到 $2\Phi_F$（$\Phi_F$ 为半导体材料的费米能级），对应图 2-56(c) 的情况，此时表面势无法再束缚多余的电子，光生电子就会"溢出"，即此像素单元继续曝光也无法存储更多反型层电荷，溢出的光生电荷还会进入周围像素，引起光晕干扰。

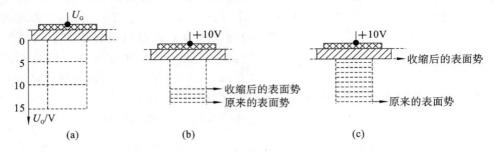

**图 2-56 注入电荷时，势阱深度随之变化的示意图**

(a)空势阱；(b)反型层电荷填充 1/3 势阱；(c)全满势阱

表面势与栅极电压 $U_G$、氧化层厚度 $d_{ox}$ 有关，即与 MOS 电容容量 $C_{ox}$ 和 $U_G$ 的乘积有关。势阱的横截面积取决于栅极电极的面积 $A$。MOS 电容存储信号电荷的容量为

$$Q = C_{ox} U_G \cdot A \tag{2-134}$$

**4）电荷耦合**

通过控制栅极电压 $U_G$ 可以控制势阱的深度，而势阱中存储的电荷越多，势阱就会越浅。

如果令 MOS 电容紧密排列,它们的势阱会相互耦合,就可以使信号电荷从浅势阱转移到深势阱。

CCD 中电荷在相邻 MOS 电容之间的转移,需要通过控制各栅极电压 $U_G$ 的大小来调节势阱的深度,并利用上述的势阱耦合原理来实现。因为电荷包的转移需要沿着表面(或体内)沟道按一定的方向进行,所以 MOS 电容器阵列上所加电压 $U_G$ 必须满足一定的相位时序要求,使任何时刻势阱深度的变化总是朝着同一方向进行。通常 CCD 的栅极分成几组,各组分别施加不同相位的时钟驱动脉冲,这样的一组称为一相。在 CCD 中,转移电荷包时所需要的相数由 CCD 的内部结构决定。

图 2-57 所示的为一个电荷耦合结构,在 P 型 Si 半导体的 $SiO_2$ 薄膜上等距离排列由电荷耦合时钟驱动的栅极,信号电荷存储在栅极下面的势阱中。在相邻的栅极上按顺序连接三相时钟信号 $\Phi_0$、$\Phi_1$ 和 $\Phi_2$,被转移的电荷按照栅极上时钟电位的变化,实现在半导体区域中按照一定方向的转移。

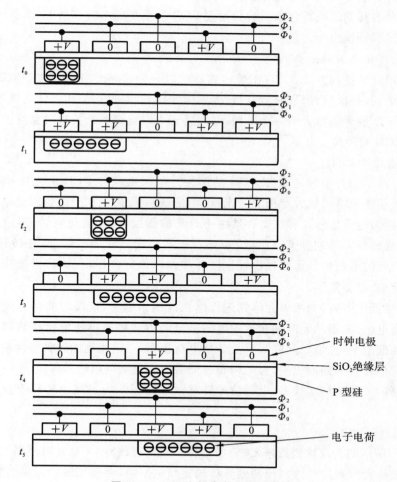

**图 2-57　CCD 上的电荷移动示意图**

电荷信号按如下过程实现转移:

(1) 在 $t_0$ 时刻,$\Phi_0$ 为正电压 $+V$,而 $\Phi_1$ 和 $\Phi_2$ 上的电压都为 0,因此被传递的信号电荷都存储在 $\Phi_0$ 栅极下面的势阱。

（2）在 $t_1$ 时刻，$\Phi_0$ 和 $\Phi_1$ 为正电压＋$V$，而 $\Phi_2$ 上的电压为 0，因为 $\Phi_0$ 栅极和 $\Phi_1$ 栅极靠得很近，其下面的两个势阱将耦合在一起，信号电荷被耦合势阱共享而平均分配在 $\Phi_0$ 和 $\Phi_1$ 两个栅极下面。

（3）在 $t_2$ 时刻，$\Phi_1$ 为正电压＋$V$，而 $\Phi_0$ 和 $\Phi_2$ 上的电压都为 0，此时 $\Phi_0$ 栅极的势阱收缩，被传递的信号电荷都向右转移到 $\Phi_1$ 栅极下面的势阱。

（4）在 $t_3$ 时刻，$\Phi_1$ 和 $\Phi_2$ 为正电压＋$V$，而 $\Phi_0$ 上的电压为 0，信号电荷被 $\Phi_1$ 栅极和 $\Phi_2$ 栅极的耦合势阱共享。

（5）在 $t_4$ 时刻，$\Phi_2$ 为正电压＋$V$，而 $\Phi_0$ 和 $\Phi_1$ 上的电压都为 0，此时 $\Phi_1$ 栅极的势阱收缩，信号电荷再次向右转移到 $\Phi_2$ 栅极下面的势阱。

（6）在 $t_5$ 时刻，$\Phi_0$ 和 $\Phi_2$ 为正电压＋$V$，而 $\Phi_1$ 上的电压为 0，信号电荷被 $\Phi_2$ 和下一组的 $\Phi_0$ 两个栅极下面的耦合势阱共享。

然后随着时钟信号的周期变化，重复 $t_0 \sim t_5$ 时刻的电荷转移，实现信号电荷沿时钟栅极排列的方向从左向右移动。电荷包最后会移动到 CCD 的水平输出寄存器上，准备由水平寄存器将电荷包逐个转移到输出端。

**2. CCD 图像传感器的分类**

按照光敏单元的排列方式，CCD 图像传感器可以分为线阵 CCD 和面阵 CCD。线阵 CCD 只有一列光敏单元，每次感光只能得到一行光学图像信号，经过扫描和软件处理才可以得到二维图像；面阵 CCD 的光敏单元为一个平面，一次感光可以得到整个被摄对象的图像信息。

**1）线阵 CCD 的种类**

**（1）单沟道线阵 CCD。**

图 2-58(a)所示的为单沟道线阵 CCD 的结构。单沟道线阵 CCD 由光敏单元阵列、CCD 移位寄存器、转移栅和输出放大器构成。光敏单元阵列一般由光积分电容或光电二极管构成，可将光信号转换为电荷信号。移位寄存器由不透光的铝层覆盖，避免在转移过程中由于感光而引入干扰。光敏单元阵列和 CCD 移位寄存器被转移栅分开为两部分，在转移栅接低电平时，光敏单元阵列的电荷信号无法经由转移栅转移到移位寄存器；在转移栅接高电平时，光敏单元阵列和移位寄存器连通。

在转移栅接低电平时，光敏单元阵列进行感光以积累电荷，这段时间称为光积分时间；然后，转移栅接高电平，光敏单元阵列积累的电荷信号经由转移栅迅速地转移到移位寄存器；接着，转移栅回到低电平，光敏单元阵列再次开始电荷积累，一定规则的时钟脉冲驱动 CCD 移位寄存器，使电荷信号转移到输出端，经采样和放大后便可得到可用信号。

单沟道线阵 CCD 转移次数多，电荷信号转移效率较低。为了减少转移次数，提出了双沟道线阵 CCD。

**（2）双沟道线阵 CCD。**

图 2-58(b)所示的为双沟道线阵 CCD 的结构。双沟道线阵 CCD 具有两列 CCD 移位寄存器，分列在光敏单元阵列的两边。当两列转移栅接高电平时，奇数光敏单元和偶数光敏单元分别转移到两列移位寄存器内，然后在时钟脉冲驱动的作用下分别转移到输出放大器。同样光敏单元数量的双沟道线阵 CCD 要比单沟道线阵 CCD 的转移次数少一半，转移时间缩短一半，总转移效率得到提高。因此，在要求提高 CCD 的工作速度和转移效率的情况下，可以采用双沟道的结构。

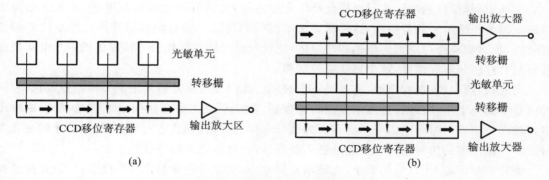

**图 2-58　线阵 CCD 结构示意图**

（a）单沟道线阵 CCD；（b）双沟道线阵 CCD

　　然而,双沟道器件的奇偶信号电荷分别通过两个移位寄存器和两个输出放大器输出,由于两个模拟移位寄存器和两个输出放大器的参数不可能完全一致,就必然会造成奇偶输出信号不均匀。如果为了确保光敏单元参数一致,在较多光敏单元的情况下也可以采用单沟道的结构。

　　2）面阵 CCD 的种类

　　按照电荷转移方式的不同,面阵 CCD 可以分为帧转移型、全帧转移型、行间转移型和帧行间转移型四类。

　　（1）帧转移型。

　　图 2-59 所示的为帧转移型面阵 CCD 的示意图和工作过程。帧转移型面阵 CCD 主要由光敏区、暂存区和水平读出寄存器三部分组成。光敏区由并行排列的若干个电荷耦合沟道组成,每个沟道上有多个光敏单元,其作用是在场正程时间内进行光积分,实现光信号到电信号的转换,各个沟道被沟阻分隔,防止沟道之间电荷的串扰。暂存区和水平读出寄存器都被金属铝遮蔽以避免感光。暂存区的列数和位数都与光敏区的相同,其作用是在场逆程时间内,迅速地将光敏区里所有光敏单元阵列的电荷包（即一帧图像对应的电荷包）转移到和光敏区同样大小、单元个数也相同的暂存区暂存起来。

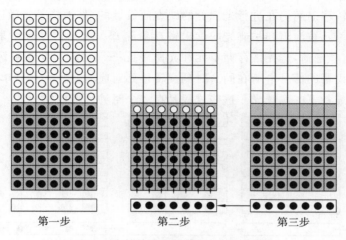

第一步　　　　　　　第二步　　　　　　　第三步

**图 2-59　帧转移型面阵 CCD 的示意图**

在场正程时间,光敏区进行光积分产生光生电荷,光敏区的电极接高电平,使光生电荷被存储在每个光敏单元的势阱中,这样就完成了图像的光信号到电信号的转换。然后进入场逆程时间,垂直驱动脉冲加到光敏区和暂存区,使光敏区光敏单元代表一帧图像的信号电荷快速转移到暂存区的对应位置,这个过程叫帧转移。

完成帧转移后场逆程结束,进入场正程时间。此时光敏区开始采集下一帧图像,而暂存区的信号电荷向下平移,逐行进入水平读出寄存器,在水平读出寄存器中水平移动,最后由输出电路输出一个串行时序电信号。暂存区的信号电荷全部输出后,进入场逆程时间,光敏区光积分的下一帧图像的信号电荷又快速地进入暂存区,由此可以进行连续地读出。

帧转移型面阵 CCD 结构简单,光敏单元尺寸小,调制传递函数 MTF 较高,其缺点是感光面积小,而且在帧转移过程中,光积分仍在进行,会使得转移过程中经过光照区域的信号电荷附带上额外的光电子,产生拖影现象,由于帧转移过程速度快,所以拖影现象较轻。

（2）全帧转移型。

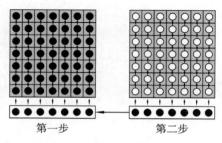

**图 2-60　全帧转移型面阵 CCD 的示意图**

图 2-60 所示的为全帧转移型面阵 CCD 的示意图和工作过程。全帧转移型面阵 CCD 只有光敏区和水平读出寄存器。光敏区完成光积分后,光电荷包直接垂直转移到水平读出寄存器。光敏区在曝光时电荷不能转移,电荷转移时不能曝光,即曝光和电荷转移无法同时进行,所以帧转移速度比较慢,尤其当 CCD 面阵比较大的时候,为了在读出光电荷时遮蔽已经捕捉到的图像,防止产生拖影现象,必须使用闪烁光源和机械快门配合控制曝光时间,这样的芯片比较难以用于连续对象的拍摄。但是由于没有存储区域,所以其感光面积很大,动态范围宽,体积较小,信噪比相对较高。因此,科学级 CCD 相机经常使用全帧式 CCD 作为图像传感器。

（3）行间转移型。

图 2-61 所示的为行间转移型 CCD 的示意图和工作过程。行间转移型 CCD 是为了克服帧转移型 CCD 的转移期间仍在进行光积分的缺点而设计的,其结构是光敏区与遮光转移区相间排列,每列光敏单元被沟阻和被遮光的读出寄存器隔开。遮光转移区用来存储光敏单元进行光积分产生的信号电荷,遮光区存储单元和光敏单元一一对应。在光敏区积分了一幅图像后,每个光敏单元积聚的信号电荷在同一时刻会转移到对应的遮光区存储单元中,然后光敏区的光敏单元复位,准备下一次曝光。这些过程是在一个时钟周期内完成的。

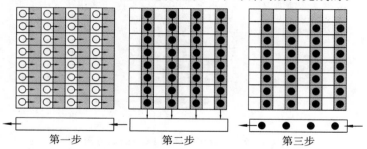

**图 2-61　行间转移型 CCD 的示意图**

行间转移型面阵 CCD 的优点是转移过程快,帧速率高,拖影现象相比帧转移型面阵 CCD 有了很大改善。其缺陷是由于感光面有相当一部分被遮光用作读出寄存器,光敏区有效感光面积小,因此动态范围较小,而且结构复杂,生产成本高。

（4）帧行间转移型。

帧行间转移型面阵 CCD 是帧转移型面阵 CCD 和行间转移型面阵 CCD 的结合,它既有与光敏区相同像素阵列的暂存区,又有与光敏单元相间排列的垂直移位寄存器。其工作过程是:在场逆程期间将光电转换单元所积累的电荷首先转移到垂直移位寄存器,然后由垂直移位寄存器全部转移到存储区。帧行间转移型面阵 CCD 是集合了帧转移型面阵 CCD、行间转移型面阵 CCD 的优点,可以得到最好的效果,但芯片利用率低、价格高。

### 3. CCD 主要特性参数

#### 1）电荷转移效率和电荷转移损失率

电荷转移效率是表征 CCD 性能好坏的一个重要参数,定义为一次转移后到达下一个势阱中的电荷量与原来势阱中的电荷量之比。设原有的信号电荷量为 $Q_0$,转移到下一个栅极势阱中的信号电荷量为 $Q_1$（留在原来栅极下的电荷量为 $Q_0 - Q_1$）,则电荷转移效率为

$$\eta = \frac{Q_1}{Q_0} \tag{2-135}$$

相应地,电荷转移损失率定义为

$$\varepsilon = \frac{Q_0 - Q_1}{Q_0} \tag{2-136}$$

实际中,电荷在转移过程中总有损失,故 $\eta$ 总是小于 1（现有工艺下,$\eta$ 可达 0.999999）。当原有电荷量 $Q_0$ 转移 $n$ 个栅极后,信号电荷量变为 $Q_n$,总的转移效率为

$$\frac{Q_n}{Q_0} = \eta^n = (1 - \varepsilon)^n \approx e^{-n\varepsilon} \tag{2-137}$$

例如,设 $\eta = 0.99$,则经 24 次转移后,$Q_{24}/Q_0 = 0.99^{24} = 78.6\%$,而经 192 次转移后,$Q_{192}/Q_0 = 14.6\%$,可见信号电荷的衰减比较严重。若 $\eta = 0.9999$,则 $Q_{24}/Q_0 = 99.8\%$,$Q_{192}/Q_0 = 98.1\%$。因此,转移效率 $\eta$ 是电荷耦合器件是否实用的重要因素。另外,要保证总转移效率较高（如 90%）,在单次转移效率 $\eta$ 一定的情况下,CCD 的栅极数目（或像素数）就受到限制。

影响电荷转移效率的因素很多,但主要是表面态对信号电荷的俘获。由于电荷转移率不能达到 1,即总有一部分电荷不能转移到下一个势阱中,为此在 CCD 中常常采用电注入的方式,在转移沟道中注入"胖零"电荷,即让"零"信号也有一定的电荷来填充势阱,使不能转移的电荷占信号电荷的比例降低,从而提高信号的转移效率。当然,由于"胖零"电荷的引入,CCD 输出信号中附加了"胖零"电荷分量,表现为暗电流的增加,而且该暗电流不能通过降低器件的温度来减小。

#### 2）暗电流

半导体内部由于热运动产生的载流子填充势阱,在驱动脉冲的作用下被转移,并在输出端形成电流,即使在完全无光的情况下也存在,即暗电流。产生暗电流的主要来源有三个:①半导体衬底的热激发;②耗尽区内的产生-复合中心的热激发;③Si-SiO$_2$ 界面处的产生-复合中心的热激发。

由于暗电流总是会加入信号电荷中,它不仅引起附加的散粒噪声,而且会占据一定的势阱容量。为了减轻暗电流的这种影响,应当尽量缩短信号电荷的存储与转移时间,不过这也限制

了 CCD 成像器件工作频率的下限。另外,由暗电流形成的图像会叠加到光信号图像上,引起固定的图像噪声。

目前,暗电流密度可以控制在 1 nA/cm² 左右。但是在许多器件中,许多单元每平方厘米可能有几百微安的局部暗电流。这个暗电流的来源是一定的体内杂质,体内杂质产生的能带间复合中心会引起暗电流。为了减少暗电流,应采用缺陷尽可能少的晶体和减少沾污。

另外,暗电流还与温度有关。温度越高,热激发产生的载流子越多,暗电流越大。据计算,温度每降低 10 ℃,暗电流可降低 1/2。在低照度情况(如紫外光谱区探测、天文观测)等实际应用中,可采用制冷法使 CCD 的暗电流大大降低。

3) 工作频率

CCD 是一种非稳态工作器件,在时钟脉冲驱动下使信号电荷在电极间存储和转移,其工作频率会受到一些因素的影响而被限制于一定的范围内。下面以三相 CCD 为例说明 CCD 的工作频率特性。

(1) 工作频率的下限。

如果时钟脉冲的频率太低,则在电荷存储的时间内,MOS 电容器已过渡到稳态,热激发产生的少数载流子将会填满势阱,从而无法进行信号电荷包的存储和转移,所以脉冲电压的工作频率必须在某一个下限之上。这个下限频率取决于少数载流子的平均寿命 $\tau_c$。对于三相 CCD,转移一个栅极的时间为 $t_r = T/3$($T$ 为时钟脉冲周期),须满足 $t_r \leqslant \tau_c$,即 CCD 工作频率的下限为 $f_{min} = 1/(3\tau_c)$。

可见,寿命 $\tau_c$ 越长,工作频率的下限 $f_{min}$ 越低。少数载流子的寿命与器件工作温度有关,温度越低,少数载流子的寿命就越长。因此,将 CCD 置于低温环境下有助于低频工作。

(2) 工作频率的上限。

影响 CCD 工作频率上限的因素有两个。一个是由于 CCD 的栅极有一定的长度,信号电荷在通过栅极时需要一定的时间。若工作频率太高,则势阱中的一部分信号电荷将会来不及转移到下一个势阱,使转移效率降低。设转移效率在满足要求时所需转移时间为 $\tau_g$,则必须使 $\tau_g \leqslant T/3$,即工作频率的上限为 $f_{max1} = 1/(3\tau_g)$。

另一个因素是 CCD 存在的界面态对信号电荷的俘获与释放。为了使信号电荷不至于因为界面态的俘获而损失,要求被界面态俘获的载流子的释放时间 $\tau_c \leqslant T/3$,即工作频率的上限为 $f_{max2} = 1/(3\tau_c)$。

工作频率的上限 $f_{max}$ 为 $f_{max1}$ 和 $f_{max2}$ 中较小的一个,通常 $\tau_c$ 较短,小于转移时间 $\tau_g$,则 $f_{max} = f_{max1} = 1/(3\tau_g)$。

### 2.6.2.2　CMOS 图像传感器

1. 结构和工作原理

互补金属氧化物半导体(complementary metal oxide semiconductor,CMOS)图像传感器是一种将使用了共同的 CMOS 结构和工艺的像素阵列、放大器、A/D 转换器、存储器、时序控制电路、数字信号处理电路和计算机接口电路等集成到单一硅片上的光电成像器件。CMOS 相对 CCD 具有以下一些特点。

(1) CMOS 图像传感器通常会使用有源像素(active pixel sensor,APS)采集光信号。在每个有源像素上都集成了光电二极管、MOS 管开关、源跟随器,可以在像素内就将光信号转化为有驱动能力的信号电压,电压信号更加方便于通过常规的模拟电路进行放大、去噪等处理。

（2）有源像素中的光电二极管、时序控制电路、有源开关以及输出电路上的放大器、A/D转换电路和一些辅助电路等，使用的都是共同的 CMOS 结构和工艺，生产成本相对 CCD 的更低，并且可以集成到同一片硅片上，一块芯片就可以完成成像的大部分功能，集成度很高。

（3）通过地址译码器，CMOS 图像传感器可以快速地输出任意窗口的信号。

CMOS 图像传感器的结构如图 2-62（a）所示。它的主要组成部分是有源像素传感器（APS）构成的像素阵列、$X$ 和 $Y$ 方向地址译码器、每一列像素共享的列读出通道和列放大器、多路模拟开关（列选择开关）、A/D 转换器。由控制器控制各个图像信息获取部件，进行所需要的曝光读出同步操作，其控制数据由外部通过串行数据输入端口输入，并存储在控制数据存储器中。

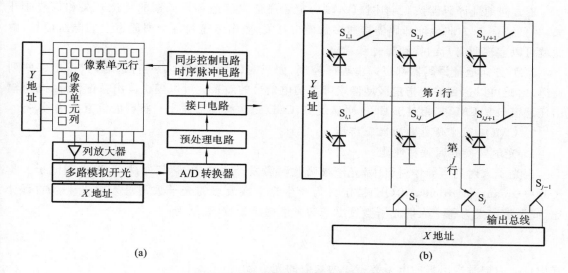

**图 2-62 CMOS 图像传感器结构图**

(a)芯片结构示意图；(b)像素阵列电路图

CMOS 图像传感器的像素阵列电路图如图 2-62（b）所示。现在常见的 CMOS 图像传感器都使用有源像素 APS，每个像素包含一个光电二极管和若干个 MOS 管构成的复位开关、源极跟随器、行选通开关。复位开关控制光电二极管的曝光操作。光电二极管作为基本的光电转换元件，通过光伏效应把入射光强转化为电荷信号，在受到不同的光强入射时，光积分电荷的产生速率不同，因此在相同的曝光时间后，会出现电荷分布随光强的不同而不同的情况，由此将二维光强分布转换为电信号分布。反向偏置的 PN 结和复位开关构成采样保持电路，可以对光电二极管的电荷信号进行采样，转化为电压信号输出到源极跟随器。源极跟随器将光信号转化为有驱动能力的信号电压。行选通开关打开时，能将像素产生的电压信号输出到像素所在列的列通道上，等待后续处理。

在大多数阵列设计中，像素几何形状采用正方形，像素在阵列中按 $X$ 和 $Y$ 方向正交排列，每个像素都有在 $X$、$Y$ 方向上的地址，可以由 $X$、$Y$ 方向逻辑单元控制。水平排列的像素构成行（row），每行有 $M$ 个像素，垂直方向的像素构成列（column），每列有 $N$ 个像素，整个阵列由 $M$ 列和 $N$ 行像素构成，阵列的总像素数为 $N_p = M \cdot N$。

像素阵列的主要操作就是曝光和读出。阵列中的曝光和读出是按行进行的，CMOS 图像传感器的工作过程如下：

（1）$Y$ 方向地址译码器按照一定顺序，每次用复位脉冲信号接通一行像素的复位开关，让像素单元复位，然后复位脉冲消失，关断复位开关，像素单元开始光积分。

（2）这行像素光积分完毕后，$Y$ 方向地址译码器打开行选通开关，让这行像素中每一个像素的光积分电压信号输出到所在列的列通道上并被列放大器放大。

（3）$X$ 方向地址译码器会按一定顺序接通各个列读出通道的模拟开关，输出各个列通道电压信号到输出总线上，信号在进一步放大后进入 A/D 转换器变为数字信号，以串行或并行格式输出到集成电路芯片的引脚上。

（4）在需要读出的列的电压信号读出完毕后，$Y$ 方向地址译码器关闭行选通开关，该行像素等待下一次复位和曝光。

$Y$ 方向地址译码器按照上述操作，以一定顺序依次接通各行像素的复位开关和行选通开关，并且结合 $X$ 方向地址译码器接通多路模拟开关，读出传输到各个列通道上的电压信号，由此就可以实现所有行的像素曝光和读出。

$X$、$Y$ 方向地址译码器都可以由程序控制，如只对像素阵列的某些行选通，只读出某些列通道，由此可以达到输出指定区域像素阵列的电信号的效果。可以随机读出指定像元、高速输出任意窗口是 CMOS 相对于 CCD 明显优势，CCD 每次必须要输出一整行的像素电信号。

2. CMOS 图像传感器的性能指标

1）光电转换的原理和性能

当光子入射到半导体材料中，光子被吸收而激发产生电子-空穴对，称为光生载流子。量子效率（quantum efficiency，QE）被定义为产生光生载流子的光子数占总入射光子数的百分比，或者被定义为每个入射光子激发出来的光生载流子数，表示为

$$\eta = \frac{N_e}{N_v} \tag{2-138}$$

式中：$N_e$ 为被激发出来的电子数；$N_v$ 为入射的光子数。

不同的半导体材料对入射光的响应随其波长的变化而变化。图 2-63 所示的为硅半导体材料的光照响应曲线。对于硅材料而言，波长覆盖整个可见光范围，截止在约 1.12 $\mu$m 的近红外波长。

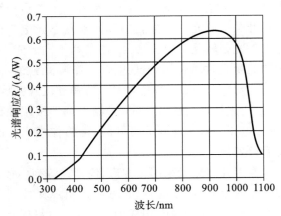

**图 2-63 硅半导体材料的光照响应曲线**

光电信号的噪声水平决定了能检测到的最小光功率。硅光电传感器的噪声包括：来源于信号和背景的散粒噪声（shot noise）；闪烁噪声（flicker noise），即 $1/f$ 噪声；来源于电荷载流子

热扰动的热噪声(thermal noise)。

噪声特性用噪声等效功率(noise equivalent power,NEP)表达,定义为信噪比为 1 时的入射辐射功率。信噪比是描述传感器性能的重要参数之一。图像传感器的噪声将在第 3.4 节介绍。

当入射光照射在光电二极管的 PN 结时,如果对光电二极管施加反向偏置电压,则可以使光生载流子形成反向光电流,得到如图 2-64 所示的 *I-V* 特性曲线中第三象限的曲线,横轴为作用在光电二极管上的偏置电压,纵轴为流过光电二极管的电流。

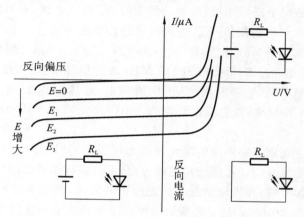

**图 2-64　PN 结光电二极管 *I-V* 曲线**

可以看出,随着光照强度 $E_1$、$E_2$、$E_3$ 不同,在同样的反向偏置电压下流过的反向光电流大小不同,光照强度和反向光电流在一定的光照强度范围成线性关系,这是使用光电二极管作 CMOS 图像传感器的光电转换器件的原因。光电二极管的总电流为光电流 $i_\Phi$ 和暗电流 $i_d$ 的总和,表达式可参见式(2-60)和式(2-62)。

$$i = i_\Phi + i_d \tag{2-139}$$

在某些高速摄影应用中,或者某些潜在的超高速图像转换应用中,会考虑到光电转换速度的问题。在 CMOS 图像传感器中,对响应速度影响最大的是少数载流子的扩散时间。

2) 填充因子

像素中光电二极管的受光照射面积是决定像素光电转换效率的主要因素。填充系数(fill factor,FF)为光电二极管 PD 的实际受光面积 $A_{PD}$ 与像素总面积 $A_{pix}$ 之比,用于表达不同像素版图由于面积比例而产生的光照效率,其表达式为

$$FF = A_{PD}/A_{pix} \tag{2-140}$$

式中:$A_{pix}$ 为像素面积,$A_{pix} = W_{pix} \cdot H_{pix}$,$W_{pix}$ 为像素宽度,$H_{pix}$ 为像素高度。通常像素形状为正方形,即 $W_{pix} = H_{pix}$。

由于 CMOS 图像传感器使用的是有源像素,相比无源像素有更多的 MOS 管,具有更高灵敏度和更低噪声水平,但是 MOS 管和金属线路也占据了过多的像素面积,实际感光面积相对无源像素更小,因此其填充系数总是低于无源像素传感器。在第 3 章将讨论的多晶体管像素结构中,也会遇到增加晶体管数降低像素填充系数的问题。

一般可以采用微透镜阵列提高填充因子,在像素感光面的上方安装一层微透镜阵列,每个微透镜和像素单元一一对应,将入射到像素单元的光线会聚到面积较小的感光面上,填充因子可以提高到 90%。此外,采用微透镜阵列,也使得像素单元感光面的面积设计得更小,从而达

到提高灵敏度、降低噪声、减小结电容和电路时间常数的效果。

3）图像清晰度

CMOS 图像传感器与 CCD 一样，图像的清晰度取决于硅光电二极管阵列的像素总数 $N_p$。在正交排列的图像传感器像素阵列中，水平方向的像素数为 $M$，垂直方向的像素数为 $N$，阵列总像素数为

$$N_p = M \cdot N \tag{2-141}$$

像素数越高的图像信号，可以提供越多的图像细节信息。在静止图像照相机应用中，采用 CMOS 图像传感器的数码单反照相机，阵列总像素数 $N_p$ 可以达到 36 M（1 M＝$10^6$），即 $N_p =$ $M \cdot N = 7360 \times 4912$，这样的清晰度可以达到并超过传统的专业 135 mm 胶片水平。高清数字电视（HDTV）的标准为 2.1 M 像素，即 $N_p = M \cdot N = 1920 \times 1080$，而相比之下模拟电视时代 PAL 制电视的清晰度，在 625 行扫描和 6.5 MHz 图像信号带宽下，最多也只能达到约 575 $\times 767 = 0.44$ M 像素的水平。采用 CMOS 图像传感器摄像的超高清晰度电视制式（UHDTV）可以达到 8 K 标准，其总像素数为 $N_p = M \cdot N = 7360 \times 4320 = 33$ M。

4）图像刷新速率

图像刷新速率决定完成一幅图像的曝光和读出所需要的时间。为了提高图像刷新速率，最直接的方法是减少曝光时间。在图像传感器方面，提高灵敏度可以减少曝光时间。

人眼具有视觉暂留效应，在人眼所受到的光作用消失后，视觉中的影像不会立刻消失，而是保留 0.1～0.4 s 的短暂时间。视觉暂留效应可以应用在显示连续图像的电视、视频和电影中，图像按照一定的刷新速率标准进行刷新，利用视觉暂留效应实现运动的连续性。一些电视的屏幕刷新速率较高，可以达到每秒 120 帧，播放的影像给人眼的感觉更流畅，而图像传感器作为电视播放影像的来源，也必须达到同样的刷新速率，才能让电视充分发挥高刷新率性能。

在静止图像数码照相机应用中，图像刷新速率会影响相机的连拍速度。高速摄影在科学研究和军事装备应用非常有用，往往要求图像刷新速率达到每秒 1000 帧以上的快速连拍，以获得高速运动的细节信息，然后用低刷新速率重建显示，以观察运动的过程和细节。

5）图像数据的字长和动态范围

CMOS 图像传感器芯片在模数转换后可以输出数字图像数据，这个数据的字长 $n$ 决定了图像信息的动态范围。所谓动态范围，就是可变化信号的最大值和最小值的比值，具体到 CMOS 图像传感器，就是 CMOS 传感器最大可探测光强和最小可探测光强转化为数字信号的比值。一个 $n$ 位二进制数的动态范围是 $2^n$。当信号噪声的电压值小于数据的最低有效位（LSB）对应的电压值时，$n$ 位图像数据表达的最大动态范围就是 $2^n$。例如，8 位数据的动态范围为 256，可以区分 256 个不同的光强。16 位数据的动态范围是 65536，可以区分更多种不同的光强，在一些大光比的摄像中可以保存更多的图像细节。

## 2.6.3  其他图像传感器

### 1. 红外焦平面阵列

高于绝对零度的物体能向外辐射出电磁波以传递热量，物体的温度越高则电磁波的波长越短，这种传递热量的电磁波称为热辐射。日常生活中的物体在温度较低时的热辐射是不可见的红外光波段，温度达到 300 ℃ 以上时，热辐射才开始渐渐地以更短波长的可见光波段为主。常规的以 Si 为 PN 结材料的 CCD 和 CMOS 对红外波段的响应较弱，并且其电荷较容易

达到溢出,光积分时间短,因此不适合用来探测 25 ℃常温下物体的红外波段的热辐射。

以 CCD 为例,为了能够对红外波段的热辐射进行成像,其中一种方法是采用对红外波段敏感的材料,受红外波段光照时产生光生载流子从而注入电荷,然后使用常规的 CCD 电路结构进行存储、转移和读出。目前最典型、应用最广泛的材料有 InGaAs(适用于 $1\sim3\ \mu m$)、InSb(适用于 $3\sim5\ \mu m$)、HgCdTe(MTC,适用于 $8\sim12\ \mu m$)。这类红外焦平面阵列因为在低温下工作时性能更好,具有较低的噪声、较高的分辨率、灵敏度和信噪比,所以常常配备制冷设备为其维持低温,被称为制冷型红外焦平面阵列。同时,配备额外的制冷设备也导致探测器体积庞大、成本高昂。

另一种方法是对红外波段的热辐射进行成像,采用具有较宽响应波段的光热探测器作为电荷注入器件,如热敏电阻、热释电探测器、热电偶等,受红外波段光照时探测器升温产生热生载流子从而注入电荷,然后也使用常规的 CCD 电路结构进行存储、转移和读出。目前最常见、最广泛应用在红外焦平面阵列的探测器是热敏电阻(氧化钒,$VO_x$)和热电堆(非晶硅,$\alpha\text{-}Si$),其单个像素的大小能达到 $12\sim25\ \mu m$。而热释电探测器因为半导体工艺原因,像元尺寸在 $50\sim100\ \mu m$ 就已经达到极限,所以逐渐被淘汰。这类用光热探测器作为电荷注入器件的红外焦平面阵列,由于其自身就依靠吸收红外辐射升温进行工作,并且在常温下可以良好运转,所以不需要配备制冷设备,称为非制冷型红外焦平面阵列。非制冷型红外焦平面阵列的成本低、体积较小,但灵敏度比制冷型红外焦平面阵列要低,更加适用于民用市场。其中市场上最主流的非制冷型红外焦平面工艺是 Bolometer 工艺(见图 2-65),其通过微机电技术制造出悬空的吸收热辐射的结构,隔热良好,且非常兼容于半导体的生产。

红外焦平面阵列由于可以获得常温下景物的热辐射成像图,在军事领域的雷达侦测、导弹制导、野外侦察,工业和科学领域的内部探伤、目标温度检测,还有民用领域的导航、安防监控等有非常多的应用。在未来,红外焦平面探测器还会朝着石墨烯、超表面、量子点等方向发展。

**图 2-65 非制冷型红外焦平面阵列工艺**

**2. 紫外固体成像器件**

紫外线在日常生活中有许多用途。使用紫外线照射某些物质会发出荧光,此种性质可以用在纸币防伪标识、刑事侦查的指纹检测、生物实验的标志物检测等领域,并有便捷高效、反应快速的特点。根据其波长,紫外线在军事领域也用于紫外通信、雷达侦测、导弹制导等方面。紫外固体成像器件可以对上述应用中的紫外线进行成像。

以 CCD 为例,我们知道常规 CCD 在电荷注入部分选用的通常是半导体硅材料,被光照时产生光电导效应,在偏置电场作用下注入电荷。硅材料对紫外线波段的入射光吸收系数很大,大部分紫外光在表面被吸收,对紫外线的响应程度很低,因此需要采用对紫外波段敏感的宽带隙材料。目前紫外成像 CCD 常用的紫外敏感半导体材料主要是 GaN、InN、AlN 等Ⅲ-Ⅴ族材料,这些材料除了禁带宽度大、对不同波段的紫外线敏感的特点以外,还具有抗辐射、耐腐蚀、耐高温、较稳定、强度高和低介电常数的优点,适合作为高辐射环境的探测器件和大规模的集成器件,其中 GaN 和 AlGaN 的性能最好。GaN 化学性质十分稳定,原子键强度高,热导率高,抗辐射性能好,其禁带宽度为 $3.37\ eV$,对紫外波段的辐射有很高的响应度。因此,在各种高温、强辐射的恶劣环境中,如太空飞船、飞机尾焰、火灾等有广泛应用。

而 CMOS 中进行光积分的器件是光敏单元中的 PN 结,常规的 CMOS 采用掺杂了杂质离子的多晶硅作为 PN 结材料,被光照时发生光伏效应而对外输出光电压。硅材料对紫外光的吸收系数很大,大部分紫外光在表面被吸收,在表面产生的大量光生载流子还没能深入结区就被复合消耗掉了,因此对紫外光波段的响应不佳。可以采取下列方法提高 CMOS 的紫外光波段响应:

(1) 类似于 CCD,采用紫外光波段敏感的半导体材料制造 PN 结,如 GaN 和 AlGaN。

(2) 如硅光电二极管相关的章节所述,采用浅 PN 结的硅光电二极管,PN 结距离表面很近,这样即使紫外光在表面就被大量吸收了,产生的光生载流子在复合前也会受到浅 PN 结的结电场作用而分离开。

(3) 使用肖特基结光电二极管,肖特基结是金属和半导体接触产生的势垒,可以看作一个产生在半导体表面的结深为零的结,与浅 PN 结的光电二极管类似,入射的紫外光在表面被吸收,产生的光生载流子受结电场作用而分离,基于肖特基二极管的金属-半导体-金属(MSM)结构,形成两对方向相反的串联的金属-半导体结,耗尽区更大,具有暗电流小、响应时间快、可见光截止特性好、噪声低等特点。

# 2.7 典型光电探测器的信号与噪声模型

## 2.7.1 光电导探测器

### 1. 光电导探测器的等效电路模型

光电导探测器(光敏电阻)受入射光照射产生过剩的光生载流子,导致材料的电导率发生变化,从宏观的角度上看是光敏电阻受光照射后电导发生改变。对光电导探测器受光照产生载流子的速率方程进行分析,最后可以得到光电导探测器的电路模型。从速率方程出发构造电路模型,其结果的物理意义不直观,但是构造出的电路模型的物理量与器件的形状尺寸和电学参数都有直接关系。式(2-142)为光电导探测器受入射光照射时,光生电子和空穴随时间 $t$ 的变化速率方程(即载流子速率方程):

$$\begin{cases} \dfrac{\mathrm{d}N}{\mathrm{d}t} = G - \dfrac{N}{\tau_{\mathrm{nr}}} - \dfrac{N}{\tau_{\mathrm{nt}}} \\ \dfrac{\mathrm{d}P}{\mathrm{d}t} = G - \dfrac{P}{\tau_{\mathrm{pr}}} - \dfrac{P}{\tau_{\mathrm{pt}}} \end{cases} \tag{2-142}$$

式中:$N$ 和 $P$ 分别为光生电子、空穴总数;$G$ 为光生电子-空穴对产生率;$\tau_{\mathrm{nr}}$、$\tau_{\mathrm{nt}}$ 分别为电子的复合寿命和漂移时间;$\tau_{\mathrm{pr}}$、$\tau_{\mathrm{pt}}$ 分别为空穴的复合寿命和漂移时间。光生电子-空穴对产生率 $G$ 可以表示为

$$G = \frac{C_{\mathrm{i}}\Phi_{\mathrm{in}}(1-R)}{h\nu}[1 - \exp(-\alpha x)] \tag{2-143}$$

式中:$C_{\mathrm{i}}$ 为材料吸收一个光子可以产生的光生电子-空穴对的数量;$\Phi_{\mathrm{in}}$ 为入射光功率;$\alpha$ 为材料对入射光的吸收系数;$x$ 为发生光电导效应的区域深度。

$$\begin{cases} \upsilon_{\mathrm{n}} = \dfrac{\mu_{\mathrm{n}} E + \upsilon_{\mathrm{ns}} (E/E_{\mathrm{th}})^4}{1 + (E/E_{\mathrm{th}})^4} \\[3mm] \upsilon_{\mathrm{p}} = \dfrac{\mu_{\mathrm{p}} E}{1 + \mu_{\mathrm{p}} E/\upsilon_{\mathrm{ps}}} \\[3mm] \tau_{\mathrm{nt}} = W/\upsilon_{\mathrm{n}} \\[2mm] \tau_{\mathrm{pt}} = W/\upsilon_{\mathrm{p}} \end{cases} \tag{2-144}$$

式(2-144)给出了载流子速率方程中载流子漂移速率 $\upsilon_{\mathrm{n}}$、$\upsilon_{\mathrm{p}}$ 以及漂移时间 $\tau_{\mathrm{nt}}$、$\tau_{\mathrm{pt}}$ 的计算式。其中,$\mu_{\mathrm{n}}$ 和 $\mu_{\mathrm{p}}$ 分别为电子和空穴的迁移率,$E$ 为光电导区域的电场强度,$\upsilon_{\mathrm{ns}}$ 和 $\upsilon_{\mathrm{ps}}$ 分别为电子和空穴的饱和漂移速率,$W$ 为光电导区域的宽度。

此处取一个归一化常数 $C_{\mathrm{no}}$,这个数可以看作一个电容,则可得到施加在光电导材料上的电压与光生电子总数 $N$ 和光生空穴总数 $P$ 的关系,以便在等效电路模型中用电路的参量表示电子、空穴总数。N 区和 P 区的电压为:$V_{\mathrm{n}} = Ne/C_{\mathrm{no}}$,$V_{\mathrm{p}} = Pe/C_{\mathrm{no}}$,其中 $N$ 和 $P$ 分别为光生电子、空穴总数,$e$ 为电子和空穴的电荷量,则速率方程式(2-142)化为

$$\begin{cases} \dfrac{\Phi_{\mathrm{in}}}{R_0} = C_{\mathrm{no}} \dfrac{\mathrm{d}V_{\mathrm{n}}}{\mathrm{d}t} + \dfrac{V_{\mathrm{n}}}{R_{\mathrm{nr}}} + \dfrac{V_{\mathrm{n}}}{R_{\mathrm{nt}}} \\[3mm] \dfrac{\Phi_{\mathrm{in}}}{R_0} = C_{\mathrm{no}} \dfrac{\mathrm{d}V_{\mathrm{p}}}{\mathrm{d}t} + \dfrac{V_{\mathrm{p}}}{R_{\mathrm{pr}}} + \dfrac{V_{\mathrm{p}}}{R_{\mathrm{pt}}} \end{cases} \tag{2-145}$$

式(2-145)中各个参数的表达式为

$$\begin{cases} R_0 = \dfrac{h\nu}{qC_{\mathrm{i}}[1 - \exp(-\alpha x)]} \\[3mm] R_{\mathrm{nr}} = \dfrac{\tau_{\mathrm{nr}}}{C_{\mathrm{no}}}, R_{\mathrm{nt}} = \dfrac{\tau_{\mathrm{nt}}}{C_{\mathrm{no}}} \\[3mm] R_{\mathrm{pr}} = \dfrac{\tau_{\mathrm{pr}}}{C_{\mathrm{no}}}, R_{\mathrm{pt}} = \dfrac{\tau_{\mathrm{pt}}}{C_{\mathrm{no}}} \end{cases} \tag{2-146}$$

流过光电导探测器的总电流为

$$i = i_{\mathrm{n}} + i_{\mathrm{p}} + \frac{u}{R_{\mathrm{d}}} + C_{\mathrm{s}} \frac{\mathrm{d}u}{\mathrm{d}t} \tag{2-147}$$

式中:$i_{\mathrm{n}} = V_{\mathrm{n}}/R_{\mathrm{nt}}$;$i_{\mathrm{p}} = V_{\mathrm{p}}/R_{\mathrm{pt}}$。式(2-147)的第三项是外加反向电压导致的反向暗电流,$u$ 是外加偏置电压,$R_{\mathrm{d}}$ 是暗电阻;第四项是寄生电容 $C_{\mathrm{s}}$ 导致的噪声。

根据式(2-145)和式(2-147)可以画出光电导探测器的等效电路模型,如图 2-66 所示。最左侧电路是光信号的输入端,这个输入端是虚拟的。中间两个电路由速率方程式(2-145)得到,反映了光生载流子和光信号以及电场的变化关系,最右侧电路是电信号的输出端,由式(2-147)得到,其两个端点是实际接入电路的部分。如果将 $i_{\mathrm{n}}$ 和 $i_{\mathrm{p}}$ 合并为一个受到光信号功率控制的关系复杂的受控电流源,则可得到如图 2-67 所示的光电导探测器简化的交流等效电路。

**2. 光电导探测器的噪声特性**

用光敏电阻检测微弱信号时需考虑器件的固有噪声,光敏电阻的固有噪声主要有三种:热噪声、产生-复合噪声及 1/f 噪声,总的均方噪声电流或噪声功率可表示为

$$\overline{i_{\mathrm{ni}}^2} = \overline{i_{\mathrm{nr}}^2} + \overline{i_{\mathrm{ngr}}^2} + \overline{i_{\mathrm{nf}}^2} = \frac{4k_{\mathrm{B}}T\Delta f}{R_0} + 4eiM^2\Delta f \cdot \frac{1}{1 + 4\pi^2 f^2 \tau_{\mathrm{c}}^2} + \frac{Ai^2\Delta f}{f} \tag{2-148}$$

式中:$i = i_{\mathrm{b}} + i_{\mathrm{d}} + i_{\mathrm{s}}$,$i_{\mathrm{b}}$ 为背景光电流,$i_{\mathrm{d}}$ 为暗电流、$i_{\mathrm{s}}$ 为信号电流;$\tau_{\mathrm{c}}$ 为载流子寿命;$R_0$ 为探测器的有效电阻。

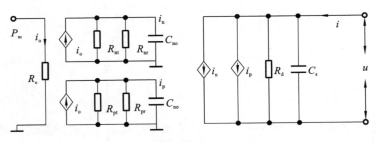

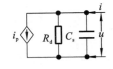

**图 2-66 光电导探测器等效电路**

**图 2-67 光电导探测器交流等效电路**

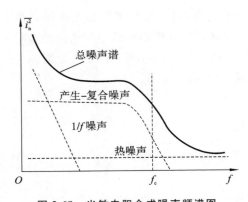

**图 2-68 光敏电阻合成噪声频谱图**

光敏电阻合成噪声频谱图如图 2-68 所示，展示了噪声功率谱的相对贡献。在频率 $f \ll 1/(2\pi\tau_c)$ 时，产生-复合噪声和频率不相关，在 $f \gg 1/(2\pi\tau_c)$ 时，产生-复合噪声变小；频率小于 100 Hz 时，噪声以 $1/f$ 噪声为主，频率为 $100\sim 1000$ Hz 时，以产生-复合噪声为主，频率在 1000 Hz 以上时，产生-复合噪声和 $1/f$ 噪声都变小，以热噪声为主。为了在红外探测系统中减少噪声，通常将调制频率取得高一些，一般在 $800\sim 1000$ Hz 时可以消去 $1/f$ 噪声和产生-复合噪声的影响，采用制冷器进一步降低探测器的温度，可使得热噪声被抑制。

图 2-69 所示的是光电导探测器的噪声等效电路，容易看出，输入端噪声的表达式为

$$\overline{u_{ni}^2} = \overline{u_{ns}^2} + \left(\frac{R_g + R_L}{R_L}\right)^2 \overline{u_{ns}^2} + (\overline{i_{nL}^2} + \overline{i_{ns}^2})R_g^2 \tag{2-149}$$

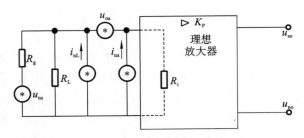

**图 2-69 光电导探测器的噪声等效电路**

根据第 2.2.4 节光电导探测器偏置电路的内容，输入端的噪声以及信噪比与偏置方式有关。设入射光功率为 $\Phi$，外加偏置电源为 $V$。

1）恒流偏置

电路如图 2-11 所示。如果负载电阻 $R_L$ 远大于光敏电阻 $R_g$，即 $R_L \gg R_g$，则偏置电流 $i$ 可写为

$$i = \frac{V}{R_L} \tag{2-150}$$

可以看出偏置电流 $i$ 与 $R_g$ 无关，此种状态称为恒流偏置。则输入端噪声为

$$\overline{u_{\mathrm{ni}}^2} = \overline{u_{\mathrm{ns}}^2} + \left(\frac{R_{\mathrm{g}} + R_{\mathrm{L}}}{R_{\mathrm{L}}}\right)^2 \overline{u_{\mathrm{na}}^2} + (\overline{i_{\mathrm{nL}}^2} + \overline{i_{\mathrm{ns}}^2})R_{\mathrm{g}}^2 \qquad (2\text{-}151)$$

$$\approx \overline{u_{\mathrm{ns}}^2} + \overline{u_{\mathrm{ns}}^2} + \overline{i_{\mathrm{n0}}^2}R_{\mathrm{g}}^2$$

其中,信号电压 $u_{\mathrm{s}}$ 大小由式(2-152)给出:

$$u_{\mathrm{s}} = \Delta u_{\mathrm{L}} = \Delta i \cdot R_{\mathrm{L}} = \frac{R_{\mathrm{g}}^2}{(R_{\mathrm{L}} + R_{\mathrm{g}})^2} R_{\mathrm{L}} S_{\mathrm{g}} V \Delta\Phi \approx i S_{\mathrm{g}} \Delta\Phi R_{\mathrm{g}}^2 \qquad (2\text{-}152)$$

由于 $R_{\mathrm{L}} \gg R_{\mathrm{g}}$,故输入端的噪声相对减小,信号电压增大,系统信噪比提高。

2) 恒压偏置

电路如图 2-12 所示。当 $R_{\mathrm{L}} \ll R_{\mathrm{g}}$ 时,探测器两端电压 $u$ 和偏置电流 $i$ 的关系为

$$u = i \cdot R_{\mathrm{g}} = \frac{V R_{\mathrm{g}}}{R_{\mathrm{L}} + R_{\mathrm{g}}} \approx V \qquad (2\text{-}153)$$

输出的信号电压 $u_{\mathrm{s}}$ 为

$$\Delta u_{\mathrm{L}} = u_{\mathrm{s}} = S_{\mathrm{g}} V R_{\mathrm{L}} \Delta\Phi \qquad (2\text{-}154)$$

可以看出,输出电压和探测器两端的电压与 $R_{\mathrm{g}}$ 基本无关。因为 $R_{\mathrm{L}} \ll R_{\mathrm{g}}$,故输入端噪声的表达式变为

$$\overline{u_{\mathrm{ni}}^2} = \overline{u_{\mathrm{ns}}^2} + \left(\frac{R_{\mathrm{g}}}{R_{\mathrm{L}}}\right)^2 \overline{u_{\mathrm{ns}}^2} + (\overline{i_{\mathrm{nL}}^2} + \overline{i_{\mathrm{ns}}^2})R_{\mathrm{g}}^2 \qquad (2\text{-}155)$$

输入端噪声相对变大,系统的信噪比降低。

3) 恒功率偏置

在基本偏置电路中,若负载电阻 $R_{\mathrm{L}}$ 与光电导探测器阻值 $R_{\mathrm{g}}$ 相等,则光电导探测器消耗的功率为恒定值,称为恒功率偏置电路。这种电路的特点是负载可获得最大的功率输出,负载电阻的输出功率 $P$ 为

$$P = i^2 R_{\mathrm{L}} = \left(\frac{V}{R_{\mathrm{L}} + R_{\mathrm{g}}}\right)^2 R_{\mathrm{g}} = \frac{V^2}{4R_{\mathrm{L}}} \qquad (2\text{-}156)$$

得到输出的信号电压 $u_{\mathrm{s}}$ 和信号功率 $P_{\mathrm{s}}$ 分别为

$$\Delta u_{\mathrm{L}} = u_{\mathrm{s}} = -\frac{1}{2} i S_{\mathrm{g}} \Delta\Phi R_{\mathrm{g}}^2 \qquad (2\text{-}157)$$

$$P_{\mathrm{s}} = \frac{u_{\mathrm{s}}^2}{R_{\mathrm{L}}} = \frac{1}{4} i^2 S_{\mathrm{g}}^2 (\Delta\Phi)^2 R_{\mathrm{g}}^3 \qquad (2\text{-}158)$$

输入端的噪声电压变为

$$\overline{u_{\mathrm{ni}}^2} = \overline{u_{\mathrm{ns}}^2} + 4\overline{u_{\mathrm{ns}}^2} + (\overline{i_{\mathrm{nL}}^2} + \overline{i_{\mathrm{ns}}^2})R_{\mathrm{g}}^2 \qquad (2\text{-}159)$$

输入端噪声电压相比恒流偏置情况下更大,而信号电压变小,造成信噪比的减小。

综上所述,恒流偏置的输出信号电压最大,噪声最小;恒功率偏置的输出电压稍小一些,噪声更大一些;恒压偏置的输出信号电压小,即输出电压稳定,但是噪声最大。

## 2.7.2　PIN 光电探测器

### 1. PIN 光电探测器电路模型

本节结合 PIN 光电探测器的物理结构,来介绍 PIN 光电探测器的小信号等效电路模型。图 2-70 所示的为 PIN 光电探测器的结构和对应的电路模型。

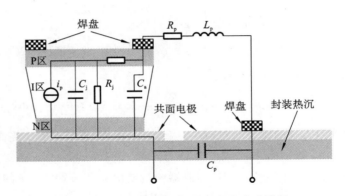

图 2-70  PIN 光电探测器的结构和电路模型

其中 I 区的受控电流源表示器件的光电流 $i_p$ 与入射光功率 $\Phi$ 的关系,此受控电流源可以看作一个压控电流源,在 PIN 探测器受到光照 $\Phi$ 后于虚拟输入端(受光面)产生了虚拟的电压 $V_t$,压控电流源输出的电流为 $i_p = g_m \cdot V_t$。

结电容 $C_j$、结电阻 $R_j$、二极管和衬底接触的电阻 $R_s$ 和两个电极之间的电容 $C_a$,是芯片本身结构引入的电阻和电容。其中结电容 $C_j = \varepsilon_0 \varepsilon_s A / W_t$,受到耗尽层厚度和面积影响。$R_j$ 为结电阻,表征了探测器表面的电流,在低频下使模型拟合得更准确,在高频时会被结电容 $C_j$ 短路从而可以忽略。

$C_p$、$R_p$、$L_p$ 都为外部封装时引入。$C_p$ 为焊盘的寄生电容,$R_p$ 为引线电阻、$L_p$ 为引线电感。此处 $L_p$ 阻碍了高频电流输出,$C_p$ 会将高频信号分流,导致高频响应的不佳。

**2. PIN 光电探测器的小信号模型及 $S$ 参数**

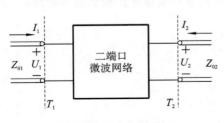

图 2-71  二端口网络

小信号模型通常只能描述在很小一个范围内器件的静态和动态特性,但由于结构简单,所以经常使用。光电探测器作为如图 2-71 所示的光输入和电输出的二端口网络,可以使用 $S$ 参数来描述光电探测器的各项参数,且可以用矢量网络分析仪方便地直接获得 $S$ 参数,因此有必要推导出光电探测器的 $S$ 参数和光电探测器各项参数的关系。下面是相关的推导过程。

图 2-71 所示的二端口网络可以用 $T_2$ 面的 $I$、$U$ 参数表示 $T_1$ 面的 $I$、$U$ 参数,由此得到了可以描述这个二端口网络的转移参量 $A$:

$$\begin{bmatrix} U_1 \\ I_1 \end{bmatrix} = \begin{bmatrix} A_{11} & A_{12} \\ A_{21} & A_{22} \end{bmatrix} \begin{bmatrix} U_2 \\ -I_2 \end{bmatrix}$$

$$A_{11} = \frac{U_1}{U_2}\bigg|_{I_2=0}, A_{12} = \frac{-U_1}{I_2}\bigg|_{U_2=0}, A_{21} = \frac{I_1}{U_2}\bigg|_{I_2=0}, A_{11} = \frac{I_1}{I_2}\bigg|_{U_2=0}$$

$$A = \begin{bmatrix} A_{11} & A_{12} \\ A_{21} & A_{22} \end{bmatrix}$$

将转移参量 $A$ 归一化可得

$$\widetilde{A} = \begin{bmatrix} \widetilde{A_{11}} & \widetilde{A_{12}} \\ \widetilde{A_{21}} & \widetilde{A_{22}} \end{bmatrix} = \begin{bmatrix} A_{11}\sqrt{Z_{02}/Z_{01}} & A_{12}/\sqrt{Z_{01}Z_{02}} \\ A_{21}/\sqrt{Z_{01}Z_{02}} & A_{22}/\sqrt{Z_{01}/Z_{02}} \end{bmatrix} \tag{2-160}$$

将式(2-160)的转移矩阵归一化后可以化为式(2-161)所示的 $\boldsymbol{S}$ 参量矩阵

$$\boldsymbol{S} = \begin{bmatrix} S_{11} & S_{12} \\ S_{21} & S_{22} \end{bmatrix} = \frac{1}{\widetilde{A_{11}} + \widetilde{A_{12}} + \widetilde{A_{21}} + \widetilde{A_{22}}} \begin{bmatrix} \widetilde{A_{11}} + \widetilde{A_{12}} - \widetilde{A_{21}} - \widetilde{A_{22}} & 2 \mid \widetilde{A} \mid \\ 2 & -\widetilde{A_{11}} + \widetilde{A_{12}} - \widetilde{A_{21}} + \widetilde{A_{22}} \end{bmatrix}$$

$$(2\text{-}161)$$

由式(2-161)的 $\boldsymbol{S}$ 参量矩阵可以求出光电探测器二端口网络的传输系数 $S_{21}$。

　　由于 PIN 传感器的小信号模型电子元件众多,直接写出 $\boldsymbol{S}$ 参数和电路各个参数的关系式较为困难,可以从图 2-70 所示的电路模型中划分多个级联的二端口网络,通过计算转移参量($\boldsymbol{A}$ 参量)来获得 $\boldsymbol{S}$ 参数和电路参数的关系式。而对于光电传感器的小信号模型,如果假设光电传感器和负载匹配,输出端的入射波为 0,则在一定频率下,传感器输出的电信号和输入的光功率为线性关系。此时 $\boldsymbol{S}$ 参数中只需要考虑传输系数 $S_{21}$,$S_{21}$ 即输出电压与输入电压的比值。对于图 2-72 所示的 $n$ 个二端口网络级联,有下式:

$$\boldsymbol{A} = [A_1][A_2][A_3]\cdots[A_n] \tag{2-162}$$

图 2-72　二端口网络级联

将图 2-70 所示的电路模型分割成多个二端口网络,如图 2-73 所示。

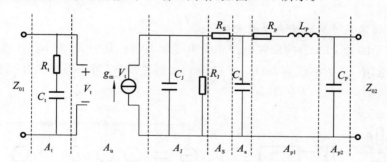

图 2-73　PIN 探测器小信号模型分割网络

由此得到转移矩阵 $\boldsymbol{A}$ 为

$$\boldsymbol{A} = \begin{bmatrix} A_{11} & A_{12} \\ A_{21} & A_{22} \end{bmatrix} = [A_t][A_u][A_j][A_s][A_a][A_{p1}][A_{p2}]$$

$$= \begin{bmatrix} 1 & 0 \\ \dfrac{\mathrm{j}\omega C_t}{1 + \mathrm{j}\omega R_t C_t} & 1 \end{bmatrix} \begin{bmatrix} 0 & \dfrac{1}{g_m} \\ 0 & 0 \end{bmatrix} \begin{bmatrix} 1 & 0 \\ \dfrac{1}{R_j} + \mathrm{j}\omega C_j & 1 \end{bmatrix} \begin{bmatrix} 1 & R_s \\ 0 & 1 \end{bmatrix} \tag{2-163}$$

$$\begin{bmatrix} 1 & 0 \\ \mathrm{j}\omega C_a & 1 \end{bmatrix} \begin{bmatrix} 1 & R_p + \mathrm{j}\omega L_p \\ 0 & 1 \end{bmatrix} \begin{bmatrix} 1 & 0 \\ \mathrm{j}\omega C_p & 1 \end{bmatrix}$$

根据式(2-160)、式(2-161)和式(2-163)可求得传输系数 $S_{21}$ 为式(2-164)所示,并得到输出电信号与输入光信号的关系。

$$S_{21} = \frac{2}{\widetilde{A_{11}} + \widetilde{A_{12}} + \widetilde{A_{21}} + \widetilde{A_{22}}} \tag{2-164}$$

根据 **S** 参数和 PIN 探测器小信号模型的各个参数的关系式,再使用矢量网络分析仪获得 **S** 参数,可以得到小信号模型各个参数的取值。

3. PIN 光电探测器的噪声种类

与光敏电阻一样,光电二极管的噪声也包含低频噪声 $i_{nf}$、散粒噪声 $i_{ns}$ 和热噪声 $i_{nT}$。其中,散粒噪声是光电二极管的主要噪声,它是由电流在半导体内的散粒效应引起的,它与电流的关系为

$$i_{ns}^2 = 2ei\Delta f \tag{2-165}$$

式中:$e$ 为电子电荷量;$i$ 为流过器件的总电流,光电二极管的总电流包括暗电流 $i_d$、信号电流 $i_{sg}$ 和背景辐射引起的背景光电流 $i_b$。因此,散粒噪声应为

$$i_{ns}^2 = 2e(i_d + i_{sg} + i_b)\Delta f \tag{2-166}$$

根据光伏探测器的光电转换关系式(2-60),用光功率描述上式为

$$i_{ns}^2 = \frac{2e^2 \eta'(\Phi_{sg} + \Phi_b)}{h\nu}\Delta f + 2ei_d\Delta f \tag{2-167}$$

考虑负载电阻 $R_L$ 的热噪声后,光电二极管的噪声电流为

$$i_{ni} = \left[\frac{2e^2 \eta'(\Phi_{sg} + \Phi_b)}{h\nu}\Delta f + 2ei_d\Delta f + \frac{4k_B T\Delta f}{R_L}\right]^{\frac{1}{2}} \tag{2-168}$$

从式(2-168)可知,从材料和制造工艺上尽量减小暗电流 $i_D$,并合理选择负载电阻 $R_L$,是减小噪声的有效途径。

4. PIN 管的偏置方式和噪声等效电路

图 2-74 所示的为 PIN 管的偏置电路和噪声等效电路。其中 $R_d$ 和 $R_L$ 分别为 PIN 管的动态电阻和偏置电阻,$C_d$ 为结电容,$i_{ns}$、$i_f$ 和 $i_{nL}$ 分别为散粒噪声、闪烁噪声和 $R_L$ 的热噪声。噪声电路的输出阻抗为 $Z = C_d // R_d // R_L$。

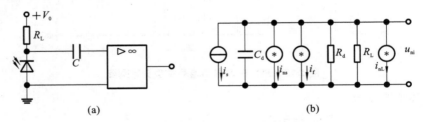

**图 2-74 PIN 管的偏置电路和噪声等效电路**

由噪声等效电路图,易得信号功率、噪声功率以及信噪比分别为

$$\begin{cases} P_s = i_s^2 Z \\ P_n = (\overline{i_{ns}^2} + \overline{i_f^2} + \overline{i_{nL}^2}) \cdot Z \\ \text{SNR} = \dfrac{P_s}{P_n} = \dfrac{i_s^2}{\left\{2e\left[i_{s0}\left(\exp\left(\dfrac{eu_o}{k_B T}\right) - 1\right) - i_s\right] + B \cdot \dfrac{i_f^2}{f} + \dfrac{4k_B T}{R_L}\right\}\Delta f} \end{cases} \tag{2-169}$$

由式(2-169)可知,在低频工作时,闪烁噪声(1/$f$ 噪声)会变得很大,使信噪比下降,此时可以选择零偏置即 $u_0 = 0$,以及较大的偏置电阻 $R_L$,从而抑制其余两种噪声;在高频工作时,主要为散粒噪声和热噪声,此时可以选择反偏电压 $u_0 < 0$,从而抑制散粒噪声。

5. 带宽

对于 PIN 传感器的带宽,主要由光生载流子的漂移时间 $\tau_{dr}$ 和电路时间常数 $\tau_{RC}$ 决定,带宽表达式为

$$\frac{1}{f_{-dB}^2} = \frac{1}{f_{dr}^2} + \frac{1}{f_{RC}^2} \tag{2-170}$$

式中:$f_{-dB}$ 为传感器的总带宽;$f_{dr}$ 为漂移时间 $\tau_{dr}$ 限制的带宽;$f_{RC}$ 为电路时间常数 $\tau_{RC}$ 限制的带宽。$f_{dr}$ 和 $f_{RC}$ 的表达式如下:

$$f_{dr} = \frac{2.4 v_d}{2\pi w} \tag{2-171}$$

$$f_{RC} = \frac{1}{2\pi(R_i + R_L)C_j} \tag{2-172}$$

其中,$R_i$ 为管芯内阻,$C_j$ 为结电容(由式(2-88)、式(2-89)描述)。由式(2-169)、式(2-172)可知,信噪比和带宽都与负载电阻 $R_L$ 相关,增大负载电阻可以减小电路的热噪声,增大信噪比,然而同时也会减小电路时间常数 $\tau_{RC}$ 决定的带宽,对高频信号的响应变差,减小信噪比。噪声和带宽在这里是相互制约的。

## 2.7.3　雪崩光电二极管

相比 PIN 管的等效电路模型,APD 模型由于多了倍增区(M 区),等效电路更为复杂。吉林大学的陈维友等人根据图 2-75 所示的 APD 结构图,提出了可以由 APD 的载流子速率方程作出等效电路的方法。

| P$^+$InP | n$^+$InP | n$^+$InP | n InGaAsP | n$^+$InGaAs | n$^+$InP |
|---|---|---|---|---|---|
| P 区 | 倍增区 | 电荷层 | 渐变层 | 吸收区 | N 区 |
| P | M | C | G | I | N |

图 2-75　SAGCM-APD 结构示意图

1. 载流子速率方程

对于图 2-75 所示的具有分立的吸收层、渐变层、电荷层和倍增区结构的 APD 即 SAGCM-APD,对入射光的吸收通常发生在吸收区(I 区),I 区产生的光生载流子在倍增区(M 区)发生碰撞电离,产生更多光生载流子。因此在 APD 中,流过 P 区和倍增区截面的电流为 I 区的光生电流和 M 区的倍增电流的和。根据图 2-75 的 I 区和 M 区的位置关系可知,I 区吸收入射光产生电子-空穴对,但只有空穴能在偏置电场作用下向 M 区漂移(电子向 N 区漂移,无法进入倍增区),在 M 区碰撞电离产生更多的电子-空穴对,经过 P 区和 M 区界面的电流为 I 区产生的光生空穴电流与 M 区产生的碰撞电离空穴电流的和,于是得到下列速率方程。

(1) I 区载流子速率方程。

由于进入倍增区的载流子主要为空穴,下面的关系式都是描述空穴为主,只有在电子也产生影响时才会有电子相关的参量。I 区的载流子速率方程为

$$\frac{dP_I}{dt} = G_I - \frac{P_I}{\tau_{Ipr}} - \frac{P_I}{\tau_{Ipt}} \tag{2-173}$$

式中：$P_I$ 是 I 区作为载流子的过剩空穴的数量，则 $dP_I/dt$ 是过剩空穴随时间 $t$ 的变化速率；$G_I$ 是 I 区电子-空穴对的产生速率；$\tau_{Ipr}$ 和 $\tau_{Ipt}$ 分别是 I 区空穴的复合寿命时间和渡越时间。而根据式（2-24）所描述的材料深度 $x$ 处的光通量表达式，可得到 $G_I$ 的表达式为

$$G_I = \frac{\Phi_{in}(1-R)}{h\nu}[1-\exp(-\alpha w)] \tag{2-174}$$

式中：$\Phi_{in}$ 为入射光的光通量；$R$ 为反射率；$\alpha$ 是材料对入射光的吸收系数；$w$ 为 I 区的宽度。

（2）M 区载流子速率方程。

M 区的载流子速率方程满足

$$\frac{dP_M}{dt} = (\beta_h v_{Mh} + \beta_e v_{Me})P_M + \frac{i_{Ih}}{e} - \frac{P_M}{\tau_{Mpr}} - \frac{P_M}{\tau_{Mpt}} \tag{2-175}$$

式中：$P_M$ 是 M 区作为载流子的过剩空穴的数量；$\tau_{Mpr}$ 和 $\tau_{Mpt}$ 分别是 M 区空穴的复合寿命时间和渡越时间；$e$ 为空穴电荷量；$\beta_h$、$\beta_e$ 分别是空穴和电子的碰撞离化率；$v_{Mh}$、$v_{Me}$ 分别是空穴和电子的漂移速率；$i_{Ih}$ 为来自 I 区的空穴漂移产生的电流。$\tau_{Mpr}$、$\tau_{Mpt}$、$\beta_h$、$\beta_e$、$v_{Mh}$、$v_{Me}$ 满足以下关系：

$$\begin{cases} \beta_h = a_h \exp[-(b_h/E)^{c_h}] \\ \beta_e = a_e \exp[-(b_e/E)^{c_e}] \end{cases} \tag{2-176}$$

式（2-176）是拟合公式，其中 $a$、$b$、$c$ 三个参数是拟合用的参数，并且参数的数值也会受到电场强度 $E$ 的影响，需要查阅文献以确定取值。

$$\begin{cases} v_{Mh} = \dfrac{\mu_h E}{1 + \mu_h E/v_{sh}} \\ v_{Me} = \dfrac{\mu_e E + v_{se}(E/E_{th})^4}{1 + (E/E_{th})^4} \end{cases} \tag{2-177}$$

式中：$\mu_e$ 和 $\mu_h$ 分别为电子和空穴的迁移率；$E$ 为电场强度；$v_{se}$ 和 $v_{sh}$ 分别为电子和空穴的饱和漂移速度。

$$\begin{cases} \tau_{Ipt} = w_I/v_{Ih} \\ \tau_{Mpt} = w_H/v_{Mh} \end{cases} \tag{2-178}$$

式中：$w_I$ 和 $w_M$ 分别为 I 区和 M 区的宽度。

（3）I 区和 M 区的电流方程。

引入一个归一化常数 $C_{no}$，将其作为电容，使得 I 区和 M 区对外产生的电压为 $V_I = P_I e/C_{no}$，$V_M = P_M e/C_{no}$，$P_I$ 和 $P_M$ 分别是 I 区和 M 区的过剩空穴总数。则 I 区和 M 区的空穴载流子速率方程式（2-173）和式（2-175）分别化为式（2-179）和式（2-181）的形式：

$$\frac{\Phi_{in}}{V_{oi}} = C_{no}\frac{dV_I}{dt} + \frac{V_I}{R_{Ipr}} + \frac{V_I}{R_{Ipt}} \tag{2-179}$$

$$\begin{cases} V_{oi} = \Phi_{in}/eG_i \\ R_{Ipr} = \tau_{Ipr}/C_{no} \\ R_{Ipt} = \tau_{Ipt}/C_{no} \end{cases} \tag{2-180}$$

$$i_{Ih} + i_{Mh} = C_{no}\frac{dV_M}{dt} + \frac{V_M}{R_{Mpr}} + \frac{V_M}{R_{Mpt}} \tag{2-181}$$

$$\begin{cases} i_{Ih} = V_I/R_{Ipt} \\ i_{Mh} = V_M C_{no}(\beta_h v_{Mh} + \beta_e v_{Me}) \end{cases} \tag{2-182}$$

式（2-179）和式（2-181）即为 APD 载流子速率方程转化的电路方程，结合后续分析的暗电流和噪声电流可以得到 APD 的等效电路模型。

2. 暗电流

即使没有受到光照,APD 也会输出电流信号,称为暗电流。暗电流作为一种噪声电流源,在等效电路模型中也需要体现出来。APD 的暗电流包括表面电流、漏电流、扩散电流、产生-复合电流(g-r 电流)和隧穿电流,在低反偏电压下以 g-r 电流和反向漏电流为主,在高反偏电压下的隧穿电流为主,于是 APD 的暗电流可表示为

$$i_d = i_{gr} + \frac{u}{R_j} + \frac{\Theta_{1I} A u M}{E_I} \exp(-\Theta_{2I} E_I) + \frac{\Theta_{1M} A u M}{E_M} \exp(-\Theta_{2M} E_M) \tag{2-183}$$

式中:$i_{gr}$ 为 g-r 电流;$u$ 为外加反向偏置电压;$R_j$ 为结电阻;$u/R_j$ 项为反向漏电流;后两项分别是 I 区和 M 区的隧穿电流,$A$ 为结面积,$M$ 为平均雪崩倍增系数,$E_I$、$E_M$ 分别为 I 区和 M 区的电场强度,而 $\Theta_{1I}$、$\Theta_{2I}$、$\Theta_{1M}$、$\Theta_{2M}$ 均为隧穿电流的参数,并由下式描述:

$$\begin{cases} \Theta_{1I} = (e^3 \sqrt{2m_{cI}/E_{gI}})/h^2 \\ \Theta_{2I} = (2\xi_I \pi \sqrt{m_{cI} E_{gI}})/eh \\ \Theta_{1M} = (e^3 \sqrt{2m_{cM}/E_{gM}})/h^2 \\ \Theta_{2M} = (2\xi_M \pi \sqrt{m_{cM} E_{gM}})/eh \end{cases} \tag{2-184}$$

式中:$m_{cI}$ 和 $m_{cM}$ 分别为 I 区和 M 区的电子有效质量;$E_{gI}$ 和 $E_{gM}$ 分别为 I 区和 M 区的材料禁带宽度;$\xi_I$ 和 $\xi_M$ 分别为 I 区和 M 区隧穿势垒的系数。对于常见的 InP/InGaAs 的 APD,InP 的隧穿势垒系数取值为 1.4,InGaAs 的取值为 1.1。

3. 散粒噪声

由于雪崩光电二极管中载流子的碰撞电离是不规则的,碰撞后的运动方向更加随机,所以它的散粒噪声比一般光电二极管的要大。设输出电流的倍增系数为 $M$,噪声电流均方根可表示为

$$i_{ni} = \sqrt{2e(i_s + i_b + i_d)M^n F \Delta f} \tag{2-185}$$

式中:$i_s$、$i_b$、$i_d$ 分别是信号电流、背景光电流和暗电流;指数 $n$ 与雪崩光电二极管的材料有关,对于锗管,$n=3$;对于硅管,$2.3 < n < 2.5$;$F$ 是 APD 的过剩噪声因子,其表达式为

$$F = k_A M + (1 - k_A)(1 - 1/M) \tag{2-186}$$

显然,由于信号电流按 $M$ 倍增,而噪声电流按 $M^{n/2}$ 倍增,随着 $M$ 增加,噪声电流比信号电流增加得更快,导致信噪比的下降,所以 $M$ 不能无限增大。

4. 寄生参量

与上述 PIN 管等效电路模型中的分析一样,APD 的寄生参量同样也可以分为芯片结构所致和封装所致。结电容 $C_j$、结电阻 $R_j$、二极管和衬底接触的电阻 $R_s$ 以及两个电极之间的电容 $C_a$ 是芯片本身结构引入的寄生参量,焊盘寄生电容 $C_p$、引线电阻 $R_p$、引线电感 $L_p$ 是外部封装引入的寄生参量。

5. APD 等效电路模型

将载流子速率方程式(2-179)和式(2-181)、暗电流表达式(2-183)、散粒噪声表达式(2-185)以及寄生参量都考虑到,得到图 2-76 所示的 APD 等效电路模型。

图 2-76 中,$i_{Mh} = i_{Ih} + i_m$ 为倍增后的光生电流。NA、NB 是 APD 的两个实际中引出的电极对应的端点,NA 是正极,NB 是负极。

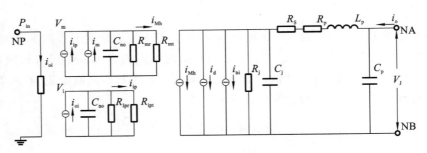

图 2-76　APD 等效电路模型

### 2.7.4　热敏电阻电路模型

不同类型的热敏电阻其内部导电机理不同,对应的等效电路模型也有差异,此处我们以过渡金属氧化物(即陶瓷材料)构成的负温度系数(NTC)热敏电阻为例来介绍热敏电阻的等效电路模型。

NTC 热敏电阻由陶瓷材料和电极构成。陶瓷一般为多晶体,由众多不同取向的晶粒以及晶粒之间的过渡区(称为晶界)组成,由于各个晶粒取向不同,所以在宏观层面上陶瓷表现出各向同性。晶粒在材料热处理时以晶核为中心生长,最后形成不同大小、不同取向的晶粒,生长过程中如果这些取向不同的晶粒相遇,就会形成晶界。

NTC 热敏陶瓷材料中包含大量的晶粒和晶界,如果想要通过 NTC 热敏电阻来导电,则载流子一定会经过晶粒和晶界这两种电学性质有较大不同的介质。对于性质较为复杂的多晶,通常采用复阻抗分析法来研究其电学性质。

复阻抗分析法基于不同电子过程对正弦信号的响应不同的原理,如果对一个材料加上频率为 $\omega$ 的正弦电压扰动 $V$,材料会输出相应的正弦电流响应 $I$,可以算出该频率下的复阻抗 $Z = V/I$。以复阻抗的实部(电阻)为横坐标、虚部(容抗)为纵坐标作图,称为复阻抗谱。最简单的由一个电阻和一个电容并联组成的 RC 电路,其复阻抗谱是一个半圆,半圆的直径是电阻的阻值 $R$,由半圆的顶点对应的频率 $f_{max}$ 可以求出 RC 电路的特征角频率 $\omega$,即

$$\omega = 2\pi f_{max} \tag{2-187}$$

由 $R$ 和 $\omega$ 可以求出电容 $C$,即

$$C = \frac{1}{\omega R} \tag{2-188}$$

对于多个 RC 电路串联的情况,其复阻抗谱显示为多个相接或者重合的半圆。根据半圆的大小、位置和所处频段可以得知总的响应过程包含了哪些子过程,以及这些子过程的意义和性质。

对 NTC 热敏电阻,一般晶粒和晶界具有不同的电阻率($\rho_1$ 和 $\rho_2$,对应不同的电阻 $R_1$ 和 $R_2$)和电容($C_1$ 和 $C_2$),而电极和陶瓷材料的接触面也会具有接触电阻 $R_e$ 和接触电容 $C_e$。假设陶瓷中的晶粒和晶界都是均匀的,尝试用若干个串联的 RC 电路作为等效电路,如图 2-77 所示。在较宽的频率内测量热敏电阻的复阻抗谱图,根据图中半圆的大小、位置和频率,可以获得等效电路各个电阻和电容的数值,分离出材料中晶粒及晶界的贡献,了解 NTC 热敏电阻的电学性质。根据文献,NTC 热敏电阻复阻抗谱图的高频部分是晶界的响应,低频部分是晶

粒的响应。如果晶界和晶粒之间的电阻差距非常大,这两者的阻抗曲线会产生重叠,此时较难对复阻抗谱图进行分析。

　　热敏电阻的阻值受到温度影响。可以想到,随着温度变化,内部的晶粒和晶界的电导率和电容都会发生变化,其等效电路的参数也会不同。对于 NTC 电阻,随着温度升高,其复阻抗谱图的阻抗半圆曲线的半径和面积都逐渐减小,并且圆心向原点的方向靠拢,将不同温度的复阻抗谱图

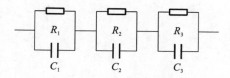

**图 2-77　NTC 热敏电阻等效电路模型**

进行分析,计算出等效电路的参数,可以得到不同温度下晶粒和晶界的电阻和电容的大小。

## 思　考　题

2-1　试写出 $\Phi_e$、$M_e$、$I_e$、$L_e$ 这几个辐射度量参数之间的关系,它们表征了辐射源的什么特性?

2-2　两个同一型号的光敏电阻,在不同的照度下或者不同的温度下,其光电导灵敏度和时间常数是否相同?

2-3　将一个光敏电阻和一个负载电阻 $R_L = 2\ k\Omega$ 串接在 12 V 的直流电源上,光敏电阻的光电导灵敏度 $S = 6 \times 10^{-6}$ A/lx。没有光照时负载电阻 $R_L$ 输出的电压为 $u_1 = 20$ mV,有光照时 $R_L$ 输出的电压为 $u_2 = 2$ V,试求:

(1) 光敏电阻的暗电阻和亮电阻值;

(2) 光敏电阻所受照度。

2-4　设一个光敏电阻在 100 lx 光照下的阻值为 2 $k\Omega$,照度指数 $\gamma$ 在 90～120 lx 光照下取值为 0.9,求该光敏电阻在 110 lx 光照下的阻值。

2-5　为什么光伏探测器不能采用正向偏置电路? 光伏探测器在零偏置和反向偏置下分别有什么特点?

2-6　硅光电池的内阻与哪些因素有关? 在什么条件下硅光电池的输出功率最大?

2-7　已知某型号硅光电池的光敏面积为 10 mm×10 mm。在室温 300 K、辐照度为 100 mW/cm² 时的开路电压 $u_{oc} = 550$ mV,短路电流 $i_{sc} = 28$ mA,试求:在辐照度为 200 mW/cm² 时的开路电压 $u_{oc}$、短路电流 $i_{sc}$、获得最大输出功率的最佳负载电阻 $R_{opt}$ 以及最大输出功率 $P_m$。

2-8　写出硅光电二极管的全电流方程,并说明各项的物理意义。

2-9　影响光电二极管时间响应特性的因素有哪些? 如何改善硅光电二极管的时间响应特性?

2-10　说明 PIN 和 APD 的工作原理,以及它们和 PN 结光电二极管相比具有的优点。

2-11　说明四象限探测器检测光斑的二维坐标的测量方法。

2-12　PSD 有哪些基本类型? 利用 PSD 设计检测激光发射方向的装置,并说明其工作原理。

2-13　热辐射探测器的信号转换过程通常分为哪两个阶段? 其中哪个阶段有热电效应?

2-14　为什么半导体材料的热敏电阻常常具有负温度系数?

2-15　热敏电阻的灵敏度与哪些因素有关? 为了提高热敏电阻的灵敏度,可采取哪些设计?

2-16　热释电探测器为什么不能工作在直流光信号下?

2-17　帧转移型面阵 CCD 的信号电荷如何从光敏区转移出来? 帧转移型面阵 CCD 具有哪些优缺点?

2-18　说明 CCD 的电荷读出电路和 CMOS 的像素中的复位开关的作用。如果在 CCD 和 CMOS 工作时没有加上复位信号,导致复位开关一直关断,会发生什么现象?

2-19　CMOS 图像传感器的像素信号是以什么形式输出到列通道的? 地址译码器的作用是什么? CMOS 图像传感器能够只输出一行像素中的部分像素的信号吗?

# 第3章
# 光电信号采集

## 3.1 ‖ 信号采样原理

### 3.1.1 采样

第 2 章所讲述的光电探测器,其输入为连续的光信号,输出为连续的电信号,这种输入和输出都是连续信号的电路称为连续时间电路,在光电探测系统中常作为采集信号的最前端使用。但是,计算机等数字电子系统都只能处理数字信号,所以前端输入的模拟光电信号在送往计算机前会经过 A/D 转换器转换为数字信号,才能被后续的数字电子系统接收。

对于在一次转换期间需要多次比较的 A/D 转换器(如逐次比较型,每比较一次得到 1 位数字信号),在转换期间如果输入信号的幅度大小发生改变,会导致转换的数字信号出现偏差。因此在 A/D 转换期间,输入到 A/D 转换器的电压信号需要在一定时间内保持稳定,等到电压信号转换为数字信号并输出后,才允许下一个稳定不变的电压信号输入进行 A/D 转换。而光电探测器产生的电信号在时间和幅度上都能连续变化,不满足 A/D 转换器的电压在转换期间稳定不变的要求。所以需要采样系统,对前端的连续电信号周期性取其瞬时值并保持一段时间,而在其余时间忽略其值,从而形成时间离散信号,这种信号称为采样信号,形成时间离散信号的过程称为采样。

信号采样也称抽样(sample),是连续信号在时间上的离散化,即按照一定时间间隔 $\Delta t$ 在模拟信号 $v_i(t)$ 上逐点采取其瞬时值。对模拟信号采样需要使用如图 3-1(a)所示的采样电路,采样电路本质上是一个电子开关,通过采样电路可以将模拟量转化为时间上的离散量。

在图 3-1(a)所示的采样电路中,开关的导通与否受到信号 $S(t)$ 控制,当 $S(t)$ 为高电平时,开关导通,输出信号 $v_o(t)$ 等于输入信号 $v_i(t)$;当 $S(t)$ 为低电平时,开关断开,输出信号 $v_o(t)=0$。这就完成了对模拟信号的时间离散化采样。这个过程可以看作是图 3-1(b)中原信号 $v_i(t)$ 和开关函数 $S(t)$ 的乘积,最终得到输出信号 $v_o(t)$,即

$$v_o(t) = v_i(t) \cdot S(t) \tag{3-1}$$

其中,开关函数 $S(t)$ 是一个门函数的序列,称为采样脉冲序列。

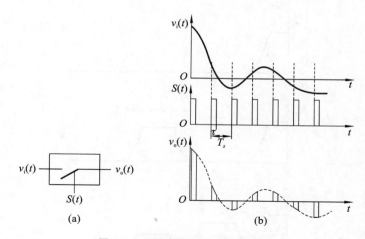

**图 3-1　采样电路及采样信号波形**

(a)采样电路示意图;(b)采样信号波形

对模拟信号采样首先要确定采样的时间间隔 $\Delta t$,如何合理选择 $\Delta t$ 涉及许多需要考虑的技术因素。一般而言,采样频率越高,采样点数就越密,所得离散信号就越逼近于原信号。但过高的采样频率并不可取,对固定长度($T$)的信号,采集到过大的数据量($N=T/\Delta t$)会给计算机增加不必要的计算工作量和存储空间负担;若数据量($N$)限定,则采样的时间间隔过短会导致一些数据信息被排斥在外。若采样频率过低,采样点间隔过远,则离散信号不足以反映原有信号的波形特征,造成信号混叠,导致信号无法复原。合理的采样时间间隔由奈奎斯特采样定理决定。

### 3.1.2　奈奎斯特采样定理

一个模拟信号在幅度与时间上是连续的。若采样开关以采样频率 $f_c$ 打开和闭合来对模拟信号进行采样,信号在时间上会变得不连续;当采样频率 $f_c$ 满足奈奎斯特采样定理时,采样信号能完整保留原始信号的信息,奈奎斯特采样定理即采样频率 $f_c$ 应大于模拟信号最高频率 $f_{max}$ 的 2 倍,即

$$f_c \geqslant 2f_{max} \tag{3-2}$$

此时从采样信号中能无失真地恢复原信号。在实际应用中,$f_c$ 通常高于 $f_{max}$ 的 2 倍,达到 3 倍以上。下面从频域的角度来解释奈奎斯特采样定理。

模拟信号是一个有频率上限的信号,设其包含从直流(频率为 0)到最高频率为 $f_s$ 的成分,则频谱带宽也为 $f_s$,在频域上的模拟信号如图 3-2(a)所示。以时钟频率 $f_c$ 对信号采样,如图 3-2(b)所示,信号将被这个时钟频率搬移,采样信号的频谱出现在时钟频率的两边,即占据了 $(f_c-f_s, f_c+f_s)$ 的频段。当信号频带太宽,或者采样的时钟频率太低,如图 3-2(c)所示,会导致原信号和采样信号频带重叠,这种现象称为混叠,两个频带重叠的部分因为不知道其属于哪个频带而丢失信息。为了避免混叠,信号频率 $f_s$ 必须小于半个采样频率 $f_c$,即奈奎斯特采样定理所述:采样频率 $f_c$ 应大于模拟信号最高频率 $f_{max}$ 的 2 倍。

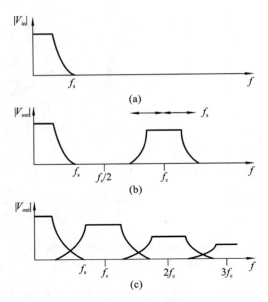

**图 3-2 信号频域图**

(a)模拟信号 $V_{in}$ 频域图;(b) $f_c/2 > f_s$ 情况下的频域图;(c) $f_c/2 < f_s$ 情况下的频域图

### 3.1.3 信号的频域变换

1. 连续时间信号的拉普拉斯变换

使用傅里叶变换,可以将一个连续时域信号 $f(t)$ 转化为频域信号 $F(j\omega)$,将信号和其频谱建立起关系,$f(t)$ 必须满足狄利克雷条件,即:

(1) 在一个周期内,连续或只有有限个第一类间断点;

(2) 在一个周期内,极大值和极小值的数目应是有限个;

(3) 在一个周期内,信号是绝对可积的。

此时时域信号 $f(t)$ 和对应的频域信号 $F(j\omega)$ 构成一对傅里叶变换,即

$$\begin{cases} F(j\omega) = \int_{-\infty}^{\infty} f(t) e^{-j\omega t} dt \\ f(t) = \dfrac{1}{2\pi} \int_{-\infty}^{\infty} F(j\omega) e^{j\omega t} d\omega \end{cases} \tag{3-3}$$

然而,许多常见函数不满足狄利克雷条件,对具有初始条件的系统也不能使用傅里叶变换得到系统的完全响应。因此,在时域信号中引入一个衰减因子 $e^{-\sigma t}$,令 $f(t)$ 和 $e^{\sigma t}$ 相乘,变得收敛而满足绝对可积条件,则频域表达式变换为

$$F(j\omega) = \int_{-\infty}^{\infty} f(t) e^{-\sigma t} e^{-j\omega t} dt = \int_{-\infty}^{\infty} f(t) e^{-(\sigma+j\omega)t} dt \tag{3-4}$$

为了表达式简洁,将变量 $s = \sigma + j\omega$ 代入式(3-4)中,可得拉普拉斯变换对

$$\begin{cases} F(s) = \int_{-\infty}^{\infty} f(t) e^{-st} dt \\ f(t) = \dfrac{1}{2\pi j} \int_{\sigma-j\infty}^{\sigma+j\infty} F(s) e^{st} ds \end{cases} \tag{3-5}$$

2. 离散时间信号的 $z$ 变换

与连续时间信号可以使用拉普拉斯变换进行分析一样,对于离散时间信号,也可以使用 $z$ 变换来处理无法直接进行傅里叶变换的函数。连续时间函数 $f(t)$ 的采样信号表达式为

$$f_s(t) = f(t) \cdot \delta_T(t) = \sum_{k=-\infty}^{\infty} f(t)\delta(t-kT) \tag{3-6}$$

式中:$T$ 为采样周期;$k$ 为整数;$\delta(t-kT)$ 为单位脉冲函数。对式(3-6)进行拉普拉斯变换,得

$$F_s(s) = \int_{-\infty}^{\infty} \left[ \sum_{k=-\infty}^{\infty} f(t)\delta(t-kT) \right] e^{-st} dt = \sum_{K=-\infty}^{\infty} f(kT) e^{-skT} \tag{3-7}$$

此处令 $z = e^{sT}$,可得 $z$ 变换表达式(3-8),通过此式可以将离散时间信号从时域转换到频域。

$$F(z) = \sum_{k=-\infty}^{\infty} f(k) z^{-k} \tag{3-8}$$

可见,把采样信号 $f_s(t)$ 的拉普拉斯变换 $F_s(s)$ 中的 $s$ 替换为 $z = e^{sT}$,就得到了 $z$ 变换式 $F(z)$。所以 $F(z)$ 本质上是离散时间信号 $f(k)$ 的拉普拉斯变换。

# 3.2 ‖ 采样开关电路

本节将介绍一种常见的称为开关电容电路的离散时间系统,以便为研究更高级的电路,如滤波器、比较器、A/D 转换器,D/A 转换器等提供基础。最简单的开关电容电路由电子开关和保持电容构成,具有采样和保持的功能,其中电子开关常常使用 MOS 管。下面将从开关电容电路的一般概念着手,阐述采样开关 MOS 管的原理及其速度、精度问题。

## 3.2.1　MOSFET 开关

在研究 MOSFET 的实际工作原理前,我们先来考虑这种器件的一个简化模型,以便对 MOS 管有一个感性认识:我们预期它有什么样的特性,以及哪些特性是重要的。

1. NMOS 管的原理和电学性能

图 3-3(b)所示的为 N 型 MOSFET(简称 NMOS)的符号,图中表示了三个端口:栅(G)、源(S)、漏(D)。这种器件是对称的,源和漏可以互换。作为开关工作时,如果栅电压 $V_G$ 比导通所需的阈值电压 $V_{TH}$ 高,晶体管的源极和漏极之间就会导通;如果栅电压为低电平,则源极和漏极之间就会断开。

对于这样简单的描述,我们必须解决几个问题。例如,栅源电压 $V_{GS}$ 取多大值时器件导通?当 MOS 管导通(或断开)时,源极和漏极之间的电阻有多大?这个电阻与端电压的关系是怎样的?总是可以用简单的线性电阻来模拟源极和漏极之间的通道吗?是什么因素限制了 MOS 管的电压变化速度?下面通过分析 NMOS 管的结构和物理特性对其作答。

NMOS 管的结构如图 3-3(a)所示。器件制作在 P 型衬底上,重掺杂的 P 型多晶硅区为栅(gate,G),一层栅氧化层(SiO₂ 薄层)使栅与衬底隔离,两个对称的重掺杂 N 区形成源端(source,S)和漏端(drain,D)。栅沿源漏通道的横向尺寸为栅长 $L$,与之垂直方向的栅的尺寸为栅宽 $W$,因为源/漏端和衬底的 PN 结的横向扩散,源漏之间实际的距离略小于 $L$。由于器件在设计上是对称的,所以源极和漏极可以互换,但通常根据电流的方向和载流子的种类区分

出源端 S 和漏端 D,源端定义为提供载流子的一端,而漏端定义为收集载流子的一端。例如,NMOS 器件中导电的载流子为电子,而两个 N$^+$ 区之中低电势的一端会向高电势的一端提供电子,则低电势的一端作为源端,高电势的一端作为漏端;PMOS 管中的载流子为空穴,所以情况与 NMOS 管相反,高电势的一端作为源端,而低电势的一端作为漏端。

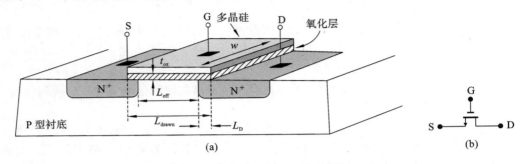

**图 3-3　NMOS 管结构示意图和符号**

(a)结构;(b)符号

　　MOS 管衬底的电压对 MOS 管的工作性能有很大影响,在典型的 MOS 管工作电路中,源/漏极和衬底之间形成的 PN 结都必须反偏,防止电流从衬底漏出。通常衬底 B 会引出一个电极,电极接入外部电路或者 MOS 管源端,由外部电路或源端控制衬底电压,从而满足源/漏极和衬底的 PN 结反偏的要求。例如,NMOS 的源端和漏端在工作时为正电压,此时衬底为了和源/漏端形成的 PN 结都反偏,就需要接系统的最低电压,如接地。

　　下面对 MOS 管的载流子迁移情况作简单分析,从而加深对 MOS 管工作过程的了解。以 NMOS 为例,给栅极加一个正电压,栅和衬底相当于电容器的两极板,而栅氧化层作为电介质,三者构成一个电容器;逐渐升高栅极电压 $V_G$,P 型衬底中的空穴被赶离栅区而留下负离子以镜像栅上的电荷,形成一个载流子很少的耗尽层,此时由于没有载流子,漏电流 $I_D$ 为 0。随着 $V_G$ 的增加,耗尽层宽度和衬底与栅氧化层交界面的电势都增加,当交界面的电势达到足够高时,电子便从源端流向衬底与栅氧化层的交界面并最终流到漏端,源和漏之间的栅氧化层下就形成电子比空穴多的反型层,反型层作为导电沟道,使晶体管导通。形成反型层作为导电沟道所对应的 $V_G$ 称为阈值电压 $V_{TH}$。如果 $V_G$ 进一步升高,则耗尽区的电荷保持相对恒定,而沟道的电荷密度继续增加,漏电流 $I_D$ 增加。

　　在实际计算和应用时,影响到漏电流 $I_D$ 大小的是栅、源、漏三个极相互的电势差,而不是某个电极相对零电势点的电势差。图 3-4 所示的为增强型 NMOS 管输出特性曲线,可以看到,在 $V_{GS}(=V_G-V_S) > V_{TH}$ 后,NMOS 管形成反型层产生导电沟道导通,在 $V_{DS}$ 的作用下反型层的载流子定向漂移形成电流。

　　图 3-4(a)中 $V_{DS} < V_{GS} - V_{TH}$ 的这个区间称为三极管区或线性区,在这个区间 $V_{DS}$ 增大则漏电流 $I_D$ 增大,$I_D$ 满足如下关系式:

$$I_D = \mu_n C_{ox} \frac{W}{L}\left[(V_{GS}-V_{TH})V_{DS} - \frac{1}{2}V_{DS}^2\right] \tag{3-9}$$

式中:$L$ 为栅长;$W$ 为栅宽;$C_{ox}$ 为单位面积的栅氧化层电容;$\mu_n$ 为 NMOS 管的载流子迁移率;$V_{GS}$ 为栅源电压;$V_{DS}$ 为漏源电压;$V_{GS}-V_{TH}$ 称为过驱动电压。

　　图 3-4(a)中 $V_{DS} \geqslant V_{GS} - V_{TH}$ 的这个区间称为饱和区,在这个区间漏电流 $I_D$ 随 $V_{DS}$ 的变化很小,基本维持在 $V_{DS} = V_{GS} - V_{TH}$ 时的大小。其原因是 $V_{DS}$ 将反型层的电子向源端牵引,使得

导电沟道在栅长方向上靠近漏极的方向产生了一个耗尽区,称为局部夹断。电子在电场作用下漂移通过耗尽区,漂移速度受到饱和速度的限制,不再随着 $V_{DS}$ 增大而增大,此即漏电流 $I_D$ 的饱和。漏电流 $I_D$ 在饱和时的表达式为

$$I_D = \frac{1}{2}\mu_n C_{ox} \frac{W}{L}(V_{GS} - V_{TH})^2 \tag{3-10}$$

如图 3-4(b)所示,在 $V_{DS}$ 不变的情况下,不同的 $V_{GS}$ 下的漏电流 $I_D$ 也不同,这在饱和区上尤其明显。MOS 管在线性区和饱和区的伏安特性,是其作为模拟、数字开关和线性放大器的重要特性。

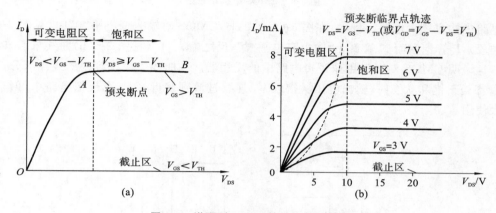

**图 3-4  增强型 NMOS 管输出特性曲线**
(a)工作区间和 $V_{DS}$ 的关系;(b)不同 $V_{GS}$ 下的伏安特性曲线

由上面讨论可知,当 $V_{GS} - V_{TH} > 0$ 时,NMOS 管的源极和漏极导通,当 $V_{GS} - V_{TH} < 0$ 时,MOS 管截止,所以可将 NMOS 管看作是一个栅源电压控制通断的开关。同时,当 MOS 管工作在饱和区时,栅源电压 $V_{GS}$ 变化会使导通电流变化,如果将信号电压施加在栅极上,产生的导通电流变化在负载电阻上引起负载电压的变化,从而建立起信号电压和输出负载电压的线性关系,所以 MOS 管可作为线性放大器使用。

2. CMOS 技术

下面介绍 MOS 管作为数字开关的作用,数字开关通常用 CMOS 技术制作。在 CMOS 技术中会同时用到 NMOS 和 PMOS,PMOS 器件可通过将 NMOS 的所有掺杂类型取反(包括衬底)来实现。NMOS 和 PMOS 的衬底类型不同,但实际生产中 NMOS 和 PMOS 集成在同一晶片,所以需要为其中一种晶体管制作局部衬底。局部衬底也称为"阱",这种晶体管就需要制作在"阱"中。图 3-5 为 CMOS 结构示意图,NMOS 和 PMOS 器件都集成在 P 型衬底上,PMOS 器件做在局部 N 型衬底即 N 阱中,N 阱接正电压,PMOS 接在负电压的源端和漏端与衬底形成的 PN 结反偏。

图 3-6(a)所示的为一个基本的 CMOS 对,其输入-输出特性如图 3-6(b)所示,$V_{THN}$ 和 $V_{THP}$ 分别为 NMOS 管和 PMOS 管的阈值电压。在特性曲线的初段,输入电压 $V_{GSN} = V_{in} < V_{THN}$,N 管截止,$|V_{GSP}| = |V_{in} - V_{dd}| > |V_{THP}|$,P 管导通且非饱和,$V_{out}$ 和 $V_{dd}$ 接通,输出接近 $V_{dd}$ 的电压;在曲线的末段,$V_{GSN} = V_{in} > V_{THN}$,N 管导通且非饱和,$|V_{GSP}| = |V_{in} - V_{dd}| < |V_{THP}|$,P 管截止,$V_{out}$ 和地接通,输出接近 0 V。可以看出,CMOS 对特性曲线的初段和末段是稳态区,即 CMOS 对可以稳定输出高电平和低电平,在电路中可用作模拟和数字信号的切换开关,或在

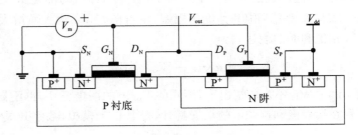

**图 3-5  CMOS 结构示意图**

数字电路中构成逻辑电路。例如,在图 3-6(b)中,向 CMOS 对输入低电平"0"时(见图 3-6(b)曲线初段),P 管饱和而 N 管截止,输出高电平"1";反之输入"1"(见图 3-6(b)曲线末段)时,输出"0",这说明 CMOS 对可以用作逻辑电路中的反相器。在曲线中段过渡区的线性部分,N 管和 P 管都处于饱和状态时,输出电压从接近 $V_{dd}$ 连续过渡到接近 0 V,在模拟电路中可作为线性放大使用。

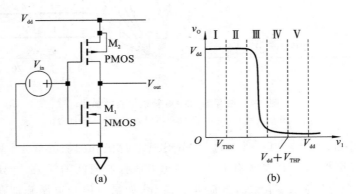

**图 3-6  CMOS 互补对示意图和输入输出特性曲线**

(a)CMOS 对电路图;(b)CMOS 输入-输出特性曲线

### 3. MOS 管的小信号模型分析

一个 MOS 管(如 NMOS)其实就可以扮演一个电路开关的作用,其通断由栅极电压控制。图 3-7 所示的为 MOS 管的小信号模型,从 MOS 管小信号模型开始分析,将其化为线性元件,有利于电路计算。下面介绍小信号模型中跨导 $g_m$、漏端输出电阻 $r_o$ 和寄生电容 $C_{GD}$ 等参数的计算。

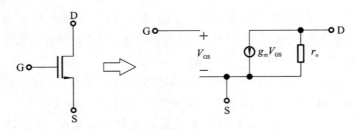

**图 3-7  MOS 管的小信号模型**

根据 MOS 管的工作原理,由栅源电压 $V_{GS}$ 是否高于阈值 $V_{TH}$ 决定 MOS 管是否导通,并且导通后的漏电流 $I_D$ 大小受到栅源电压 $V_{GS}$ 和漏源电压 $V_{DS}$ 的影响。图 3-7 中漏极 D 和源极 S

之间有一个受到 $V_{GS}$ 控制的压控电流源，$V_{GS}$ 经过跨导 $g_m$ 转化为漏电流 $I_D$，这体现了 MOS 管栅源电压 $V_{GS}$ 对于沟道电流转化的能力。$r_o$ 是漏端输出电阻，体现了漏源电压 $V_{DS}$ 对沟道电流的影响能力。在 MOS 管饱和时，漏电流 $I_D$ 几乎不随 $V_{DS}$ 变化，可以认为此时 $r_o$ 很大。应当注意，在这个小信号模型中，为了简化忽略了衬底 B 端，默认 B 端与 S 端连接，同时等效为交流信号的地，所以忽略了衬底偏置效应。通过式(3-10)中 $I_D$ 对 $V_{GS}$ 的求导可得到跨导 $g_m$，即

$$g_m = \frac{\partial I_D}{\partial V_{GS}} = \mu C_{ox} \frac{W}{L}(V_{GS} - V_{TH}) \tag{3-11}$$

$$g_m = \sqrt{2\mu C_{ox} \frac{W}{L} I_D} = \frac{2I_D}{V_{GS} - V_{TH}} \tag{3-12}$$

图 3-7 中电阻 $r_o$ 的大小代表着 MOS 管漏源电压转化为沟道电流的能力，通过式(3-9)中 $V_{DS}$ 对 $I_D$ 的求导得到表达式

$$r_o = \frac{\partial V_{DS}}{\partial I_D} \approx \frac{1}{\lambda I_D} \tag{3-13}$$

对于交流分析需要更完整的小信号模型，对图 3-7 补充了寄生电容后得到如图 3-8 所示的小信号模型，其中 $C_{eq,G}$ 和 $C_{eq,D}$ 分别是栅极和漏极的等效对地电容，$C_{GD}$ 是栅漏电容，又叫寄生密勒电容，此电容会受到密勒倍增效应影响而变大。为了方便电路的计算，$C_{GD}$ 可等效为栅极和漏极的对地电容 $C_{m1}$ 和 $C_{m2}$，如图 3-9 所示，其中 $C_{m1} = (1 + g_m r_o)C_{GD}$，$C_{m2} = (1 + 1/g_m r_o)C_{GD}$，由于通常 $g_m r_o$ 远大于 1，相当于电路中 $C_{GD}$ 增大了 $g_m r_o$ 倍，这种影响应当引起注意。

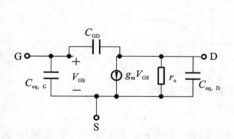

**图 3-8　完整的 MOS 管小信号模型**

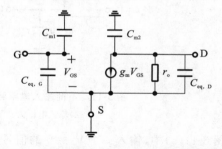

**图 3-9　寄生密勒电容 $C_{GD}$ 等效后的 MOS 管小信号模型**

### 3.2.2　采样保持电路

#### 1. 采样保持电路原理

图 3-1(a)所示的采样开关电路中，开关受到外加信号 $S(t)$ 控制，在导通时令输出信号 $V_{out}$ 等于输入信号 $V_{in}$，在断开时令输出信号 $V_{out} = 0$，从而起到信号在时间上离散化的作用。

将取样所得的时间离散信号通过 A/D 转换器转化为取值离散的数值信号时，为了给后续的量化编码过程提供一个稳定值，取样电路的输出信号电压需要在一定时间内保持稳定不变。因此，采样电路除了有一个受外部驱动的开关之外，还需要有一个安置在开关后的电容，电容在开关断开之后也可以保持信号电压的稳定存在。图 3-10(a)所示的为一个简单的采样保持电路，它包括一个开关和一个电容，在图 3-10(b)中，将图 3-10(a)的开关明确为一个 MOS 管。

为了理解图 3-10(b)所示的采样保持电路是如何对输入信号进行采样和保持的，首先考虑图 3-11 所示的简单采样电路，在不同的输入电压下通过改变 $V_{GS}$ 打开开关，观察输出电压的变化情况，并设电源电压 $V_{DD} = 3\text{ V}$，MOS 管导通阈值电压 $V_{TH} = 0.7\text{ V}$。

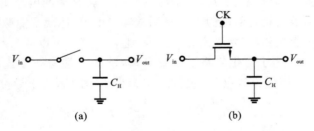

图 3-10　采样电路

(a)简单采样电路;(b)采用 MOS 器件作开关

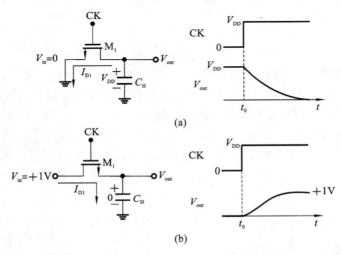

图 3-11　不同输入电平和初始条件下的采样电路响应

(a)输入电压为 0 V;(b)输入电压为+1 V

在图 3-11(a)中,输入一个 $V_{in}=0$ 的信号。当 $t=0$ 时,输出电压 $V_{out}$ 为 $V_{DD}$,由于栅源电压 $V_{GS}=0$,此时 MOS 管开关关断,电容因为不放电而使漏极和 $V_{out}$ 都维持着 $V_{DD}$ 的电压;在 $t=t_0$ 时刻,栅极电压 $V_G$ 阶跃提升至 $V_{DD}$,则 $V_{GS}=V_{DS}=V_{DD}>V_{TH}$,此时 MOS 管开关打开,并且工作在饱和区,通过的漏电流 $I_{D1}$ 满足式(3-10);随着时间 $t$ 推移,电容由于漏电流放电而使 $V_{out}$ 端口电压降低,漏源电压 $V_{DS}$ 也随之降低,当不满足 $V_{DS}>V_{GS}-V_{TH}$ 时,器件进入线性区,放电的过程持续至 $V_{out}$ 接近 0,即输出电压趋近于输入电压。注意到,对于 $V_{out}\ll 2(V_{DD}-V_{TH})$,MOS 管可以看作一个阻值为 $R_{ON}=[\mu C_{ox}(W/L)(V_{DD}-V_{TH})]^{-1}$ 的导通电阻。

在图 3-11(b)中,输入一个 $V_{in}=+1$ V 的信号。当 $t=0$ 时,栅极电压 $V_G=0$,此时 MOS 管开关关断,由于 $V_{out}=0<V_{IN}=+1$ V,因此 $V_{in}$ 一端作为漏极 D,$V_{out}$ 一端为源极 S;在 $t=t_0$ 的时刻,$V_G$ 阶跃提升至 $V_{DD}$,$V_{GS}=V_{DD}>V_{TH}$,但 $V_{DS}=1$ V$<(V_{GS}-V_{TH})$,因此 MOS 管导通并工作在线性区,对电容充电,随着时间 $t$ 推移,电容电压逐渐上升至接近+1 V,即输出电压趋近于输入电压。对于 $V_{out}\approx V_{in}=+1$ V,$M_1$ 可等效为导通电阻,阻值为 $R_{ON}=[\mu C_{ox}(W/L)(V_{DD}-V_{in}-V_{TH})]^{-1}$。

可以看出,在对 MOS 开关栅极施加电压使其导通之后,输出电压 $V_{out}$ 在较短的时间内即可接近于输入电压 $V_{in}$,满足采样系统中 $V_{out}=V_{in}$ 的特点,并且由于 MOS 管是对称的,源极和漏极可以互换,因此具有双向传输特性。另外,由于电容的存在,在采样完毕开关断开时,充电或者放电完毕的电容也可以维持 $V_{out}$ 稳定不变,所以,开关电容电路在栅极持续高电平时,可以使输出电压 $V_{out}$ 持续跟随输入电压 $V_{in}$,在栅极由高电平变为低电平时,MOS 开关断开,$V_{out}$ 被电容保持住不变。

2. MOS 管采样保持电路响应的计算

下面来分析图 3-11 中采样电路的输出电压信号 $V_{out}$、输入电压信号 $V_{in}$ 以及时间 $t$ 之间的关系,计算采样电路的输出随时间的响应。

1) 高电平 $V_{out}$ 跟随 $V_{in}$ 变为低电平的情况

在图 3-11(a)中,当 $t=t_0$ 时,$V_{GS}=V_{DD}$,$V_{DS}=V_{out}$,且 $V_{in}$ 一侧为源极,$V_{out}$ 一侧为漏极。随着时间 $t$ 推移,$V_{out}$ 不断下降,设在 $t=t_1$ 时刻,$V_{out}$ 下降至 $V_{out}=V_{DD}-V_{TH}$,则 MOS 管的工作区间从饱和区转变为线性区。

在 $t_1$ 时刻之前,输出电压信号 $V_{out}$ 满足

$$V_{out}(t) = V_{DD} - \frac{I_{D1}t}{C_H} = V_{DD} - \frac{1}{2}\mu_n C_{ox}\frac{W}{L}(V_{DD}-V_{TH})^2\frac{t}{C_H} \tag{3-14}$$

式中:$I_{D1}$ 为漏电流;$C_H$ 为采样保持电容。将 $V_{out}(t)=V_{DD}-V_{TH}$ 代入式(3-14)可求得

$$t_1 = \frac{V_{TH}C_H}{I_{D1}} = \frac{2V_{TH}C_H}{\mu_n C_{ox}\frac{W}{L}(V_{DD}-V_{TH})^2} \tag{3-15}$$

$t_1$ 后(即 $t>t_1$ 的时间段)MOS 管进入线性区,根据电流、电压和电容的关系式,有

$$C_H\frac{dV_{out}}{dt} = -I_{D1} = -\frac{1}{2}\mu_n C_{ox}\frac{W}{L}(V_{DD}-V_{TH})^2 \tag{3-16}$$

式(3-16)经整理和分离变量得

$$\left[\frac{1}{V_{out}} + \frac{1}{2(V_{DD}-V_{TH})-V_{out}}\right]\frac{dV_{out}}{V_{DD}-V_{TH}} = -\mu_n\frac{C_{ox}}{C_H}\frac{W}{L}dt \tag{3-17}$$

对式(3-17)两边进行积分得

$$\ln V_{out} - \ln\left[2(V_{DD}-V_{TH})-V_{out}\right] = -\mu_n\frac{C_{ox}}{C_H}\frac{W}{L}(V_{DD}-V_{TH})(t-t_1) \tag{3-18}$$

式(3-18)两边取指数形式,得 $V_{out}$ 随 $V_{in}$ 变为低电平的情况下的 $V_{out}$ 和 $t$ 的关系式

$$V_{out} = \frac{2(V_{DD}-V_{TH})\exp\left[-\mu_n\frac{C_{ox}}{C_H}\frac{W}{L}(V_{DD}-V_{TH})(t-t_1)\right]}{1 + \exp\left[-\mu_n\frac{C_{ox}}{C_H}\frac{W}{L}(V_{DD}-V_{TH})(t-t_1)\right]} \tag{3-19}$$

2) 低电平 $V_{out}$ 跟随 $V_{in}$ 变为高电平的情况

在图 3-11(b)中,原本的 $V_{in}$ 为 $+1$ V,现在改为图 3-12 所示的 $V_{in}=V_{DD}$,按照预期,$V_{out}$ 也应该在较短时间 $t$ 内快速地一同上升到 $V_{DD}$,但实际情况却不是这样,$V_{out}$ 短时间内只能上升到 $V_{DD}-V_{TH}$ 的附近,下面对此进行解释。

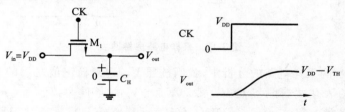

**图 3-12　MOS 管采样保持电路的最大输出电压**

在 $t=0$ 时刻,$V_{out}=0$,$t=t_0$ 时,器件进入饱和区工作,且 $V_{out}$ 一侧为源极,$V_{in}$ 一侧为漏极,随着时间 $t$ 推移,$V_{out}$ 逐渐增大。由于 $V_G=V_D=V_{DD}$,有 $V_{GS}=V_{DS}$,只要 $V_{GS}=V_{DD}-V_{out}>V_{TH}$,MOS 管将会一直工作在饱和状态,并满足

$$C_H \frac{dV_{out}}{dt} = I_{D1} = \frac{1}{2}\mu_n C_{ox}\frac{W}{L}(V_{DD}-V_{out}-V_{TH})^2 \tag{3-20}$$

将式(3-20)整理并分离 $V_{out}$ 变量后得

$$\frac{dV_{out}}{(V_{DD}-V_{out}-V_{TH})^2} = \frac{1}{2}\mu_n \frac{C_{ox}}{C_H}\frac{W}{L}dt \tag{3-21}$$

对式(3-21)两边积分,并整理得 $V_{out}$ 的表达式为

$$V_{out} = V_{DD}-V_{TH} - \frac{1}{\frac{1}{2}\mu_n \frac{C_{ox}}{C_H}\frac{W}{L}t + \frac{1}{V_{DD}-V_{TH}}} \tag{3-22}$$

由式(3-22)可以看出,图 3-12 所示的采样保持开关存在一个最大输出电压的问题:当 $t \to \infty$ 时,$V_{out} \to V_{DD}-V_{TH}$,即 $V_{out}$ 最大只能上升到 $V_{DD}-V_{TH}$,这是因为 $V_{out}$ 上升到 $V_{DD}-V_{TH}$ 时,会导致 $V_{GS}=V_{TH}$,过驱动电压趋于 0,使得对电容 $C_H$ 充电的导通电流也趋近 0。

尽管实际情况中,当 $V_{out}=V_{DD}-V_{TH}$ 时,MOS 管还是会传输亚阈值电流,在足够长时间后将电容充满使得 $V_{out}=V_{DD}$,但是由于采样电路的采样时间间隔远比充满电容的时间短,所以可以认为采样电路输出的最大电压为 $V_{omax}=V_{DD}-V_{TH}$。

### 3.2.3 互补开关电路

对于图 3-11 和图 3-12 所示的电路,在开关导通后,输出电压 $V_{out}$ 变化到等于输入电压 $V_{in}$ 的值实际上需要无限时间,我们认为 $V_{out}$ 达到 $V_{in}$ 附近的某个误差范围 $\Delta V$ 内时,输出值即达到稳定。图 3-13 所示的采样保持电路的输入电压 $V_{in}=V_{in0}$,经过时间 $t_s$ 后输出电压上升到 $V_{in}$ 的误差范围 $\Delta V$ 内,此时可以认为源极和漏极的电压近似相等。其精度定义为 $\Delta V/V_{in0}$,可以看出精度的性能要求和采样速度是直接相关的。

对于单个 NMOS 管开关和单个电容组成的采样保持电路,影响 $V_{out}$ 变化速度的因素是电路时间常数 $RC$,即图 3-13 所示的采样保持电路中 NMOS 管的导通电阻 $R_{ON}$ 和采样保持电容 $C_H$ 越小,则 $V_{out}$ 趋向于 $V_{in}$ 的速度越快,所以通常采用大长宽比的 MOS 管和小采样电容,来减小 $R_{ON}$ 和 $C_H$ 的值。

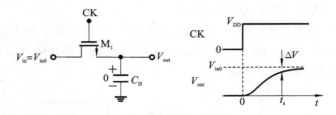

**图 3-13  采样电路保持速度**

对图 3-11 所示的采样电路的分析中,我们按照 $V_{out}$ 达到稳定值之后的大小,给出了 MOS 管导通电阻 $R_{ON}$ 的表达式,即:满足 $V_{out} \ll 2(V_{DD}-V_{TH})$ 条件时,$R_{ON}=[\mu C_{ox}(W/L)(V_{DD}-V_{TH})]^{-1}$;不满足条件时,$R_{ON}=[\mu C_{ox}(W/L)(V_{DD}-V_{in}-V_{TH})]^{-1}$。对于稍大的正的输入电

压,通常不满足 $V_{out} \ll 2(V_{DD} - V_{TH})$ 条件,此时输入电压 $V_{in}$ 会影响 $R_{ON}$ 的大小,从而影响电路时间常数。可以看出,对于 NMOS 管,更大的正的输入电压会使导通电阻更大,从而产生更大的电路时间常数。还要注意,当 $V_{in}$ 接近 $(V_{DD} - V_{TH})$ 时,导通电阻会迅速增大。

NMOS 管的导通电阻 $R_{ON}$ 随输入电压 $V_{in}$ 增大而增大的问题严重影响了采样开关电路的工作范围,注意到 PMOS 管的导通电阻 $R_{ON}$ 随 $V_{in}$ 增长而减小,于是提出了图 3-14 所示的互补开关电路。互补开关电路将原本 NMOS 管开关的位置替换成了 PMOS 管和 NMOS 管共同构成的开关,PMOS 管的漏极和 NMOS 管的源极相连,同时作为信号 $V_{in}$ 的输入端。在两个 MOS 管都导通时,对应的导通电阻 $R_{ON,P}$ 和 $R_{ON,N}$ 在电路中并联,则总的导通电阻为 $R_{ON,eq} = R_{ON,P}//R_{ON,N}$。随着输入电压变化,$R_{ON,P}$ 和 $R_{ON,N}$ 一个变大另一个变小,因而维持着总导通电阻的相对稳定。总的导通电阻可表示为

$$R_{ON,eq} = R_{ON,P} \parallel R_{ON,N}$$

$$= \frac{1}{\mu_n C_{ox} \left(\dfrac{W}{L}\right)_N (V_{DD} - V_{THN}) - \left[\mu_n C_{ox} \left(\dfrac{W}{L}\right)_N - \mu_p C_{ox} \left(\dfrac{W}{L}\right)_P\right] V_{in} - \mu_p C_{ox} \left(\dfrac{W}{L}\right)_P \mid V_{THP} \mid}$$

$$\tag{3-23}$$

注意到,当 $\mu_n C_{ox} \left(\dfrac{W}{L}\right)_N = \mu_p C_{ox} \left(\dfrac{W}{L}\right)_P$,并且忽略 MOS 管的 $V_{TH}$ 随 $V_{in}$ 而变化的体效应时,总的导通电阻与输入电压无关。总导通电阻小,则互补开关的时间响应特性要比单个 MOS 管作开关时的要好,从而提升了对高频信号的响应度。

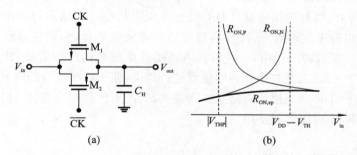

**图 3-14 互补开关电路**

(a)电路图;(b)导通电阻和输入电压的关系曲线

# 3.3 ‖ 光电信号采样实例

下面分别介绍三个光电信号采样的实例,分别是光接收机、CCD 图像传感器和 CMOS 图像传感器,它们都具有将光信号转化为电信号然后对电信号进行采样的功能。

## 3.3.1 数字光通信信号采样

人们对网络信息传输速率的要求日益提升,随着集成电路技术的进步和成本的降低,基于光纤网络的超高速数字通信系统得到了快速发展。目前在光纤通信中,信道的容量已经可达数百太比特每秒(Tb/s),即每秒都可以传输几百太比特的数据。光纤通信在许多方面明显优

于其他通信方式,比如与电信号传输相比,其具有无接触、不易干扰、传输速率高、传输距离远而损耗小、体积小重量轻、制造原材料 $SiO_2$ 易得等特点。

一个标准的光通信接收链路如图 3-15 所示。对于光纤通信而言,首先携带有信息的调制光经由光纤传来,通过光纤内部的光电二极管(PD)将调制光信号转变为微弱的电流信号,再通过作为前置放大器的跨阻放大器(TIA)将电流信号转换为微弱电压信号,之后通过作为主放大器的限幅放大器(LA)将微弱电压信号放大为固定幅度。包含主放大器之前的信号通路称为光接收机的模拟接收前端。信号继续发送到时钟数据恢复器(CDR)和数据分配多路分解器(DMUX)以及其他后续电路。

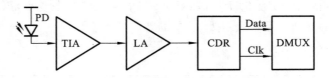

**图 3-15 一个标准的光通信接收链路**

作为光通信的接收机来说,其性能仍然取决于光电探测器、前置放大器和限幅放大器。跨阻放大器和限幅放大器可以基于 CMOS 工艺技术来实现。随着 CMOS 技术的持续开发,其截止频率越来越高,虽然在速度方面相比 GaAs 和 InP 的双极集成电路要慢,但 CMOS 和 BiCMOS 的低成本、高效率生产、可以高度集成的优势慢慢得到发挥,使其逐渐替代 GaAs 和 InP 工艺,在中低速领域得到广泛应用。

除了核心器件外,时钟数据恢复(CDR)功能在光模块信号传输的过程中也起着至关重要的作用。CDR 可以简单地理解为:接收端将光信号转成电信号后,顺便进行了电域的整形和时钟恢复。CDR 主要有两大作用:一是为接收器端各电路提供时钟信号,让接收端的信号与发射端的信号保持一致;二是对接收到的信号进行判决,便于数据信号的恢复与后续处理。

一般会使用到 CDR 的光模块都是一些高速率、长距离传输的光模块,使用 CDR 芯片的光模块会被锁定速率,不可以降频使用。

### 3.3.2 CCD 图像的信号输出

在众多光电传感器中,光学图像传感器的发展异常迅速,目前市场上应用最广的是 CCD、CMOS 图像传感器。不同于光电管,图像传感器大都采取离散化的空间阵列像素来对二维模拟光学图像进行离散化的采样。

CCD 的主要功能是将入射到其像素阵列上的二维光强分布转换为电荷分布(见图 3-16),并且按照特定的顺序将每个单元光积分电荷输出。CCD 的功能包括电荷的注入、存储、转移和输出。在电荷输出阶段,对移动到输出端的电荷包使用采样保持电路进行离散时间采样,从而获得采样信号,采样信号再经过保持和放大后输入到 A/D 转换器变为数字信号。关于电荷的注入、存储、转移过程已在第 2.6.2.1 节讲解,下面主要介绍电荷输出及采样的电路和工作过程。

1. 电荷输出原理

面阵 CCD 上的像素可以将入射光信号转化为空间上离散的电信号,在曝光阶段每个像素对光照积分,产生相应的信号电荷包,电荷包先转移到每个像素对应的垂直寄存器上,在外部轮询驱动时钟作用下,再由垂直寄存器转移到水平寄存器,水平寄存器将信号电荷包转移到最末一级转移电极后,通过末端放大器读取电荷信号并放大输出。

因为末端放大器需要的输入信号是电压信号而非电荷(电流)信号,为了将电信号输出,需要将信号电荷转化为信号电压,以信号电压作为末端放大器的输入信号。转换方法如图 3-17 所示,在水平寄存器最末端的转移电极后设置一个电容,让信号电荷包传输到电容上积蓄,使电容的电压变化,从而完成信号电荷到信号电压的转换,得到信号电压。

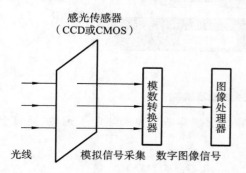

图 3-16 光电图像传感器的信号采集示意图

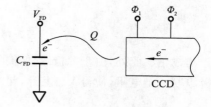

图 3-17 信号电荷转换为信号电压

图 3-17 所示的电容 $C_{FD}$ 在接收到水平寄存器转移过来的电荷量为 $Q$ 的电荷包后,其电压的变化值为

$$\Delta V_{FD} = \frac{Q}{C_{FD}} \tag{3-24}$$

电容电压的变化量 $\Delta V_{FD}$ 含有光照的信息,因此将 $\Delta V_{FD}$ 称为信号电压。电容 $C_{FD}$ 的信号电压作为高输入阻抗的末端放大器的输入信号,被放大后就可输出到 CCD 图像传感器外面。

**2. 电荷输出电路**

实际的电荷输出电路有三种,分别为电流输出、浮置栅极放大器输出、浮置扩散放大器输出(电压输出),目前常用的是浮置扩散放大器(floating diffusion amplifier,FDA)输出,其结构如图 3-18 所示。由图 3-18 可见,电荷传输沟道最末一级的转移电极,经过输出栅极 OG 和一个重掺杂的 $N^+$ 区相邻,这个 $N^+$ 区实际上和 P 型衬底形成一个 PN 结二极管,由于此 PN 结的 $N^+$ 型区域悬空,即不和 P 区直接接触,因此称为浮置扩散区(floating diffusion,FD)。该 PN 结在反向偏置的情况下类似于电容,当信号电荷被转移电极和输出栅极 OG 输入到此 PN 结二极管的 $N^+$ 区时,会积蓄在 PN 结二极管的结电容和寄生电容中(电容总和为 $C_{FD}$),使 $N^+$ 区电压产生如式(3-24)所示的 $\Delta V_{FD}$ 变化。浮置扩散放大器的输入端就连接这个 $N^+$ 区,$N^+$ 区的电压变化再通过放大器放大 $K_V$ 倍,便可输出到 CCD 图像传感器外面,其中输出电压 $V_{out}$ 为

$$V_{out} = K_V \Delta V_{FD} \tag{3-25}$$

在 $N^+$ 区接收信号电荷的过程中,复位栅极(reset gate,RG)关断。在浮置扩散放大器输出后,$N^+$ 区需要进行复位,此时复位栅极 RG 导通,从而使 PN 结二极管的电容 $C_{FD}$ 开始朝复位漏极(reset drain,RD)放电,$N^+$ 区电压 $V_{FD}$ 变为基准电压,实现复位。复位到基准电压后,PN 结二极管电容 $C_{FD}$ 可继续接收下一个的信号电荷包。

在输出端放大电容电压 $V_{FD}$ 的放大器,通常采用如图 3-19 所示的 MOS 管制成的源极跟随器,这是因为制作 MOS 管的工艺和面阵 CCD 中像素及寄存器的工艺一致,在制造过程中

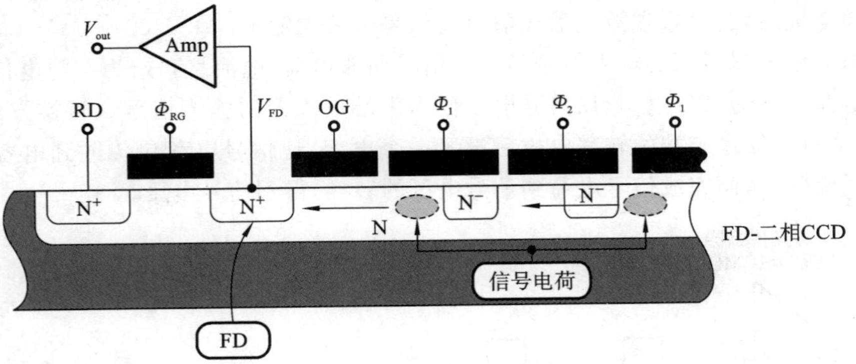

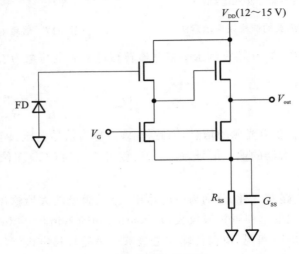

图 3-18　浮置扩散放大器输出结构

便于集成化。此外,由于源极跟随器的 $V_{DD}$ 过大,容易出现穿透现象和热电子现象,通常会在源极串联一个电阻,使得 $V_{out}$ 上升,漏源电压 $V_{DS}$ 下降。

图 3-19　源极跟随器

图 3-20 显示了 FD 处的等效电容,其总电容 $C_{FD}$ 由 FD 处 PN 结二极管的结电容 $C_j$,FD 与栅极 OG、RG 之间的寄生电容 $C_O$ 和 $C_R$,以及源极跟随器的 MOS 漏源两极的寄生电容 $C_D$、$C_S$ 构成,即

$$C_{FD} = C_j + C_O + C_R + C_D + C_S(1 - G) \tag{3-26}$$

其中,$G$ 表示源极跟随器的增益。

从图 3-18 可以看出,输出栅极 OG、$N^+$ 区和 P 型衬底构成的光电二极管,构成了第 3.2 节所述的采样保持电路。当 OG 加高电位时,开关打开,信号电荷注入电容;当 OG 拉低电位时,开关关断,信号电荷转为电压并保持在电容上。

3. 输出电压信号 $V_{FD}$ 的波形

输出电压 $V_{FD}$ 波形中各个信号的波形如图 3-21 所示。可以看出,$V_{FD}$ 波形由复位脉冲(reset transent)、基准电压、信号电压组成。不接收光线的像素称为光学黑像素,相对的,接收入射光的像素称为有效像素。此处设复位脉冲为 500 mV,最大支持 100 mV 的光学黑像素电

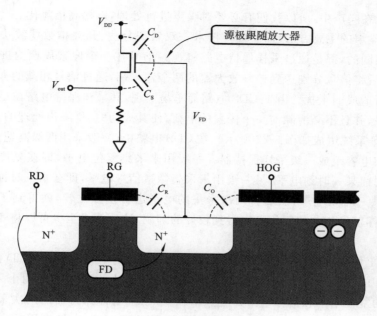

**图 3-20 FD 处的等效电容**

压和 1 V 的输入信号范围。图中波形所示光学黑像素产生的信号电压 $\Delta V_{FD}$ 需要小于 100 mV,有效像素产生的信号电压 $\Delta V_{FD}$ 需要小于 1 V。

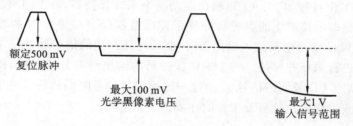

**图 3-21 $V_{FD}$ 的波形**

通常所有光学黑像素产生的信号电压 $\Delta V_{FD}$ 约等于某个固定电压 $V_a$,$\Delta V_{FD}$ 经过相关双采样(CDS)电路、可变增益放大器(VGA)、模数转换器(ADC)的转换后,便生成了光学黑像素的数字输出信号。为了更方便地进行后续信号处理,可以在数字输出信号被送到 ADC 前,在 VGA 输出信号处叠加一个电压值,使得所有光学黑像素和未受光照的有效像素的数字输出信号总是等于一个人为规定好的电压值,这种技术称为钳位技术(optical black clamp)。在信号进入 ADC 前会被钳位环路叠加电压,将电平钳制在人为规定好的电压值,这个电压值代表着未受到任何光照的 CCD 的电压输出,即"黑色电平"。此外,光学黑像素的输出电平也会因为温度变化等原因,随着时间而缓慢地变化。因此,VGA 输出信号上额外叠加的电压值也需要随时间进行相应变化,从而确保光学黑像素的数字输出信号永远都约等于黑色电平。

### 3.3.3 CCD 相关双采样电路

CCD 图像传感器对空间离散采样输出的电信号为模拟信号,信号中夹杂着各种噪声,以 CCD 输出结构产生的复位噪声(即 KTC 噪声)为主。由于 CCD 输出电压通常只有几百毫伏,因而常常被淹没在噪声中,所以我们有必要对噪声进行处理,以提高信噪比。

处理 CCD 噪声的主要方法包括 CDS 技术、双斜积分法、开关指数滤波法等。这几种方法在本质上是相同的,都是通过采样保持电路将视频信号在一个像素周期内进行前后两次采样(或积分),然后将信号分别送到差分放大器的两个输入端,通过信号相减的方法消除变化频率较低的噪声所造成的干扰。由于 CDS 电路简单易实现,其采样保持电路在足够短的时间内能达到新的电平,并且不必清除前一个像素的电荷,使其成为 CCD 噪声处理的首选方法。

典型的 CDS 系统组成如图 3-22 所示。在 CDS 电路中,一般采用两级高速采样保持器,每条支路的开关和电容组成一级采样保持器。一级用来采集复位电平,即在复位脉冲之后至信号电荷包到来之前某一时刻电平;另一级用来采集像素信号电平,即在水平时钟串扰后到信号电荷到来前的某一时刻电平;然后将两次采集的电平进行差分比较,就得到了实际的信号电平,使任何与采样信号相关的复位噪声得到较好的抑制,这项技术至少可以将噪声降低一个数量级。

由 CCD 的工作原理可知,在光积分完成后,各个像素的电荷包作为 CCD 的信号,在垂直和水平转移脉冲的控制下,按顺序转移到输出放大器。通过 CDS 电路的两个采样点 $S_1$ 和 $S_2$ 采集各个像素的复位电平和信号电平,并把 $S_1$ 和 $S_2$ 两个采样保持器的两次采样的时刻控制在适当的时间间隔内。由于 KTC 噪声变化十分缓慢,所以在一个像素周期中的两次采样变化很小,将两次采样值相减,可以去除输出信号中的 KTC 噪声。两次采样的间隔越短,对 KTC 噪声的抑制能力就越强。

CDS 电路的工作过程如下。CCD 输出驱动两个采样保持器,在 CCD 输出像素 N 的信号周期内,由 CCD 驱动电路产生的参考脉冲使采样保持器($S_1$)对像素 N 的参考电平进行采样并保持。当像素 N 的信号电荷注入输出级时,驱动电路产生的信号脉冲使采样保持器($S_2$)对像素的信号电平进行采样并保持。两个采样保持器的输出经差分放大器,就得到了经过相关双采样电路处理后 CCD 像素的信号 $V_{out}$,这一过程把与参考电平和信号电平都相关的复位噪声滤除了。相关双采样输出信号及采样时序如图 3-23 所示。

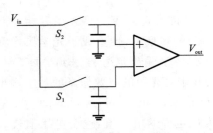

图 3-22　相关双采样保持电路原理图

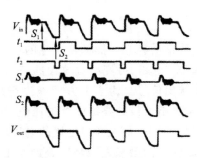

图 3-23　CCD 相关双采样时序图

### 3.3.4　CMOS 图像传感器的读出电路

CMOS 图像传感器基于电荷存储原理,在每个像素中使用光电二极管将光强转化为电流信号(电荷信号);地址译码器对光电二极管复位后,光电二极管开始积累电荷,其积累速度与光照强度有关;在经过同样的光积分时间后,其积累电荷的分布便能反映光照强度在光敏面上的分布,从而实现光信号到电信号的转换。根据像素单元电路结构的不同,像素可以分为无源像素(passive pixel sensor, PPS)、有源像素(active pixel sensor, APS)和数字像素(digital pixel sensor, DPS)三类。下面分别介绍已经十分成熟的无源像素和有源像素的电路和工作过程。

### 1. 无源像素

无源像素的结构如图 3-24 所示,它由光电二极管(PD)和行选通 MOS 管(TX)两部分构成。一开始光电二极管进行光信号的积分时,行选通 MOS 管开关关闭,光电二极管具有电容,可以存储光生电荷,积分工作结束时,选择信号使行选通 MOS 管导通,PD 中存储的信号电荷便传输到列总线上,经列总线的电荷积分放大电路转化为电压信号并放大输出(从像素单元看出去,列总线上的积分放大电路等于一个积分电容的作用)。电荷信号被读出后,列总线加复位电压使得 PD 回

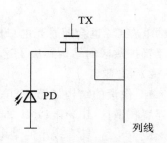

图 3-24　无源像素的结构示意图

到复位电压,行选通 MOS 管关断。无源像素结构简单,晶体管和金属电极少,填充因子和量子效率很高,但是由于没有放大器集成在像素内,噪声较大,所以已经被淘汰。

### 2. 有源像素

为克服无源像素结构噪声大的问题,可以采用有源像素技术。有源像素技术使 CMOS 图像传感器在成像质量上接近了 CCD 的水平。有源像素技术在像素内集成了源极跟随器,使电荷信号在像素内就得到放大,具有灵敏度高、速度快、信噪比小的特点。由于源极跟随器使用的信号是电压信号,仅在信号读出期间才被激发,所以其功耗比 CCD 的小。有源像素的主要缺点是晶体管和电极较无源像素的多,因此像素尺寸较大,填充因子小,其设计填充因子典型值为 20%～30%。

有源像素的电路结构主要有三种形式,即 3T 像素、4T 像素和 5T 像素,这里"T"指的是 MOS 晶体管(transistor),3T 即是指一个像素的电路中有三个 MOS 管。

### 1) 3T 像素

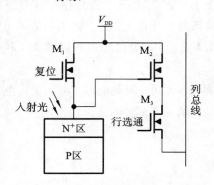

图 3-25　3T 像素的结构示意图

3T 像素电路如图 3-25 所示,它由 N$^+$ 区和 P 区衬底构成的光电二极管、复位开关 $M_1$、源极跟随器 $M_2$ 以及行选通开关 $M_3$ 组成,其中 $M_1$、$M_2$ 和 $M_3$ 都是 NMOS 管。在曝光开始的时候,首先使复位开关导通,把光电二极管复位到 $V_{DD}$ 上,当光电二极管完成重置后,再使复位开关关断,光电二极管成为悬浮状态,电压维持相对稳定;当受到入射光照射时,光电二极管进行光积分,产生光生信号电荷,由于反向偏置的 PN 结类似于电容,可以存储信号电荷并将其变为电压信号,注入电压信号到源极跟随器的栅极;电压信号被源极跟随器放大,经过导通的行选通开关,输出到列总线上,等待列总线上的模拟信号放大器放大,再由 X 方向地址译码器接通多路开关,使列总线和输出总线接通,放大后的电压信号经由输出总线送入 A/D 转换器,转换为数字信号,输出到后端的电子系统中。

在受到不同的光强入射时,光积分电荷的产生速率不同,因此在相同的曝光时间后,会出现电荷分布随光强的不同而不同的情况,得到光电二极管上的电压分布为

$$V_{PD} = Q_{PD}/C_{PD} \tag{3-27}$$

通过增大光电二极管的 PN 结面积，可以收集到更大面积的入射光，提高光电转换效率。但由于光积分电荷变化 $\Delta Q_{PD}$ 转换成电压信号的变化 $\Delta V_{PD}$ 为

$$\Delta V_{PD} = \Delta Q_{PD}/C_{PD} \tag{3-28}$$

而结电容 $C_{PD}$ 也会随着光电二极管面积增大而增大，所以阻碍了 $\Delta V_{PD}$ 的提升，4T 像素通过加入浮置扩散区的结构解决了这个问题。

2）4T 像素

4T 像素的结构如图 3-26 所示，它比 3T 像素增加了一个传输栅（transfer gate，TG）和一个浮置扩散区（floating diffusion，FD）。FD 是一个在 P 型衬底上的较小 $N^+$ 扩散区，与 P 型衬底形成 PN 结，具有较小的结电容 $C_{FD}$。可以看出，TG、FD 构成一个采样保持电路，FD 可以存储来自光电二极管的光生电荷，并将电荷信号采样为电压信号并持续施加给源极跟随器的输入端。

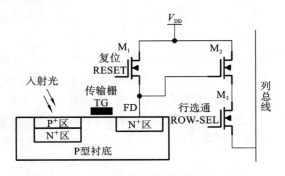

**图 3-26　4T 像素结构示意图**

在曝光前，4T 像素首先打开复位开关和 TG，使光电二极管和 FD 都充电为复位电压，然后关闭复位开关和 TG 并开始曝光，此时在光电二极管上不断产生积分电荷并存储在自身的 PN 结上。曝光完成后，打开 TG，光电二极管的积分电荷转移到 FD 上，由于寄生电容 $C_{FD}$ 的存在，将产生对应的电容电压 $V_{FD}$，并关闭 TG 以保持 $V_{FD}$ 不变。$V_{FD}$ 通过源极跟随器 $M_2$ 和行选通开关 $M_3$ 输出电信号。

由于 FD 的 $N^+$ 区较小，形成的 PN 结比光电二极管的 PN 结小，因此电容 $C_{FD}$ 也比光电二极管 PN 结的电容 $C_{PD}$ 小很多。根据电荷守恒及电容和电压的关系式，有

$$\begin{cases} \Delta V_{PD} = \dfrac{\Delta Q_{PD}}{C_{PD}} \\[2mm] \Delta V_{FD} = \dfrac{\Delta Q_{FD}}{C_{FD}} \\[2mm] \Delta Q_{FD} = \Delta Q_{PD} \end{cases} \tag{3-29}$$

同样的电荷变化，在大电容上产生的电压变化小，在小电容上产生的电压变化大。光电二极管的积分电荷在 PN 结的大电容 $C_{PD}$ 上引起的电压变化 $\Delta V_{PD}$ 小，因此将积分电荷转移到 FD 的小电容 $C_{FD}$ 上，以获得较大的电压变化 $\Delta V_{FD}$，提高了像素的光电灵敏度。

3）5T 像素

5T 像素的结构如图 3-27 所示。它在 4T 像素结构的基础上，增加了第五个 MOS 管 $M_4$，它可以单独复位光电二极管。4T 像素复位光电二极管的功能是复位 FD 时打开 TG 从而间

接复位光电二极管,可能出现由于复位不完全影响图像质量的情况,在 5T 像素中使用单独复位光电二极管则可以解决这个问题。

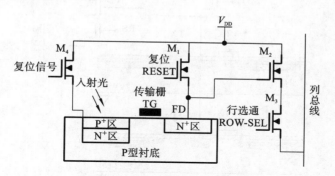

**图 3-27　5T 像素结构示意图**

5T 像素的另一个用途是抑制图像的"开花"(blooming)问题。"开花"是指拍摄时强发光点周围会出现强光面积扩大的现象,它会严重影响图像质量。引起"开花"问题的原因是图像中强光对应的像素发生电荷溢出,进入并未受到强光入射的周边像素,导致强光面积的扩大。$M_4$ 管可以在检测到强光点的过高电压时主动导通,将溢出的电荷通过 $M_4$ 通道释放,以防止"开花"现象的发生。

4)共享读出电路

4T 和 5T 像素由于具有 4 个或 5 个晶体管,降低了像素的填充因子,所以会影响传感器的光电转换效率,进而影响传感器的噪声表现。为了提高填充因子,除了使用微透镜阵列外,还可以使用共享读出电路。

在 4T 和 5T 像素结构中,由于像素的光电二极管和 FD 被 TG 隔开,如果设法使相邻像素共用同一个 FD,并通过特定的时序控制相邻像素的 TG 通断,每次只转移一个光电二极管的电荷到 FD 并输出信号到列总线,在信号被读取后复位 FD,然后再转移另一个光电二极管的电荷到 FD,直至相邻像素的电荷全部输出。这种结构称为像素的共享读出电路。图 3-28 所示的为一个 2×2 像素共享读出电路,它一共使用了 7 个晶体管,平均一个像素 1.75 个晶体管,大大减少了每个像素中读出电路占用的面积,提高了填充因子,使得像素面积更小。然而,由于 2×2 像素的结构不再一致,会导致固定模式噪声(FPN)的出现,需要在后续图像处理中消除。

5)其他有源像素结构

图 3-29 所示的为光栅型有源像素结构(PG 有源像素),与前面介绍的几种像素结构相比,其主要区别为光积分器件不使用光电二极管,而是使用光栅。光栅在有源像素中相当于一个很小的表面沟道 CCD 光栅型有源像素结构,从而结合了 CCD 的电荷转移和 CMOS 的随意寻址的特点。

在有些情况下,我们希望传感器具有非线性输出。当光信号以非线性形式被压缩输出时,可以增大内景动态范围,如将光信号按照对数关系转换为电压信号。对数传输像元是非积分方式像元,图 3-30 所示的为传统的 3T 对数像元结构,包括光电二极管、负载 MOS 晶体管 $M_1$、源极跟随器 $M_2$ 及行选通开关 $M_3$。其优点在于动态范围高,缺点是填充因子低,图像有拖尾。

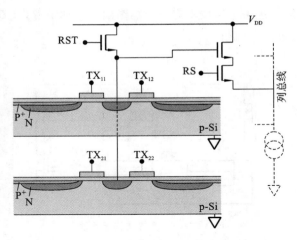

图 3-28　共享读出电路的 5T 像素结构

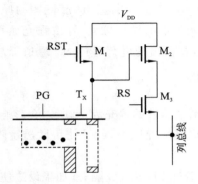

图 3-29　光栅型有源像素结构

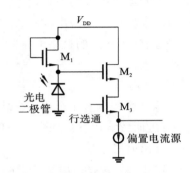

图 3-30　对数像元结构

### 3.3.5　CMOS 图像传感器的周边电路

CMOS 图像传感器的周边电路包括电子快门、列读出电路、CDS 读出电路、模数转换器等,通过这些电路,可以控制像素的曝光和输出,以及对像素输出电信号进行降噪、放大、A/D转换等处理。下面主要介绍与信号采样有关的周边电路,即电子快门、CDS 双采样电路。

1. 电子快门

根据曝光开始和结束的时序,CMOS 图像传感器的电子快门可以分为滚动快门和全局快门。

1)滚动快门

按照第 2.6.2.2 节所述,CMOS 图像传感器像素阵列按行曝光和输出电压信号。滚动快门就是每一行按图 3-31 所示依次地开始重置、曝光、行选通输出,每一行在复位信号开始后,经过曝光时间 $T_{exp}$ 完成曝光,然后在行选择信号的上升沿,需要输出的像素点对应的列总线接通多路模拟开关以输出电压信号。每一行的复位信号和下一行的复位信号都有相同的行间隔时间 $T_{row}$,并且经过相同时间长度 $T_{exp}$ 后,每一行的选择输出信号和下一行的选择输出信号也具有相同的行间隔时间 $T_{row}$。可以看出,每一行的电荷信号送到读出通道后,下一行的信号在间隔 $T_{row}$ 后就会到来,所以每行电荷信号读出的时间需要小于 $T_{row}$。

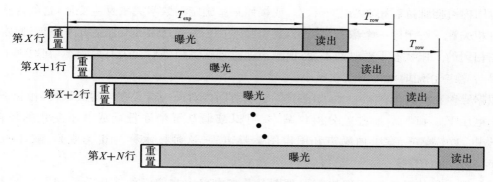

图 3-31　滚动快门相邻行工作时序图

滚动快门模式下,在完成这一帧(即所有行)的信号传输后,就可以复位从下一帧的第一行开始曝光,这种工作方式在拍摄物体运动图像和有闪光图像时会产生失真。这是因为滚动快门的每一行都是在不同时间点开始和结束曝光的,如果被摄物体在不同的时间点发生了剧烈的变化,就会反映在不同时刻曝光的像素行输出的信号上,从而产生明显的图像变形、不连续、闪光失真等问题。上述问题的解决方法是提高滚动快门的速度。

2) 全局快门

为了解决滚动快门在拍摄高速运动物体和闪光画面会产生失真的问题,提出了全局快门的概念。在全局快门中,所有行在同一时间点复位、开始和结束曝光,从而避免了不同时间点开始和结束曝光带来的失真问题。

以图 3-26 所示的 4T 像素为例,使用全局快门时,所有像素同时开始复位和曝光,光电二极管产生的电荷信号存储在 FD 的寄生电容 $C_{FD}$ 中,需要输出时按顺序将各行像素的 FD 中的电压信号输出。在所有行都输出信号后,才对所有像素的光电二极管和 FD 进行复位,开始下一帧图像的曝光。

在 FD 的电荷信号输出时,所有 TG 都关闭,光电二极管即使进行曝光,也不会影响到 FD。但是实际上必须等到全部信号输出完毕后,光电二极管才能开始下一轮曝光,因为其复位开关和 FD 共用,在输出完毕前对光电二极管进行复位,就需要对 FD 也进行复位,FD 中尚未读出的信号将会消失。由于光电二极管曝光需要等待 FD 全部读出,所以 4T 像素的全局快门的读出速度较低,性能受限。

在图 3-27 所示的 5T 像素中,光电二极管和 FD 分别由不同的二极管 $M_1$ 和 $M_4$ 重置。在 FD 逐行读出时,可以由 $M_4$ 重置光电二极管后开始曝光。在完成所有行的 FD 的信号读出后,由 $M_1$ 对 FD 进行重置,然后打开 TG,光电二极管曝光的电荷信号转移到 FD,电荷信号转移完毕后,由 $M_4$ 重置光电二极管,进行下一帧图像的曝光。光电二极管和 FD 的分开重置,使得 5T 像素具有更高的读出速度和刷新速率。

2. CMOS 相关双采样电路

CMOS 图像传感器的输出级包含了散粒噪声、闪烁噪声、热噪声、复位噪声和暗电流等,如果不加处理就送入输出级,就会像信号一样被输出端的放大器放大,大大影响了输出信号的信噪比和动态范围。所以有必要在输出级之前采用某些电路来抑制噪声。

由于电路中电容的存在,导致电压无法突变,因此来自同一电路或者同一像素的噪声,在一定时间内可能维持着相对稳定的状态,或按照某些确定的数学关系发生变化,这称为在时间上具有相关性。对于同一个像素或电路,复位噪声在开关导通时和导通后几乎不变;固定图案噪声在相同的工作状态下随时间不变;白噪声通过低通滤波器后变为有色噪声,在时间上有相关性;$1/f$ 噪声在短时间内的变化很小。

根据噪声在时间上的相关性,如果我们在短时间内对同一像素进行两次采样,将分别得到的两个电压 $V_{out1}$ 和 $V_{out2}$ 通过差分器相减,就可以减弱甚至消除低频或者不变化的噪声,如 kTC 噪声、$1/f$ 噪声、宽带白噪声和固定图案噪声等,这种技术称为相关双采样(correlated double sampling,CDS)。

CMOS 图像传感器的 CDS 电路原理图及其在电路中与像素的连接关系如图 3-32 所示。通常 CDS 电路设置在列总线上,作为列读出电路的一部分,接收像素由列总线传来的电压信号并进行去噪处理,其去噪的工作过程为:像素在每个积分周期的复位完成后,于光积分前关断 SHD 支路,选通 SHP 支路,此时像素输出的电压为参考电压和各种噪声电压的和,即 $V_{SHP}=V_{REF}+V_{Noise1}$,存储在 SHP 支路的采样电容中;在光积分完成后选通 SHD 支路,此时像素输出的电压为信号电压和各种噪声电压的和,即 $V_{SHD}=V_{VIDEO}+V_{Noise2}$,存储在 SHD 支路的采样电容中。最后同时将两个支路的电压 $V_{SHP}$ 和 $V_{SHD}$ 送入减法器相减,得到输出电压 $V_{OUT}$。

$$V_{OUT} = V_{SHD} - V_{SHP} = V_{VIDEO} - V_{REF} + (V_{Noise2} - V_{Noise1}) \tag{3-30}$$

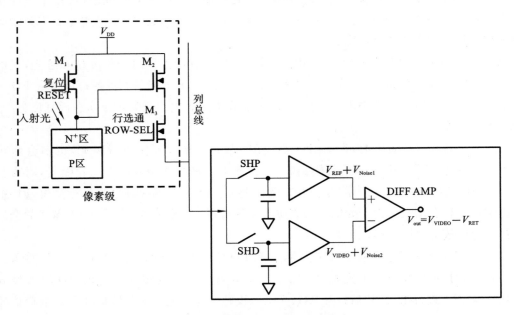

**图 3-32    相关双采样电路(实线框内)**

上面的讨论中,由于两次采样间隔的时间很短,如 kTC 噪声、$1/f$ 噪声、固定模式噪声和宽带白噪声等变化不大($V_{Noise1} \approx V_{Noise2}$),则输出电压为 $V_{OUT}=V_{VIDEO}-V_{REF}$。可见采用 CDS 技术可以抑制多种噪声。

# 3.4 ‖ 信号采样中的噪声分析

### 3.4.1　数字光通信中的噪声

光接收机在光纤通信系统中的主要作用是将光信号转化为电信号,它通过光电二极管将微弱的数字光信号转换为光电流,经放大、整形等信号处理,完成信号的准确检测。一个性能优良的光接收机应具有尽可能高的接收灵敏度,而接收灵敏度的提高总受到接收机内存在的噪声的影响。光接收机中的噪声源对接收机性能有很大的影响,而处于中间的跨阻放大器和限幅放大器产生的噪声影响与信号源相比则基本可以忽略。

1. 光电二极管中的噪声源

1）散粒噪声

散粒噪声是一种电流涨落,由随机产生的电子流组成。散粒噪声电流的均方根可以表示为

$$i_s = \sqrt{2e(I_p^*)\mathrm{BW}_{\mathrm{PD}}} \qquad (3\text{-}31)$$

式中:$I_p^*$ 为光电流的平均值;$\mathrm{BW}_{\mathrm{PD}}$ 为光电二极管的带宽。散粒噪声的均方根 $i_s$ 是散粒噪声现象的代表特征。

2）热噪声

热噪声是在有限温度下,导电媒质内自由电子和振动离子间热相互作用引起的一种随机脉动,一个电阻中的这种随机脉动,即使没有外加电压也表现为一种电流波动。热噪声以稳态高斯随机过程为模型,热噪声电流的均方根可以表示为

$$i_t = \sqrt{(4kT/R_L)\mathrm{BW}_{\mathrm{PD}}} \qquad (3\text{-}32)$$

式中:$k$ 是玻尔兹曼常量;$T$ 是绝对温度;$R_L$ 是负载电阻。

3）暗电流噪声

暗电流噪声包含在散粒噪声中,其均方根表示为

$$i_d = \sqrt{2e(I_d^*)\mathrm{BW}_{\mathrm{PD}}} \qquad (3\text{-}33)$$

这表明在低比特率(大约 100 Mb/s)时,暗电流噪声是很重要的,而在高比特率(大于 1 Gb/s)时,暗电流噪声对总噪声的作用并不大。

4）$1/f$ 噪声

$1/f$ 噪声的单位带宽的均方根与频率成反比,这就意味着它不是一个白噪声。$1/f$ 噪声电流的标准均方根接近于下面的表达式

$$i_{1/f}(A/\sqrt{H_z}) = i_{1/f}(f)/\sqrt{\mathrm{BW}_{\mathrm{PD}}} = (K_{1/f}I^\alpha)/f^\beta \qquad (3\text{-}34)$$

式中:常量 $K_{1/f}$、$\alpha$ 和 $\beta$ 只能根据经验得到。$\alpha$ 的近似值为 2,$\beta$ 的近似值在 1 和 1.5 之间。该噪声只在低频范围中有作用,当调制频率大于 100 MHz 时,可以忽略它对光电二极管输出信号的影响。

2. 光电二极管的总噪声

所有的噪声源本质上都是电流源,并且它们是独立工作的,在等效电路中它们是并联关

系,所以光电二极管总的噪声电流的均方根可表示为

$$i_{\text{noise}} = \sqrt{i_s^2 + i_t^2 + i_d^2 + i_{1/f}^2}$$  (3-35)

其中,每个噪声源分别由式(3-31)~式(3-34)定义。

### 3.4.2 CCD 的噪声

CCD 的噪声来自信号电荷的注入、转移和检测(输出)过程,在注入过程中主要是散粒噪声,在转移过程中主要是界面态的闪烁噪声,在输出过程中主要是复位噪声。除这些噪声之外,还有暗电流噪声和高频噪声等。

#### 1. 散粒噪声

散粒噪声是指即使光源的参数不变,到达传感器的光子数量也会随机波动而引起的噪声,它在所有光学传感器中都存在。具体来说,光子进入光电二极管时,其自身的位置是一个概率分布,因此每个位置每一瞬间的光子数量会产生一定的涨落,即每一瞬间的光子数量不稳定,会围绕着均值随机起伏,而这个随机过程满足泊松分布。进入光电二极管的光子数量不稳定,造成了输出电信号的波动,这个过程即产生散粒噪声。散粒噪声的电流均方值满足

$$\overline{I_n^2} = 2e\overline{I}\Delta f$$  (3-36)

式中:$e$ 为电子电荷量;$\overline{I}$ 为传感器输出的平均电流;$\Delta f$ 为传感器的有效带宽。可以看出,散粒噪声的电流随平均电流的增大而增大,但是其增大速度比平均电流的要慢,在平均电流增大 $N$ 倍时,散粒噪声的电流增大 $N^{1/2}$ 倍,信噪比也增大 $N^{1/2}$ 倍。

当散粒噪声和信号在频带上的重叠部分不多时,可以采用基于傅里叶变换的滤波方法,使用高通、低通或带通滤波器将噪声的频带过滤掉,而保留信号的频带。对于噪声和信号在频带上重叠很多的情况,无法采用上述方法,更好的方法是根据小波理论提出一种在降低图像噪声的同时保持图像细节的算法。

#### 2. 闪烁噪声

闪烁噪声由于其均方电流与频率的倒数 $1/f$ 成正比,所以也称为 $1/f$ 噪声。形成 $1/f$ 噪声的其中一种原因,是硅晶体和二氧化硅的交界面、金属和半导体的接触面、半导体和半导体材料的接触面处存在悬空键,当载流子经过这些交界面时会被悬空键随机捕获,造成电流信号的起伏。闪烁噪声的均方电流和均方电压表达式如下:

$$\begin{cases} \overline{I_n^2} = \dfrac{KI^2}{f}\Delta f \\[2mm] \overline{V_n^2} = \overline{I_n^2}R^2 = \dfrac{K}{C_{\text{ox}}WL} \cdot \dfrac{1}{f} \end{cases}$$  (3-37)

式中:$K$ 是与像素晶体管工艺相关的噪声系数,$C_{\text{ox}}$ 为单位面积的栅电容;$W$、$L$ 分别为栅的宽和高。

#### 3. 复位噪声(kTC 噪声)

如图 3-33 所示,采用了浮置扩散放大器的输出电路的 CCD 中,用电容 $C_0$(反偏二极管)来将信号电荷转化为信号电压,施加在放大器(MOS 管 $T_2$)的栅极通过放大器输出。在每读出一个电荷包的信息后,都需要使复位 MOS 管 $T_1$ 导通,对电容 $C_0$ 和 $T_2$ 的栅极复位。

在复位 MOS 管导通时,会存在一个导通电阻 $R_{\text{ON}}$,复位可以看作是漏电压通过导通电阻 $R_{\text{ON}}$ 对电容 $C_0$ 充电,则此时会有图 3-34 所示的复位噪声等效电路,由 $R_{\text{ON}}$ 产生的电阻热噪声

的电流,在电容 $C_0$ 上产生了噪声电压并输入放大器。这种由复位过程而产生的噪声称为复位噪声,又称 kTC 噪声。

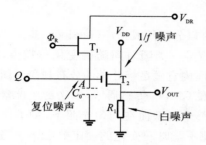

图 3-33　浮置扩散放大器电路图

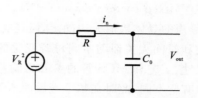

图 3-34　复位噪声等效电路

根据文献推导,在复位 MOS 管导通时,电容 $C_0$ 两端(即图 3-34 中的 $A$ 点)的复位噪声的电压均方值为

$$\overline{V^2(t)} = \frac{kT}{C_0}\left[1 - \exp\left(-\frac{2t}{R_{ON}C_0}\right)\right] \tag{3-38}$$

式中:$k$ 为玻尔兹曼常数;$T$ 为当前的绝对温度;$t$ 为复位脉冲周期。通常复位 MOS 管的导通电阻 $R_{ON}$ 为 $10^4$ Ω 数量级,电容为 $10^0$ pF 数量级,因此时间常数为纳秒量级,远小于复位脉冲的周期 $t$,即式(3-38)中的 $2t \gg R_{ON}C_0$,则式(3-38)可简化为

$$\overline{V^2(t)} \approx \frac{kT}{C_0} \tag{3-39}$$

将式(3-39)所示的复位噪声电压均方值乘以电容 $C_0^2$,可得到噪声电荷的均方值的表达式(3-40),这也是复位噪声又被称为 kTC 噪声的原因。

$$\overline{q^2} = C_0^2 \cdot \overline{V^2(t)} = kTC_0 \tag{3-40}$$

复位 MOS 管导通时,时间常数 $R_{ON}C_0$ 很小,噪声电压会迅速产生;复位 MOS 管关断后,其关断电阻 $R_{OFF} > 10^4$ Ω,时间常数为毫秒量级,远大于复位脉冲间隔,系统处于稳定状态,噪声电压均方值涨落很慢,因此可认为在复位 MOS 管关断后 $C_0$ 中仍然有复位噪声存在,信号输出时会混杂着 $(kT/C)^{1/2}$ 的复位噪声电压。为了去除复位噪声,需要使用相关双采样电路 CDS。

### 4. 暗电流噪声

因为半导体材料中的杂质以及材料受热的影响,即使没有受光照射,材料内低能级的电子也会发生热激发,由此形成的电流称为暗电流。这种热激发是随机的过程,每次发生的电子数目是不确定的。通过对器件进行降温可以减小暗电流噪声,当温度降低至 $-50 \sim -30$ ℃ 时,暗电流噪声变得可忽略不计。另一种减小暗电流噪声的方法是在没有光入射时成像,所成的固定不变的图像即主要为暗电流噪声所致,如在之后的成像中减去这一图像,就基本上可以消除暗电流噪声。

除了对这些较为主要的噪声采取的针对性抑制措施外,还有一些同时对多种噪声起到减弱作用的方法。高频噪声主要来源于在 CCD 像素输出电信号时被耦合进去的驱动脉冲高频分量,还有开关打开时的尖峰脉冲,可以使用芯片补偿电路,将采样信号和补偿信号送入低通滤波器,滤去高频噪声和宽带白噪声。

### 3.4.3 CMOS 的噪声

CMOS 的噪声按其与时间和空间是否相关，可以分为随机噪声（random noise，RDN）和固定模式噪声（fixed pattern noise，FPN）。随机噪声是一类随时间随机变化的噪声，在给定瞬间，随机噪声的具体数值无法确定，但是在一段时间内它满足统计学的分布规律。固定模式噪声是一类和时间无关但随空间位置变化的噪声，在 CMOS 传感器中，由于每个像素中光电二极管的尺寸、工艺和 MOS 管的参数的偏差，即使整个光敏面在均匀光照下，每个像素输出的电信号也有所不同，此时在整个光敏面上就会出现不随时间变化的固定的图案。固定模式噪声对图像质量的影响比随机噪声的更大。

CMOS 中随机噪声主要包括散粒噪声、闪烁噪声、热噪声和行噪声，固定模式噪声主要包括暗电流噪声和固定图案噪声。其中散粒噪声、闪烁噪声、热噪声、复位噪声这几种噪声在 CMOS 中和 CCD 中机理相同，此处不重复介绍。

1. 行噪声

采用了滚动快门（卷帘门）式曝光的 CMOS 传感器，每次会选择一行的电荷送到读出电路进行读出，在读出时还会采取共模参考电压避免输出噪声和其他噪声。如果读出电路的电源电压不稳定，造成共模参考电压中引入瞬态噪声，则一整行像素都会具有同样的噪声幅度。这种噪声表现为同一帧的同一行噪声幅度相同，同一帧的不同行噪声幅度不同，不同帧的同一行噪声幅度不同。在直观的表现上，就是 CMOS 的输出画面中出现不稳定的行方向的噪声条纹。

2. 暗电流噪声

在 CMOS 中，暗电流噪声中的暗电流电荷会在积分时存储在势阱中。每个像素无法保证暗电流完全一致，则在光积分过程中，各处像素不同的暗电流电荷积分会产生固定图案的噪声，且随着光积分的时间越长，暗电流导致的固定图案噪声影响越大。暗电荷的数量和积分时间成正比：

$$N_\mathrm{d} = \frac{Q_\mathrm{d}}{q} = \frac{I_\mathrm{d}t}{q} \tag{3-41}$$

式中：$q$ 为载流子的电荷量；$t$ 为积分时间；$Q_\mathrm{d}$ 为暗电流的电荷量；$I_\mathrm{d}$ 为暗电流。由于光积分时暗电流的电荷和光电流的电荷混在一起难以区分，因此，暗电流噪声会使 CMOS 传感器的最小可探测功率增大，动态范围降低。

CMOS 传感器中的暗电流来源主要有 PN 结漏电流、源漏复位电流、栅漏电流、隧穿电流和热载流子。暗电流和温度正相关，温度每升高 8 ℃，暗电流大小会翻一倍。因此，为了减小暗电流，可以降低工作温度。同时，由于暗电流噪声是空间固定分布的噪声，还可以先采集暗电流噪声信号作为参考信号，再在后续的成像中减去参考信号。

3. 固定模式噪声 FPN

固定模式噪声是和时间无关，在空间中有固定分布的噪声。使用有源像素的 CMOS 一般会出现像素 FPN 和列 FPN。像素 FPN 是指按像素点分布的噪声，是像素的非一致性导致暗电流不同，进而导致暗电流电荷积分不同引起的。列 FPN 是指按列出现的噪声条纹，通常是各个列读出电路的工艺偏差导致列与列之间的失配引起的。由于人眼对纵向的噪声更为敏感，所以列 FPN 要比像素 FPN 更明显。列 FPN 通常来源于列级放大器、列级 ADC 等列级处理电路的不一致性,如处理电路失配、阵列时钟不规则、寄存器阈值电压偏差等。像素 FPN 还包括像素单元损坏导致的像素不发光或者发出特定颜色的光的现象,损坏的像素单元称为坏点。

由上面的讨论可以看出,在 CCD 和 CMOS 图像传感器的采集电路均使用了 CDS 技术,在一个像素周期中通过 CDS 电路分别对参考信号和视频信号进行采样,而 kTC 噪声、$1/f$ 噪声、FPN 和宽带白噪声等低频噪声在两次采样中变化不大。如果两次采样间隔的时间很短,则通过将参考信号和视频信号相减可以抑制这些噪声。

## 思 考 题

3-1　一个包含直流分量(即频率为 0 Hz)至 50 Hz 分量的模拟信号,需要对其采样 5 min。假设采样为理想采样,求足以反映原有信号波形特征且使信号复原的最小采样点数。

3-2　图 3-11(a)所示的采样保持电路中,如果 $V_{DD}=3$ V,$V_{TH}=1$ V,$\mu_n=350$ cm²/(V·s),$W/L=50$,$C_{ox}=3.83$ fF/$\mu$m²,$C_H=1$ pF,试计算 MOS 管导通后输出电压 $V_{out}$ 到达 $+5$ mV 所需要的时间。

3-3　简述 CCD 的电荷读出电路中浮置扩散放大器输出方式(电压输出)对电荷信号的读出过程。

3-4　CMOS 的有源像素和无源像素最主要的区别是什么? 有源像素相比无源像素具有什么优缺点?

3-5　从像素结构上说明 CMOS 传感器的 4T 像素为什么比 3T 像素具有更高的光电灵敏度? 并且简述 4T 像素从光积分到电信号输出到列通道上的工作过程。

3-6　从分辨率、光电灵敏度、功耗、噪声等方面比较 CMOS 图像传感器和 CCD 图像传感器的主要区别。

3-7　说明复位噪声的产生机理。为何在复位开关关断后复位噪声依然稳定存在?

3-8　简述 CCD 图像传感器和 CMOS 图像传感器中相关双采样电路的降噪原理,说明其能处理哪些噪声以及为何能处理这些噪声,并结合电路原理图说明其工作过程。

# 第4章
# 光电信号放大与噪声分析

## 4.1 放大器基础

前面章节已经介绍过光电探测器及信号的采样电路。一般情况下,光电探测器输出电信号幅度较弱,为了能有效地解析出信号中携带的信息,更便于进行分析处理,首先需要尽可能地使信号功率得到放大,这就需要进行放大器设计。

同时,放大器也是构成其他模拟电路(如滤波、振荡、稳压等功能电路)的基本单元电路。除了增大信号幅值,它可以屏蔽前后端的干扰、实现阻抗匹配、提高负载能力,以及用于滤波、积分等各种处理要求。因此,放大器在光电信号处理中处于核心地位。

为了更好地在光电信号处理过程中设计和运用放大器,我们需要先了解与放大器相关的基本定理与指标。

### 4.1.1 基本定理

1. 密勒定理

如果图 4-1(a)所示的电路可以转换成如图 4-1(b)所示的电路,则 $Z_1 = Z/(1-A_V)$,$Z_2 = Z/(1-A_V^{-1})$,其中,$A_V = V_Y/V_X$。

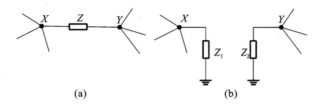

$$(a) \qquad\qquad (b)$$

**图 4-1 密勒效应在浮动阻抗中的应用**

通过阻抗 $Z$ 由 $X$ 流向 $Y$ 的电流等于 $(V_X - V_Y)/Z$。由于这两个电路等效,一定有大小相等的电流流过 $Z_1$,于是

$$\frac{V_X - V_Y}{Z} = \frac{V_X}{Z_1} \tag{4-1}$$

即

$$Z_1 = \frac{Z}{1 - \dfrac{V_Y}{V_X}} \tag{4-2}$$

类似有

$$Z_2 = \frac{Z}{1 - \dfrac{V_X}{V_Y}} \tag{4-3}$$

如果图 4-1(a)所示的电路能够转换成 4-1(b)所示的电路,则式(4-2)和式(4-3)就能够成立。但密勒定理中没有给出这种转换成立的条件。我们注意到,如果阻抗 $Z$ 在 $X$ 点和 $Y$ 点之间只存在一个信号通路,则这种转换往往是不成立的。对于图 4-2 所示的简单电阻分压器,虽然由密勒定理得到的输入阻抗还是对的,但输出电阻却是错的。然而,在阻抗 $Z$ 与信号主通路并联的情况下(见图 4-3),密勒定理大多时候被证明是正确的。

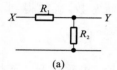 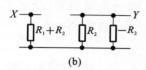

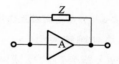

图 4-2　密勒定理不适当运用的情况

(a)简深电阻分压电路;(b)根据密勒定理得到的输入/输出电阻

图 4-3　可以运用密勒定理的通常情况

**2. 辅助定理**

在线性电路中,电压增益等于 $G_m R_{out}$,其中,$G_m$ 表示输出与地短接时电路的跨导,$R_{out}$ 表示当输入电压为零时电路的输出电阻,如图 4-4 所示。

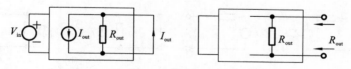

图 4-4　以诺顿等效来模拟放大器的输出端口

应该指出,线性电路的输出端口可以用诺顿等效来模拟,所以借助图 4-4 可以证明这个辅助定理。输出电压等于 $-I_{out}R_{out}$,其中 $I_{out}$ 可以通过测量输出端短路电流得到。定义参数 $G_m = I_{out}/V_{in}$,可得 $V_{out} = -G_m V_{in} R_{out}$,如果电路的 $G_m$ 和 $R_{out}$ 可以通过观测确定,则这个辅助定理将非常有用。

**3. 极点与节点关联**

假设有几个放大器的简单级联电路,如图 4-5 所示。图中,$A_1$ 和 $A_2$ 是理想的电压放大器,$R_1$ 和 $R_2$ 模拟每一级的输出电阻,$C_{in}$ 和 $C_N$ 表示每级的输入电容,$C_P$ 表示负载电容。该电路总的传输函数可以写成

$$\frac{V_{out}}{V_{in}} = \frac{A_1}{1 + R_s C_{in} s} \frac{A_2}{1 + R_1 C_N s} \frac{1}{1 + R_2 C_P s} \tag{4-4}$$

该电路共有三个极点,每个极点值的确定都是由相应一个节点到地"对应的"总电容乘以从这

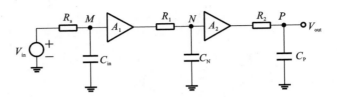

图 4-5　放大器的级联

个节点"对应的"总电阻。因此,我们可以把每一个极点和电路的一个节点联系起来,即 $\omega_j = \tau_j^{-1}$,$\tau_j$ 是从节点 j 到地"对应的"的电容和电阻的乘积。我们可以说"电路中的每一个节点对传输函数贡献一个极点"。

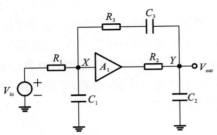

图 4-6　节点之间相互作用的例子

以上的叙述不是总成立的。例如,在图 4-6 所示的电路中,因为 $R_3$ 和 $C_3$ 在 $X$ 和 $Y$ 点之间的相互作用,这些极点很难计算得出。尽管如此,在许多电路中,极点和节点的联系为估算传输函数提供了一种方法。仅把总的等效电容与总的等效电阻相乘,就得到了时间常数,也就得到了一个极点的频率。

### 4. 二端口网络模型

前馈放大器旁边的反馈网络可以被看成一个二端口电路,从这个二端口电路检测或产生电压、电流。由基本电路理论可知,一个二端口线性(非时变)网络可以用图 4-7 中的四个模型中的某一个表示。图 4-7(a)所示的"Z 模型"由输入和输出阻抗及与之串联的电流控制电压源构成;图 4-7(b)所示的"Y 模型"由输入和输出导纳及与之并联的电压控制电流源构成;图 4-7(c)和(d)所示的"混合模型"由阻抗、导纳以及电压源、电流源组合而成。每一个模型都可以用两个方程描述。对 Z 模型有:

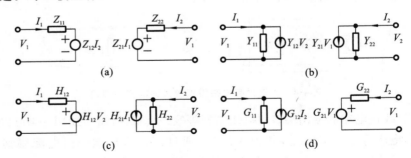

图 4-7　线性二端口网络模型
(a)Z 模型;(b)Y 模型;(c)H 模型;(d)G 模型

$$V_1 = Z_{11}I_1 + Z_{12}I_2 \tag{4-5}$$
$$V_2 = Z_{21}I_1 + Z_{22}I_2 \tag{4-6}$$

式中:每个 $Z$ 参数具有阻抗的量纲,它可通过令一个端口开路求得。例如,当 $I_2 = 0$ 时,$Z_{11} = V_1/I_1$。同样,对于 Y 模型有:

$$I_1 = Y_{11}V_1 + Y_{12}V_2 \tag{4-7}$$
$$I_2 = Y_{21}V_1 + Y_{22}V_2 \tag{4-8}$$

式中:每个 $Y$ 参数可通过令一个端口短路求得。例如,当 $V_2 = 0$ 时,$Y_{11} = I_1/V_1$。对于 H 模型有：

$$V_1 = H_{11} I_1 + H_{12} V_2 \tag{4-9}$$

$$I_2 = H_{21} I_1 + H_{22} V_2 \tag{4-10}$$

对于 G 模型有：

$$I_1 = G_{11} V_1 + G_{12} I_2 \tag{4-11}$$

$$V_2 = G_{21} V_1 + G_{22} I_2 \tag{4-12}$$

应该注意，$Y_{11}$ 可能并不等于 $Z_{11}$ 的倒数，这是因为二者是在不同的条件下得到的：前者是在输出短路时得到的，而后者是在输出开路时得到的。

为了简化对反馈网络的分析，首先必须从上述模型中选出一个适当的模型。假定反馈网络的输入端与前馈放大器的输出端连接，可从电压-电压反馈开始分析。选择模型要保证理想的反馈网络时，即有无限大的输入阻抗和零输出阻抗。Z 模型是不合适的，因为当 $Z_{11} \to \infty$，$V_1$ 有限，$I_1 \to 0$，$Z_2 I_1 \to 0$ 也就是说如果输入阻抗趋于无穷，则输出电压会下降到零。Y 模型是否可以呢？如果 $Y_{11} \to 0$，则输出电压保持有限大，但是如果 $Y_{22} \to \infty$，则电流源 $Y_{21} V_1$ 产生零输出电压，换句话说，如果反馈网络的输出阻抗趋于零（使其变得很理想），那么反馈网络的输出电压也降到零。通过这些分析，就可以推断：G 模型是最适合电压-电压反馈的一个模型，在理想情况下，$G_{11} = 0$，$G_{22} = 0$，且 $G_{21} \neq 0$。

利用相同的方法，读者可以推导出其他三种反馈类型所要求的网络模型，即：电压-电流反馈对应 Y 模型；电流-电压反馈对应 Z 模型；电流-电流反馈对应 H 模型。

5. 环路增益计算

一个负反馈模型如图 4-8 所示，采用反馈电路可以"稳定"增益，从而提高稳定性。一般来说，增益灵敏度降低可定量表示为

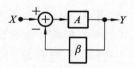

$$\frac{Y}{X} = \frac{A}{1 + \beta A} \tag{4-13}$$

或

$$\frac{Y}{X} \approx \frac{1}{\beta} \left(1 - \frac{1}{\beta A}\right) \tag{4-14}$$

**图 4-8　简单反馈电路**

值得注意的是，闭环增益由反馈系数 $\beta$ 决定。更重要的是，即使开环增益变大，由于 $1/(\beta A) \ll 1$，所以对 $Y/X$ 的变化影响非常小。

$\beta A$ 称为环路增益，它是反馈系统中一个很重要的量。从式（4-14）可以看出，$\beta A$ 越大，$Y/X$ 对 $A$ 的变化越不敏感。另外，可以通过增大 $A$ 或 $\beta$ 来使闭环增益更加精确。值得注意的是，如果 $\beta$ 增加，闭环增益 $Y/X \sim 1/\beta$ 就会减小，因此最好在闭环增益和精确度之间进行折中。换句话说，对一个高增益的放大器，可应用负反馈使闭环增益降低，但其灵敏度也会降低。这里得出的另一个结论是，反馈网络的输出 $\beta Y = X A \beta / (1 + \beta A)$，此值由于 $\beta A$ 远大于 1 而接近于 $X$。

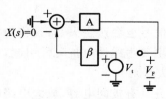

**图 4-9　计算环路增益**

环路增益的计算一般可用下面的方法进行：如图 4-9 所示，将主输入置为零，在某点断开环路，在顺时针方向注入一个测试信号，使信号沿环路环绕，直到回到这个断点。

此处我们得到一个电压值，导出的传输函数的负值就是环路增益。环路增益是一个无量纲的量。在图 4-9 中，$V_t \beta (-1) A = V_F$，则 $V_F / V_t = -\beta A$。

### 4.1.2　放大电路指标

#### 1. 增益

根据放大电路输入信号形式和输出信号形式的不同,放大电路可以有不同的增益表达式。例如,输入电压和输出电压的关系式可以表示为

$$A_V = V_{out}/V_{in} \tag{4-15}$$

这种电路称为电压放大电路。

同理,放大电路输出电流 $I_{out}$ 和输入电流 $I_{in}$ 的关系式可以表示为

$$A_I = I_{out}/I_{in} \tag{4-16}$$

这种电路称为电流放大电路。

当需要把电流信号转换为电压信号时,则可称为互阻放大电路,其表达式为

$$A_R = V_{out}/I_{in} \tag{4-17}$$

式中: $I_{in}$ 为放大电路的输入电流; $V_{out}$ 为输出电压; $A_R$ 为互阻增益,Ω。

与上述情况相反,如果输入的是电压信号,而输出的是电流信号,则输入信号为 $V_{in}$ ,输出信号为 $I_{out}$ ,输出信号与输入信号的关系可表示为

$$A_s = I_{out}/V_{in} \tag{4-18}$$

式中: $A_s$ 称为放大电路的互导增益,它具有导纳量纲,S。相反地,这种放大电路称为互导放大电路。

上述 $A_V$ 、 $A_I$ 、 $A_R$ 、 $A_s$ 均是放大电路工作在线性条件下的增益。

#### 2. 输入阻抗与输出阻抗

一般来说,电压放大器输入阻抗高、输出阻抗低;电流放大器输入阻抗低,输出阻抗高;跨阻放大器输入阻抗低、输出阻抗低;跨导放大器输入阻抗低、输出阻抗高。

#### 3. 频率响应

一般光电信号包含多个频率成分,由于放大电路带宽限制,导致对不同频率信号的幅值的放大倍数不同而产生的失真称为幅度失真。理想的放大器工作在一个线性放大的区间,对应的幅频特性有一个线性工作带宽:

$$BW = F_H - F_L \tag{4-19}$$

在分析放大器的放大性能时,一般在处理低频特性时会暂时忽略器件电容和负载电容的影响。然而,在多数模拟电路中,电路的速度与其他性能(如增益、功耗和噪声)往往是相互影响、相互制约的。可以牺牲其他性能指标来换取高的速度,也可以牺牲速度来换取其他性能指标的改善。因此,有必要了解每种电路频率响应的区间。

此外,放大电路对不同频率的信号产生的时延不同,输出信号也会产生失真,这称为相位失真。幅度失真和相位失真总称为频率失真。由于这些失真主要由线性电抗元件引起,又称为线性失真,以区别于由于元件的非线性造成的失真(非线性失真)。

理想的放大器系统应该是个线性系统。但由于放大器自身具有极间电容,放大电路中存在电抗性元件,所以放大器系统实际上不是一个时不变系统。放大器的参数将成为频率的函数,这种函数关系称为放大电路的频率响应特性。这些参数中,最常分析的是幅度与频率以及相位与频率的频谱关系。

1）波特图

图 4-10 为放大器的波特图，是由荷兰裔科学家波特发明的。波特图的幅频图的频率用对数尺度表示，增益部分一般用功率的分贝值来表示，也就是将增益取对数后再乘以 10。由于增益用对数来表示，曲线为传递函数乘以一常数，在波特图的增益图上只需将图形纵向移动即可，两个传递函数相乘，在波特图的幅频图中就变成图形的相加。幅频图纵轴 0 分贝以下具有正增益裕度，属于稳定区，反之属于不稳定区。

波特图的相频图的频率也用对数尺度表示，而相位部分的单位一般使用度（°）。进入系统后配合波特图的相频图可以估算出信号，输出信号及原始信号的比例关系及相位。例如，信号 $A\sin(\omega t)$ 进入系统后振幅变原来的 $k$ 倍，相位落后原信号 $\Phi$，则其输出信号为 $Ak\sin(\omega t-\Phi)$，其中 $k$ 和 $\Phi$ 都是频率的函数。相频图纵轴 $-180°$ 以上具有正相位裕度，属于稳定区，反之属于不稳定区。

在放大器分析中，波特图可用来计算负反馈系统的增益裕度及相位裕度，进而确认系统的稳定性。

2）增益裕度

增益裕度（gain margin，GM）是衡量系统稳定程度的一种方法。在波特相位图上可以找到 $\beta A_{OL}$ 相位到达 $-180°$ 时的频率（即 $f_{180}$），之后就可以在增益图上找到该频率时 $\beta A_{OL}$ 的大小。

若 $|\beta A_{OL}|_{180}>1$，则表示此系统不稳定；若 $|\beta A_{OL}|_{180}<1$，则表示此系统稳定。而 $|\beta A_{OL}|$ 分贝值和 0 dB（对应增益大小为 1）的距离表示系统距离不稳定的程度，称为增益裕度。

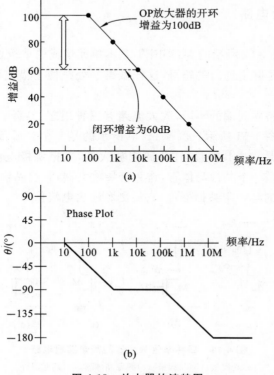

图 4-10　放大器的波特图

(a)幅频特性；(b)相频特性

3）相位裕度

相位裕度（phase margin,PM）是另一种衡量系统稳定程度的方法。在波特增益图上可以找到 $|\beta A_{OL}|$ 大小为 1 的频率,该频率即为 $f_{0\,dB}$,之后就可以在相位图上找到该频率时 $\beta A_{OL}$ 的相位。

若 $\beta A_{OL}(f_{0\,dB})$ 的相位大于 $-180°$,则表示在任何频率时系统都会稳定,因为在 $f_{180}$ 时 $|\beta A_{OL}|$ 的大小已小于 1, $f_{0\,dB}$ 时的相位和 $-180°$ 之间的差称为相位裕度。

若只是单纯判断系统是否稳定,在系统为最小相位系统时,如式(4-20)成立,则系统稳定。

$$f_{0\,dB} < f_{180} \tag{4-20}$$

# 4.2 ‖ 基本放大电路

作为基础模拟电路功能,放大器的用途很广,它不仅起放大信号的作用,还可以被组合用于完成各类信号处理的功能电路。

由于集成电路的迅速发展,底层工艺技术不断推进,当下已经可以基于纳米工艺设计得到模拟放大器,放大器的制作已达到几个纳米工艺水平。采取这些新的工艺,放大器的电路性能得到持续提高。从深亚微米到纳米加工技术,放大电路的设计对器件工艺的依赖程度越来越高。在这些半导体器件工艺中,CMOS 工艺发展最为迅速,尺寸缩小也是最快的。下面我们将结合 CMOS 工艺对一些常用放大电路进行介绍。

## 4.2.1 单级放大电路

为了说明关系,以图 4-11 所示的 MOSFET 基本单元构成的单级放大电路为例,这里元器件的电路符号采用的是国际上通行的符号,这样做得好处是便于借鉴和比较新近发表出来的电路设计。

根据输入和输出回路共同端的不同,放大电路有三种组态:共源、共漏和共栅。基于单管实现的几种放大电路如图 4-11 所示。图 4-11(a)所示的是一个共源极,它可检测和输出电压信号;图 4-11(b)所示的是一个共栅极,作为跨阻放大器,它把源极电流信号转换为漏极电压信号;图 4-11(c)所示的是一个共源晶体管,作为跨导放大器,它检测输入的电压信号并输出电流信号;图 4-11(d)所示的是一个共栅器件,它检测和输出电流信号。

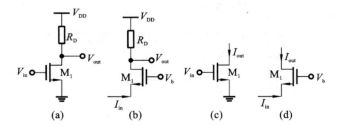

**图 4-11　四种单管放大器的简单实现电路**

(a)共源极;(b)共栅极;(c)共源晶体管;(d)共栅器件

虽然运算放大电路千变万化,但是其根本还是以上这几种基本结构。

　　在集成电路设计中电阻不太好实现,所以人们经常使用 MOS 管来制作负载。这样就产生了多种电路形式,如用 MOS 管作负载的共源极、用电流源作负载的共源极等。

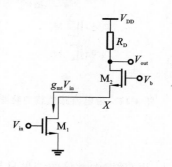

　　由图 4-11 可知,共栅极的输入信号可以是电流,共源极中的晶体管可以将电压信号转换为电流信号。而共源极和共栅极的级联称为共源共栅结构,这种结构具有许多有用的特性。图 4-12 所示的为共源共栅电路的基本结构:$M_1$ 产生与输入电压 $V_{in}$ 成正比的小信号漏电流,$M_2$ 仅仅使电流流经 $R_D$。我们称 $M_1$ 为输入器件,称 $M_2$ 为共源共栅器件。值得注意的是,流经 $M_1$ 和 $M_2$ 的电流相等。

**图 4-12　共源共栅结构**

　　共源共栅放大电路的小信号电压增益主要取决于共源极放大电路的电压增益。共栅极放大电路在这里起电流跟随器的作用。整个电路的优点在于它的高频响应较好,频带较宽。

　　共源共栅电路的一个重要特性就是输出阻抗很高,在图 4-12 所示的共源共栅电路中,为了计算输出电阻 $R_{out}$,电路可以看成带负反馈电阻 $r_{o1}$ 的共源极,可得

$$R_{out} = [1 + (g_{m2} + g_{mb2})r_{o2}]r_{o1} + r_{o2} \tag{4-21}$$

假设 $g_m r_o \gg 1$,得到 $R_{out} = [(g_{m2} + g_{mb2})r_{o2}]r_{o1}$,也就是说,$M_2$ 将 $M_1$ 的输出阻抗提高至原来的 $(g_{m2} + g_{mb2})r_{o2}$ 倍。

　　如图 4-13 所示,有时候共源共栅极可以扩展为三个或更多器件的层叠以获得更高的输出阻抗,但是所需要的额外电压余度使这样的结构缺少吸引力。例如,三层共源共栅电路的最小输出电压等于三个过驱动电压之和。

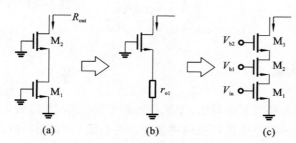

**图 4-13　共源共栅极输出电阻的计算**

(a)共源共栅结构;(b)共栅结构;(c)层叠共源共栅结构

　　为了体会高输出阻抗的实用性,我们回顾一下辅助定理,即电压增益可以写作 $G_m R_{out}$。因为 $G_m$ 通常是由晶体管(图 4-11 中的 $M_1$)的跨导决定的,因此要在 $G_m$ 与偏置电流、器件电容之间进行折中。最好是通过使 $R_{out}$ 最大化来增加电压增益。图 4-14 就是这样一个例子,如果图中两个晶体管都工作在饱和区,则 $G_m \sim g_{m1}$,$R_{out} \sim (g_{m2} + g_{mb2})r_{o2} r_{o1}$,可得 $|A_V| = (g_{m2} + g_{mb2})r_{o2}g_{m1}r_{o1}$。因此,最大的电压增益大致等于晶体管本征增益的平方。

　　比较两种提高增益的方法:第一种是采用共源共栅增大增益;第二种是在给定偏置电流的情况下通过增大输入晶体管的长度来增大增益,如图 4-15 所示。例如,假设共源极的输入管的长度变为原来的 4 倍而宽度保持不变。因为 $I_D = (1/2)\mu_n C_{ox}(W/L)(V_{GS} - V_{TH})^2$,所以过驱动电压增大为原来的 2 倍,晶体管消耗的电压余度与共源共栅极相同。也就是说,图 4-15(b)和(c)所示电路受到相同的电压摆幅约束。

　　现在考虑每种情况的输出阻抗。因为

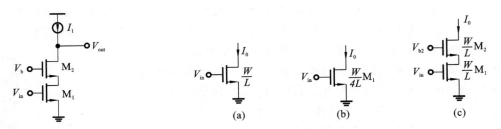

图 4-14　带电流源负载的共源共栅　　　图 4-15　通过增大器件的长度来增大增益

$$g_{\mathrm{m}}r_{\mathrm{o}} = \sqrt{2\mu_{\mathrm{n}}C_{\mathrm{ox}}\frac{W}{L}I_{\mathrm{D}}}\,\frac{1}{\lambda I_{\mathrm{D}}} \tag{4-22}$$

所以 $W/L$ 增大 4 倍的结果只是使 $g_{\mathrm{m}}r_{\mathrm{o}}$ 的值增大 2 倍,而共源共栅结构却使输出阻抗约增大 $(g_{\mathrm{m}}r_{\mathrm{o}})^2$。应该注意的是,图 4-15(b)中 $\mathrm{M}_1$ 的跨导等于图 4-15(c)中 $\mathrm{M}_1$ 的跨导的一半,而这会导致电路中更高的噪声。

由上分析可知,采用共源共栅来增大增益更可取一些。

共源共栅结构有时不一定起放大器的作用,这种结构的一种很普遍的应用是构成恒定电流源。高的输出阻抗提供一个接近理想的电流源,但这样做的代价是牺牲了电压余度。例如,图 4-14 中的电流源可以使用 PMOS 的共源共栅结构来实现,射极跟随器的输出阻抗最低,后端负载对信号源的影响小。我们借助下面的辅助定理来计算电压增益,其中 $G_{\mathrm{m}} \approx g_{\mathrm{m1}}$,于是有

$$R_{\mathrm{out}} = \{[1+(g_{\mathrm{m2}}+g_{\mathrm{mb2}})r_{\mathrm{o2}}]r_{\mathrm{o1}}+r_{\mathrm{o2}}\}\{[1+(g_{\mathrm{m3}}+g_{\mathrm{mb3}})r_{\mathrm{o3}}]r_{\mathrm{o4}}+r_{\mathrm{o3}}\} \tag{4-23}$$

所以

$$|A_V| \approx g_{\mathrm{m1}}R_{\mathrm{out}} \tag{4-24}$$

$$|A_R| \approx g_{\mathrm{m1}}[(g_{\mathrm{m2}}r_{\mathrm{o2}}r_{\mathrm{o1}})(g_{\mathrm{m3}}r_{\mathrm{o3}}r_{\mathrm{o4}})] \tag{4-25}$$

### 4.2.2　多级放大器

很多时候单级放大电路有很多局限,不能获得想要的技术指标,所以人们常常会采取多级放大电路的设计。将三种组态中的任意两种及以上进行适当的组合,以发挥各组态的优点,获得满意的综合性能的电路称为组合电路或多级放大电路。例如,我们常常采用共源和共漏或共源共栅的 MOS 管组态来构建两级放大电路。一般来说,多级放大电路的电压增益并不是各级放大电路增益的简单乘积,在一般情况下都要考虑负载效应(前一级的输出电压是后一级的输入电压,后一级的输入电阻是前一级的负载电阻)。

1. 多级放大电路的频率响应

多级放大电路总的电压放大倍数是各个放大级电压放大倍数的乘积。假设放大电路由 $n$ 个放大级组成,则总的电压放大倍数可表示为

$$\dot{A}_{\mathrm{u}} = \dot{A}_{\mathrm{u1}} \cdot \dot{A}_{\mathrm{u2}} \cdot \cdots \cdot \dot{A}_{\mathrm{u}n} \tag{4-26}$$

将式(4-26)取绝对值后再求对数,可得多级放大电路的对数幅频特性,即

$$20\lg|\dot{A}_{\mathrm{u}}| = 20\lg|\dot{A}_{\mathrm{u1}}| + 20\lg|\dot{A}_{\mathrm{u2}}| + \cdots + 20\lg|\dot{A}_{\mathrm{u}n}| \tag{4-27}$$

$$= \sum_{k=1}^{n} 20\lg|\dot{A}_{\mathrm{u}n}|$$

多级放大电路总的相位移为

$$\varphi = \varphi_1 + \varphi_2 + \cdots + \varphi_n = \sum_{k=1}^{n} \varphi_n \tag{4-28}$$

式(4-27)说明,多级放大电路的对数增益等于其各级对数增益的代数和,而式(4-28)则说明多级放大电路总的相位移也等于其各级相位移的代数和。因此,绘制多级放大电路总的对数幅频特性和相频特性时,只要把各级放大级在同一横坐标下的对数增益和相位移分别叠加起来就可以了。

例如,已知单级放大电路的幅频特性和相频特性如图 4-16 所示,若把完全相同的两个放大级串联组成一个两级放大电路,则只需分别将原来的单级放大电路的对数幅频特性和相频特性上每一点的纵坐标增大一倍,即可得到两级放大电路总的对数幅频特性和相频特性。

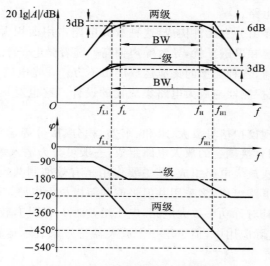

**图 4-16 两级放大电路的波特图**

由图 4-16 可见,对应于单级放大电路的下限频率 $f_{L1}$ 和上限频率 $f_{H1}$ 处,原来单级放大电路的对数幅频特性将下降 3 dB。但经过叠加后,两级放大电路的对数幅频特性在该频率处将下降 6 dB。两级放大电路的下限频率 $f_L$ 和上限频率 $f_H$ 分别与单级放大电路的 $f_{L1}$ 和 $f_{H1}$ 相比较,显然 $f_L > f_{L1}$,$f_H < f_{H1}$。由此得出结论,多级放大电路的通频带,总是比组成它的每一级的通频带更窄。

**2. 多级放大电路的上限频率和下限频率**

可以证明,多级放大电路的上限频率与组成它的各放大级的上限频率之间,存在以下近似关系:

$$\frac{1}{f_H} = 1.1 \sqrt{\frac{1}{f_{H1}^2} + \frac{1}{f_{H2}^2} + \cdots + \frac{1}{f_{Hn}^2}} \tag{4-29}$$

多级放大电路的下限频率与其各级放大级的下限频率之间也存在以下近似关系:

$$f_L = 1.1 \sqrt{f_{L1}^2 + f_{L2}^2 + \cdots + f_{Ln}^2} \tag{4-30}$$

如果将两个频率特性相同的放大级组成两级放大电路,其中每一级的上限频率为 $f_{H1}$,下限频率为 $f_{L1}$,则放大电路总的上限频率和下限频率分别为

$$\begin{cases} f_H = 0.64 f_{H1} \\ f_L = 1.56 f_{L1} \end{cases} \tag{4-31}$$

$$\begin{cases} f_{\mathrm{H}} = 0.5 f_{\mathrm{H1}} \\ f_{\mathrm{L}} = 2 f_{\mathrm{L1}} \end{cases} \tag{4-32}$$

当然,实际工作中很少用完全相同的放大级组成多级放大电路。当多级放大电路中各级的上限频率或下限频率相差悬殊时,可取起主要作用的那一级作为估算总的 $f_{\mathrm{H}}$ 或 $f_{\mathrm{L}}$ 的依据。例如,若其中第 $k$ 级的上限频率 $f_{\mathrm{H}k}$ 比其他各级小得多时,可近似认为总的 $f_{\mathrm{H}} \approx f_{\mathrm{H}k}$。同理,若其中第 $m$ 级的下限频率 $f_{\mathrm{L}m}$ 比其他各级大得多时,可近似认为总的 $f_{\mathrm{L}} \approx f_{\mathrm{L}m}$。

3. 集成运放

集成放大器是一种集成化的多级放大器电路设计,它通过一定的集成电路制造工艺,将多级放大器、电容、电阻及其他元器件以及相互之间的连接集成到一片半导体上,再进行封装,从而形成一个完整的集成电路。

早期使用的放大器多由分立元件构成,这种放大电路占用面积大,电气连接复杂而多变,容易产生意外的寄生电容和电磁干扰,导致噪声偏高。随着微电子学的飞速发展,集成运算放大器的设计制作进展迅速,各种类型的集成运放层出不穷。在光电信号处理上,除了采用外部集成运放,还出现了光电探测器与放大电路集成化的设计。这也对集成运放电路的设计提出了要求。

集成放大器能够实现模拟信号放大、求和、求差、积分、微分等运算,一般具有极高的放大倍数,其内部由多级采用直接耦合的放大电路组成,一般可分为输入级、中间级、输出级三个部分。输入级通常由差分式放大电路组成,其主要作用是有效抑制共模信号和零点漂移。中间级可由一级或多级放大电路组成,多采用共射极或共源极放大电路,其作用是提供较高的电压增益。输出级多采用互补对称功率放大电路,电压增益为1,但具有较强的带负载能力。

值得注意的是,在实际应用中,惯于用一个放大器符号来表示运算放大器,而不展示其内部电路的细节。

### 4.2.3  反馈

在放大器上加负反馈后,增益与放大器开环增益及内部结构都没有关系,只与外部电阻值的比例有关。经过反馈,增益虽然下降,但是带宽得到提升。另外,输出阻抗降低,使得带负载的能力得到加强。

1. 带宽变化

假定前馈放大器的传输函数只有一个极点

$$A(s) = \frac{A_0}{1 + \dfrac{s}{\omega_0}} \tag{4-33}$$

其中,$A_0$ 为低频增益,$\omega_0$ 为 3 dB 带宽,由式(4-33)可得闭环系统的传输函数为

$$\frac{Y(s)}{X(s)} = \frac{\dfrac{A_0}{1 + \dfrac{s}{\omega_0}}}{1 + \beta \dfrac{A_0}{1 + \dfrac{s}{\omega_0}}}$$

$$= \frac{A_0}{1 + \beta A_0 + \dfrac{s}{\omega_0}}$$

$$= \frac{\dfrac{A_0}{1 + \beta A_0}}{1 + \dfrac{s}{(1 + \beta A_0)\omega_0}} \tag{4-34}$$

式(4-34)的分子是低频时的闭环增益,从分母可以看出,$(1+\beta A_0)\omega_0$ 是一个极点,因此 3 dB 带宽增加了 $\beta A_0$ 倍,这是以增益按同样比例减小为代价的,如图 4-17 所示。

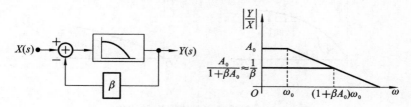

图 4-17　反馈引起的带宽改善

带宽的增大来源于反馈降低增益灵敏度的特性。如果 $A$ 足够大,则不管 $A$ 如何变化,闭环增益都近似等于 $1/\beta$,且保持不变。图 4-17 的例子中,$A$ 随频率变化,而不是随温度和工艺变化,然而负反馈能抑制这种变化。在高频时,$A$ 减至很小,以至于 $\beta A$ 与 1 可以相比拟,于是闭环增益降至 $1/\beta$ 以下。

式(4-34)表明,一个单极点系统的增益与带宽的乘积等于 $A_0\omega_0$,而且不随反馈变化。可能会有疑问:如果要求高增益,反馈能否提高响应速度?假定要把一个 20 MHz 的方波放大为原来的 100 倍,且要使带宽最大,而现在只有一种开环增益为 100、3 dB 带宽为 10 MHz 的单极点放大器。如果输入接到开环放大器上,响应如图 4-18 所示,由于下降时间常数 $t_f$ 等于 $1/(2\pi f_{3\,dB}) \approx 16$ ns,所以上升时间和下降时间均较长。

现在假设在放大器中运用反馈,使得增益和带宽分别变为 10 和 100 MHz。将两个放大器级联在一起,会使总增益等于 100,且响应速度更快。

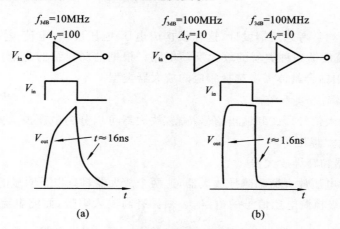

图 4-18　放大一个 20 MHz 的方波可采用的方法

(a)采用一个 10 MHz 放大器;(b)采用两个 100 MHz 反馈放大器的级联

2. 非线性减小

负反馈的一个重要特性是它在模拟电路中可以抑制非线性。

一个熟悉的例子是,差分对的输入-输出特性。注意,斜率可被看作是小信号增益。图 4-19 中,可以预测,即使开环放大器的增益从 $A_1$ 变化到 $A_2$,而由这种放大器组成的闭环反馈系统显示出更小的增益变化,但后者却有着较高的线性度。为量化这种影响,图 4-19 中在区间 2 和区间 1 之间的开环增益比为 $r_{open} = \dfrac{A_2}{A_1}$。

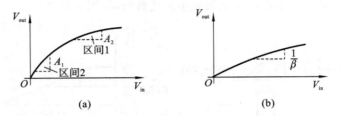

**图 4-19 非线性放大器的输入-输出特性**
(a)采用反馈前;(b)采用反馈后

例如,$r = 0.9$ 表示从区间 1 到区间 2 增益下降了 10%。假设 $A_2 = A_1 - \Delta A$,区间 2 的开环增益可以写成

$$r_{open} = 1 - \frac{\Delta A}{A_1} \tag{4-35}$$

将这个放大器置于负反馈环路中,得到这两个区间闭环增益的比为

$$r_{cloud} = \frac{\dfrac{A_2}{1 + \beta A_2}}{\dfrac{A_1}{1 + \beta A_1}} \tag{4-36}$$

$$= \frac{1 + \dfrac{1}{\beta A_1}}{1 + \dfrac{1}{\beta A_2}}$$

真实应用场合均会考虑反馈设计,这样就构成电压-电压反馈、电流-电压反馈、电压-电流反馈以及电流-电流反馈四种类型的放大反馈电路。根据前面介绍的光电探测器输出信号特征,可在实际应用中结合具体需求选择相应的放大器类型。

3. 反馈放大器的分类和特点

根据放大器输入信号形式和输出信号特点,放大器可以分为电压放大器、跨导放大器、跨阻放大器和电流放大器几类。

1)电压放大器和跨导放大器

我们先来看看电压放大器和跨导放大器,这两个放大器具有以下明显的特征。

(1)电压输入级检测电压信号的电路,必须具有高输入阻抗,而测电流信号的电路,必须具有低输入阻抗。

(2)输出产生电压信号的电路,必须具有低输出阻抗(像一个电压源),而产生电流信号的电路,必须具有高输出阻抗(像一个电流源)。

由于大多数模拟放大器和滤波器中都使用了反馈技术,因此,对于模拟集成电路设计来说,反馈是非常必要的。这里我们先回顾反馈的工作原理,并将其应用到四种基本类型的电路中。

关于反馈的资料有很多,它们大部分都源自电路理论,都是从对放大器和反馈网络的矩阵的描述开始,但是并不是一直都需要这种非常正式的方法。大多数情况下,开环增益、闭环增益和环路增益的概念已经足够理解闭环增益、带宽和输入/输出阻抗等最重要的参数了。

对于环路增益很大的电路,实际环路增益定义为开环增益和闭环增益的比值,如果用分贝来表示的话,它就是差值。例如,一个负反馈增益为 10 dB、开环增益为 80 dB 的放大器,它有 70 dB 的闭环增益。

环路增益提高了放大器的一些性能,如提高了增益的精确性,减少了噪声和失真,但更重要的是它在很大程度上提高了带宽。

下面我们将具体依据输入端连接的形式所构成的四种反馈类型,分别研究上述这些问题。

电压放大器和跨导放大器在输入端均以电压的形式表示。理想的反馈环路由单向放大器(从左至右)和单向反馈电路(从右至左)组成。放大器是由一些晶体管或者一个完整的集成运放电路组成的,它们构成的闭环增益如图 4-20 所示。

在图 4-20 中的两个方程描述了反馈电路的工作原理。误差电压 $V_e$ 是实际输入电压 $V_{in}$ 和反馈电压 $HV_{out}$ 的差值(其中 $H$ 为反馈系数),它被自身的增益 $G$ 放大到了输出端。这样就很容易

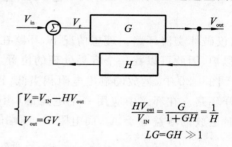

$$\begin{cases} V_e = V_{IN} - HV_{out} \\ V_{out} = GV_e \end{cases}$$

$$\frac{HV_{out}}{V_{IN}} = \frac{G}{1+GH} = \frac{1}{H}$$

$$LG = GH \gg 1$$

**图 4-20 理想反馈电路**

从这两个方程中提取出闭环增益。它的分子简化成增益 $G$ 本身,但分母为 $1+GH$。$GH$ 称为环路增益($LG$),它是沿着整个环路的增益。因为增益 $G$ 一般是很大的,所以环路增益也很大。因此,闭环增益可以用 $1/H$ 来近似。

这也是为什么反馈系数 $H$ 通常由电阻或电容等无源元件组成的原因,因为它们的比值可以做得非常精确,使得反馈放大器能有一个相当精确的闭环增益。而开环增益 $G$ 则可以有很大变化,它取决于晶体管的参数、温度等。

因此,反馈技术是一种实现精确增益放大器的重要技术。

(1) 并联-并联反馈环路。

最简单的一种反馈是用一个电阻把运算放大器的输出端连接到输入端(见图 4-21)。当然这个电阻必须连接到负的输入端,否则环路增益会使输出电压越来越大,稳态的反馈通常采取负反馈的形式。

输入端和输出端都是并联的反馈就是这种情况,输出并联反馈意味着输出端和反馈元件是并联的,输入端的并联反馈同理。

放大器本身的增益 $A_0$ 很大,该取值范围为 $10^4 \sim 10^6$,而环路增益 $LG$ 的计算如下。

输出电压等于流过反馈电阻中的输入电流产生的电压。跨阻闭环增益简化为 $R_s$。所以,它是一个增益为 $R_F$ 的跨阻放大器。

输入和输出阻抗均受到反馈的影响,在并联反馈情况下,电阻降低的倍数为环路增益 $LG$(更准确地说为 $1+LG$)。

很明显,环路增益 $LG$ 是反馈放大器最重要的特性参数,因此首先必须计算它的值。

计算环路增益 $LG$ 时将打开环路,沿着整个环路计算增益,同时还必须保持直流工作条

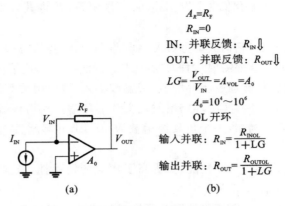

**图 4-21　并联-并联的理想反馈电路**

(a)电路图；(b)参数计算式

件,仅破坏交流环路。理想情况下,环路在哪儿打开并没有差别,环路增益不受环路断开位置的影响,因此可以找一个容易处理的位置,使得环路增益的计算相对容易。

　　图 4-22 中,运放的输出电阻相当低,且与电阻 $R_F$ 相比要低很多。因此,我们在它们之间断开环路。在环路中应用一个电压源(由于运放的输出电阻非常低),并计算环路中的电压。此时运放的增益等于 $A_0$,而电阻 $R_F$ 两端的电压是相同的,因为 $R_F$ 中没有电流流过。

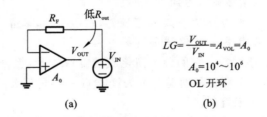

**图 4-22　并联-并联的闭环增益 1**

(a)电路图；(b)参数计算式

　　如果输入是电流源的情况呢? 为了计算环路增益,可用它的内阻(阻值无穷大)来代替独立的电流源。如图 4-23 所示,如果已经应用了另外一个输入源 $V_{in}$,则必须把输入电流源(独立源)去掉。独立电压源也用它的内阻代替,其值接近于零或为短路状态。用这种方法计算的增益称为环路增益 $LG$ 或回转比。

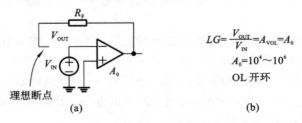

**图 4-23　并联-并联的闭环增益 2**

(a)电路图；(b)参数计算式

　　为了说明环路断开的位置不影响环路增益,我们再次计算环路增益 $LG$。将环路在反馈电阻 $R_F$ 和运放的输入端之间断开。选择这个断开位置比前述的位置要好,因为运放的输入电阻接近于无限大,比电阻 $R_F$ 大得多。于是我们得到了相同的环路增益值,它也等于运放自身的增益 $A_0$。

其实,这里用的放大器并不需要是一个增益很大的运算放大器,一个单晶体管放大器就可以满足了,图 4-24 中的运放就是用了一个带有源极跟随器的单级放大器。其开环增益就是输入晶体管的增益,源极跟随器提供的增益为 1。

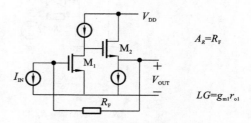

图 4-24  单晶体管并联-并联反馈

这个增益就是环路增益。我们还可以在任何想要断开的地方打开环路。现在输出电阻稍高了些,为 $1/g_{m2}$,但仍远小于 $R_F$。

通常闭环增益是容易计算的。此处的闭环增益仍然是 $R_F$,电路是一个跨阻放大器。换句话说,它把一个输入电流高精度地转换成了一个输入电压,这里是通过 $R_F$ 完成转换。

(2)串联-并联反馈环路。

如果将输出电压串联反馈到输入端,就得到了串联-并联反馈环路,如图 4-25 所示。最简单的情形是将输出直接连到输入端,产生一个单位增益。如果端口之间的差异均近似为零,这样的电路称为缓冲放大器,因为它可以提供大的电流值而不损失电压增益。常采用一些电阻来精确设定增益值。增益是正的,因为输出和输入同相,因此它是一个同相放大器。既然输入直接连到 MOS 管的栅极,输入电流就为零,而输入电阻为无穷大,没有电流流过。

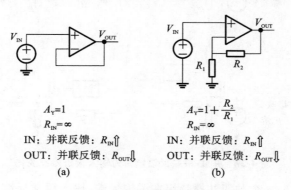

$$A_Y=1$$
$$R_{IN}=\infty$$
IN:并联反馈:$R_{IN}\Uparrow$
OUT:并联反馈:$R_{OUT}\Downarrow$

(a)

$$A_Y=1+\frac{R_2}{R_1}$$
$$R_{IN}=\infty$$
IN:并联反馈:$R_{IN}\Uparrow$
OUT:并联反馈:$R_{OUT}\Downarrow$

(b)

图 4-25  串联-并联反馈组态

(a)缓冲器电路;(b)反馈放大电路

由于是同相输入端的串联反馈,所以输入电阻会升高。而并联反馈总是导致输入电阻减小,因而输出电阻也下降。此处的反馈使得放大器表现为从电压到电压的放大器。因此,串联-并联反馈使放大器成为具有精确电压增益的电压-电压的放大器。

为了计算出输入和输出阻抗变化了多少,先要算出环路增益。通常无反馈情况下放大器的输出电阻较低,因此,选择图 4-26 中输出端的右侧断开环路。当然,也可以选择在负的输入端断开环路,如此从放大器看进去的输入电阻为无穷大。环路的电压增益首先按电阻比率成比例地衰减,接着被运放的开环增益 $A_0$ 放大,结果就是使得已经很大的输入电阻被进一步地放大,而输出电阻则降低相同倍数。

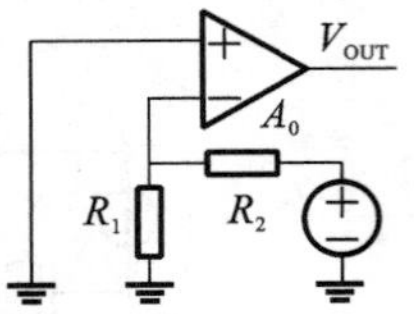

$$LG = \frac{V_{OUT}}{V_{IN}} = \frac{R_1}{R_1 + R_2} A_{VOL}$$

$$A_{VOL} = A_0 = 10^4 \sim 10^6$$

**OL Open Loop**

$$A_Y = 1 + \frac{R_2}{R_1}$$

$$R_{IN} = \infty$$

输入并联：$R_{IN} = R_{INOL}(1 + LG)$

IN: 并联反馈：$R_{IN} \Uparrow$

OUT: 并联反馈：$R_{OUT} \Downarrow$

输出并联：$R_{OUT} = \dfrac{R_{OUTOL}}{1 + LG}$

(a)　　　　　　　　　　(b)

**图 4-26　串联-并联反馈电路的闭环增益**

(a)电路图；(b)参数计算式

现在分析为什么串联反馈会增加电阻，而并联反馈则减少电阻。图 4-27 整理了反馈连接形式与对应阻抗之间的关系，图中示意了晶体管在输入端反馈电阻是如何连接，以及在该连接条件下，增益模块 A 根据连接增加或降低环路中的参数。

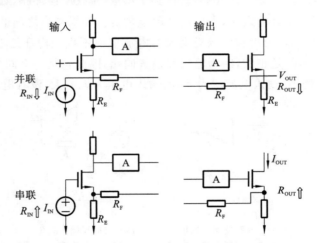

**图 4-27　并联-串联反馈电路的输入输出阻抗变化**

对于输入并联反馈，一个共源共栅管用在了输入端，输入源和反馈电阻 $R_F$ 连接在相同的节点上，因此输入电阻将变小。右边的输出并联也是同样的原理。

对于输入串联反馈，输入源和反馈电阻不在同一个节点上，因此，由于反馈电压和晶体管输入电压是串联关系，所以输入电阻增加。

（3）串联-串联反馈环路。

串联-串联反馈环路能够精确地实现电压到电流的转换放大，与前面介绍的电压放大器不同，它输出的是电流而不是电压，且输入和输出电阻都很高，称为跨导放大器。高输出阻抗主要用于驱动一个可变的阻抗，而输出电压不会受到太大影响，它也常常从电流镜的方式来提供电流源负载。

单管放大器可做成跨导放大器，由于具有高的输入电阻和大的电流输出，它的跨导比较低但相当准确。另外，一个没有输出级的运放也可以起到跨导放大的作用，它的跨导很高但是不

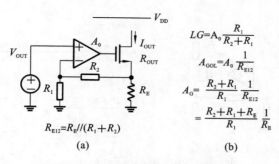

**图 4-28　串联-串联反馈的增益**

（a）电路图；（b）参数计算式

够精确。所以可以将它们组合使用来得到一个跨导增益高且精确的跨导转换器或电压-电流转换器。

在此基础上，可计算得出环路增益、开环增益和闭环增益，最后计算输入、输出电阻。

图 4-29 所示的为一个比较精确的跨导放大器的设计，其输出电流由一个被运放驱动的MOS 管提供，它通过三个电阻和输入电压 $V_{in}$ 准确相连。

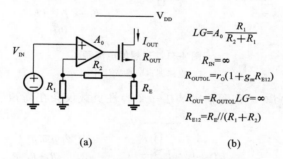

（a）　　　　　　　　　　　　（b）

**图 4-29　串联-串联反馈的输入/输出阻抗**

（a）电路图；（b）参数计算式

实际上，闭环增益 $A_G$ 就是 $i_{out}/V_{in}$，它仅与电阻的比值和 $R_{E12}$ 的绝对值有关。环路增益 $LG$ 及开环增益 $A_{GOL}$ 都与运放的增益 $A_0$ 有关，但是闭环增益 $A_G$ 却与之无关。

这个反相器的输入电阻显然为无穷大，因为没有栅电流流过。

输出电阻增大为环路增益 $LG$ 的倍数。开环输出电阻 $R_{out}$ 可从带有源电阻 $R_E$ 的单管放大器中得到，因此它的值很高，而且因为反馈的作用会变得更大。

增加的负载电阻 $R_L$ 使这个跨导放大器成为具有精确增益 $A_V$ 的电压放大器（见图 4-30）。增益仅仅与电阻的比值有关，从而可以精确设定。

从输出晶体管漏端看过去，其输出电阻很大，这样在整个放大器的输出端看到的输出电阻主要就是负载电阻 $R_L$。

前述跨导放大器中的增益电阻 $R_1$ 和 $R_2$ 可以被省略，即变成图 4-31 所示的简化形式。这可能是把电压转换为电流最简单的方法，而且有很高的精度。电压-电流的转换仅取决于电阻 $R_E$，输入和输出电阻都很高。这个电路可以看成是一个理想的电流源。

事实上，高精度跨导放大器可以有两个输出（见图 4-32），一个在输出晶体管的漏端，另一个在源端。两个输出端极性相反，环路增益相同，但实际的闭环电压增益却不同，在漏端输出的增益 $A_{v1}$ 要大一些，输出电阻也不一样，在源端输出的 $R_{out}$ 的阻值要小得多，因为它由 $1/g_m$

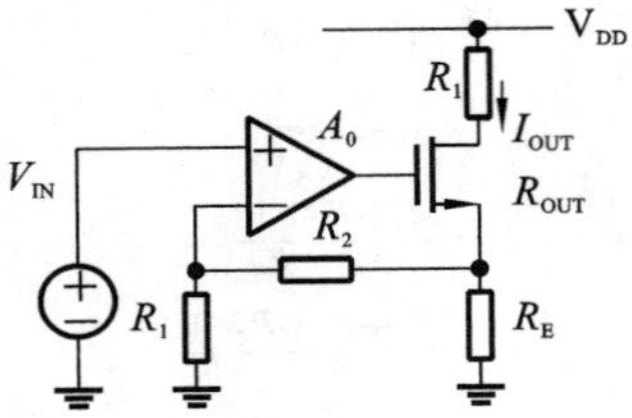

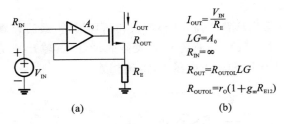

$$LG=A_0\frac{R_1}{R_2+R_1}$$

$$A_V=\frac{R_2+R_1}{R_1}=\frac{R_L}{R_{E12}}=\frac{-R_2+R_1+R_E}{R_1}\cdot\frac{R_L}{R_{E12}}$$

$$A_{GOL}=A_0\frac{1}{R_{E12}}$$

$$A_G=\frac{R_2+R_1}{R_1}\frac{1}{R_{E12}}$$

$$=\frac{R_2+R_1+R_E}{R_1}\frac{1}{R_E}$$

$$R_{OUT}=R_L$$

$$R_{E12}=R_E//(R_1+R_2)\qquad R_{IN}=\infty$$

(a)        (b)

**图 4-30　负载为 $R_L$ 的串联-串联反馈的输出阻抗**

(a)电路图；(b)参数的计算式

$$I_{OUT}=\frac{V_{IN}}{R_E}$$

$$LG=A_0$$

$$R_{IN}=\infty$$

$$R_{OUT}=R_{OUTOL}LG$$

$$R_{OUTOL}=r_O(1+g_mR_{E12})$$

(a)        (b)

**图 4-31　理想的电流源**

(a)电路图；(b)参数计算式

决定并且除以环路增益 $LG$。在源输出端接一个容性负载仅会在高频端产生一个极点。

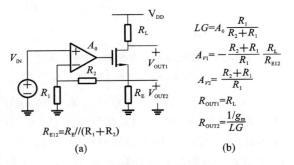

$$LG=A_0\frac{R_1}{R_2+R_1}$$

$$A_{v1}=-\frac{R_2+R_1}{R_1}\frac{R_L}{R_{E12}}$$

$$A_{v2}=\frac{R_2+R_1}{R_1}$$

$$R_{OUT1}=R_L$$

$$R_{OUT2}=\frac{1/g_m}{LG}$$

$$R_{E12}=R_E//(R_1+R_2)$$

(a)        (b)

**图 4-32　串联-串联反馈的两个输出阻抗**

(a)电路图；(b)参数计算式

**2）跨阻放大器（TIA）和电流放大器**

下面介绍两种放大器：跨阻放大器和电流放大器。它们输入的都是电流，但输出不同（一个是电压，一个是电流），对应的增益分别有电阻和电流增益的量纲。例如，跨阻放大器的增益为 2 kΩ，即对 1 mA 的输入能产生 2 V 的输出。也可以用图 4-33 所示的符号来表示，比如，如果放大器的输入电流为 $I_{IN}$，则跨阻 $R_{OUT}=V_{OUT}/I_{IN}$。而对于电流放大器，输入/输出的都是电流，对应的增益为 $A_I=I_{OUT}/I_{IN}$。

跨阻放大器和电流放大器都是通过量化电流在输入端引入并联反馈。如果输出端为一个输出电压，则构成跨阻放大器；如果输出端为一个输出电流，则构成电流放大器。

采用不同的反馈形式就会产生不同类型的放大器。并联-并联反馈能够产生一个精确的

跨阻增益 $A_R$。这样输入和输出电阻都会降低，因此输入一个电流就可以很容易地驱动输入级，而输出端就成了一个电压源。此外，要制作一个电流放大器，必须应用并联-串联反馈，因为这样才能使得输入电阻很小，从而允许一定动态范围的输入电流流过。而此时如果使用一个电流源作负载，输出级电阻会很高。

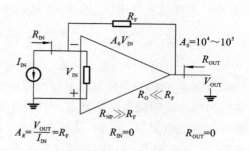

图 4-33　并联-并联反馈组态

并联-并联反馈能够提供一个精确的电流到电压的转换，它的作用就像光电二极管探测器的光强检测一样，所以被称为跨阻放大器。跨阻放大器主要用于电流传感器(如光电池、光电二极管、PIN、APD 探测器)的电路中。例如，光纤通信应用中，跨阻放大器是光接收机的一个必要组成部分，它先检测由光电二极管产生的电流信号，并最终产生一个电压信号由后续电路处理。此外，CCD、CMOS 图像传感器的信号输出也大多使用类似的放大器。跨阻放大器具有电压低、功耗低、带宽小、跨阻增益高的特点，但其易受电源变化的影响，对工艺依赖性强，且输入噪声高。

我们假设一个一般的情形，输入电阻不是无穷大，而是一个有限数值，且输出电阻也不为零，接着来计算一下具体的环路增益、闭环增益、开环增益，以及输入和输出电阻值。

图 4-33 所示的这个反馈电路非常简单，输入信号电流 $I_{IN}$ 会流过反馈电阻 $R_F$ 而产生一个输出电压 $I_{IN}R_F$，转移阻抗就是 $R_F$。由于该放大器有很高的增益 $A_0$(一般为 $10^4 \sim 10^6$)，这样不论输入电压是多少，差分输入电压 $V_{IN}$ 与噪声电压相比都会显得非常小。放大器的负端现在约为 0 V，流过输入电阻 $R_{NP}$ 的电流也是 0，这对于电阻 $R_{NP}$，无限大的 MOS 管是很自然的情况。

输入电流基本上都流过反馈电阻 $R_F$，因此输出电压精确地等于 $i_{IN}R_F$。反馈电阻 $R_F$ 通常要比输出电阻 $R_0$ 大很多。

并联-并联反馈组态的闭环增益可表达为

$$LG = \frac{V_{OUTLG}}{V_{INLG}} = A_{VOL} = A_0$$

假设我们将放大器的输出端断开，现在计算一下 $V_{OUTLG}/V_{INLG}$ 的比率。注意到输入电流源已被近似认为是理想电流源，所以在计算中就可以省略掉。

没有电流流过 $R_F$，事实上对于 MOS 管输入器件，放大器正负端电阻 $R_{NP}$ 无限大，结果表达式中就不出现电阻 $R_F$。因此，环路增益与放大器开环的 $A_0$ 是接近相等的，它的值也非常大。

从电流输入端看进去比较容易计算出输入电阻 $R_{IN}$。根据定义，我们知道闭环输入电阻 $R_{IN}$ 等于无反馈的输入电阻除以环路增益，而"无反馈的输入电阻"包括用来产生反馈的部分。在计算开环输入电阻 $R_{INOL}$ 时，由于电阻 $R_F$ 产生了反馈，所以它必须包含在内，即有

$$\begin{cases} R_{IN} = \dfrac{V_{IN}}{I_{IN}} = \dfrac{R_{INOL}}{LG} = 0 \\ R_{INOL} = R_{IN}(A_0 = 0) = R_{NP}/(R_F + R_0) = R_F \end{cases} \tag{4-37}$$

式(4-37)描述了并联-并联反馈组态的输入阻抗(开环和闭环状态下)。其中，开环输入电阻是由两个电阻并联得到的，对一个 MOS 管来说，由于其 $R_{NP}$ 实在太大，所以开环输入电阻主要是

$R_F$ 自身。闭环输入电阻 $R_{IN}$ 等于 $R_F$ 除以环路增益,它的值会非常小,但不为零。

$$\begin{cases} R_{OUT} = \dfrac{R_{OUTOL}}{LG} = 0 \\ R_{OUTOL} = R_{OUT}(A_0 = 0) = R_O//(R_F + R_{NP}) = R_O \end{cases} \quad (4\text{-}38)$$

式(4-38)描述了并联-并联反馈的输出阻抗(开环和闭环状态下)。闭环输出电阻 $R_{OUT}$ 等于无反馈时的输出电阻除以环路增益,而"无反馈的输出电阻"必须包括用来产生反馈的部分。在计算开环输出电阻 $R_{OUTOL}$ 时,由于电阻 $R_F$ 产生了反馈,所以它必须包含在内。但是,由于输出电阻 $R_O$ 比电阻 $R_F$ 小得多,因此考虑 $R_F$ 也不会带来太大的影响,开环输出电阻 $R_{OUTOL}$ 主要就是 $R_O$ 本身。

由于输出电阻 $R_O$ 要除以环路增益 $LG$,所以得到的闭环输出电阻会非常小,这个放大器相当于一个电压源。

# 4.3 ‖ 光电信号放大器实例

根据不同的光电探测任务,需要进行各类光电信号的放大电路设计。下面我们列举几个典型的光电信号放大器实例。

## 4.3.1 高速光电放大器

图 4-34 所示的跨阻放大器经常用于光纤接收机的第一级电路中。当光电二极管暴露在光辐射中时就相当于一个电流源,输出电流乘以 $R_F$ 便等于输出电压。这里给出了第一级放大器的详细电路,它的增益是 $A_1$,而后面的部分总体可视作一个增益为 $A_2$ 的黑盒(图中三角形),因此总的环路增益为 $A_1 A_2$。

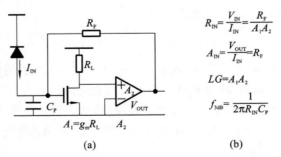

$$R_{IN} = \frac{V_{IN}}{I_{IN}} = \frac{R_F}{A_1 A_2}$$

$$A_{IN} = \frac{V_{OUT}}{I_{IN}} = R_F$$

$$LG = A_1 A_2$$

$$f_{3dB} = \frac{1}{2\pi R_{IN} C_P}$$

$A_1 = g_m R_L$　　$A_2$

(a)　　　　　　　　　(b)

**图 4-34　用于光电流探测的电压输出信号的放大器**

(a)电路图；(b)参数计算式

由于环路增益比较大,所以输入电阻 $R_{IN}$ 就减小了。这样,由内部互联与晶体管输入电路引起的并联在放大器输入端的二极管电容和寄生电容 $C_P$ 也较小,并且在输入端仅能看到一个较小的输入电阻值 $R_F/A_1 A_2$,这时带宽或 $f_{-3dB}$ 值就很高了,所以能获得很高的比特率。

如图 4-35 所示,仅在单管放大器处引入并联-并联反馈产生的效果不很理想,环路增益很低。

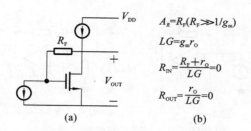

$A_R = R_F (R_F \gg 1/g_m)$

$LG = g_m r_O$

$R_{IN} = \dfrac{R_F + r_O}{LG} = 0$

$R_{OUT} = \dfrac{r_O}{LG} = 0$

(a)　　　　(b)

**图 4-35　单晶体管的并联-并联反馈电路**

(a)电路图；(b)参数计算式

　　这里要注意到,反馈电阻 $R_F$ 与输出电阻 $R_O$ 大小相近,它没有使环路增益 $LG$ 降低,因为 $R_F$ 连接到栅极无限大的输入电阻上。

　　如此一来,以前推得的简单方程此时就不精确了,但是闭环增益值仍然是正确的,它仍然等于 $R_F$。而其他量,如环路增益、输入和输出阻抗,只能用简单表达式近似地计算得到。如果想得到更加精确的表达式,就必须运用一些方法。此时晶体管要用小信号等效电路来代替(在低频时主要是 $g_m$ 和 $r_O$),同时等效电路满足基尔霍夫定律。因此,用 SPICE 或者其他电路模拟器也能得出相同的结果。

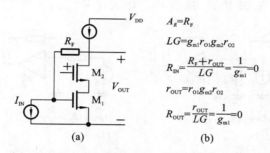

$A_R = R_F$

$LG = g_{m1} r_{O1} g_{m2} r_{O2}$

$R_{IN} = \dfrac{R_F + r_{OUT}}{LG} = \dfrac{1}{g_{m1}} = 0$

$r_{OUT} = r_{O1} g_{m2} r_{O2}$

$R_{OUT} = \dfrac{r_{OUT}}{LG} = \dfrac{1}{g_{m1}} = 0$

(a)　　　　(b)

**图 4-36　共源共栅管并联-并联反馈电路**

(a)电路图；(b)参数计算式

　　增加一只共源共栅管 $M_2$ 可以较大地提高环路增益 $LG$,此时闭环跨阻的表达式就比较接近 $R_F$ 的值。

　　由于环路增益很高,所以可以获得相对精确的输入、输出阻抗值。而如果要验证这些结果,就只能直接采用基尔霍夫的两个定律来进行分析了。

　　注意到此时输入、输出阻抗都等于 $1/g_{m1}$,由于 $M_2$ 管的栅极没有电流流过,所以电阻 $R_F$ 没有出现在其表达式中。同时,晶体管 $M_2$ 仅仅是增加了环路增益。

　　对于带理想电流源的并联-并联反馈电路,$A_R$、$LG$、$R_{IN}$ 的计算是很容易的,图 4-37(a)给出了计算过程。现在的问题是,如果不是理想电流源又会出现什么情况呢？图 4-37(a)的右边,我们看到电流源已经并联上一只源电阻了,问题是究竟能容许多小的 $R_S$ 值,才能保证上述的简单计算仍然有效。

　　只要源电阻 $R_S$ 比闭环输入阻抗大,那么它就不会影响最终的结果。这个输入电阻值大约为 $R_F/A_0$,后面将称之为 $R_G$。因此,只要我们保证源电阻 $R_S$ 值比 $R_F/A_0$ 值大,就可以继续像前面一样使用较为简单的表达式。这就意味着如果忽略 $R_S$,就仍然能够计算环路增益 $LG$,这也意味着现在有两个输入电阻,一个是忽略 $R_S$ 的情况,得到的值为 $R_F$,另一个是不忽略 $R_S$

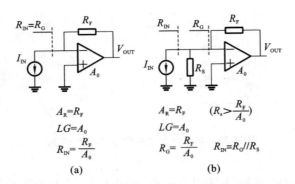

**图 4-37    非理想电流源的并联-并联反馈环路**

(a)不带源电阻；(b)带源电阻

的情况,得到的值为 $R_{IN}$。显然,$R_{IN}$ 等于 $R_S$ 和 $R_F$ 的并联,但由于 $R_S$ 比 $R_F$ 要大得多,所以输入电阻 $R_{IN}$ 大致等于 $R_F$。

假设 $V_{IN}$ 等于 $R_S i_{IN}$,那么电流源 $i_{IN}$ 就能够用一个电压源 $V_{IN}$ 串联一个 $R_S$ 电阻来代替(见图 4-38)。

同样,必须假定电阻 $R_S$ 要比 $R_G$ 或者 $R_F/A_0$ 大得多。

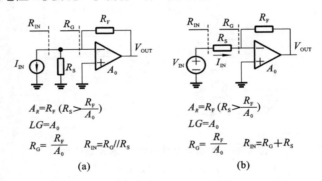

**图 4-38    并联-并联反馈环路**

(a)并联源电阻；(b)串联源电阻

环路增益 $LG$、跨阻 $A_R$ 和栅极处的电阻 $R_G$ 现在就和前面的一样了。而从电压源端看进去的实际的输入电阻 $R_{IN}$,现在就等于电阻 $R_G$ 和电阻 $R_S$ 之和,因为 $R_S$ 比 $R_G$ 大得多,所以输入电阻 $R_{IN}$ 的值主要是 $R_S$。

现在所有的输入电阻都已求出,跨阻 $A_R$ 也已求出,由于使用了一个电压源,所以还要求出电路的电压增益 $A_V$。

电压增益 $A_V$ 可以简单表示成两个电阻的比值,如图 4-39 所示,它是由跨阻 $A_R$ 和电阻 $R_1$ 计算得到的。这个电压增益的值很精确,并且与开环增益 $A_0$ 几乎没有关系,因此该放大器已经成为被广泛使用的放大器之一,它被称为反相放大器。

这时输出电阻 $R_{OUT}$ 会很小,甚至在没有反馈的情况下,运算放大器就已经能够提供一个低的输出电阻 $R_{OUTOL}$ 了,这是由于在运放内部输出端采用源极跟随器的结果。采用高环路增益的反馈会使得输出电阻降低至非常小的值。

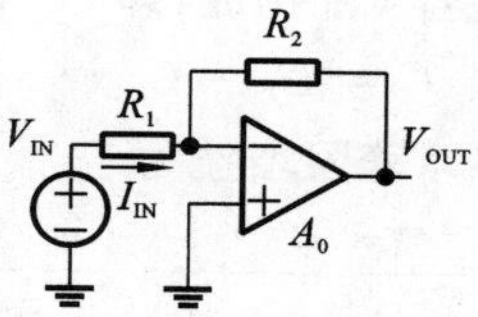

$$LG=A_0 \qquad A_0=10^4 \sim 10^5$$

$$A_R=R_2 \left(R_1 > \frac{R_2}{A_0}\right)$$

$$\frac{V_{\text{OUT}}}{V_{\text{IN}}} = \frac{V_{\text{OUT}}}{I_{\text{IN}}} \frac{I_{\text{IN}}}{V_{\text{IN}}}$$

$$A_V = -A_R \frac{1}{R_2} \qquad A_V = -\frac{R_2}{R_1}$$

$$R_{\text{OUT}} = \frac{R_{\text{OUTOL}}}{LG}$$

(a) (b)

**图 4-39 并联-并联反馈：增益和输出阻抗**

(a)电路图；(b)参数的计算表达

## 4.3.2 光通信用放大器

在高速的数字通信中，为了将 PD 的高频微弱电信号变为光接收机需要的清晰稳定的信号，常需要采用 CMOS 工艺制作出具有较好增幅、灵敏度、响应速率等性能的放大器（如跨阻放大器 TIA 和限幅放大器 LA）。

### 1. 跨阻放大器

反向偏置的 PD 接收到大于其带隙的光信号后，由于光伏效应产生的光电流 $i_\Phi$ 满足光电转换关系式（2-60）。如图 4-40 所示的跨阻放大器电路，光电流输入转化为电压信号，达到初步的去噪和放大效果。图 4-40 中，$I_{\text{in}}$ 为 PD 输入跨阻放大器的电流信号，$C_D$ 为光电二极管寄生电容，$R_f$ 为反馈电阻，$V_{\text{out}}$ 为输出信号，各参数满足下列关系式：

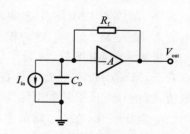

**图 4-40 跨阻放大器示意图**

$$-A = \frac{V_{\text{out}}}{V_{\text{in}}} \tag{4-39}$$

$$\frac{V_{\text{out}} - V_{\text{in}}}{R_f} = -I_{\text{in}} - V_{\text{in}} C_D s \tag{4-40}$$

于是得到跨阻增益 $A_f$ 为

$$A_f = \frac{V_{\text{out}}}{I_{\text{in}}} = -\frac{A}{A+1} \frac{R_f}{1 + \dfrac{R_f C_D}{1+A} s} \tag{4-41}$$

理想放大器输入阻抗无限大，所以该反馈型 TIA 的输入电阻为反馈电阻比环路增益，即

$$R_{\text{in}} = \frac{R_f}{1+A} \tag{4-42}$$

其−3 dB 带宽由式（4-43）描述，此式决定了跨阻放大器能接收多高频率的光信号。

$$f_{-3\,\text{dB}} \approx \frac{1}{2\pi} \frac{A}{R_f C_D} \tag{4-43}$$

图 4-41 所示的为共源极结构的跨阻放大器，MOS 管 $M_1$ 和电阻 $R_1$ 构成了将信号电流 $I_S$ 转化为信号电压的共源放大器，$M_2$ 为源极跟随器，可以将电压进一步放大，反馈电阻 $R_f$ 提供跨阻增益，最后在 $V_{\text{out}}$ 端输出电压。

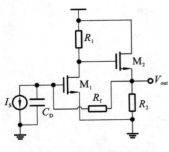

**图 4-41 共源极跨阻放大器**

电路的电容由 PD 的寄生电容 $C_D$、$M_1$ 管的栅源电容 $C_{GS}$ 和栅漏电容 $C_{GD}$ 构成，即

$$C = C_D + C_{GS} + (1 + A)C_{GD} \qquad (4\text{-}44)$$

根据式(4-44)，跨阻增益为

$$A_f = -\frac{A}{A+1}\frac{R_f}{1+\dfrac{R_f[C_D + C_{GS} + (1+A)C_{GD}]}{1+A}s} \qquad (4\text{-}45)$$

其 $-3$ dB 带宽为

$$f_{-3\text{ dB}} \approx \frac{1}{2\pi}\frac{A}{R_f[C_D + C_{GS} + (1+A)C_{GD}]} \qquad (4\text{-}46)$$

由式(4-45)的跨阻增益和式(4-46)的 $-3$ dB 带宽可以看出，通过跨阻放大电路使得 3 dB 带宽分子上被乘以放大器的开环增益 $A$（$A$ 的值很大），因而得到良好的带宽拓展。同时，增大反馈电阻可以使跨阻增益变大，但是带宽会变小；反之，减小反馈电阻会使跨阻增益变小而带宽变大。因此，在高速光通信中选择负载电阻时要考虑到输入电信号大小和频率高低。

实际情况中，共源极的开环增益 $A$ 难以达到远大于 1 的程度，因此多采用如图 4-42 所示的电流复用型跨导电路的设计。图 4-42 中，$M_1$ 和 $M_2$ 分别为 PMOS 管和 NMOS 管，可以用 CMOS 工艺集成在同一个晶片上，信号电流 $I_s$ 输入 $M_1$ 和 $M_2$ 管的栅极，$R_f$ 为反馈电阻，$M_3$ 为二极管接法的 MOS 管，可看作负载电阻。由电路结构可以看出，$M_1$ 管和 $M_2$ 管都工作在饱和区，且复用同一个漏电流，当信号电流引起漏电流变化时，在 $M_1$ 管和 $M_2$ 管上会产生电压变化，在 $V_{out}$ 端的电压变化为 $M_1$ 和 $M_2$ 管

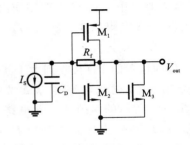

**图 4-42 电流复用型跨阻放大器**

的电压变化的和。共源极结构由于只有一个 MOS 管的跨导，所以在信号电流变化引起漏电流变化时只产生了一份电压变化。因此，相比共源极结构，电流复用型跨导电路可以看作跨导翻倍，具有更高的增益性能。

**2. 限幅放大器**

跨阻前置的放大器增益比较低，因此无法与光电传感器进行适当的匹配，以获得低噪声和宽带。当放大器的输入信号幅度超过一定的电平时，放大器进入非线性工作区，输出信号达到降幅状态。而决策电路所需的输入电压通常在几到几百微伏之间，因此需要额外 40～60 dB 的信号增益。为了对数据进一步处理与分析，信号的幅度最好为恒定值。

限幅放大器（LA）具有相当广泛的应用。相比自动增益控制放大器（AGC），LA 具有更加简单的结构，放大器用于信号的每一脉冲，这使得能够更快地获得适用于高速传输系统的稳定运行状态。表 4-1 所示的为两种放大器的特性比较结果。

**表 4-1 AGC 与 LA 的特性比较**

| 特 性 | AGC | LA |
| --- | --- | --- |
| 结构 | 闭环 | 开环 |
| 线性度 | 线性 | 非线性 |

续表

| 特　　性 | AGC | LA |
|---|---|---|
| 反应时间 | 慢 | 快 |
| 电路复杂度 | 复杂 | 简单 |
| 输入动态范围 | 小 | 大 |

　　跨阻放大器无法达到很高的增益，因而达到
40 dB 以上的大增益通常是由限幅放大器实现的。
限幅放大器通常由本身就具有限幅特性的 MOS 管
差分放大器构成。MOS 管差分放大器的结构如图
4-43 所示，它由两个匹配 MOS 管组成，两个 MOS
管的源极相互连接并连接恒定的尾电流源 $I_{SS}$，漏极
通过电阻 $R_D$ 接到电源 $V_{DD}$，在两个 MOS 管的漏极
处引出输出端口。两个栅极即为输入信号端口，两
个输出端口的电压差即为电路的差分输出电压。
差分放大器的跨导可表示为

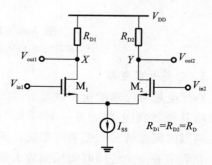

**图 4-43　差分输入的限幅放大器**

$$G_m = \frac{\partial \Delta I_D}{\partial \Delta V_{in}} = \frac{1}{2}\mu_n C_{ox}\frac{W}{L}\frac{\frac{4I_{SS}}{\mu_n C_{ox}W/L} - 2\Delta V_{in}^2}{\sqrt{\frac{4I_{SS}}{\mu_n C_{ox}W/L} - \Delta V_{in}^2}} \tag{4-47}$$

　　对于小信号的情况，可以看作 $\Delta V_{in}^2 = 0$，则 $G_m = \sqrt{\mu_n C_{ox}(W/L)I_{SS}}$，由于 $\Delta V_{out} = R_D\Delta I_D = R_D G_m \Delta V_{in}$，可得差分放大电路小信号下的电压增益为

$$A_V = R_D\sqrt{\mu_n C_{ox}(W/L)I_{SS}} \tag{4-48}$$

需要注意的是，上述计算式基于 $M_1$、$M_2$ 都导通的情况，当差分输入信号 $\Delta V_{in}$ 过大时，有可能
导致其中一个 MOS 管截止，此时 $I_{SS}$ 电流全部流过另一个 MOS 管。此处设 $M_2$ 截止，则有 $I_{D1}$
$= I_{SS}$ 和 $\Delta V_{in} = V_{GS1} - V_{TH}$，于是

$$\Delta V_{inmax} = \sqrt{\frac{2I_{SS}}{\mu_n C_{ox}W/L}} \tag{4-49}$$

式(4-49)即为使 $M_2$ 截止的最大的输入差分电压信号，当 $\Delta V_{in}$ 大于此值时，$I_{SS}$ 全部电流流经
$M_1$，继续增大 $\Delta V_{in}$，输出的差分电压也不会变化，即跨导变为 0。

## 4.3.3　开关电容放大器

　　在集成电路的设计中，由于电容更容易获得，所以采用电容反馈网络的 CMOS 反馈放大
器比采用电阻反馈网络的放大器更好实现。
　　先来了解下 CMOS 工艺中电容的物理实现。图 4-44(a)所示的为一个简单的 MOS 电容
器结构，其"上极板"为多晶硅层，"下极板"为重掺杂的 $N^+$ 区，介质层为 CMOS 器件也采用的
薄氧化物层。在使用这种结构时，需要注意每个极板和衬底之间产生的寄生电容，特别是下极
板会与下面的 P 型区形成很大的结电容，一般为栅氧电容的 $10\% \sim 20\%$。因此，电容的模型
常表示为图 4-44(b)所示的形式。

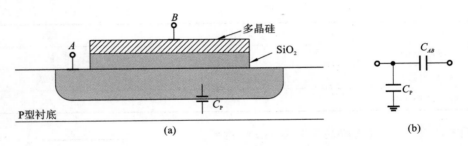

**图 4-44 基于 CMOS 工艺的单片电容**

(a)器件结构;(b)包括封底寄生电容的单片电容的等效电路

**1. 开关电容电路**

在光电信号处理的很多情况下,我们仅仅在周期性时间间隔内检测输入信号,而在其余时间忽略其值,然后电路对每一个"采样"进行处理,在每个周期末产生有效的输出值。这种电路称为离散时间系统或数据采样系统。开关电容(SC)电路就是一种常见的离散时间系统。

我们来看一个连续时间反馈放大器电路,如图 4-45(a)所示。若采用 CMOS 技术,就会产生一个问题:要达到高的电压增益,CMOS 运放的开环输出电阻是很大的(通常接近几百千欧),因此电阻 $R_2$ 会显著降低运放的开环增益,结果会降低该电路的精度。事实上,根据图 4-45(b)所示的等效电路,可以得到

$$-A_v\left(\frac{V_{\text{out}}-V_{\text{in}}}{R_1+R_2}R_1+V_{\text{ON}}\right)-R_{\text{OUT}}\,\frac{V_{\text{out}}-V_{\text{in}}}{R_1+R_2}=V_{\text{out}} \tag{4-50}$$

因此

$$\frac{V_{\text{out}}}{V_{\text{in}}}=-\frac{R_2}{R_1}\,\frac{A_0-\dfrac{R_{\text{out}}}{R_2}}{1+\dfrac{R_{\text{out}}}{R_1}+A_0+\dfrac{R_2}{R_1}} \tag{4-51}$$

式(4-51)表明,与 $R_{\text{out}}=0$ 的情况相比,闭环增益在分子和分母上都是不精确的。并且,近似等于 $R_1$ 的放大器的输入电阻是前一级的负载,其所产生的热噪声还会输入到前一级。

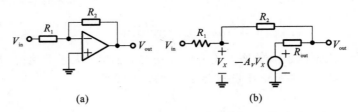

**图 4-45 连续时间反馈放大器**

(a)电路图;(b)等效电路图

在图 4-45(a)所示电路中,闭环增益通过 $R_2$ 和 $R_1$ 的比值确定。为了避免减小运放的开环增益,我们假设电阻能够被电容所替代,如图 4-46(a)所示,但是如何设置 X 点的偏置电压呢? 如图 4-46(b)所示,我们可以增加一个大的反馈电阻 $R_F$,尽管在所关心的频带中对放大器的交流特性有很小的影响,却可以提供直流反馈。如果仅仅用于检测高频信号,这种电路是真正实用的。但是,假设电路要放大一个阶跃电压(见图 4-47),则其响应包括了两部分:一个是阶跃电压,它是由 $C_1$、$C_2$ 以及运放组成的电路的初始放大所产生的;另一个是随后的一个"尾巴",它是因为 $C_2$ 的电荷通过 $R_F$ 泄放造成的。从另一方面看,因为电路表现出的是高传输功

能,所以不适合放大宽带信号。事实上,传输函数为

$$\frac{V_{\text{out}}}{V_{\text{in}}}(s) \approx -\frac{R_\text{F}\dfrac{1}{C_2 s}}{R_\text{F}+\dfrac{1}{C_2 s}} \div \frac{1}{C_2 s} \tag{4-52}$$

且有

$$-\frac{R_\text{F}\dfrac{1}{C_2 s}}{R_\text{F}+\dfrac{1}{C_2 s}} \div \frac{1}{C_2 s} = -\frac{R_\text{F}C_1 s}{R_\text{F}C_2 s+1} \tag{4-53}$$

式(4-52)、式(4-53)说明,仅当 $\omega \gg (R_\text{F}C_2)^{-1}$ 时, $V_{\text{out}}/V_{\text{in}} \approx -C_1/C_2$。

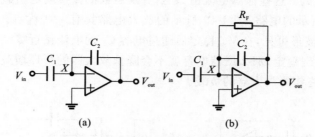

**图 4-46　连续时间反馈放大器**

(a)采用电容替代电阻;(b)采用电阻确定偏置点

　　上述问题可以通过增大 $R_\text{F}C_2$ 加以改善,但是在许多应用中,这两个元件所求的值往往过大而无法实现,因此当使用电容反馈网络时,必须要寻找其他建立偏置电压的方法。

　　可以用一个开关来替代图 4-46(b)中的 $R_\text{F}$,如图 4-48 所示。通过闭合 $S_2$ 以使运放工作在单位增益反馈模式,并将 $V_X$ 钳位到 $V_\text{B}$($V_\text{B}$ 是为运放选择的合适的输入共模电平)。开关断开后,$X$ 节点保持该电压,运放可以正常工作。当然,当 $S_2$ 闭合时,电路是不会将 $V_{\text{in}}$ 放大的。

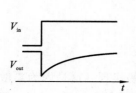

**图 4-47　图 4-46(b)中放大器的阶跃响应**

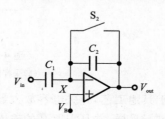

**图 4-48　用反馈开关来确定输入直流电平**

　　现在考虑图 4-48 所示的开关电容电路,图 4-49 所示的电路用反馈开关来确定输入直流电平三个开关的控制作用。$S_1$ 和 $S_2$ 分别使 $C_1$ 的左极板与 $V_{\text{in}}$ 和地相连,$S_2$ 提供单位增益反馈。我们先假设运放的开环增益非常大,然后分两阶段分析电路:首先,$S_1$ 和 $S_2$ 接通,$S_3$ 断开,对于高增益运放,$V_X = V_{\text{out}} \approx 0$,因此 $C_1$ 两端的电压就近似等于 $V_{\text{in}}$;接着,在 $t=t_0$ 时刻,$S_1$ 和 $S_2$ 断开,$S_3$ 接通,使 $A$ 点接地,因为 $V_A$ 从 $V_{\text{in}}$ 变到 0,所以输出

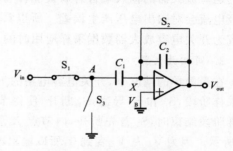

**图 4-49　开关电容放大器**

电压从 0 变到 $V_{in0}C_1/C_0$。

输出电压的变化也可以通过研究电荷转移来计算。在 $t_0$ 时刻前,存储在 $C_1$ 上的电荷量等于 $V_{in0}C_1$。在 $t=t_0$ 后,通过 $C_2$ 的负反馈驱动运放的输入差动电压,使 $C_1$ 两端的电压变为零(见图 4-48),因而在 $t=t_0$ 时存储在 $C_1$ 上的电荷必然要转移到 $C_2$ 上,产生的输出电压等于 $V_{in0}C_1/C_2$,这样,电路把电压 $V_{in0}$ 放大了 $C_1/C_2$ 倍。

图 4-48 中电路的许多特性有别于连续时间电路。首先,电路要花费一定时间来对输入信号采样,在这段时间内电路不提供放大功能,而且输出为零。然后,在采样结束后,即 $t>t_0$ 时,电路不管输入信号 $V_{in}$,仅仅对采样电压放大。最后,电路结构明显从一种状态转换到了另一种状态(见图 4-50(a)、(b)),即电路产生了稳定性问题。注意,$S_2$ 必须周期性地闭合,以补偿 $X$ 点慢放电的泄漏电流。这些泄漏电流由 $S_2$ 自身及运放的栅极漏电引起。

相对于图 4-45 所示的电路,图 4-49 所示的放大电路具有一些优点。除了具有采样功能外,从图 4-50 所示的波形可见,在 $V_{out}$ 稳定后通过电容 $C_2$ 的电流接近零。也就是说,如果输出电压有充足的时间达到稳定,那么反馈电容就不会降低放大器的开环增益。相比之下,图 4-45 所示电路中的 $R_2$ 始终作为放大器的负载。

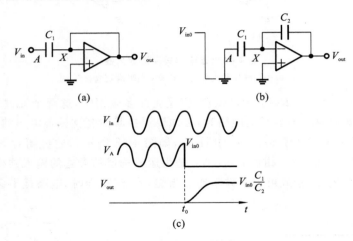

图 4-50　开关电容放大器电路

(a)采样阶段;(b)放大阶段;(c)信号波形

相对于其他工艺,开关电容放大器在 CMOS 工艺中更容易实现。这是因为离散时间操作需要开关进行采样,并且需要高的输入阻抗才能可靠地获得存储的电荷量。例如,假设图 4-49 中的运算放大器的输入端含有双极晶体管,则在放大阶段(见 4-50(b))由反相输入端抽取的基极电流会对输出电压产生误差。所以具有简单的开关和高的输入阻抗条件使得 CMOS 工艺成为开关电容放大器数据采样应用时的主要选择。

2. 同相放大器

在最简单的情况下,开关电容电路的工作过程主要经历两个阶段:采样阶段和放大阶段。在采样阶段,$S_1$ 和 $S_2$ 导通,$S_3$ 断开,使得节点 $X$ 为虚地,并使 $C_1$ 两端的电压跟踪输入电压。采样阶段结束时,$S_2$ 首先断开,向节点 $X$ 注入固定电荷 $\Delta q_2$。接着,$S_1$ 断开,$S_3$ 导通,如图 4-51 所示。因为 $V_P$ 从 $V_{in}$ 变到 0,所以输出电压从 0 变到大约 $V_{in0}/(C_1/C_2)$,产生的电压增益等于 $C_1/C_2$。因为输出值最终与 $V_{in0}$ 的极性相同,因此这种电路称为同相放大器,它的增益大于单位增益。

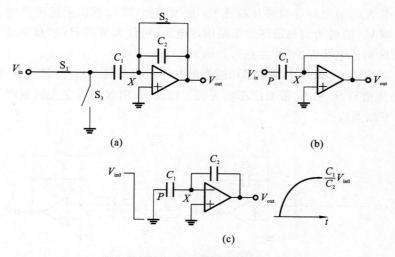

**图 4-51　电路示意图**

（a）同相放大器；（b）采样模式；（c）电路跳变到放大模式

与单位增益电路一样，采用适当的时序，即使 $S_2$ 在 $S_1$ 之前断开，同相放大也可以避免与输入有关的电荷注入效应，如图 4-51（a）所示。在 $S_2$ 断开之后，节点 $X$ 的总电荷保持不变，使得电路不会受 $S_1$ 电荷注入或 $S_3$ 电荷吸收作用的影响。如图 4-51（b）所示，由 $S_1$ 注入的电荷 $\Delta q_1$ 使节点 $P$ 的电压变化量约为 $\Delta V_P = \Delta q_1 / C_1$，因此输出电压的变化量为 $-\Delta q_1 / C_1$，但是，在 $S_3$ 导通后（见图 4-51（c）），$V_P$ 总的变化为 $0 - V_{in0} = -V_{in0}$，使得输出电压总的变化量为 $-V_{in0}(-C_1/C_2) = V_{in0}C_1/C_2$。

值得注意的是，$V_P$ 从固定电压 $V_0$ 变到 0 的过程要经历由 $S_1$ 引起的干扰。因为输出电压是在节点 $P$ 接地后才测量的，确保 $S_1$ 的电荷注入不会影响到最终的输出结果。从另外的角度看，如图 4-52 所示，在 $S_2$ 断开的瞬间，$C_1$ 右极板的电荷近似等于 $-V_{in0}C_1$，并且在 $S_2$ 断开后，节点 $X$ 总的电荷保持不变。这样，当节点 $P$ 接地且电路稳定后，$C_1$ 两端的电压以及它的电荷均接近为零，因此 $C_2$ 左极板上一定会驻留电荷 $-V_{in0}C_1$。换句话说，不管其间在节点 $P$ 如何偏离，但最终输出电压近似等于 $V_{in0}C_1/C_2$。

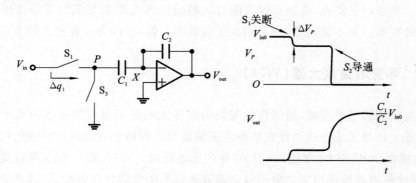

**图 4-52　$S_1$ 电荷注入效应**

从上述讨论可以看出，另外两种现象对最终的输出也不会产生影响。第一，从 $S_1$ 断开到 $S_2$ 断开，输入电压可以显著地变化（见图 4-51），但不会产生任何误差。换句话说，采样瞬间由 $S_2$ 的断开决定。第二，当 $S_2$ 导通，会吸收沟道电荷，但因 $V_P$ 的最终值为零，这个电荷也不太重要。由于节点 $X$ 的总电荷守恒并且最终 $V_P$ 是固定值(零),所以上述两种情况都不会引入误差。为了强调 $V_P$ 的初始值和最终值都是固定电压,可认为节点 $P$ 是"被驱动"的(这里电荷不守恒的 $P$ 点区别于电荷守恒的"浮点",如 $X$)。

总而言之,在图 4-53 所示电路中采用适当的时序可以保证节点 $X$ 只受 $S_2$ 注入电荷的影响,即 $V_{out}$ 的最终值与 $S_1$ 和 $S_3$ 带来的影响无关。而由 $S_2$ 引起的固定失调最终又可以通过后续的差动运算予以消除。

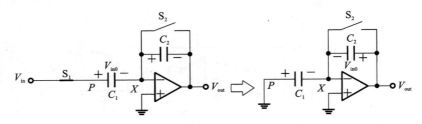

**图 4-53  同相放大电路的电荷再分配**

3. 电容反馈跨阻放大器电路(CTIA)

从前面章节知道,CMOS 图像传感器的采集读出电路可以是由多个 MOS 管构成的放大和选择电路。如果没有采取反馈,则信号放大增益有可能不太稳定,且增益带宽也比较有限。因此一种电容反馈跨阻放大器电路(CTIA)应运而生。

图 4-54 所示的为电容反馈跨阻放大器型读出电路,复位开关 $M_{rst}$ 和积分电容 $C_{int}$ 连接在运放的输入负端和输出端。无论是在复位周期还是处于积分周期,运放都工作在负反馈状态,运放负输入端能在整个工作周期中都偏置在固定电位 $V_{ref}$,这给二极管传感器提供了稳定的偏置电压,使传感器光电流的线性度得到了保障。同时,二极管传感器连接运放输入管的栅极电容,输入阻抗较低,二极管光电流全部流入积分电容 $C_{int}$,注入效率高。由于在极短的积分时间内,二极管电流可以看成是恒定的,而积分器的线性度只与电容和运放的线性度有关,所以积分放大电路的线性度能被设计得很高。积分放大电路的增益与积分电容 $C_{int}$ 的大小成反比,改变积分电容 $C_{int}$ 的容值能够有效改变积分放大电路的增益,从而适用于不同辐射背景强度的环境。基于以上特点,电容反馈跨阻放大器型读出电路现在成为图像传感器读出电路中最受欢迎的技术。其不足在于,由于引入了运算放大器,所以会占有更大的面积和功耗。

### 4.3.4  可变增益放大器(VGA)

进行光电模拟信号处理时,最强信号与最弱信号之间的相差可能会达到几十分贝。任何恒定增益的放大器都无法处理如此宽功率范围的信号。而用于克服这一问题的可变增益放大器(VGA)出现在 20 世纪 80 年代,并于 90 年代迅速发展。VGA 的一大应用就是在图像处理领域,由于图像传感器转换出来的电信号会随着光信号的强弱变化而变化,这就要求放大器信号处理的动态范围非常大,并且能够智能化地处理这些模拟信号。当光线强度比较强时,VGA 的放大倍数会相应地变小一些,最后摄像机拍摄出来的图像不会因为光线太强而出现色度过饱和的情况;同理,当光线强度比较弱时,VGA 的放大倍数会相应地变大一些,最后得到的图像就能避免色度过暗的情况。这样一来,整个图像处理的效果就能更加柔和且清晰。

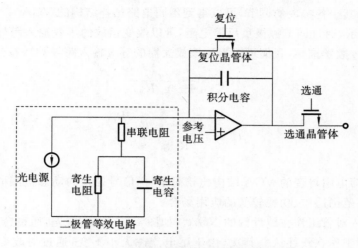

**图 4-54　电容反馈跨阻放大器型读出电路**

可变增益放大器(VGA)根据电路结构可以分为开环结构和闭环结构两类,根据所需处理的信号类型可分为模拟可变增益放大器和数字可编程增益放大器(programmable gain amplifier,PGA)。

1. 开环结构的 VGA

开环结构的 VGA 通过改变输入 MOS 管跨导或输出电阻来实现增益的变化。下面我们来介绍几种常见的开环结构的 VGA。

第一种开环结构的 VGA 是基于负载可变的 VGA,如图 4-55 所示。这种 VGA 的核心思想是依靠二极管连接形式的 MOS 管作为负载,通过调节 $M_3$ 和 $M_4$ 中尾电流的大小来调节 $g_m$,最终在一定的信号范围内实现增益的线性变化。基于负载可变的 VGA 容易实现,功耗低,占用面积小,但精度与线性度都不高,适合于低功耗、低精度要求的场合。

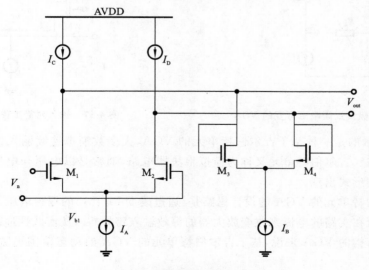

**图 4-55　基于负载可变的 VGA**

第二种开环结构的 VGA 是基于源极负反馈可变的 VGA,如图 4-56 所示。这种 VGA 的核心思想是通过改变输入管的跨导来实现对增益的调节,MOS 管跨导的表达式可以有多种不同的形式,通过对其中各参数的调节,可以得到不同电路拓扑结构的 VGA。

如图 4-56 所示,通过调节源极负反馈电阻,可以改变运放的等效输入跨导,从而达到改变增益的目的。通过数学推导,我们可以得出该放大器的等效输入跨导和增益分别为

$$G_m = \frac{g_m}{1 + g_m R_{deg}} \tag{4-54}$$

$$A_V = \frac{g_m}{1 + g_m R_{deg}} R_{L0} \tag{4-55}$$

$$\approx \frac{R_{Load}}{R_{deg}}$$

基于源极反馈电阻可变的 VGA 结构比较简单,但信号处理的动态范围尚不够宽,线性度一般,适用于动态范围适中、功耗较低的应用场合。

第三种为输入对管工作在线性区的 NGA。如图 4-57 所示,首先,通过合理的偏置电压的设计,让输入对管工作在线性区。其次,由于尾电流源大小不变,通过对改变 $M_3$、$M_4$ 的栅压来改变源端的电压,进而调整 $M_1$、$M_2$ 的漏端电压,从而使等效输入跨导发生变化,最后达到改变增益的目的。这种结构的 VGA 比较简单,但由于对偏压的限制,它的动态范围不足够宽,电路的失配对增益的偏移影响较大,只适用于低动态范围的场合。

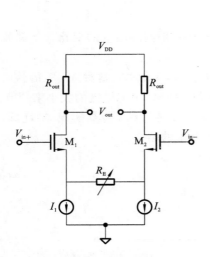

**图 4-56　基于源极负反馈电阻可变的 VGA**

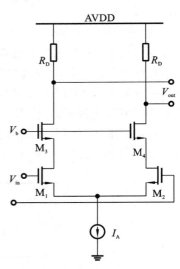

**图 4-57　输入对管工作在线性区的 VGA**

图 4-58 所示的是一种基于吉尔伯特单元的 VGA,大多数模拟连续输入信号的处理一般会采用这种结构。吉尔伯特单元又称为模拟乘法器电路,通常是以电压与电压的乘积或电压与电流的乘积的形式出现。

基于吉尔伯特单元的 VGA 的设计思路是:通过改变 $M_3$、$M_6$ 的栅控电压 $V_{control}$,或者改变流过两晶体管所在支路的电流来改变放大器的等效输入跨导 $G_m$,从而线性地改变增益。相对前面几种开环结构的 VGA 来说,基于吉尔伯特单元的 VGA 的动态范围更宽,应用范围更为广泛。

**2. 闭环结构的 VGA**

与开环结构的 VGA 相比,闭环结构的 VGA 由于使用了负反馈技术,其对增益变化的控制更加精确,同时它的线性度更高,失真更小,输出范围也更大。图 4-59 所示的为基于可变电

阻网络的 VGA,假设运放的增益为无穷大,则整个闭环增益可表示为

$$A_v \approx -\frac{R_2}{R_1} \tag{4-56}$$

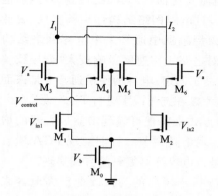
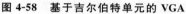

**图 4-58　基于吉尔伯特单元的 VGA**

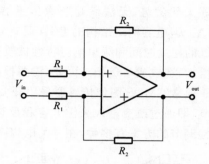

**图 4-59　基于可变网络结构的 VGA**

为了更好地实现电阻间的匹配,可以将与电阻串联的 MOS 开关管的尺寸也按相应比例改变,这是因为 MOS 开关管的导通电阻与 MOS 沟道的宽长比 $W/L$ 成反比。其中,式(4-56)中 $R_1$ 的电阻值等于 MOS 开关管导通电阻和多晶硅电阻的和。

在 CMOS 工艺中,相比于电阻网络形式的 VGA,电路设计者一般更倾向于使用电容阵列来替代电阻网络以达到线性增益变化的目的。这是因为电阻所占版图面积较大,且精度不容易控制,对放大器前后级及放大器自身容易造成负载效应。电阻不够大时,若不在放大器后边接入一级缓冲器,则会降低放大器的开环增益,而接入缓冲器,又会消耗大量的功耗。另外,缓冲器本身也涉及失真的问题。这样一来,使用电阻负反馈网络对整个电路的折中来说比较复杂,而开关电容结构的 VGA 设计更简单一点,但电容的版图布局与匹配还是需要很仔细地设计。

**3. 可编程增益运算放大器(PGA)**

可编程增益运算放大器能通过调节反馈系数来实现较高精度的增益调节,可以用于数模转换电路的前置信号放大。通过 PGA 的增益调节,电路可以将模拟信号进行精确放大,减小输入小信号的数模转换量化误差,有效提高图像传感器在暗光夜视环境下的图像质量,提高图像的动态范围,因此其在高端图像传感器应用中有广泛的前景。

按照增益调节方式,PGA 可分为固定增益步进、固定增益 dB 数和自定义增益步进。固定增益步进的 PGA 确定了增益的变化步进,应用可按照设计步进任意进行增益调整,其优点是使用较为灵活,缺点是电路结构会较为复杂,实现高增益的难度较大,只适用于小范围增益细调。固定增益 dB 数的 PGA 采用 dB 为单位来计算其步进,对使用 dB 数计算增益的应用较为方便,它的缺点也是实现高增益的难度较大。自定义增益步进的 PGA 通常是为了解决传统固定增益步进或固定增益 dB 数的 PGA 实现高增益开销较大的问题,它通常采用 1、2、4、8 等步进来设计,结构最为简单。其缺点是步进较大,只能实现增益粗调,需要配合其他较小步进来进行精细增益调节。

按照环路结构,PGA 可分为开环结构和闭环结构。开环结构的 PGA 结构简单、带宽大、功耗低,而闭环结构的 PGA 通常采用负反馈形式,可以使 PGA 的增益具有更高的线性度和精度。另外,负反馈还可以运用于运算放大器的频率补偿,保证环路的稳定性。通常应用中,

具有更稳定性能的闭环结构的 PGA 应用更为广泛。

此外,按照网络结构,PGA 还可以分为电阻网络结构和电容网络结构。电阻网络结构的 PGA 采用电阻作为增益调节器件,在 CMOS 工艺中,电阻具有面积小、匹配性高的特点,但电阻网络结构需要设计特殊的运算放大器,实现难度较大,且电阻网络结构存在精度低、线性度差等天然劣势,无法满足图像传感器的需求,因此图像传感器中通常采用电容网络结构的 PGA。但电容网络结构的 PGA 具有复杂的电容阵列,对电路工作速度影响较大,会导致整体系统的建立时间和频率响应特性被改变,同时在集成电路工艺中,电容的使用通常会带来面积的增加,造成成本负担。因此,需要根据实际系统需求,考虑各方面因素进行 PGA 设计。

通常 CMOS 图像传感器采用开关电容阵列网络的方式来实现可编程增益放大器的增益调节,即通过改变输入采样电容和反馈电容的比值来实现增益调节。目前实现 PGA 增益的线性调节的方案有多种,在开关电容阵列网络中,通常是以电容阵列编码的方式实现。

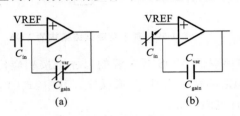

**图 4-60　两种电容控制增益形式**
(a)可变反馈电容;(b)可变采样电容

图 4-60(a)所示的为以改变反馈电容来调节增益的可变反馈电容增益控制形式,图 4-60(b)所示的为以改变采样电容来调节增益的可变采样电容增益控制形式。这两种方式在实际应用中均有,可根据电路实际需求来进行选择。

图 4-60 中可变电容 $C_{var}$ 表示开关电容阵列,它可通过编码控制电容容值,是 PGA 控制增益的核心电路。电容阵列的编码方式可根据电路的不同方面,包括放大精度、速度、功耗、面积等来考虑,目前常用的可编程放大器增益控制的编码方式有简单独热码编码方式、固定反馈系数编码方式和温度计码编码方式。

# 4.4 ‖ 低噪声放大器

## 4.4.1　电压-噪声电流($E_n$-$I_n$)模型

前面已经说明了在信号处理中使用放大器电路的必要性,并对放大器电路基本结构进行了讲述,考虑到光电信号处理系统中的光电信号很多情况下是弱信号,放大器不仅对输入信号进行了放大,对输入噪声也进行了放大,同时放大器还会引入新的噪声。因此,为了能够设计出高质量的低噪声前置放大器,要求我们不仅要了解信号的特性,也要了解放大器噪声的特性,并且还要讨论放大器噪声的分析方法。

1. 放大器的 $E_n$-$I_n$ 噪声模型

我们知道放大器是由多个元器件组成的,在信号传输过程中每个元器件都会产生噪声,因此整个放大器内部的噪声还是比较复杂的,单独分析各个噪声源费时费力。为了简化噪声分析和运算,通常采用等效的 $E_n$-$I_n$ 模型来描述放大器总的噪声特性。

根据网络理论,任意的四端网络都可以等效地用连接在输入端的一对电压-电流发生器来表示。因而一个放大器的内部噪声可以用串联在输入端的具有零阻抗的电压发生器 $E_n$ 和一个并联在输入端具有无穷大阻抗的电流发生器 $I_n$ 来表示,两者的相关系数为 $r$。这就是放大

器的 $E_n$-$I_n$ 噪声模型,如图 4-61 所示。其中,$V_s$ 为信号源电压,$R_s$ 为信号源内阻,$E_{ns}$ 为信号源内阻的热噪声电压,$Z_i$ 为放大器输入电阻,$A_V$ 为放大器电压增益,$V_{so}$ 为总的输出信号,$E_{no}$ 为总的输出噪声。

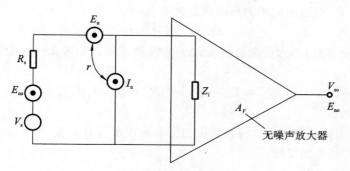

**图 4-61　放大器的 $E_n$-$I_n$ 模型示意图**

采用 $E_n$-$I_n$ 模型描述放大器后,可以将放大器看成无噪声的理想放大器,从而将放大器噪声的研究转换成对 $E_n$、$I_n$ 在整个电路中所起到作用的分析,这使得电路系统的噪声计算得以大大简化。而模型中的 $E_n$、$I_n$ 的数值可以通过实验进行测量,这对于低噪声放大器的设计显得尤为重要。

2. 等效输入噪声

有了 $E_n$-$I_n$ 模型,就可以将一个放大系统中的噪声简化为三个噪声源,即 $E_n$、$I_n$、$E_{ns}$。进一步考虑三个噪声源的共同作用效果,还可以将它们全部等效到信号源上,用等效输入噪声 $E_{ni}$ 这个物理量来表示它们。下面对 $E_{ni}$ 和 $E_n$、$I_n$、$E_{ns}$ 的关系进行推导。

先计算各噪声在放大器输出端的贡献。$E_{ns}$ 的贡献为

$$E'_{no(E_{ns})} = E_{ns} \frac{Z_i}{R_s + Z_i} A_V \tag{4-57}$$

$E_n$ 的贡献为

$$E''_{no(E_{ns})} = E_n \frac{Z_i}{R_s + Z_i} A_V \tag{4-58}$$

$I_n$ 的贡献为

$$E'''_{no}(I_n) = I_n (R_s // Z_i) A_V \tag{4-59}$$

如果 $E_n$、$I_n$ 不相关,将上面三项取平方相加即可得到总的输出噪声:

$$\begin{aligned}
E_{no}^2 &= E'^2_{no(E_{ns})} + E''^2_{no(E_n)} + E'''^2_{no(I_n)} \\
&= E_{ns}^2 \left( \frac{Z_i}{R_s + Z_i} A_V \right)^2 + E_n^2 \left( \frac{Z_i}{R_s + Z_i} A_V \right)^2 + I_n^2 \left( \frac{R_s Z_i}{R_s + Z_i} A_V \right)^2
\end{aligned} \tag{4-60}$$

式(4-60)中,各个部分都有一个公共因子 $\dfrac{Z_i}{R_s + Z_i} A_V$,实际上,这是放大系统对信号源即输入信号的电压放大倍数。

当输入信号为 $V_s$ 时,输出信号为

$$V_{so} = V_s \frac{Z_i}{R_s + Z_i} \cdot A_V \tag{4-61}$$

$K_v = \dfrac{V_{so}}{V_s} = \dfrac{Z_i}{R_s + Z_i} \cdot A_V$,即放大系统的电压放大倍数。因此,

$$E_{ni}^2 = \frac{E_{no}^2}{K_v^2} = E_{ns}^2 + E_n^2 + I_n^2 R_s^2 \tag{4-62}$$

即为等效输入噪声。式(4-62)中的各项参数容易测量,这也是采用 $E_n$-$I_n$ 模型的优势,其中源电阻 $R_s$ 的热噪声 $E_n$ 可以由电阻的热噪声公式求出:

$$E_{ns}^2 = 4kTR_s\Delta f \tag{4-63}$$

式中:$k$ 为玻尔兹曼常数;$T$ 为探测器温度;$\Delta f$ 为检测带宽。如果 $E_n$、$I_n$ 是相关的,则等效输入噪声为

$$E_{ni}^2 = E_{ns}^2 + E_n^2 + I_n^2 R_s^2 + 2rE_n I_n R_s \tag{4-64}$$

式中:$r$ 为相关系数。

可见,通过引入等效噪声 $E_{ni}$,将原系统的所有噪声源等效为位于 $V_s$ 上的单一噪声源,使得放大器的分析变得更加简洁。

### 3. 噪声系数

对于一个系统来说,其噪声性能不仅仅是指系统本身元器件所产生噪声的大小,还包括它影响信号的程度大小。由于等效输入噪声 $E_{ni}$ 的表达式中包含源电阻 $R_s$ 及其热噪声项,不宜用来衡量噪声性能。若同时用 $E_n$、$I_n$ 来描述又较为复杂,因此,通常是用噪声系数 NF(noise factor)作为衡量放大器、元器件或系统噪声性能的指标。

在引出噪声系数之前我们先回顾信噪比的概念:在信号传输电路中,信号功率与噪声功率的比值称为信号噪声比,简称信噪比,通常表示为 $\frac{S}{N}$ 或 $\frac{P_S}{P_N}$。放大器输出端的信噪比越高越好。

有了信噪比的概念后,我们就可以来定义噪声系数:

$$F = \frac{P_{si}/P_{ni}}{P_{so}/P_{no}} \tag{4-65}$$

也可以采用对数的形式来描述噪声系数:

$$NF = 10\lg \frac{P_{si}/P_{ni}}{P_{so}/P_{no}} \tag{4-66}$$

由噪声系数的定义可以看出,一个放大器或系统的噪声系数表示了信号通过该放大器或系统后信噪比变坏的程度大小。如果放大器没有滤波功能,信号与噪声通过放大器后都得到放大,同时放大器内部也存在噪声,那么信号通过放大器后的信噪比不可能变好。

假设放大器是理想的(无噪声)线性网络,输入放大器的信号与噪声将得到相同的放大,即输出端的信噪比等于输入端的信噪比,则有 $F=1$ 或 $F=0$。

假设放大器是非理想的,自身存在噪声,则信号通过后将混入额外的噪声,使得输出端的噪声功率等于放大后的输入端噪声功率和放大器噪声功率之和,信号通过这种放大器后,输出端的信噪比就小于输入端的信噪比,则有 $F>1$。

在实际应用中,放大器内部存在噪声,因此,通过放大器后的输出噪声功率 $P_{no}$ 是由两部分组成的,一部分是放大后的输入噪声功率 $P_{ni}A_p$,另一部分是放大器自身产生的噪声呈现在输出端的噪声功率 $P_n$,用公式表示为

$$P_{no} = A_p P_{ni} + P_n = P_{no1} + P_n \tag{4-67}$$

因此,噪声系数又可以表示为

$$F = \frac{P_{no}}{P_{ni}A_p} = \frac{A_p P_{ni} + P_n}{A_p P_{ni}} = 1 + P_n/A_P P_{ni} \tag{4-68}$$

式(4-68)表明了噪声系数与放大器内部噪声的关系。实际的放大器都是会产生噪声的,即有

$P_n > 0$，因此 $F > 1$。只有在理想放大器的情况下，其内部不产生噪声，有 $P_n = 0$，此时 $F = 1$。

噪声系数也可用电压比表示，即

$$F = \frac{\dfrac{V_s^2}{E_{ns}^2}}{\dfrac{V_{so}^2}{E_{no}^2}} = \frac{E_{no}^2}{E_{ns}^2} \cdot \frac{1}{K_v^2} \tag{4-69}$$

其中，$K_v = \dfrac{V_{so}}{V_s}$ 为电压增益，$E_{no}^2 = K_v^2 E_{ni}^2$，$E_{ni}$ 为等效输入噪声，于是有

$$F = \frac{E_{no}^2}{E_{ns}^2} \cdot \frac{1}{K_v^2} = \frac{E_{ni}^2}{E_{ns}^2} = \frac{E_{ns}^2 + E_n^2 + I_n^2 R_s^2}{E_{ns}^2} \tag{4-70}$$

若考虑相关系数 $r \neq 0$，则噪声系数

$$F = \frac{E_{ns}^2 + E_n^2 + I_n^2 R_s^2 + 2r E_n I_n R_s}{E_{ns}^2} \tag{4-71}$$

此外，由基本定义式(4-65)可导出：

$$F = \frac{P_{si}}{(P_{so}/P_{no}) P_{ni}} = \frac{P_{si}}{\text{SNR}_o \cdot P_{ni}} \tag{4-72}$$

式中：$\text{SNR}_o$ 为输出端的信噪比。则输入信号功率为

$$P_{si} = F \cdot \text{SNR}_o \cdot P_{ni} \tag{4-73}$$

输入信号电压为

$$E_{si} = \sqrt{F \cdot \text{SNR}_o \cdot P_{ni}} \tag{4-74}$$

式(4-74)表明，若已知放大器的噪声系数 NF、输入噪声功率 $P_{ni}$，求得输出信号的信噪比，就可以计算出可以检测的最小信号。

至此得到噪声系数的三个表达式如下：

基本定义式

$$F = \frac{P_{si}/P_{ni}}{P_{so}/P_{no}} = \frac{\text{输入端信噪比}}{\text{输出端信噪比}} \tag{4-75}$$

导出式 1

$$F = \frac{P_{no}}{P_{ni} A_p} = \frac{\text{输出端总的噪声功率}}{\text{源电阻产生的输出噪声功率}} \tag{4-76}$$

导出式 2

$$F = 1 + \frac{P_n}{P_{ni} A_p} = 1 + \frac{\text{放大器产生的噪声功率}}{\text{源电阻产生的输出噪声功率}} \tag{4-77}$$

上面三个表达式分别从不同的角度阐述了噪声系数的含义。当需要计算具体电路的噪声系数时，使用后面两个式子会更加方便。同时应该清楚，只有对于线性电路（线性放大器）而言，才有噪声系数的概念，因此可以使用功率增益来描述。对于非线性电路，信号通过电路得不到线性放大，同时信号与噪声、噪声与噪声之间也会相互影响，即使是理想的无噪声电路（放大器），输出端的信噪比与输入端的信噪比也不一样，此时就不适合用噪声系数来描述系统的噪声性能了。

## 4.4.2　最佳源电阻 $R_{opt}$ 与最小噪声系数 $F_{min}$

根据噪声系数的电压表达式(4-70)有：

$$F = \frac{E_{ns}^2 + E_n^2 + I_n^2 R_s^2}{E_{ns}^2} = 1 + \frac{E_n^2}{E_{ns}^2} + \frac{I_n^2 R_s^2}{E_{ns}^2} \tag{4-78}$$

假如信号源的噪声只有热噪声，则式中 $E_{ns}$ 可表示为

$$E_{ns}^2 = 4kTR_s\Delta f \tag{4-79}$$

因此

$$F = 1 + \frac{E_n^2}{4kTR_s\Delta f} + \frac{(I_nR_s)^2}{4kTR_s\Delta f} \tag{4-80}$$

由式(4-80)可以看出，$F$ 表达式中含有四个变量 $E_n$、$I_n$、$R_s$、$\Delta f$，其中 $E_n$、$I_n$ 是由放大器内部元器件和它们之间的配置情况决定的，$\Delta f$ 是系统的带宽，由放大器或者其前后的滤波器决定(此时滤波器和放大器应看成一个整体以计算噪声系数)，因此放大器一旦设计好以后，$E_n$、$I_n$ 和 $\Delta f$ 就基本不变了，$F$ 表达式中的变量只剩下 $R_s$。即对于一个确定的放大器，只能通过改变源电阻来减小它的噪声系数。

由 $F$ 和 $R_s$ 的关系

$$F = 1 + \frac{E_n^2}{4kTR_s\Delta f} + \frac{I_n^2R_s}{4kT\Delta f} \tag{4-81}$$

可以看出，当 $R_s$ 增大时，式(4-81)中的第二项减小、第三项增大，当 $R_s$ 减小时，式(4-81)中的第二项增大、第三项减小，由此可知，$F$ 是有极值的。对 $F$ 求偏导并令其偏导等于零，有：

$$\frac{\partial F}{\partial R_s} = -\frac{1}{R_s^2} \cdot \frac{E_n^2}{4kT\Delta f} + \frac{I_n^2}{4kT\Delta f} = 0 \tag{4-82}$$

解得：

$$R_s = \frac{E_n}{I_n} \tag{4-83}$$

因此，当信号源的内阻 $R_s = \dfrac{E_n}{I_n}$ 时，噪声系数 $F$ 取得最小值：

$$F_{min} = 1 + \frac{E_nI_n}{4kT\Delta f} + \frac{E_nI_n}{4kT\Delta f} = 1 + \frac{E_nI_n}{2kT\Delta f} \tag{4-84}$$

此时的源电阻为最佳源电阻，记为 $R_{opt}$。当 $R_s = R_{opt}$ 时，放大器的噪声系数为最小，此时源电阻和放大器的配置称为"噪声匹配"，这是低噪声放大电路设计的一个重要原则。

假设放大器在输入端和信号源是功率匹配的，即 $R_s = R_i$，在输出端和负载也是功率匹配的，即 $R_o = R_L$，则放大器的功率增益记为 $A_{PH}$。信号源的内阻 $R_s$ 产生的热噪声电压均方值为

$$\overline{E_{ns}^2} = 4kTR_s\Delta f \tag{4-85}$$

放大器的输入噪声功率为

$$P_{ni} = \frac{\overline{E_{ns}^2}}{4R_s} = kT\Delta f \tag{4-86}$$

该噪声功率放大后为

$$P_{ni}A_p = A_{PH} \cdot kT\Delta f \tag{4-87}$$

$P_n$ 为放大器内部产生的噪声在输出端的功率。若将 $P_n$ 等效为在放大器输入端的电阻产生的噪声，且该电阻的阻值为 $R_s$、温度为 $T_i$，则有

$$P_n = A_{PH} \cdot kT_i\Delta f \tag{4-88}$$

将式(4-86)、式(4-87)代入 $F$ 的表达式，有：

$$F = 1 + \frac{P_n}{P_{ni}A_p} = 1 + \frac{A_{PH}kT_i\Delta f}{A_{PH}kT\Delta f} = 1 + \frac{T_i}{T} \tag{4-89}$$

可得：

$$T_i = T(F - 1) \tag{4-90}$$

这里 $T_i$ 称为放大器的噪声温度。当 $T_i=0$ 时，$F=1$，此时放大器内部不产生噪声，即为理想的无噪声放大器。当 $T_i=T(290\ \text{K})$ 时，$F=2$ 或 $\text{NF}=3\ \text{dB}$，此时放大器内部产生的噪声功率等于信号源输入的噪声功率。

因此，在达到功率匹配的条件下，放大器输出端的总噪声功率可表示为

$$P_{no}=A_{PH}kT\Delta f+A_{PH}kT_i\Delta f=A_{PH}k(T+T_i)\Delta f \tag{4-91}$$

由式(4-91)可以直观地看出噪声温度所蕴含的物理意义：放大器内部产生的噪声功率，相当于在放大器输入端增加一个温度为 $T_i$ 的电阻所产生的噪声功率，或者相当于信号源内阻在原温度 $T$ 的基础上再加上温度 $T_i$ 所增加的噪声功率。因此，放大器的噪声温度与噪声功率成正相关关系，即噪声温度越高，系统或元器件的噪声功率越大。

用噪声温度 $T_i$ 或噪声系数 $F$ 来表征放大器内部噪声的大小在本质上是相同的，但如果需要比较放大器内部噪声大小，通常采用噪声温度要比采用噪声系数更为精确。例如，假设 $T=290\ \text{K}$，当 $F=1.10$ 时，$T_i=29\ \text{K}$，而当 $F=1.11$ 时，$T_i=31.9\ \text{K}$。两种情况下，噪声系数 $F$ 的差值为 0.01，而噪声温度 $T_i$ 的差值为 2.9 K。

### 4.4.3　多级放大器的噪声影响

在实际工作中，经常会遇到同时使用多个放大器的情况，为此，我们需要研究多级放大器噪声系数与单级放大器噪声系数之间的关系。

对于图 4-62 所示的单级放大器，已经知道 $P_{ni}$ 为输入放大器的信号源噪声功率，$P_n$ 为放大器内部噪声在输出端产生的噪声功率，$P_{no}$ 为放大器输出端的总噪声功率，$A_p$ 为放大器的功率增益。放大器的噪声系数 $F$ 随着信号源噪声功率 $P_{ni}$ 的变化而变化，这说明了放大器与信号源之间存在匹配的问题。由噪声系数公式 $F=1+\dfrac{P_n}{P_{ni}A_p}$ 可得：

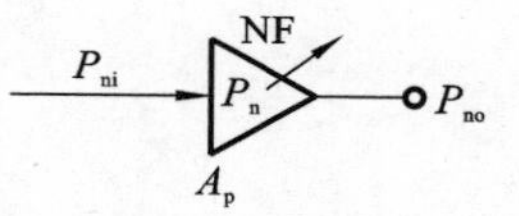

**图 4-62　单级放大器噪声系数 NF**

$$\frac{P_n}{A_p P_{ni}}=F-1 \tag{4-92}$$

在多级放大器系统中，可以令每一级放大器的噪声系数 $F_k$ 是对于各自都有着相同的输入噪声功率而言的。

下面对一个三级放大器系统进行分析。三级级联放大器（网络）系统如图 4-63 所示。从系统的观点来看，每一级放大器都是一个子系统，三个子系统组成本系统。其中，$P_{ni}$ 为第一级放大器的输入噪声功率，同时也是整个级联系统的输入噪声功率；$P_{n1}$、$P_{n2}$、$P_{n3}$ 分别为各级放大器的内部噪声在各级输出端的功率；$A_{p1}$、$A_{p2}$、$A_{p3}$ 分别为各级放大器的功率增益。

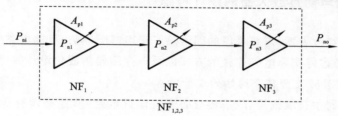

**图 4-63　三级级联放大器系统**

根据前面对各级放大器噪声系数的说明,单独将各级放大器与信号源相连时,即可得到各级放大器的噪声系数:

$$
\begin{cases}
\dfrac{P_{n1}}{A_{p1}P_{ni}} = F_1 - 1 \\[2mm]
\dfrac{P_{n2}}{A_{p2}P_{ni}} = F_2 - 1 \\[2mm]
\dfrac{P_{n3}}{A_{p3}P_{ni}} = F_3 - 1
\end{cases}
\tag{4-93}
$$

而将三级放大器看成一个整体时,根据式(4-93)可以得到三级放大器系统的噪声系数:

$$
F_{1,2,3} = 1 + \frac{P_n}{A_p P_{ni}}
\tag{4-94}
$$

式中:$A_p$ 为三级放大器系统总的功率增益,且有

$$
A_p = A_{p1} A_{p2} A_{p3}
\tag{4-95}
$$

另外,注意到在式(4-94)中,$P_n$ 应为三级级联放大器系统内部噪声在系统输出端的功率,则有

$$
\begin{aligned}
P_n &= (P_{n1} A_{p2} + P_{n2})A_{p3} + P_{n3} \\
&= A_{p2} A_{p3} P_{n1} + A_{p3} P_{n2} + P_{n3}
\end{aligned}
\tag{4-96}
$$

将系统总功率增益 $A_P$ 和总内部噪声在输出端的功率 $P_n$ 代入式(4-94)得

$$
\begin{aligned}
F_{1,2,3} &= 1 + \frac{P_n}{A_p P_{n1}} = 1 + \frac{A_{p2} A_{p3} P_{n1} + A_{p3} P_{n2} + P_{n3}}{A_{p1} A_{p2} A_{p3} P_{n1}} \\
&= 1 + \frac{P_{n1}}{A_{p1} P_{n1}} + \frac{P_{n2}}{A_{p1} A_{p2} P_{n1}} + \frac{P_{n3}}{A_{p1} A_{p2} A_{p3} P_{n1}} \\
&= F_1 + \frac{F_2 - 1}{A_{p1}} + \frac{F_3 - 1}{A_{p1} A_{p2}}
\end{aligned}
\tag{4-97}
$$

利用递推法,易得 $n$ 级级联放大器系统的噪声系数为

$$
F_{1,2,3,\cdots,n} = F_1 + \frac{F_2 - 1}{A_{p1}} + \frac{F_3 - 1}{A_{p1} A_{p2}} + \cdots + \frac{F_n - 1}{A_{p1} A_{p2} \cdots A_{pn-1}}
\tag{4-98}
$$

这就是多级放大器噪声系数的理论公式,它由费里斯(Friis)于 1944 年提出,因此也称为费里斯公式。从这个公式可以看出,对于多级放大器系统而言,其噪声系数主要由第一级放大器的噪声系数所决定,为了得到低噪声系数的多级放大器系统,应尽可能地选取具有低噪声系数和高功率增益的放大器作为第一级放大器,在设计低噪声前置放大器中,这是一个重要的原则。

### 4.4.4　低噪声前置放大器的设计考虑

设计低噪声前置放大器,需要考虑的因素除了噪声匹配原则、反馈电路及偏置电路的噪声影响,还要尽可能考虑好实际电气连接的方式以及与探测器集成化设计的可能性。

1. 探测器与前置放大器耦合网络的设计考虑

要从光电探测器中获取信号,除了要有必要的偏置电路外,还必须有耦合网络,这样才能将探测器输出的信号送到后续的低噪声前置放大器中进行放大。为了减小放大器输入端的噪声,我们也要对耦合网络进行一定的设计。

用源阻抗 $Z_s$ 表示探测器和偏置电路形成的等效阻抗,用 $V_s$ 表示由探测器得到的信号电压,这样探测器及其偏置电路就可以用图 4-64 所示的电路表示,光电探测器及其偏置电路可以看作一个内阻为 $Z_s$、电动势为 $V_s$ 的信号源。

光电探测器与放大器之间的耦合方式包括并联型、串联型、并串型、串并型和串并串型五种,如图 4-65 所示。

为了尽量减小耦合网络带来的噪声,提高放大器输出端的信噪比,设

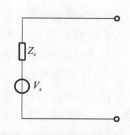

图 4-64　探测器及其偏置电路的等效电路

$$\begin{cases} Z_{cp} = R_{cp} + jX_{cp} \\ Z_{cs} = R_{cs} + jX_{cs} \end{cases} \tag{4-99}$$

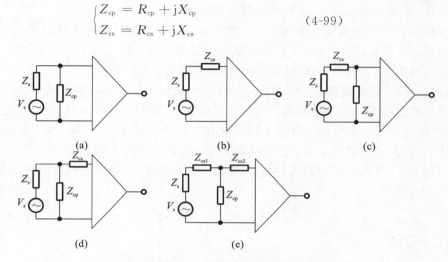

图 4-65　信号源与放大器的耦合方式

(a)并联型;(b)串联型;(c)串并型;(d)并串型;(e)串并串型

则有如下低噪声设计原则。

(1) 对于耦合网络中的串联阻抗元器件,有

$$\begin{cases} R_{cs} \ll E_n/I_n \\ X_{cs} \ll E_n/I_n \end{cases} \tag{4-100}$$

其中,$E_n$、$I_n$ 为前置放大器 $E_n$-$I_n$ 模型中的 $E_n$、$I_n$ 参量。

(2) 对于耦合网络中的并联阻抗元器件,有

$$\begin{cases} R_{cp} \gg E_n/I_n \\ X_{cp} \gg E_n/I_n \end{cases} \tag{4-101}$$

(3) 为了减小电阻元器件的过剩噪声(过剩噪声是除了热噪声之外的一种由流过电阻的直流电流所引起的 $1/f$ 噪声),必须尽量减小流过电阻的电流,或降低电阻两端的直流压降。

由于每一个元器件都是一个噪声源,为了减小输出端的噪声,提高信噪比,应尽量采用简单的耦合方式,在可能的情况下,应多采用直接耦合方式,以此来消除耦合网络所带来的噪声。在迫不得已要采用耦合网络时,应注意遵循上述原则。

2. 典型光电探测器与放大器耦合电路

为了得到更好的输出信噪比,除了对放大器进行一定的设计,还要使放大器输入端的信噪比尽可能地高,这就需要我们考虑到光电探测器的偏置电路设计。光电探测器的偏置电路就是实际取出光电信号的方法。有的光电探测器必须工作在一定的偏置状态下,有的光电探测

器工作时不需要偏置,也有的光电探测器既可以外加偏置也可不加偏置。偏置电路也会产生噪声,下面介绍常用的光电探测器和光伏探测器的偏置电路。

(1)分立光电导探测器的偏置。

光电导探测器通常采用半导体材料制造,探测器内部载流子吸收光子能量后浓度发生改变,表现为探测器的电阻值变化。为了使光信号的变化能通过光电导探测器转变为电信号,必须给光电导探测器加上一定的偏置电路。

光电导探测器内部的噪声源主要是产生-复合噪声和热噪声。另外,当给光电导探测器外加偏置而流过一定的偏置电流时,还会产生过剩噪声。产生-复合噪声和过剩噪声都与偏置电流的大小有关,即偏置电流越大,这些噪声的起伏也越大。

光电导探测器的直流偏置电路如图 4-66 所示。图中,$V_B$ 为直流偏置电压,$R_d$ 为光电导探测器的暗电阻,$R_L$ 为负载电阻,信号从 $A$ 点取出送到前置放大器。图 4-67 所示的为光电导探测器输出的信号电压、噪声电压和电压信噪比随偏置电流变化的情况。

由图 4-67 可见,随着偏置电流的增大,一方面,从探测器上取出的信号增大;另一方面,探测器输出的噪声也增大。当偏置电流增大到一定程度时,探测器因消耗电功率产生的热量将使其暗阻降低,导致输出信号的上升速率随偏置电流的增大而减小。同时,探测器的过剩噪声也很快增大。因此,探测器输出的信噪比随着偏置电流的从小到大,有一个先上升后下降的变化过程。可见,对于光电导探测器,存在着一个最佳偏置范围,在这个偏置范围内,探测器输出的信噪比($S/N$)较高。

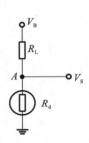

**图 4-66　光电导探测器的直流偏置电路**

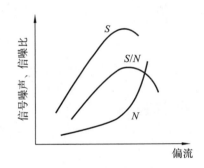

**图 4-67　偏置电流对探测器输出性能的影响**

光电导探测器的最大偏置由它的最大功耗决定,它的最大功耗又取决于其结构、材料、设计等,一般由制造厂商给出。对图 4-66 中的偏置电路进一步分析,根据负载电阻 $R_L$ 与探测器暗电阻 $R_d$ 之间的大小关系,可以分为三种偏置状态:$R_L \gg R_d$ 时为恒流偏置,其特点是流过探测器的偏置电流基本上不随光辐射的变化而变化;$R_L = R_d$ 时为匹配偏置;$R_L \ll R_d$ 时为恒压偏置,其特点是加在探测器上的偏置电压近似为 $V_B$,而与光辐射的变化基本无关。

光电导探测器的内阻($R_d$)一般分为三挡,即低阻、中阻和高阻。$R_d < 100\ \Omega$ 时为低阻,$R_d$ 在 $100\ \Omega$ 至 $1\ \mathrm{M}\Omega$ 之间为中阻,$R_d > 1\ \mathrm{M}\Omega$ 时则为高阻。

图 4-68 所示的为探测器加上偏置电路与放大器级联后的交流等效电路。其中,$R_d$ 为探测器的暗阻,$V_s$ 为光电信号电压,$E_{ns}$ 为探测器的噪声电压,$R_L$ 为负载电阻,$E_{nL}$ 为 $R_L$ 的噪声电压,$E_n$-$I_n$ 为前放的 $E_n$-$I_n$ 噪声模型参量,$r_i$ 为前放的输入电阻。对该等效电路进行分析,如果从提高响应度来考虑的话,则恒流偏置优于匹配偏置的设计,而匹配偏置又优于恒压偏置的设计。由于恒流偏置通常需要较高的偏置电压源,在实用中可以采取匹配偏置以获得与恒流

偏置相当的响应度。如果从改善放大器输出的信噪比考虑,那么,在以上三种偏置状态偏置电流相等的情况下,当探测器与放大器系统的噪声以探测器的非热噪声为主时,输出的 $S/N$ 与偏置状态无关;当系统以探测器的热噪声为主时,恒流偏置可以获得的 $S/N$ 最大,匹配偏置次之,恒压偏置则最小。光电探测器应尽可能工作于最佳偏置范围以内,对于高暗电阻阻值的光电导探测器来说,在最佳偏置范围内采取恒流偏置一般需要较高的偏置电压,如果在高偏置电压源不易获得的情况下追求"恒流"偏置而采取较小的偏置电流,则会脱离最佳偏置区域而使 $S/N$ 下降。在这种情况下,采用具有较高偏流(使之处于最佳偏置范围)的非恒流偏置效果可能会更好。

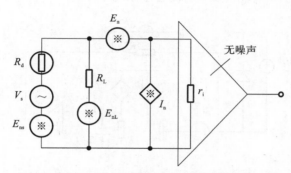

图 4-68　光电导探测器与前置放大器级联后的等效电路

(2)光伏探测器的偏置。

光伏探测器会有一个 PN 结结构。当受光辐照时,如果 PN 结外电路开路,则在 PN 结两端产生光生电压(P 端为正,N 端为负);当外电路接通时,就在外电路中流过光生电流,光生电流的方向是从 PN 结的 N 端经外电路流回到 P 端,即光生电流的方向与 PN 结的反向电流方向一致。

光伏探测器是有源器件,在光辐射照射下可直接产生光生电压或光生电流。因此,光伏探测器工作时可以不外加偏置电压,当然也可以外加偏置电压。通常光伏探测器的外加偏置电压及其与放大器耦合的电路如图 4-69 所示。调节外加偏置电压 $V_B$ 和负载电阻 $R_L$ 的大小,可以使光伏探测器偏置在需要设置的工作点上。光电信号由 A 点取出,C 为耦合电容,$r_i$ 为放大器的输入电阻。光伏探测器的 $I$-$V$ 特性可以用图 4-70 来表示。光伏探测器的工作点可以设置在 $I$-$V$ 特性曲线的第三和第四象限内。工作在第四象限的光伏器件,其工作点对应的电流和电压的乘积为负值,表示器件向外电路提供功率,光电池就是工作在这样的状态。此时,光伏探测器处于正向偏置,其偏置电压由光生电流流过外电路的负载电阻产生。用于光辐射信号探测的光伏探测器,一般处于反偏、零偏或近零偏状态。

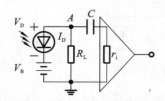

图 4-69　光伏探测器的偏置电压及其与放大器耦合的电路

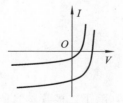

图 4-70　光伏探测器的 $I$-$V$ 特性曲线

常常选用光谱响应在 1 μm 以下的硅光敏二极管,其光敏面积较小,能承受较大的反向偏置电压(10～50 V),而且在反向偏置时,PN 结的结电容减小,可以获得较高的响应速度。光谱响应在中远红外波段的光伏探测器由窄禁带半导体材料制成,其性能受热激发的影响较大,能承受的反向偏压不大,常工作在零偏或接近于零偏的状态。另外,光伏探测器零偏时的 $1/f$ 噪声最小,这时可以获得较高的 $S/N$。

3. 跨阻放大电路的噪声分析

现在我们来分析一下前面介绍过的跨阻放大器的噪声性能,先看电压输入的放大器。如图 4-71 所示,该电路中的所有相关噪声源都已显示出了。

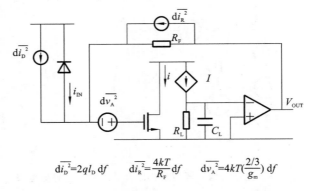

$$\overline{di_D^2}=2ql_D\,\mathrm{d}f \qquad \overline{di_R^2}=\frac{4kT}{R_F}\,\mathrm{d}f \qquad \overline{dv_A^2}=4kT\left(\frac{2/3}{g_m}\right)\mathrm{d}f$$

**图 4-71　光伏探测器信号的电压放大电路的噪声源**

第一个噪声是二极管电流散粒噪声,和光电二极管并联。第二个噪声是反馈电阻 $R_F$ 产生的热噪声,因为有一个电流输入,它被看作一个噪声电流。第三个噪声是放大器的等效输入噪声电压,我们假设放大器的噪声主要是由输入晶体管引起的。

现在计算总的等效输入噪声电流,需要计算从每个噪声源到输出的增益,噪声功率相加,然后除以总跨阻 $R_F$。

图 4-72 中表达式说明了输入晶体管的噪声实际上是除以 $R_F$ 的平方来折算到输入端的。增大 $R_F$ 将使输入晶体管的噪声小到可以忽略不计,实际上一个相当小的 $R_F$ 值就已经足够了。

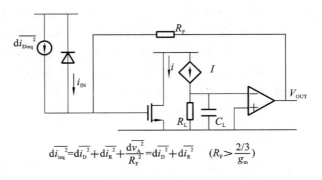

$$\overline{di_{ieq}^2}=\overline{di_D^2}+\overline{di_R^2}+\frac{\overline{dv_A^2}}{R_F^2}=\overline{di_D^2}+\overline{di_R^2} \qquad \left(R_F>\frac{2/3}{g_m}\right)$$

**图 4-72　探测器信号电压放大的噪声源**

显然,除了二极管本身的噪声,反馈电阻 $R_F$ 的噪声是主要的噪声源。因为此处的反馈电阻噪声表示为一个噪声电流源,故电阻越大,其噪声越小。

如果放大电路的输入端改用了共源共栅管,则会引入共源共栅管的噪声电流。除了二极管本身的散粒噪声,这就是信号源附近唯一的噪声源了(见图 4-73)。

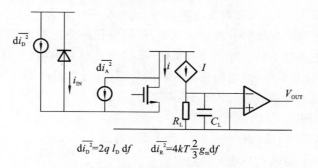

$$\overline{di_D^2}=2q\,l_D\,df \qquad \overline{di_R^2}=4kT\frac{2}{3}g_m df$$

**图 4-73　探测器信号电流放大的噪声源**

请注意,如果负载电阻 $R_L$ 等于前面电压输入放大器中的 $R_F$,则跨阻相同。

共源共栅管噪声是否起作用取决于在共源共栅管处看到的负载。在这个例子中,共源共栅管连接一个低阻抗的电流镜的输入(电阻通常是 $1/g_m$)。在此情况下,共源共栅管的噪声电流通过二极管由电源流入地,共源共栅管的噪声电流加到了输出电流和二极管的噪声电流上(见图 4-74)。

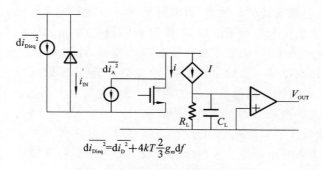

$$\overline{di_{Dieq}^2}=\overline{di_D^2}+4kT\frac{2}{3}g_m df$$

**图 4-74　探测器电流放大的噪声源**

如果像运放应用的常见情景,想要得到高增益,可使共源共栅管的负载很大,则共源共栅管的噪声电流可以被忽略。但是此类电路在共源共栅管的输出端设计一个高阻抗很困难,因为它被要求工作在一个相当高的频率上。因此,共源共栅管的噪声电流通常也是主要的噪声源。

基于以上电路的推导,现在就可给出一个电压输入跨阻放大器与电流输入跨阻放大器的比较。对于电压放大电路,等效输入噪声电流密度为

$$\overline{I_{in}^2} = d\,\overline{I_R^2} = \frac{4kT}{R_F}df \tag{4-102}$$

对于电流放大电路,等效输入噪声电流密度为

$$\overline{I_{in}^2} = d\,\overline{I_A^2} = 4kT\,\frac{2}{3}g_m df \tag{4-103}$$

如果 $R_F > \frac{3}{2}\frac{1}{g_m}$,则电压放大器的噪声较小。

对式(4-102)和式(4-103)的比较说明,如果电压输入放大器的 $R_F$ 足够大,如大于 $1.5/g_m$ 时,则电压输入放大器的噪声性能较好,这是一个比较普遍的情况。

4. 负反馈电路影响

为了消除共模噪声,提高带宽以及改善线性,光电信号的放大电路中经常采用负反馈来改善电路的性能。通过噪声性能的分析可以发现,任何反馈网络的存在都会使放大器的噪声水平下降。串联反馈的影响等效于反馈合成电阻(反馈支路的总电阻)与信号源(探测器)串联,并联反馈的影响等效于反馈合成电阻与信号源的并联。因此,根据耦合网络的低噪声条件,为了减小反馈电路对放大器噪声性能的影响,则要求:

(1) 对于串联负反馈,反馈合成电阻应小于 $E_n/I_n$;

(2) 对于并联负反馈,反馈合成电阻应大于 $E_n/I_n$。

这些条件称为反馈电路的低噪声条件。

### 4.4.5 低噪声放大器选用

大多数场合,光电探测器输出的都是微弱信号,因此必须使用放大器放大信号以方便进行后续的处理。同时,为了不使放大器的引入对信号的信噪比造成过大的影响,需要我们合理地进行放大器的设计以尽可能地降低放大器的噪声。

为了充分利用光电探测器的灵敏度,目前对低噪声放大器的主要设计思路是先考虑噪声指标,在满足噪声要求的情况下再考虑增益、带宽和阻抗等指标。为了满足增益要求,多采用多级放大器进行信号的放大,但级数多会导致通频带变窄,此时可引入负反馈以加宽通频带。另外,负反馈还可以提高电路增益稳定性水平,改变输入、输出阻抗以及减小失真。同时,为了避免负反馈电路带来新的噪声降低放大器的噪声性能,应按照上面所述的原则设计负反馈电路,使反馈电路带来的噪声减小到可以忽略不计。

根据前述对多级放大器噪声系数的分析可知,多级放大器系统噪声性能主要由第一级放大器决定,因此我们重点对第一级放大器即前置放大器进行低噪声设计。

1. 前置放大器的噪声匹配原则

在分析放大器的 $E_n$-$I_n$ 模型时我们知道,存在一个最佳源电阻 $R_{sopt}$ 使放大器的噪声系数 NF 取得最小值,低噪声前置放大器的设计就是尽可能地实现信号源电阻与最佳源电阻的相等,即实现噪声匹配。

不同类型的光电探测器有不同的信号源电阻,在根据实际应用需要选定探测器后,信号源电阻 $R_s$ 也就确定了,这时就只能通过选择前置放大器以达到噪声匹配。

2. 前置放大器的设计

前置放大器的设计可以概括为以下几点。

(1) 在实际应用中,首先需要根据检测任务要求的光谱响应范围、响应频率、使用温度、最小可探测功率等选择好探测器,在选定探测器后其内阻也确定了,再根据噪声匹配原则选择合适的低噪声放大器作为前置放大器,以使信号处理系统的噪声性能达到最好。常见放大器的最佳源电阻如图 4-75 所示。

由于放大器的 $E_n$、$I_n$ 的比值与输入阻抗是正相关的,所以输入阻抗高,则 $R_{sopt}$ 也就大。我们可以根据阻抗大小大致判断出对应的 $R_{sopt}$ 在什么水平,以方便初步筛选,而具体的选择则要依靠具体参数的计算。

(2) 适当设计放大器周边电路,使放大器能够正常工作。放大器周边环路包含增益关系,

**图 4-75　有源器件选用导图**

也对噪声水平贡献很大。

（3）对于低噪声前置放大器而言，不能单方面追求低噪声系数（如 NF＜3 dB）。由噪声系数公式可得，当噪声系数 NF＝3 dB 时，放大器的内部噪声和信号源噪声在放大器输出端的功率相等。将放大器噪声减小到原来的 1/10 时，系统的总噪声只减小到 3 dB 时的 $1/\sqrt{2}$，因此片面追求放大器噪声系数 NF＜3 dB 的收益很低。

**3. 放大器最佳源电阻与实际源阻抗的匹配方法**

对一个放大器，有一个最小噪声系数 $NF_{min}$ 对应的最佳源电阻 $R_{spot}$ 值，此源阻抗是放大器噪声性能所要求的，它使该放大器信噪比最高。但实际给定的信号源内阻不一定与放大器要求的最佳源电阻值一致。例如，放大器选用 3DX6 的低噪声管，它的最小噪声系数 2.5 dB 对应的最佳源电阻大约为 600 Ω。如果采用 HgCdTe 光电导探测器，它的内阻为 50～200 Ω。显然二者相连时，阻抗就不匹配，放大器的噪声系数就会增大，即噪声不匹配。下面给出两种常用的源电阻匹配方法。

（1）采用匹配变压器。

源电阻不匹配主要发生在信号源电阻较小的情况下，因而可采用升压变压器隔离开源电阻及放大器，从而使源电阻的阻抗升高 $n^2$ 倍（$n$ 为变压器的变比系数），从而达到源电阻匹配，噪声系数最小。

利用变压器改变信号源内阻值也会带来一些不利因素，如体积大、频率响应范围小及震颤噪声加大等。

（2）采用并联晶体管。

采用图 4-76 所示的并联晶体管方案时，也可使 $R_s$ 与 $R_{eq}$ 相匹配。

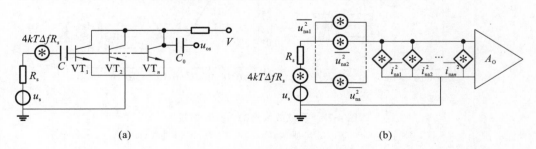

**图 4-76　并联晶体管匹配**

(a)放大器并联电路；(b)等效噪声图

多管并联相当于它们的噪声发生器 $U_n$、$i_n$ 并联，并联后的等效噪声电压 $\overline{u_{na}}$ 和等效噪声电流 $\overline{I_{na}}$ 为

$$\overline{u_{na}'^2} = \overline{u_{na}^2}/n \tag{4-104}$$

$$\overline{i_{\text{na}}'^{2}} = n\,\overline{i_{\text{na}}^{2}} \tag{4-105}$$

式中:$n$ 为并联晶体管数。新的最佳源电阻 $R_{\text{sopt}}'$ 为

$$R_{\text{sopt}}' = \frac{u_{\text{na}}'}{i_{\text{na}}'} = \left( \frac{\overline{u_{\text{na}}'^{2}/n}}{n\,\overline{i_{\text{na}}^{2}}} \right)^{\frac{1}{2}} = \frac{R_{\text{sopt}}}{n} \tag{4-106}$$

由式(4-106)可知,$n$ 个晶体管并联后的源电阻 $R_{\text{sopt}}'$ 是单个源电阻 $R_{\text{sopt}}$ 的 $n$ 分之一。同时还能证明,$n$ 管并联之后的 $\text{NF}_{\min}'$ 等于单管的 $\text{NF}_{\min}$:

$$\text{NF}_{\min}' = 10\lg\left(1 + \frac{\overline{u_{\text{na}}'^{2}}}{2kTR_{\text{sopt}}'\Delta f}\right) = 10\lg\left(1 + \frac{\overline{u_{\text{na}}^{2}}/n}{2kT\Delta f R_{\text{sopt}}/n}\right) = \text{NF}_{\min} \tag{4-107}$$

从以上的分析可得出结论,放大器采取多管并联可减小最佳源电阻,但不会影响并联后的噪声系数。

4. 低噪声运算放大器的选用

目前光电信号系统也在往集成化、小型化的方向发展,而且集成电路技术的发展使得低噪声集成运算放大器的种类越来越多,性能也越来越好。因此,在基于分立组件的光电检测系统中,对于光电探测器的低噪声前置放大器选型,我们更趋向于直接选用集成运放,不仅可以节省时间,还有利于整个系统的小型化。

选用低噪声集成运放主要有以下两种方法。

(1) 利用低噪声运放的 NF-$R_s$ 曲线。

由噪声系数公式可知,对于集成运放来说,其自身的 $E_n$、$I_n$ 参数已经确定,NF 关于自变量为 $R_s$ 的函数存在极值。因此,通过测量不同信号源内阻对应的 NF 值可以得到放大器的 NF-$R_s$ 曲线,帮助我们直观地选择运算放大器。低噪声运算放大器的生产厂家一般都会在其产品手册中提供一定测试条件下的 NF-$R_s$ 曲线图。图 4-77 所示的为 OP07 和 LMC662 两种不同运算放大器的 NF-$R_s$ 曲线图。

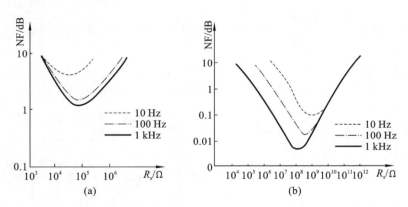

**图 4-77　两款放大器的 NF-$R_s$ 曲线**

(a)OP07 的 NF-$R_s$ 曲线;(b)LMC662 的 NF-$R_s$ 曲线

从图 4-77 可以看到,在不同的使用频率下,噪声系数随着信号源内阻变化而变化的情况。当使用频率为 1 kHz,信号源内阻为 50 kΩ 时,对应 OP07 的 NF 值约为 3 dB,而 LMC662 的 NF 值约为 8 dB,此时应选用 OP07 作为前置放大器。当使用频率为 1 kHz,信号源内阻为 10 MΩ时,对应 OP07 的 NF 值约为 19 dB,而 LMC662 的 NF 值约为 0.03 dB,则此时应选用 LMC662 作为前置放大器。

（2）低噪声运算放大器的 $E_n$ 和 $I_n$。

式（4-105）为选用低噪声运放的依据，其中由放大器引起的噪声项为 $E_n$ 和 $I_n R_s$，即在等效输入噪声中由放大器提供的噪声 $E_n$ 为

$$E_{nA} = \sqrt{E_n^2 + I_n^2 R_s^2} \tag{4-108}$$

由式（4-108）可知，在选用低噪声运算放大器时，仅考虑运放的噪声电压 $E_n$ 是不够的，必须同时顾及信号源的内阻 $R_s$ 和运放的噪声电流 $I_n$。如果我们只注意运放数据表中的电压噪声 $E_n$ 的数值，并认为电压噪声越低越好，有时就会产生错误的结论。

下面以 LMC662 和 OP07 两种运算放大器为例，说明正确选用低噪声运放的方法。OP07 和 LMC662 在 1 kHz 时的噪声电压 $E_n$ 和噪声电流 $I_n$ 的典型值如表 4-2 所示。

表 4-2　OP07 和 LMC662 在 1 kHz 时的噪声电压和噪声电流的典型值

| 运算放大器 | $E_n$ | $I_n$ |
|---|---|---|
| OP07 | $9.6\ nV \cdot Hz^{-\frac{1}{2}}$ | $120\ fA \cdot Hz^{-\frac{1}{2}}$ |
| LMC662 | $22\ nV \cdot Hz^{-\frac{1}{2}}$ | $0.113\ fA \cdot Hz^{-\frac{1}{2}}$ |

当信号源内阻 $R_s$ 分别为 10 kΩ 和 10 MΩ 时，我们应该选用哪种运放呢？对于 OP07，根据式（4-108）可得到

$$E_{nA} = \sqrt{(9.6\ nV \cdot Hz^{-\frac{1}{2}})^2 + (120\ fA \cdot Hz^{-\frac{1}{2}} \cdot 10\ k\Omega)^2} \tag{4-109}$$
$$= 9.67\ nV \cdot Hz^{-\frac{1}{2}}$$

计算表明，OP07 的噪声电流对这个 10 kΩ 的信号源内阻没有什么实质性的影响。同样，LMC662 也因其更低的噪声电流而影响更小。所以，$22\ nV \cdot Hz^{-1/2}$ 就是 LMC662 在信号源内阻为 10 kΩ 时的总的噪声影响。因此，当 $R_s = 10$ kΩ 时，我们会优先选用 OP07。

如果仍用 OP07，当信号源内阻 $R_s = 10$ MΩ 时，其计算结果为

$$E_{nA} = \sqrt{(9.6\ nV \cdot Hz^{-\frac{1}{2}})^2 + (120\ fA \cdot Hz^{-\frac{1}{2}} \cdot 10\ M\Omega)^2} \tag{4-110}$$
$$= 1200\ nV \cdot Hz^{-\frac{1}{2}}$$

因此，对于 $R_s = 10$ MΩ 的信号源，$E_{nA} = 1200\ nV \cdot Hz^{-1/2}$，使得"安静"的 OP07 变得"喧闹"无比了。但是若选用 LMC662，则有

$$E_{nA} = \sqrt{(22\ nV \cdot Hz^{-\frac{1}{2}})^2 + (0.113\ fA \cdot Hz^{-\frac{1}{2}} \cdot 10\ M\Omega)^2} \tag{4-111}$$
$$= 22\ nV \cdot Hz^{-\frac{1}{2}}$$

在这种情况下，OP07 的总噪声电压是 LMC662 的 55 倍，从而使 LMC662 成为低噪声运放的选择。从这个极端的例子可以看出，选择低噪声运算放大器时，不能仅仅考虑运算放大器的噪声电压 $E_n$。

## 思　考　题

4-1　在集成电路中常用负载晶体管代替纯电阻做放大管的负载，此时的负载线有什么特点？

4-2　什么是 CMOS 放大器，它有哪些特点？

4-3　简述电容开关放大器的工作机理？

4-4　在集成电路中常用负载管代替纯电阻做放大管的负载，此时电路的负载线有什么特点？

4-5 负反馈能否抑制放大器的噪声？为什么？

4-6 简要叙述各种负反馈回路中,选取反馈元器件时所必须遵循的原则。

4-7 如果源阻抗较小,实现噪声匹配的方法有哪些？

4-8 有一低噪声前置放大器,噪声系数 NF 为 3 dB,源电阻为 100 Ω,带宽为 100 Hz,求 $t = 27\ ℃$ 时的等效输入噪声 $E_{ni}$,NF = 2 dB 时呢？

4-9 已知源电阻为 100 kΩ,带宽 $\Delta f = 1000$ Hz,当 $T = 300$ K 时,欲使输入信噪比 $V_{si}^2/E_{ni}^2 \geqslant 2$,且已知 $V_{si} = 10\ \mu$V,应选用噪声系数 NF 为多大的前置放大器才合用？若要求 $V_{si}^2/E_{ni}^2 \geqslant 10$ 呢？

4-10 在源和前置放大器之间并联一个理想的电容 $C$,试用 $E_n\text{-}I_n$ 模型分析此时的等效输入噪声 $E_{ni}$。

# 第5章

# 光电信号的滤波处理

## 5.1 ▎ 滤波器

在光纤通信、光电测量和光电控制系统中,经常需要用到滤波器电路进行光电模拟信号的处理,如数据传送、抑噪等。

例如,在光电模拟信号采集过程中,信号将被时钟频率搬移,采样信号频谱为$(f_c-f_s, f_c+f_s)$,如图 5-1(a)所示,根据奈奎斯特采样定理,如果采样频率 $f_c$ 小于信号最高频率 $f_s$ 的 2 倍,就会产生混叠,如图 5-1(b)所示,此时就会造成部分信息的丢失。

为避免混叠现象的产生,在采样前可以使用低通滤波器,滤去信号的高频成分,使输入的信号中没有 $f_c/2$ 以上的高频分量。在 $f_s$ 与 $f_c-f_s$ 之间必须有一段充足的距离,能使用一阶或者二阶的滤波器来防止混叠失真,避免使用高阶的抗混叠滤波器。如果 $f_s$ 与 $f_c-f_s$ 之间距离太近,就必须使用高阶滤波器使边沿陡峭,此时需要元件较多且匹配难度较大。图 5-2 所示的为一阶低通滤波器的带通曲线(即频段在$[0, f_c-f_s]$上的实线,可以看出其衰减部分较为平缓),通常我们优先采用一阶滤波器。

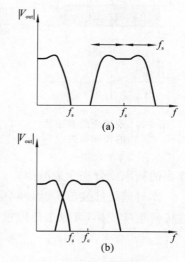

**图 5-1　采样信号频域图**
(a) $f_c/2 \gg f_s$ 时的信号采样;
(b) $f_c/2 < f_s$ 时的信号采样

采样滤波器的工作原理可概述为:原始的模拟信号进入抗混叠滤波器,由开关采样,再经过一个不需要外部元件的数据取样滤波器,该滤波器的时钟需要由外部提供。取样滤波器输出的信号被送入一个采样保持电路,当采样保持电路接收到保持命令的瞬间,其输出信号将等于此时的输入信号,并保持输入信号的电平值,以此来保证信号在短时间内稳定不变,以利于后续 A/D 转换器将采样信号的连续取值转换成离散取值的数字信号时,编码的信号相对稳定,再采用另一个低通滤波器来滤掉时钟频率,该滤波器称为重建滤波器。由此,得到了一个纯模拟信号,该信号经

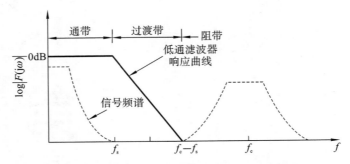

图 5-2　一阶低通滤波器对高频信号成分的滤除示意图

过了高频成分过滤、采样和保持的过程,可以送入 A/D 转换器中转换为数字信号,最后送入 DSP 模块。

### 5.1.1　滤波器模型

光电模拟信号处理常常需要将对应信号的频带与其他无用信号的频带分离开,从而改善信号质量,提高信噪比。滤波器就是在光电信号处理中起"选频"作用的电路,即允许某一部分频率的信号顺利通过,而将另一部分频率的信号滤掉。

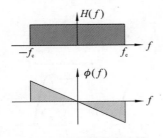

图 5-3　理想低通滤波器
的传输特性

理想滤波器是能使通带内信号的幅值和相位都不失真,而阻带内的频率成分都衰减为零的滤波器。一种理想低通滤波器的特性曲线如图 5-3 所示,其传递函数可以表示为

$$H(f) = A_0 e^{-j2\pi f\tau_0}$$

$$\mid H(f) \mid = \begin{cases} A_0, & -f_c < f < f_c \\ 0, & 其他 \end{cases}$$

$$\phi(f) = -2\pi f\tau_0$$

从图 5-3 可以看出,理想低通滤波器可以将信号中低于截止频率的频率成分予以传输,且无任何失真,而将高于截止频率的频率成分完全衰减掉。

下面对理想滤波器的脉冲响应进行分析。当输入一个单位冲激信号时,对前面的传递函数进行傅里叶变换,可以求得理想滤波器的脉冲响应函数

$$h(t) = \int_{-\infty}^{\infty} H(f) e^{j2\pi ft} \, df = \int_{-\infty}^{\infty} A_0 e^{-j2\pi f\tau_0} e^{j2\pi ft} \, df$$

$$= 2A_0 f_c \mathrm{sinc} 2\pi f_c(t - \tau_0)$$

如图 5-4 所示,响应时间滞后于激励时间,激励信号在 0 时刻输入,滤波器的响应时刻为 $\tau_0$,相时延为 $\tau_0$。

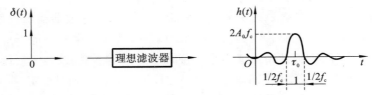

图 5-4　理想滤波器的脉冲响应

由于理想滤波器在时域内的脉冲响应函数 $h(t)$ 为 sinc 函数,如图 5-5 所示,该脉冲响应的波形在 $\tau_0$ 时刻沿时间轴左右无限延伸,这说明在 $t=0$ 时刻,脉冲激励信号输入滤波器之前,滤波器就已经存在响应,这是现实无法做到的,因此理想滤波器是物理不可实现的。

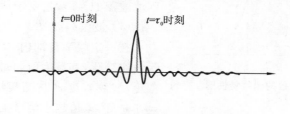

图 5-5 理想滤波器的脉冲响应函数波形

此外,我们还可以对理想滤波器的阶跃响应进行分析,当理想滤波器的输入为一个单位阶跃信号时,即

$$u(t) = \begin{cases} 1, & t > 0 \\ 1/2, & t = 0 \\ 0, & t < 0 \end{cases}$$

滤波器的输出为该输入信号与脉冲响应函数的卷积,即

$$
\begin{aligned}
y_u(t) &= h(t) * u(t) \\
&= 2A_0 f_c \mathrm{sinc} 2\pi f_c(t - \tau_0) * u(t) \\
&= 2A_0 f_c \int_{-\infty}^{+\infty} \mathrm{sinc} 2\pi f_c(t - \tau_0) u(t - \tau) \mathrm{d}\tau \\
&= 2A_0 f_c \int_{-\infty}^{t} \mathrm{sinc} 2\pi f_c(t - \tau_0) \mathrm{d}\tau \\
&= A_0 \left[ \frac{1}{2} + \frac{1}{\pi} \mathrm{si}(g) \right]
\end{aligned}
$$

其中,$\mathrm{si}(g)$ 为正弦积分,$\mathrm{si}(g) = \int_0^g \frac{\sin x}{x} \mathrm{d}x$,且有 $g = 2\pi f_c(t - \tau_0)$。因此,可以画出理想滤波器的阶跃响应,如图 5-6 所示。其中,$\tau_0$ 为相时延,$\tau_d = 1/f_c$ 为上升时间,$B = f_c = 1/\tau_d$ 为带宽。由脉冲响应函数曲线可以看到,当 $t = \tau_0$ 时,$y_u(t) = 0.5A_0$;当 $t = \tau_0 + 1/2f_c$ 时,$y_u(t) \approx 1.09A_0$;当 $t = \tau_0 - 1/2f_c$ 时,$y_u(t) \approx -0.09A_0$。

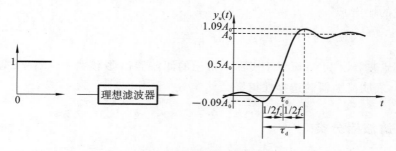

图 5-6 理想滤波器的阶跃响应

对于理想滤波器而言,通带内的频率成分无失真地通过,通带外的频率成分则完全衰减为零,因此,只需要规定截止频率 $f_c$ 和截止频率之间的幅频特性常数 $A_0$,就足以说明它的性能特点。但是实际中的滤波器都不是理想滤波器,其幅频特性图中通带和阻带间没有严格的界

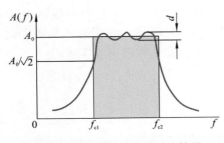

图 5-7　实际滤波器的幅频特性图

限也没有严格的转折点,而是一个过渡带,如图 5-7 所示。此外,通频带中的幅频特性也并非一个常数,因此还需要更多的参数才能准确描述实际滤波器的性能,主要包括以下参数。

(1) 波纹幅度 $d$。

在一定频率范围内,实际滤波器的幅频特性呈波纹变化,其最大值与最小值的差值即为波纹幅度,波纹幅度 $d$ 与幅频特性平均值 $A_0$ 的比值越小越好,该值越小信号幅度失真越小。

(2) 带宽 $B$。

上下两截频 $f_{c2}$、$f_{c1}$ 间的频率范围称为滤波器带宽 $B$,或 $-3$ dB 带宽,单位为 Hz。带宽决定着滤波器分离信号中相邻频率成分的能力,即频率分辨力。

(3) 品质因数 $Q$。

对于带通滤波器,通常把中心频率 $f_0$ 和带宽 $B$ 的比值称为滤波器的品质因数 $Q$。$Q$ 值越大,表明频率分辨力越高。例如,一个中心频率为 500 Hz 的滤波器,若其中 $-3$ dB 带宽为 10 Hz,则其 $Q$ 值为 50。

(4) 倍频程选择性 $W$。

在上截止频率 $f_{c2}$ 与 $2f_{c2}$ 或在下截止频率 $f_{c1}$ 与 $f_{c1}/2$ 之间幅频特性的衰减值,即频率变化一个倍频程时的衰减量称为倍频程选择性。倍频程衰减量以 dB/oct(Octave,倍频程)表示,$W$ 的计算式为

$$W = -20\lg \frac{A(2f_{c2})}{A(f_{c2})}$$

$$W = -20\lg \frac{A\left(\dfrac{f_{c1}}{2}\right)}{A(f_{c1})}$$

$W$ 值越大,说明滤波器在截止频率外的幅频特性衰减越快,滤波器的选择性越好。对于远离截止频率的衰减速率,也常用 10 倍频程衰减量(dB/10 oct)表示。

(5) 滤波器因数(矩形系数)$\lambda$。

滤波器因数定义为滤波器幅频特性的 $-60$ dB($A = A_0/1000$)带宽与 $-3$ dB($A = 0.707A_0$)带宽的比值,即

$$\lambda = \frac{B_{-60\,dB}}{B_{-3\,dB}}$$

对于理想滤波器,$\lambda$ 为 1;而对于实际中常用的滤波器,$\lambda$ 取值为 1~5。根据定义可知,滤波器因数越小,表明滤波器的选择性越好。

### 5.1.2　滤波器分类

根据工作信号的频率范围,滤波器可以大致分为四大类,即低通滤波器(LPF)、高通滤波器(HPF)、带通滤波器(BPF)和带阻滤波器(BEF),其频谱图如图 5-8 所示。

根据是否具有放大能力,滤波器可以分为有源滤波器和无源滤波器,由 RC、LC 电路网络构成的滤波器不具有放大电路的功能,为无源滤波器,而由 RC、LC 电路网络结合放大电路构

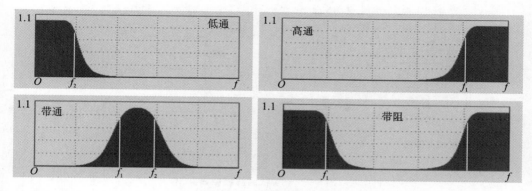

**图 5-8 常见滤波器频谱图**

成的滤波器则为有源滤波器。

目前光电信号处理中大多数场合采用有源 RC 滤波器,但是有源 RC 滤波电路要求较大的电容和精确的 RC 时间常数,在集成和小型化上具有较大困难,而随着 MOS 工艺发展,由 MOS 开关电容和运放构成的开关电容滤波器在集成化上更具优势,为了实现光电信号处理系统集成,我们更倾向于选用开关电容滤波器。

### 5.1.3 有源 RC 滤波器

在光电探测技术中,输入信号常带有高次谐波,在后续的 A/D 采样中,这会导致量化信号混叠,造成误差。因此,在进入 A/D 采样之前,一般会让信号通过一个低通滤波电路,以将高次谐波滤除。对于滤波器的选择,比较常见的选项为 RC 低通滤波器和有源低通滤波器。

常见的无源低通滤波器有 RC 滤波器和 RL 滤波器,常见的有源低通滤波器有巴特沃思滤波器、切比雪夫滤波器和贝塞尔滤波器。其中, 由于切比雪夫滤波器的通带存在波纹,滤波后的信号特性易发生变化, 而贝塞尔滤波器的选择性相对较差,所以一般不选择这两种滤波器。比较了 RC 滤波器、RL 滤波器和巴特沃思滤波器的滤波效果,发现巴特沃思滤波器的滤波效果明显好于 RC 滤波器和 RL 滤波器,而三阶巴特沃思滤波器相对于二阶巴特沃思滤波器没有明显优势。因此,在实际光电信号检测应用中,二阶巴特沃思滤波器的实用价值和研究意义较大。

下面来看一些滤波器的典型设计。

1. 一阶有源低通滤波电路

在一级 RC 低通滤波器电路的输出端接上一个电压跟随器,使 RC 电路与负载隔离开,就构成一个简单的一阶有源低通滤波器。该电路的带负载能力因电压跟随器的输入阻抗高、输出阻抗低而得到一定的加强。如果将该电路中的电压跟随器换成同相比例放大电路,构成的一阶有源滤波电路就不仅有滤波功能,还有放大的功能,通带内的电压增益 $A_0$ 就等于同相比例放大电路的电压增益 $A_{vf}$,如图 5-9(a)所示。

通过对电路进行分析,可得电路传递函数为

$$A(s) = \frac{V_o(s)}{V_i(s)} = A_{vf} \frac{1}{1 + \dfrac{s}{\omega_c}} = \frac{A_0}{1 + \dfrac{s}{\omega_c}} \tag{5-1}$$

式中:$\omega_c$ 为特征角频率,且 $\omega_c = 1/(RC)$。

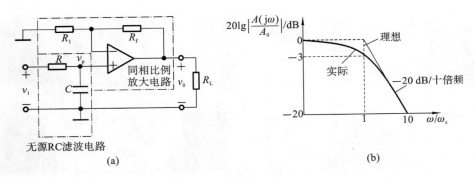

图 5-9　一阶低通滤波电路

（a）带同相比例放大电路的低通滤波电路；（b）该电路的幅频响应

在实际中，可以用 $s=\mathrm{j}\omega$ 代入式(5-1)，因此有

$$A(\mathrm{j}\omega) = \frac{V_\mathrm{o}(\mathrm{j}\omega)}{V_\mathrm{i}(\mathrm{j}\omega)} = \frac{A_0}{1+\mathrm{j}\left(\dfrac{\omega}{\omega_\mathrm{c}}\right)} \tag{5-2}$$

$$|A(\mathrm{j}\omega)| = \frac{|V_\mathrm{o}(\mathrm{j}\omega)|}{|V_\mathrm{i}(\mathrm{j}\omega)|} = \frac{A_0}{\sqrt{1+\left(\dfrac{\omega}{\omega_\mathrm{c}}\right)^2}} \tag{5-3}$$

其中，$\omega_\mathrm{c}$ 就是 $-3\ \mathrm{dB}$ 截止角频率 $\omega_\mathrm{H}$。根据上式可以画出该电路的幅频响应，如图 5-9(b)所示。从图 5-9(b)可以看出，一阶有源滤波器的带外衰减速率仅有 $-20\ \mathrm{dB}$/十倍频，并且滤波后的信号频谱特征带有"溜肩"。在应用中我们希望通带内信号无衰减通过，而通带外信号尽可能全部滤除，也就是通带外的幅频响应曲线越陡峭越好，那么就可以采用二阶或者三阶的滤波电路，以达到带外 $-40\ \mathrm{dB}$/十倍频或 $-60\ \mathrm{dB}$/十倍频的衰减速率。而三阶及更高阶的滤波电路都可以由一阶有源滤波电路和二阶有源滤波电路组成。下面对二阶有源滤波电路进行研究。

2. 二阶有源低通滤波电路

如图 5-10 所示，通过将两节 RC 滤波电路和一个同相比例放大电路组合，就构成一个二阶有源低通滤波电路。同样的，该低通滤波电路的通带电压增益也等于同相比例放大电路的电压增益，即有 $A_0=A_\mathrm{vf}=1+(A_\mathrm{vf}-1)R_1/R_1$，其特点是输入阻抗高、输出阻抗低。

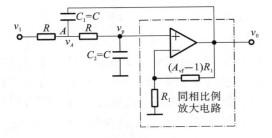

图 5-10　二阶有源低通滤波电路

对电路进行分析，可得电路的传递函数为

$$A(s) = \frac{V_\mathrm{o}(s)}{V_\mathrm{i}(s)} = \frac{A_\mathrm{vf}}{1+(3-A_\mathrm{vf})sCR+(sCR)^2} \tag{5-4}$$

或

$$A(s) = \frac{A_{\mathrm{vf}}\omega_{\mathrm{c}}^2}{s^2 + \dfrac{\omega_{\mathrm{c}}}{Q}s + \omega_{\mathrm{c}}^2} = \frac{A_0\omega_{\mathrm{c}}^2}{s^2 + \dfrac{\omega_{\mathrm{c}}}{Q}s + \omega_{\mathrm{c}}^2} \tag{5-5}$$

式(5-5)是二阶低通滤波电路传递函数的典型表达式。其中，$\omega_{\mathrm{c}} = 1/(RC)$，为特征角频率，也是 3 dB 截止角频率；$Q = 1/(3 - A_{\mathrm{vf}})$，为等效品质因数。此外，从式(5-4)可以看出，只有当 $A_0 = A_{\mathrm{vf}} < 3$ 时，电路才能稳定工作；当 $A_0 = A_{\mathrm{vf}} \geqslant 3$ 时，电路将产生自激振荡。

用 $s = \mathrm{j}\omega$ 代入式(5-5)，即可得到幅频响应表达式：

$$20\lg\left|\frac{A(\mathrm{j}\omega)}{A_0}\right| = 20\lg\frac{1}{\sqrt{\left[1 - \left(\dfrac{\omega}{\omega_{\mathrm{c}}}\right)^2\right]^2 + \left(\dfrac{\omega}{\omega_{\mathrm{c}}Q}\right)^2}} \tag{5-6}$$

以及相频响应表达式：

$$\varphi(\omega) = -\arctan\frac{\omega/(\omega_{\mathrm{c}}Q)}{1 - \left(\dfrac{\omega}{\omega_{\mathrm{c}}}\right)^2} \tag{5-7}$$

式(5-6)和式(5-7)表明，当 $\omega = 0$ 时，$|A(\mathrm{j}\omega)| = A_{\mathrm{vf}} = A_0$；当 $\omega \to +\infty$ 时，$|A(\mathrm{j}\omega)| \to 0$。根据式(5-6)可画出不同 $Q$ 值下的幅频响应，如图 5-11 所示。

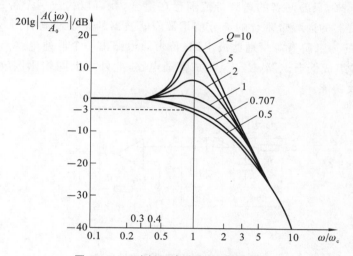

**图 5-11　二阶低通滤波电路的幅频响应**

由幅频响应曲线可以看出，当 $Q = 0.707$ 时，幅频响应较为平坦，且当 $\omega/\omega_{\mathrm{c}} = 1$ 时，$20\lg|A(\mathrm{j}\omega)/A_0| = -3$ dB；当 $\omega/\omega_{\mathrm{c}} = 10$ 时，$20\lg|A(\mathrm{j}\omega)/A_0| = -40$ dB。由此可见，二阶低通滤波电路的滤波特性比一阶低通滤波电路的有明显提升。如果继续增加滤波电路阶数，电路的幅频响应就更接近理想特性。

**3. 二阶有源高通滤波电路**

我们已经知道，将 RC 低通电路中 $R$、$C$ 的位置互换，就可以得到 RC 高通电路。同理，如果将图 5-10 的二阶有源低通滤波电路中的 $R$ 和 $C$ 位置互换，就可以得到有源高通滤波电路，如图 5-12 所示。

二阶高通滤波电路和二阶低通滤波电路在电路结构上存在对偶关系，因此其传递函数与幅频响应也存在对偶关系。二阶高通滤波电路的传递函数为

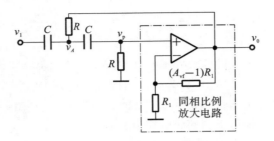

图 5-12 二阶高通滤波电路

$$A(s) = \frac{A_{vf}s^2}{s^2 + \dfrac{\omega_c}{Q} + \omega_c^2} = \frac{A_0 s^2}{s^2 + \omega_c/Q + \omega_c^2} \tag{5-8}$$

式中：$\omega_c = \dfrac{1}{RC}$；$Q = \dfrac{1}{3 - A_{vf}}$。

4. 二阶有源带通滤波电路

根据低通滤波器和高通滤波器的幅频响应曲线，不难发现，如果将一个低通滤波器和一个高通滤波器串联起来，只要两者的通频带范围存在重合，就可以构成一个带通滤波器，而低通滤波器和高通滤波器的通频带重合的部分就是带通滤波器的通频带范围。

图 5-13 所示的为二阶有源带通滤波电路，该带通电路由一个低通电路与一个高通电路组合而成，其中 $R$、$C$ 组成低通电路，$R_3$、$C_1$ 组成高通电路，此外加上同相比例放大电路可以使带通滤波器具有放大功能。

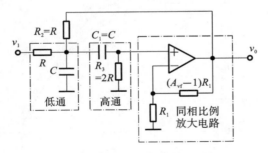

图 5-13 二阶有源带通滤波电路

为简化计算，假设 $R_2 = R$，$R_3 = 2R$，可得到带通滤波电路的传递函数为

$$A(s) = \frac{A_{vf}sCR}{1 + (3 - A_{vf})sCR + (sCR)^2} \tag{5-9}$$

式中：$A_{vf}$ 为同相比例放大电路的电压增益。由式（5-9）可以看出，只有当 $A_{vf} < 3$ 时，电路才能稳定工作。令

$$\begin{cases} A_0 = \dfrac{A_{vf}}{3 - A_{vf}} \\[2mm] \omega_0 = \dfrac{1}{RC} \\[2mm] Q = \dfrac{1}{3 - A_{vf}} \end{cases} \tag{5-10}$$

则

$$A(s) = \frac{A_0 \dfrac{s}{Q\omega_0}}{1 + \dfrac{s}{Q\omega_0} + \left(\dfrac{s}{\omega_0}\right)^2} \tag{5-11}$$

式(5-11)为二阶带通滤波电路传递函数的典型表达式,其中 $\omega_0$ 不仅是特征角频率,也是带通滤波电路的中心角频率。将 $s = \mathrm{j}\omega$ 代入式(5-11),则

$$
\begin{aligned}
A(\mathrm{j}\omega) &= \frac{A_0 \dfrac{1}{Q} \cdot \dfrac{\mathrm{j}\omega}{\omega_0}}{1 - \left(\dfrac{\omega}{\omega_0}\right)^2 + \mathrm{j}\dfrac{\omega}{\omega_0 Q}} \\
&= \frac{A_0}{1 + \mathrm{j}Q\left(\dfrac{\omega}{\omega_0} - \dfrac{\omega_0}{\omega}\right)}
\end{aligned} \tag{5-12}
$$

由式(5-12)可以看出,当 $\omega = \omega_0$ 时,该电路具有最大电压增益,且 $|A(\mathrm{j}\omega_0)| = A_0 = A_{\mathrm{vf}}/(3 - A_{\mathrm{vf}})$,这就是带通滤波电路的通带电压增益。根据式(5-12),可以得到在不同 $Q$ 值情况下的幅频响应,如图 5-14 所示。

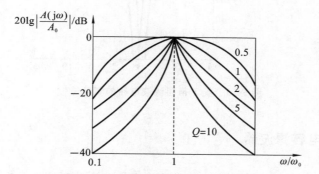

**图 5-14　二阶有源带通滤波电路的幅频响应**

由幅频响应曲线可以看出,随着 $Q$ 值的增大,通带越来越窄。如果式(5-12)中分母虚部的绝对值等于1,那么 $|A(\mathrm{j}\omega)| = A_0/2$。此时,利用 $\left|Q\left(\dfrac{\omega}{\omega_0} - \dfrac{\omega_0}{\omega}\right)\right| = 1$,并且取其正根,就可以得到带通滤波电路的两个截止角频率,而后可以导出带通滤波电路的通带宽度 $B = \dfrac{\omega_0}{2\pi Q} = \dfrac{f_0}{Q}$。

**5. 二阶有源带阻滤波电路**

与带通滤波器相似,带阻滤波器也可以由低通滤波器和高通滤波器构成,将低通滤波电路和高通滤波电路并联,就可得到带阻滤波电路。采用这种方法构成的双 T 带阻滤波电路如图 5-15 所示,由节点导纳方程可以导出电路的传递函数为

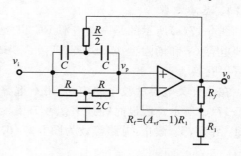

**图 5-15　双 T 带阻滤波电路**

$$A(\mathrm{j}\omega) = \frac{A_\mathrm{vf}\left[1 + \left(\dfrac{\mathrm{j}\omega}{\omega_0}\right)^2\right]}{1 + 2(2 - A_\mathrm{vf})\dfrac{\mathrm{j}\omega}{\omega_0} + \left(\dfrac{\mathrm{j}\omega}{\omega_0}\right)^2} \tag{5-13}$$

$$= \frac{A_0\left[1 + \left(\dfrac{\mathrm{j}\omega}{\omega_0}\right)^2\right]}{1 + \dfrac{1}{Q}\cdot\dfrac{\mathrm{j}\omega}{\omega_0} + \left(\dfrac{\mathrm{j}\omega}{\omega_0}\right)^2}$$

式中：$\omega_0 = 1/(RC)$，它既是特征角频率，也是带阻滤波电路的中心角频率；$A_\mathrm{vf} = A_0 = 1 + R_\mathrm{f}/R_1$，为带阻滤波电路的通带电压增益；$Q = 1/(2 \times (2 - A_0))$，当 $A_0 = 1$ 时，$Q = 0.5$，且 $Q$ 值随着 $A_0$ 的增大而增大。当 $A_0$ 逼近 2 时，$Q$ 将趋向于无穷大。因此，随着 $A_0$ 逼近 2，$|A|$ 越大，阻断频率范围越窄，带阻滤波器电路的选频特性也越好。该带阻滤波电路的幅频特性如图 5-16 所示。

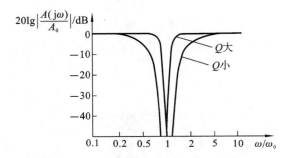

图 5-16　双 T 带阻滤波电路的幅频特性

### 5.1.4　开关电容滤波器

早在 1975 年，开关电容滤波器就已实现了单片集成化并开始批量生产，它在脉冲编码调制（pulse-code modulation，PCM）通信、语音信号处理等领域得到了广泛应用。

开关电容滤波器的滤波特性取决于电容比和时钟频率，可实现高精度和高稳定滤波，同时便于集成，这些是 RC 有源滤波器远远不及的。目前集成开关电容滤波器除工作频率还不够高外，大部分性能指标已达到较高水平，其处理速度快、整体结构简单、制造简易、价格低廉，发展前景极为广阔。

1. 基本原理

图 5-17(a)所示的是一个有源 RC 积分器，在图 5-17(b)所示的开关电容积分器中，用一个接地电容 $C_1$ 和增强型 MOSFET $T_1$、$T_2$ 来代替输入电阻 $R_1$，其中 $T_1$、$T_2$ 作为开关，其源漏两极可以互换。

在该开关电容滤波电路中，采用不重叠的两相时钟脉冲对 $T_1$、$T_2$ 进行驱动，时钟脉冲如图 5-17(c)所示。假设时钟频率 $f_c = 1/T_c$ 远高于信号频率，当 $\phi_1$ 为高电平时，$\phi_2$ 为低电平，此时 $T_1$ 导通，$T_2$ 截止，电路等效为图 5-17(d)所示电路，电容 $C_1$ 与输入信号相连，为充电过程，且有

$$q_{c1} = C_1 v_1$$

而当 $\phi_2$ 为高电平时，$\phi_1$ 为低电平，此时 $T_1$ 截止，$T_2$ 导通，电路等效为图 5-17(e)所示电路，$C_1$

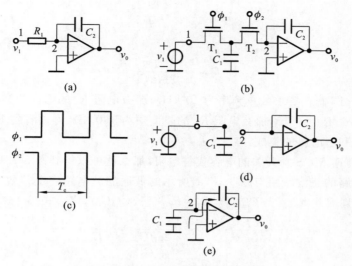

**图 5-17　开关电容滤波器的基本原理**

(a)有源 RC 积分器;(b)开关电容滤波器;(c)两相时钟;

(d)在 $\phi_1$ 为高电平时,$v_1$ 向 $C_1$ 充电;(e)在 $\phi_2$ 为高电平时,$C_1$ 向 $C_2$ 放电

与运放的输入端相连,为放电过程,前一阶段所存储电荷转移到 $C_2$ 上。

因此,在一个时钟周期 $T_c$ 内,$C_1$ 从信号源中提取了电荷 $q_{c1}=C_1 v_1$ 并传输给积分电容 $C_2$。由此可以计算节点 1、2 之间流过的平均电流为

$$i_{av}=\frac{C_1 v_1}{T_c}$$

当 $T_c$ 足够小时,可以认为整个过程是连续的,那么其效果相当于在节点 1、2 之间加入一个等效电阻,且阻值为

$$R_{eq}=\frac{v_1}{i_{av}}$$

或

$$R_{eq}=\frac{T_c}{C_1}=\frac{1}{f_c C_1} \tag{5-14}$$

根据以上的分析,如果在电路两个节点之间接上带高速开关的电容,等效于在这两个节点之间接上一个电阻,那么可以得到一个等效积分器时间常数:

$$\tau=C_2 R_{eq}=T_c\frac{C_2}{C_1} \tag{5-15}$$

可见,影响滤波器频率响应的时间常数由开关时间周期 $T_c$ 以及电容比值 $C_2/C_1$ 决定,无关乎电容绝对值大小。目前的 MOS 工艺已经可以将电容比值的精度控制在小于 $0.1\%$。在低频应用中,只要将电容比值和时钟频率设计成合理的值,就可以得到需要的大时间常数。例如,电容比值设计为 20,时钟频率选择 200 kHz,则时间常数为 $10^{-4}$ s。

2. 开关电容滤波器举例

首先分析一个一阶低通滤波电路,如图 5-18(a)所示,易知其传递函数为

$$A(s)=\frac{V_o(s)}{V_i(s)}=-\frac{R_f}{R_1}\cdot\frac{1}{1+sR_f C_f}=\frac{A_0}{1+s/\omega_c} \tag{5-16}$$

$-3$ dB 截止角频率为

$$\omega_{3\,dB} = \omega_c = \frac{1}{R_f C_f} \tag{5-17}$$

或

$$f_{3\,dB} = \frac{1}{2\pi R_f C_f} \tag{5-18}$$

假设 $C_f = 10\ pF$，倘若要求截止频率为 $10\ kHz$，那么电阻 $R_f$ 的阻值约为 $1.6\ M\Omega$，如果增益要求为 $A_0 = -R_f/R_1 = -10$，那么电阻 $R_1$ 的阻值须为 $160\ k\Omega$，可以看到 RC 滤波电路所需电阻阻值较大，不利于电路的集成。

如果用带有高速 MOS 管开关的电容代替电阻，那么就可以得到图 5-18(b)所示的开关电容滤波电路，该电路的滤波作用与图 5-18(a)所示的低通滤波电路完全等效，其传递函数形式与式(5-16)相同，且 $R_f = R_{feq} = 1/(f_c C_2)$，$R_1 = R_{1eq} = 1/(f_c C_1)$，代入式(5-16)可得传递函数

$$A(j\omega) = -\frac{1/(f_c C_2)}{1/(f_c C_1)} \cdot \frac{1}{1 + j\dfrac{2\pi f C_f}{f_c C_2}} = -\frac{C_1}{C_2} \cdot \frac{1}{1 + j\dfrac{f}{f_{3\,dB}}} \tag{5-19}$$

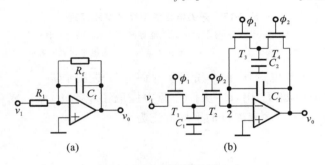

图 5-18  开关电容滤波器电路

(a)一阶低通滤波电路；(b)等效的开关电容滤波电路

低频增益为 $-C_1/C_2$（即两个电容器比值），并且 $-3\ dB$ 截止频率为

$$f_{3\,dB} = f_c C_2/(2\pi C_f) \tag{5-20}$$

均与电容具体大小无关，只要合理设置电容的比值就可以达到要求，因此不需要采用很大的电容，在电路集成上更加方便。

### 5.1.5  积分器

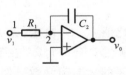

图 5-19  积分器电路

与前面提到的滤波器一样，RC 积分器（见图 5-19）在微弱信号处理中也是重要的器件。实际上，RC 积分器就是一种低通滤波器，它处理时间连续的模拟输入信号，通过积分后输出，在实际应用中与低通滤波器的效果一样。

积分器是把前面很多个输入进行累加求和，不同输入值之间的一些比较大的抖动被减弱了，大的抖动被平均掉了，也即是相当于高频部分被抑制了。低通滤波器的作用也是这样的，即体现为信号经过低通滤波器之后，较低的频率被保留下来（小于截止频率的几乎都被保留下来），较高的频率被剔除（大于截止频率的几乎都被剔除）。从这个角度来看，把积分器与低通滤波器的作用等效是合理的。

为了便于信号处理电路的集成，我们希望减少大电阻的使用。经过前面的分析我们知道

带有高速开关的电容可以达到和电阻等同的效果,因此,也就有了开关电容积分器的应用。

积分器应用于许多模拟系统中,如滤波器、过采样模数转换器等。图 5-20 所示的为一个连续时间积分器,如果运放的增益非常大,它的输出电压可以表示为

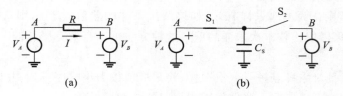

$$V_{out} = -\frac{1}{RC_F}\int V_{in}dt \qquad (5-21)$$

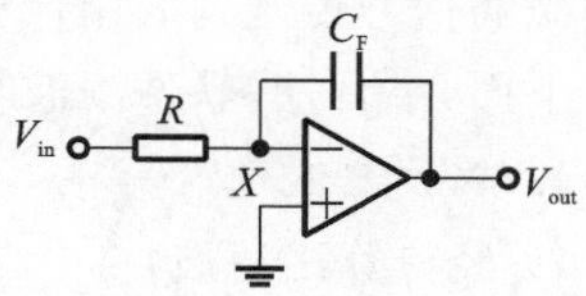

**图 5-20　连续时间积分器电路**

对于数据采样系统,必须设计与之相应的离散时间积分器。如前所述,采用带有高速开关电容的离散时间电阻和连续时间电阻的对比如图 5-21 所示,两者事实上完全等效。

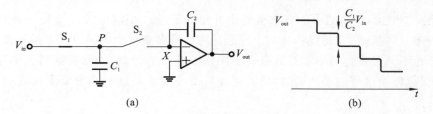

**图 5-21　两种形式电阻示意图**

(a)连续时间的电阻;(b)离散时间的电阻

现在用图 5-21(b)所示的离散时间等效电阻来代替图 5-20 所示电路中的电阻,得到的离散时间积分器如图 5-22(a)所示。对于该积分器,在每一个时钟周期内,当 $S_1$ 导通、$S_2$ 断开时,$C_1$ 吸收的电荷量等于 $C_1V_{in}$;当 $S_2$ 导通、$S_1$ 断开时,$C_1$ 上的电荷转移到 $C_2$ 点上(节点 $X$ 虚地)。因此,假设 $V_{in}$ 保持不变,每经过一个时钟周期,积分器的输出电压改变 $V_{in}C_1/C_2$,如图 5-22(b)所示,将输出电压的阶梯波形采用斜线近似,则电路呈现积分器性质。

**图 5-22　离散时间积分器**

(a)电路示意图;(b)固定输入电压的电路响应

### 5.1.6　光电信号的数字滤波方法

由硬件电路实现的某种电路功能,也可以用软件来实现。例如,硬件电路可实现一个函数发生器,产生一定的函数波形,这个功能也可以利用通用计算机中的一个函数子程序来实现。用硬件和软件实现各有优缺点,应用时要根据具体情况而定。

同样的道理,被噪声所淹没的微弱信号,也可以利用计算机来进行一定的处理,如平滑、数字滤波、快速傅里叶变换等,但用计算机处理的前提是,要先将微弱信号检测出来,并放大到一定的电平,经 A/D 转换后,才能送到计算机进行所需的处理,其主要工作是结合不同类型的微弱信号检测器开发出专用计算机程序。新一代的微弱信号检测仪器应当包括计算机处理部分,其实现方案有两种:一种是将计算机的硬件和软件连同微弱信号检测仪器的前端部分做成

一个整机,构成一个所谓智能化的微弱信号检测仪;另一种是仅做一个接口,将放大到一定电平的微弱信号传送到通用计算机上进行所需要的处理。

下面介绍一些软件滤波与信号处理的常见技术。

**1. 软件滤波**

**1) 经典算法滤波**

针对随机信号的干扰,可以采用均值滤波、限幅滤波、中值滤波等经典的数字滤波算法。

均值滤波法是将采样点附近一定范围内点的算术平均值或者加权平均值作为采样点的数值。

限幅滤波法是根据经验确定两次采样允许的最大偏差值 $\varepsilon$,如果第 $n$ 次采样与第 $n-1$ 次采样的差值小于 $\varepsilon$,则认为本次采样有效;如果两次采样的差值大于 $\varepsilon$,则认为本次采样无效,并以第 $n-1$ 次的采样值代替本次采样的值。这种方法可以有效克服脉冲干扰,但是无法抑制周期性的干扰。

中值滤波法就是对采样点进行 $n$ 次采样,将采样值按大小顺序排列,并以中间值作为采样的有效值。这种方法可以克服一些偶然因素引起的波动干扰。

在实际应用中,为达到更好的滤波效果,通常采用多种经典算法组合来进行滤波处理。

**2) 卡尔曼滤波**

卡尔曼滤波器的概念在 1960 年由美国科学家卡尔曼提出。卡尔曼滤波的基本原理是采用递推的方式以观测对预测量进行修正,从而得到最优状态估计。

根据研究,卡尔曼滤波对异常信号的滤除有较好的抑制作用。卡尔曼滤波相对于常用的低通滤波方法,最大的优点是实时性好,一般不会造成较大的信号滞后效应。

**3) 小波滤波**

20 世纪 90 年代,小波滤波的概念被提出并迅速发展。小波滤波方法是一种建立在小波变换多分辨率分解基础上的算法,其基本原理是将信号分解成为不同尺度下的小波系数,根据噪声与信号在不同频带上的小波系数具有不同强度分布的特点,去除各频带上的噪声对应的小波系数,保留原始信号的小波系数,再对处理后的小波系数进行小波反变换,从而达到抑制噪声的目的。

通过伸缩平移运算,小波变换可以对信号进行多尺度分析,同时实现较高的频率分辨率(低频时)和时间分辨率(高频时),打破了短时间傅里叶变换(SIFT)的局限性。

**2. 其他视觉图像处理算法**

对于图像探测器所获得的视觉图像,为了得到清晰的图像、获取准确的信息,也要对图像进行合适的处理,包括图像降噪、图像增强、图像分割及图像识别等。

视觉传感器采集的图像信息是空间域(简称空域)上的信息,或者说是二维平面上的一个个像素点组成的图像。图像降噪的目的就是减少空域图像中的噪声。常见的图像降噪方法主要有空域降噪法和变换域降噪法。

空域降噪法是在空域内直接对图像采取相应的处理,以降低图像上的噪声。空域降噪法又可以分为线性降噪和非线性降噪两大类,其中线性降噪中比较常见的有邻域平均滤波降噪、高斯滤波降噪等;非线性降噪中比较常见的有传统中值滤波降噪、自适应中值滤波降噪等。在非线性降噪中,自适应中值滤波会根据一定的设定条件改变窗口的大小,这是与传统中值滤波的差异所在,自适应中值滤波也因此具有更优的细节完整性。

变换域降噪法是将图像信息由空域转化到变换域,在变换域中对图像进行一定的处理,再将图像信息由变换域转化回空域。这种方法可以发现一些在空域中难以发现的特征信息并进行相应的处理,比如在频域中可以保留图像的高频信息,以使图像细节更加突出。

基于傅里叶变换的频域降噪方法就是变换域降噪的一种经典方法,但是频域降噪法的实时性较差,在对实时性要求较高的场合中需要考虑到这点。不过也有例外,比如基于小波变换的频域降噪法就可以在有效抑制噪声的前提下仍保持较快的处理速度。

此外,基于拉东变换(Radon 变换)的变换域降噪方法也值得一提,其原理是将二维图像沿不同的直线进行拉东变换线积分,积分的意义就是该条直线上图像点的像素和。这种方法可以将空域的线奇异转化成拉东变换域的点奇异,用来检测空域中的直线并进行滤除,因此可以有效地滤除图像中存在的直线型噪声干扰。

# 5.2 ‖ 微弱信号检测

在常规的信号处理中,滤波技术可以有效地对抗干扰、保持信噪比,它在微弱信号(信噪比小于 1)处理中对于降噪、改善信噪比更是起着极其关键的作用。

## 5.2.1　微弱信号的适用范围

在前面我们已经介绍了信号处理的主要内容,为了在系统输出端有足够大的信噪比以方便进行后续的处理,还对低噪声电子设计的方法进行了分析。低噪声电子设计的使用前提是在电信号处理系统的输入端有足够大的信噪比,而且处理结果是使输出信噪比不会变得太差而影响后续的信息提取与分析。当这个前提不存在的时候,即信号处理输入端的信噪比已经很低,甚至信号淹没在背景噪声中,仅通过低噪声电子设计就无法达到后续处理的信噪比要求了,这时必须根据信号与噪声的特点,采用相应的微弱信号检测方法将噪声大幅滤除,提高信噪比。

微弱信号意味着信号的幅度较小,甚至淹没于背景噪声中,如何从这样的强背景噪声中检测出有用信号呢? 人们通过对各类噪声的产生原因和特点、与信号的差异和相关性进行了大量的研究与分析,找出了几种较为实用的方法与技术,这些方法的关键点可以统一归纳为滤波。

微弱信号检测和处理广泛应用于国民经济和军事等领域艺术。例如,在工业生产中的精密测量和机器人技术,在医学中的细胞发光特性和医学信号处理,在生活中的设备间信息传递,以及在军事上对于隐形飞机、潜艇的探测技术上的应用也极为普遍。

在工程应用或者科研中,获得数据后还要进行可行的分析和处理,以期得到对研究结果的有效证明,因此,可以获取及时、准确的数据是众多研究开展的前提。在当今各个学科的壁垒被打破,多学科的交叉融合变得普遍的情况下,如何综合各个学科的优势,提高微弱信号检测的能力与效率,值得进一步探究。此外,随着社会需求和技术发展,工业的自动化程度越来越高,微弱信号检测器件与系统也朝着小型化、集成化的方向发展,由简单仪器向多功能仪器组合发展,由模拟技术向数字技术发展。

### 5.2.2 微弱信号检测基础

在学习微弱光电信号检测的原理和方法前,我们需要先了解一个概念——信噪比改善(SNIR),通常采用它来衡量微弱信号检测系统的性能,其定义式为

$$\text{SNIR} = \frac{\text{输出信噪比}}{\text{输入信噪比}} = \frac{S_o/N_o}{S_i/N_i} \tag{5-22}$$

从定义式来看,SNIR 与噪声系数 $F$ 互为倒数关系,但两者在本质上是不一样的。前面讨论噪声系数的时候,假设噪声带宽恒等于或小于系统带宽,因此输入噪声不会被滤除,从而有噪声系数 $F \geqslant 1$ 的结论。但是实际中的输入噪声一般是大带宽噪声,噪声带宽要大于系统带宽,有一部分噪声不能通过系统,那么噪声系数就有可能小于 1,因此提出了信噪比改善的概念。

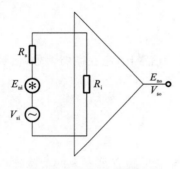

图 5-23 运算放大器系统

下面对信噪比改善的表达式进行分析。运算放大器系统如图 5-23 所示,假设输入噪声为白噪声,则有

$$\text{SNIR} = \frac{\text{输出信噪比}}{\text{输入信噪比}} = \frac{V_{so}^2/E_{no}^2}{V_{si}^2/E_{ni}^2} \tag{5-23}$$

因为输入噪声 $E_{ni}$ 为白噪声,所以噪声功率谱密度为

$$\rho = \frac{E_{ni}^2}{\Delta f_{ni}} = \text{const}$$

其中,$\Delta f_{ni}$ 为输入噪声的带宽。那么

$$E_{no}^2 = \int_0^{+\infty} \rho A_{vs}^2(f)\mathrm{d}f$$

其中,$A_{vs}(f) = \dfrac{V_{so}}{V_{si}}$ 为放大系统的增益。代入 SNIR 定义式,可得:

$$\text{SNIR} = \frac{V_{so}^2/\rho\displaystyle\int_0^{+\infty} A_{vs}^2(f)\mathrm{d}f}{V_{si}^2/\rho \cdot \Delta f_{ni}} = \frac{V_{so}^2}{V_{si}^2} \cdot \frac{\Delta f_{ni}}{\displaystyle\int_0^{+\infty} A_{vs}^2(f)\mathrm{d}f} \tag{5-24}$$

式中:$V_{so}^2/V_{si}^2$ 是放大系统对信号的功率增益,可以取中频区最大值,且为常数,即

$$\frac{V_{so}^2}{V_{si}^2} = A_{vs}^2(f_0) \tag{5-25}$$

因此,式(5-24)又可以写成:

$$\text{SNIR} = A_{vs}^2(f_0) \cdot \frac{\Delta f_{ni}}{\displaystyle\int_0^{+\infty} A_{vs}^2(f)\mathrm{d}f}$$

式中:$\dfrac{\displaystyle\int_0^{+\infty} A_{vs}^2(f)\mathrm{d}f}{A_{vs}^2(f_0)} = \Delta f_n$,$\Delta f_n$ 即系统的等效噪声带宽。因此,信噪比改善为

$$\text{SNIR} = \frac{\Delta f_{ni}}{\Delta f_n} \tag{5-26}$$

式(5-26)清晰地表明,在输入噪声为白噪声的情况下,放大系统的信噪比改善等于等效输入噪声的带宽 $\Delta f_{ni}$ 与系统的等效噪声带宽 $\Delta f_n$ 之比,因此通过减小系统的等效噪声带宽 $\Delta f_n$

可以提高信噪比改善。对微弱信号而言，即使信号被淹没在噪声背景中，即有输入信噪比 $V_{\text{si}}^2/E_{\text{ni}}^2 < 1$，只要将检测放大系统的等效噪声带宽做得足够小，有效提高输出信噪比，就有可能检测出信号。

例如，假设输入信噪比 $\dfrac{V_{\text{si}}^2}{E_{\text{ni}}^2} = 0.2$，等效输入噪声带宽 $\Delta f_{\text{ni}} = 100\ \text{kHz}$，系统的等效噪声带宽 $\Delta f_{\text{n}} = 1\ \text{kHz}$，则信噪比改善为

$$\text{SNIR} = \frac{\Delta f_{\text{ni}}}{\Delta f_{\text{n}}} = \frac{100\ \text{kHz}}{1\ \text{kHz}} = 100$$

且

$$\text{SNIR} = \frac{V_{\text{so}}^2/E_{\text{no}}^2}{V_{\text{si}}^2/E_{\text{ni}}^2}$$

则

$$\frac{V_{\text{so}}^2}{E_{\text{no}}^2} = \text{SNIR} \cdot \frac{V_{\text{si}}^2}{E_{\text{ni}}^2} = 100 \times 0.2 = 20$$

可见，输出信噪比已经得到大幅改善，信号功率远大于噪声功率，信号可以被检测出来。

正如前面所说，不仅微弱信号处理需要用到滤波，常规的信号处理中也或多或少地需要用到滤波器技术，因为信号通常聚集在一定的频率范围内，而噪声如白噪声等往往呈宽带分布特征，根据前面的理论分析，适当地限制系统带宽，也可以得到较好的信噪比改善。

## 5.3　微弱信号处理方法

### 5.3.1　窄带滤波法

对信号与噪声的功率谱进行分析可知，信号的功率谱密度较窄，而噪声的功率谱密度很宽。根据这个特点，可以设想，通过引入一个较窄的带通滤波器，就可以滤除大部分噪声而将信号功率提取出来，这就是窄带滤波法。窄带通滤波器只允许窄带内的噪声功率通过，将大部分噪声功率都滤除了，使得输出信噪比相对于输入信噪比有很大的提高。下面将对这个方法进行分析。

首先考虑当一个白噪声通过一个电压传输系数为 $A_{\text{vs}}$、带宽为 $B = f_2 - f_1$ 的系统时，其输出噪声为

$$\begin{aligned}
E_{\text{no}}^2 &= \int_{f_1}^{f_2} A_{\text{vs}}^2 \frac{E_{\text{ni}}^2}{\Delta f_{\text{ni}}} \mathrm{d}f \quad （A_{\text{vs}}^2\ \text{为常数}） \\
&= A_{\text{vs}}^2 \left( \frac{E_{\text{ni}}^2}{\Delta f_{\text{ni}}} \right)(f_2 - f_1) \\
&= A_{\text{vs}}^2 \frac{E_{\text{ni}}^2}{\Delta f_{\text{ni}}} B
\end{aligned} \tag{5-27}$$

通过式（5-27）可以看出，噪声输出总功率与系统的带宽成正比，因此，我们可以通过减小系统带宽来达到减小输出噪声功率的目的。

现在考虑把白噪声换成 $1/f$ 噪声，同样通过上述相同的系统，那么其输出噪声功率将变为

$$E_{no}^2 = \int_{f_1}^{f_2} A_{vs}^2 K_0 \frac{1}{f} \mathrm{d}f$$

$$= A_{vs}^2 K_0 (\ln f) \big|_{f_1}^{f_2}$$

$$= A_{vs}^2 K_0 (\ln f_2 - \ln f_1)$$

$$= A_{vs}^2 K_0 \ln \frac{f_2}{f_1} \tag{5-28}$$

$$= A_{vs}^2 K_0 \ln \frac{f_2 - f_1 + f_1}{f_1}$$

$$= A_{vs}^2 K_0 \ln \left(1 + \frac{B}{f_1}\right)$$

由式(5-28)可以看出,对于 $1/f$ 噪声,噪声输出总功率与系统的带宽成正相关,通过减小系统带宽以减小输出噪声功率的方法仍然有效。

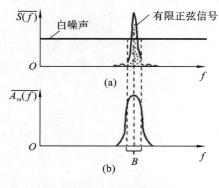

**图 5-24　窄带滤波法**

图 5-24 所示的是使用窄带滤波法提高信噪比的例子,其中信号为有限正弦信号,噪声为白噪声。由图中功率谱密度曲线可以直观地看出,使用窄带通滤波器后的输出信噪比可表示为

$$输出信噪比 = \frac{信号主峰下的面积}{划斜线的矩形面积} > 1$$

根据图形很容易看出,系统带宽 $B$ 取得越小,输出信噪比就越大,也可以通过分析推导得到相同的结论。

根据前面的计算,输入白噪声,则输出端噪声功率为

$$P_{no} = \frac{P_{ni}}{\Delta f_{ni}} \cdot A_{vs}^2 \cdot B$$

因为信号频率均在通带内,所以输出端信号功率为

$$P_{so} = P_{si} A_{vs}^2$$

因此,输出端信噪比为

$$\frac{P_{so}}{P_{no}} = \frac{P_{si} A_{vs}^2}{\dfrac{P_{ni}}{\Delta f_{ni}} A_{vs}^2 B} = \frac{\Delta f_{ni}}{B} \cdot \frac{P_{si}}{P_{ni}} \tag{5-29}$$

可得信噪比改善

$$\mathrm{SNIR} = \frac{P_{so}/P_{no}}{P_{si}/P_{ni}} = \frac{\Delta f_{ni}}{B} \left(或 \frac{\Delta f_{ni}}{\Delta f_n}\right) \tag{5-30}$$

式中:$\Delta f_n$ 为窄带带通滤波器的等效噪声带宽;$\Delta f_{ni}$ 为输入噪声的带宽(实际中输入的白噪声的带宽并不是无穷大,而是有确定值的,这种具有确定带宽的白噪声称为带限白噪声)。因此,系统带宽 $B$ 取得越小,输出信噪比就越大,信噪比改善也越好。

窄带滤波法可以应用在周期正弦信号波形的复现上,也可以用于检测单次信号的存在与否。下面对单次信号的检测进行分析。

对于任意一个单次信号,其绝大部分频率分量都集中在频谱密度曲线中基频所在的主峰

内,而主峰的频宽 $\Delta f$ 与单次信号的持续时间 $\Delta t$ 有如下关系:

$$\Delta f \cdot \Delta t \approx 1 \tag{5-31}$$

为了保留信号,窄带滤波器的带宽应大于信号的频宽,则有

$$B \geqslant \Delta f$$

$$B \geqslant \frac{1}{\Delta t}$$

因为 $\text{SNIR} = \dfrac{\Delta f_{ni}}{B}$,即 $B = \dfrac{\Delta f_{ni}}{\text{SNIR}}$,所以 $\dfrac{\Delta f_{ni}}{\text{SNIR}} \geqslant \dfrac{1}{\Delta t}$,即

$$\text{SNIR} \leqslant \Delta f_{ni} \Delta t \tag{5-32}$$

式(5-32)说明了信噪比的改善与信号的持续时间 $\Delta t$ 的关系:$\Delta t$ 越长,信噪比的改善就越大。
也就是说,窄带滤波法可以用来检测持续时间较长的
单次信号。

　　窄带滤波器有多种实现方法,如双 T 选频(RC 电
路)、晶体三极管窄带滤波器、LC 调谐等,在实际中可
根据需要选择。图 5-25 所示的为一个双 T 型带通滤
波器的实用电路。

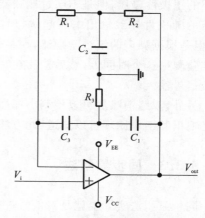

　　窄带滤波法较为简单方便,但是只能应用于微弱
信号的信噪比不是很差的情况下。对于窄带滤波器
的各种实现方法,如双 T 选频(RC 电路)的相对带宽
$B/f_0$ 可以做到千分之几($f_0$ 为带通滤波器中心频
率),晶体三极管窄带滤波器的相对带宽可以达到万
分之几,等等,它们的带宽还是过于宽了,无法检测淹
没在噪声中的信号,因此窄带滤波法只用在对噪声特
性要求不是很高的情况下。

**图 5-25　双 T 型带通滤波器**

## 5.3.2　双路消噪法

　　双路消噪法将输入信号分成两路,通过不同的处理后再进行叠加,以消去两路信号的共同
噪声,使输出信号的信噪比得到大幅提升从而能检测出信号。

　　双路消噪法原理框图如图 5-26 所示,系统核心器件仍然是滤波器和积分器。混杂了强噪
声的正弦波信号经过系统输入端被分成两路。一路信号进入上通道,先通过低噪声放大器,然
后通过中心频率与正弦波信号频率 $f_0$ 一致的窄带带通滤波器,得到混杂窄带噪声的正弦波信
号,而后再经过正向检波器和积分器,得到一个正极性直流电压信号,该直流电压上叠加着噪声
被正向整流引起的随机起伏的成分。另一路信号进入下通道,先通过低噪声放大器,然后通
过中心频率同为 $f_0$ 的带阻滤波器(陷波器),得到不带正弦波信号的噪声分量,再经过负向检
波器和积分器,噪声被负向整流,于是得到一个在某负电平上随机起伏的电压分量。两个积分
器输出的信号再同时输入加法器,正负极性的噪声起伏电平就会相互抵消,留下只有很小起伏
的直流电压信号,而后通过比较器,直流电压高于阈值电平就会产生一次计数,代表检测出
信号。

　　一般来说,采用的加法器是可调的,在没有信号仅有噪声输入的情况下,加法器的输出为

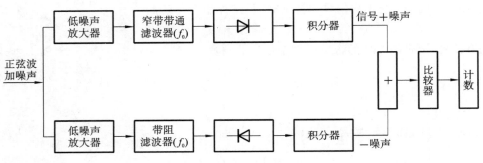

图 5-26　双路消噪法原理框图

很小的正极性电压,但是不超过比较器的阈值电平,以此避免产生额外的计数。实际上,由于噪声的随机性导致输出电压起伏,加法器偶尔会产生高于阈值电平的脉冲,导致产生本底计数,但是根据噪声的统计学规律,在某时间 $t_0$ 内,本底计数的次数恒为 $a$,因此,我们可以先通过实验测得这个时间 $t_0$,然后检测在时间 $t_0$ 内的计数值,如果计数值大于 $a$,则说明期间有正弦波信号输入。

另外,双路消噪法可以检测出深埋于背景噪声的正弦波信号,即使信噪比小于十分之一。但是根据其工作原理可以知道,此方法只能检测信号是否存在,而无法复原信号。

### 5.3.3　同步累积法

同步累积法实际上就是对信号进行多次测量,由于信号有重复性、噪声有随机性,在多次重复测量中,信号可以同相累积起来,噪声无法同相累积,因此信噪比也随之提高。同步累积器的原理框图如图 5-27 所示,其中 $V_1(t)$ 是重复输入的信号,$V_2(t)$ 是与 $V_1(t)$ 具有相同周期的参考信号,它控制同步开关以确保 $V_1(t)$ 在累加器中进行同相累积。

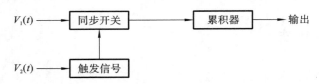

图 5-27　同步累积器的原理框图

当信号和噪声一起输入时,累积器进行 $n$ 次累积,输出的信号可以表示为

$$V_{so} = \sum_{\mu=1}^{n} V_{s\mu} = n \cdot \frac{1}{n}[V_{s1} + V_{s2} + \cdots + V_{sn}] = n\,\overline{V_s} \tag{5-33}$$

其中,$\overline{V_s} = \frac{1}{n}\sum_{\mu=1}^{n} V_{s\mu}$ 为累积信号的平均值,且 $\overline{V_s} = V_{si}$。而由于每次测量的噪声不相关,输出的噪声可以表示为

$$V_{no} = \sqrt{\sum_{\mu=1}^{n} V_{n\mu}^2} = \sqrt{V_{n1}^2 + V_{n2}^2 + \cdots + V_{nn}^2}$$

$$= \sqrt{n \cdot \frac{1}{n}(V_{n1}^2 + V_{n2}^2 + \cdots + V_{nn}^2)} \tag{5-34}$$

$$= \sqrt{n\,\overline{V_n^2}} = \sqrt{n}\,\sqrt{\overline{V_n^2}} = \sqrt{n}E_n$$

其中，$E_n = \sqrt{\overline{V_n^2}} = \sqrt{\dfrac{1}{n}\sum_{\mu=1}^{n} V_{n\mu}^2}$ 为累积噪声的均方根值。因此，联立式（5-33）和式（5-34）可以得到输出信噪比：

$$\frac{V_{so}^2}{V_{no}^2} = n\,\frac{\overline{V_s^2}}{\overline{V_n^2}} \tag{5-35}$$

由此可见，随着测量次数 $n$ 的增大，输出信噪比也不断提高。为了便于分析，我们可以将 $\overline{V_n^2}$ 与输入噪声 $V_{ni}^2$ 作近似相等，由此得：

$$\frac{V_{so}^2}{V_{no}^2} \approx n\,\frac{V_{si}^2}{V_{ni}^2}$$

或

$$\frac{P_{so}}{P_{no}} \approx n\,\frac{P_{si}}{P_{ni}}$$

那么，信噪比改善

$$\mathrm{SNIR} = \frac{P_{so}/P_{no}}{P_{si}/P_{ni}} = n \tag{5-36}$$

同样由测量次数决定，且根据式（5-36）我们可以计算在满足一定的信噪比改善要求下所需的测量次数。例如，输入信噪比为 1/10，要求输出信噪比大于或等于 10，那么需要

$$\mathrm{SNIR} = \frac{P_{so}/P_{no}}{P_{si}/P_{ni}} \geqslant \frac{10}{1/10} = 100$$

所以

$$n \approx \mathrm{SNIR} \geqslant 100$$

即重复测量次数至少为 100。

下面介绍一种同步累积器实用电路，其中同步积分器是用运算放大器做的，如图 5-28 所示。

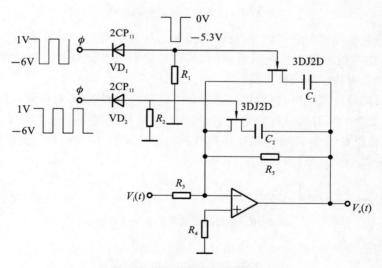

**图 5-28　同步累积器实用电路**

电路中的 3DJ2D 为 N 沟道结型场效应管，当栅极电压为零时，沟道存在，三极管导通。当栅极电压从零变为负时，沟道变小，当栅极电压继续负到一定的大小时，沟道被夹断，三极管相当于断开。当三极管导通时，信号将对 $C_1$、$C_2$ 进行轮流充电积分。

二极管 $2CP_{11}$ 的作用是钳位和阻隔,以保证当出现激励方波大于零的情况时,加到场效应管的电压仍为零,不会大于零。电阻 $R_5$ 则起比例放大的作用。

该电路系统的传输函数为

$$H(S) = -\frac{R_5}{R_3}\frac{1}{1+R_5CS} \quad (C \text{ 为 } C_1 \text{ 或 } C_2)$$

在实际中,应用同步累积器需要满足三个条件:①输入信号为重复信号;②适当的累积器;③保证信号可同相累积。而要保证信号的同相累积,就需要根据输入信号的波形选择相应的参考信号。

### 5.3.4 取样积分法(Boxcar 方法)

1. 单点取样积分器

Boxcar 原指铁路上的货车,货车装货时,能在货场中的众多货物中取走其需要的货物,这个过程形象地描述了取样积分法,因此取样积分法又称为 Boxcar 方法。

假设存在一个微弱的周期信号,这个信号淹没在背景噪声中,如图 5-29 所示。

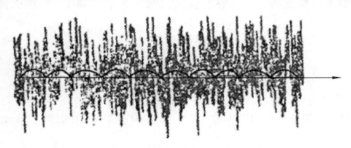

**图 5-29　被噪声淹没的周期信号**

为了对该周期信号进行取样积分,我们需要知道信号的周期。这种微弱信号一般是由一个信号源发出,在与被测对象作用后形成的,其信号周期与源信号的周期通常存在一定的关系,即或相等,或具有特定的函数关系。

在知道微弱信号的周期后,我们可以通过参考信号控制取样门,对信号在每个周期的同一点进行取样(见图 5-30),并将取样结果在积分器中累积。根据在同步累积法中的分析,多次进行采样后,信号将得到增强,而噪声由于随机性则被相互抵消,信噪比得到大幅提升。据此,可以画出取样积分器的原理框图,如图 5-31 所示。

**图 5-30　对准周期信号的某一点取样**

与同步累积法类似,经过 $m$ 次采样积分后,输出信号为

$$V_{so} = m\overline{V_s} = mV_{si}$$

输出噪声为

$$V_{no}^2 = m\overline{V_n^2} \approx mV_{ni}^2$$

因此,输出信噪比为

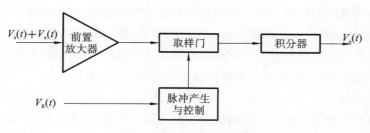

图 5-31　取样积分器原理框图

$$\frac{P_{so}}{P_{no}} = \frac{V_{so}^2}{V_{no}^2} = m\,\frac{V_{si}^2}{V_{ni}^2} = m\,\frac{P_{si}}{P_{ni}} \tag{5-37}$$

所以,信噪比改善

$$\mathrm{SNIR} = \frac{P_{so}/P_{no}}{P_{si}/P_{ni}} = m$$

同样由取样积分的次数决定。

这里要注意同步累积法和取样积分法的异同点。同步累积法的具体措施是同步积分,在周期信号持续的半个周期内对信号进行积分,其目的是使信号同相地累积起来。取样积分法是对周期信号的某一点进行同步累积,从而使该点的信噪比得到加强。

根据上面的系统框图,给出一种实用电路,如图 5-32 所示。该取样积分器的核心电路仍是积分器,在前面讲到的开关电容积分器前面加上一个由时钟控制的 MOS 传输门电路(见图 5-33(a)),就可以达到如图 5-33(b)所示的信号传输效果。

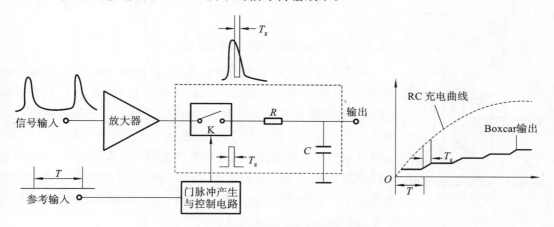

图 5-32　取样积分器实用电路举例

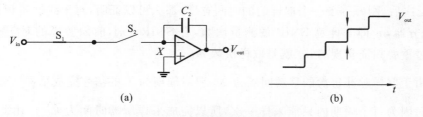

图 5-33　离散时间积分器

(a)电路示意图;(b)固定输入电压的电路响应

　　到目前为止所讲的取样积分器只能恢复信号某一点的幅值,因此也称为单点取样积分器,试想,如果对周期信号的每一点都进行取样积分的操作,是否就能将信号的波形恢复了呢? 利用单点取样积分器对周期信号进行多点扫描,将周期信号每一点的幅值都恢复出来,以恢复周期信号的波形,这就是单点取样积分器的扫描工作方式。

　　2. 扫描取样积分器

　　在单点取样积分器的基础上对周期信号按顺序选择取样点进行取样,就得到扫描工作模式的取样积分器,可以恢复信号的波形,其工作方式如图 5-34 所示。根据取样积分器工作方式的差异,可以将其分成以下类型:

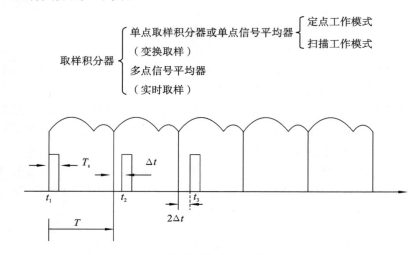

图 5-34　扫描取样积分器工作方式示意图

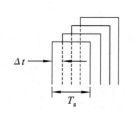

图 5-35　$T_g$ 与 $\Delta t$ 的相对位置示意图

　　取样积分器在 $t_1$ 时刻取样 $m$ 次后,取样脉冲移动 $\Delta t$ 到达 $t_2$ 时刻,在 $t_2$ 时刻取样 $m$ 次后,再移动 $\Delta t$ 到 $t_3$ 时刻,再在 $t_3$ 时刻取样 $m$ 次,而后继续往下一个时刻移动取样,直到对一个完整的信号周期完成取样积分。在这个过程,如果 $\Delta t < T_g$,将每个取样门 $T_g$ 对应的时刻在一个周期内的相对位置画在同一个周期内,就会看到取样门出现重叠,如图 5-35 所示,因此,这种扫描取样积分方式称为重叠扫描。当然,如果 $\Delta t \geqslant T_g$,取样门就不会出现重叠,这时称为非重叠扫描。

　　一般情况下,重叠扫描方式采用得更多。在重叠扫描方式下,假设有 $T_g/\Delta t = n_s$,即取样脉冲移动 $n_s$ 次后,刚好等于一个取样门的时间宽度,那么可以证明,对于线性累积扫描工作方式的取样积分器,$n_s$ 即是计算 SNIR 的测量次数,有 SNIR $= n_s$,前面所说的对于一点取样 $m$ 次,就是通过重叠扫描实现的,$n_s$ 就是取样次数 $m$。

　　另外,由于取样脉冲每次的移动间隔为 $\Delta t$,要对周期为 $T$ 的信号完成采样,则需要采样 $\dfrac{T}{\Delta t}$ $= n_i$ 次,同时因为每个周期内只能采样一次,所以完成采样所需时间为 $n_i T$。由此,在输出端得到的输出波形相较于原信号波形拉长了 $n_i$ 倍,这种采样方式又因此被称为变换取样方式,其波形变化如图 5-36 所示。

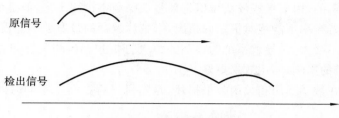

**图 5-36　变换取样波形图**

### 3. 多点信号平均器

　　扫描取样积分器在重复的一个信号周期内只取样一次,完成一个完整周期信号的取样需要 $n_iT$ 的时间,其工作效率是很低的。可以试想,如果将多个取样积分器一起使用,在每个周期内对信号进行逐次多点取样,就可以大大降低恢复信号波形所需的时间。多点信号平均器就是这样一种实时取样系统,相当于大量单点取样积分器在不同延时的情况下并联使用,信号每重复一次,各个取样积分器上的电压就累积一次,最终使信噪比得到提高。

　　多点信号平均器有模拟式和数字式两种,模拟式多点信号平均器通过电容进行存储累积,而数字式多点信号平均器则是通过计算机中的半导体存储器进行存储。在这里我们主要关注模拟式多点信号平均器,其核心部件就是基于 MOS 的高速采样门电路,原理框图如图 5-37所示。

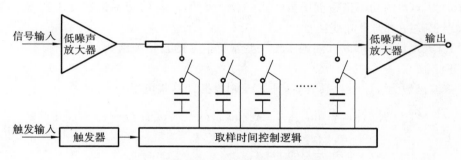

**图 5-37　模拟式多点信号平均器原理框图**

　　多点信号平均器可以有效地恢复淹没在噪声背景中的重复信号,它相较于采用单点取样积分器扫描恢复波形具有更大的优势,主要体现在以下两方面:①单点取样积分器是单点步进多次取样,一个信号周期内只取样一次,在时间上的利用率很低,而多点信号平均器则是在一个信号周期内对信号的多点进行取样,可以节省大量时间,在得到同样的 SNIR 情况下,多点信号平均器所需的时间仅是单点取样积分器的测得一个点的平均时间;②多点信号平均器是实时取样,不会像单点取样积分器一样使输出信号在时间轴上拉长,这是单点取样积分器无法做到的。

## 5.3.5　相关检测法

　　我们知道信号在时间上具有相关性,而噪声在时间上不相关,因此信号与信号的延时相乘积分结果可以区别于信号与噪声的延时相乘积分结果。相关检测法就是利用这种相关性将淹没在噪声背景里的微弱周期信号提取出来的一种微弱信号检测方法。典型的相关检测器件是锁定放大器。

根据前面所分析的,用窄带滤波法可以将信号从噪声中检测出来,但是如果待检测的信号存在周期不固定或者频率不能绝对恒定的情况,窄带滤波器的带宽就不能设计得太窄,那么系统的信噪比改善就不会太大,导致系统的检测能力大打折扣。而相关检测相当于一个跟踪滤波器,不受信号频带的影响,实用效果更好。

信号的相关性在数学上用相关函数来描述,是随机过程在两个不同时间相关性的一个重要统计参量。

1. 相关原理

相关函数可以分为自相关函数和互相关函数两种,下面将分别进行介绍。

1)自相关函数

自相关函数是度量一个变化量或随机过程在不同时刻的线性相关程度的重要统计参量,它是关于两个不同时刻之间的时间间隔 $\tau$ 的函数。自相关函数的定义为

$$R_{xx}(\tau) = \lim_{T \to \infty} \frac{1}{2T} \int_{-T}^{T} x(t)x(t-\tau)\mathrm{d}t \tag{5-38}$$

式中:$T$ 为测量时间;$\tau$ 为两时刻的时间间隔;$x(t)$ 为度量变化量的函数。

由维纳-欣钦定理有:

$$R_{xx}(\tau) = \frac{1}{2\pi} \int_{-\infty}^{+\infty} S_x(\omega) \mathrm{e}^{\mathrm{j}\omega\tau} \mathrm{d}\omega \tag{5-39}$$

式中:$S_x(\omega)$ 为 $x(t)$ 的功率谱密度函数。式(5-39)表明,$x(t)$ 的功率谱密度函数 $S_x(\omega)$ 和自相关函数 $R_{xx}(\tau)$ 是一对傅里叶变换。

有了式(5-39),我们可以方便地求出一些常见信号的自相关函数。

(1) 正弦波。

设正弦波函数为 $x(t) = A\sin(\omega_0 t + \varphi)$,则根据计算式可得

$$\begin{aligned} R_{xx}(\tau) &= \lim_{T \to \infty} \frac{1}{2T} \int_{-T}^{T} A^2 \sin(\omega_0 t + \varphi)\sin[\omega_0(t-\tau) + \varphi]\mathrm{d}t \\ &= \frac{A^2}{2}\cos(\omega_0\tau) \end{aligned} \tag{5-40}$$

(2) 白噪声。

由于白噪声的功率谱密度与频率无关,因此可以设白噪声的功率谱密度 $S_x(\omega) = N_0/2$,于是可得

$$R_{xx}(\tau) = \frac{1}{2\pi} \int_{-\infty}^{+\infty} \frac{N_0}{2} \mathrm{e}^{\mathrm{j}\omega\tau} \mathrm{d}\omega = \frac{N_0}{2}\delta(\tau) \tag{5-41}$$

(3) 带通白噪声。

实际中的白噪声具有一定的带宽,对于带通白噪声,可以设

$$S_x(\omega) = \begin{cases} \dfrac{N_0}{2}, & \omega_0 - \Omega \leqslant \omega \leqslant \omega_0 + \Omega \\ 0, & \text{其他} \end{cases}$$

式中:$\Omega$ 为带通白噪声的带宽。于是计算得

$$R_{xx}(\tau) = \frac{1}{2\pi} \int_{\omega_0 - \Omega}^{\omega_0 + \Omega} \frac{N_0}{2} \mathrm{e}^{\mathrm{j}\omega\tau} \mathrm{d}\omega = \frac{N_0 \Omega}{2\pi} \frac{\sin(\omega\tau)}{\Omega\tau} \mathrm{e}^{\mathrm{j}\omega_0\tau} \tag{5-42}$$

对自相关函数进行分析可知,其具有以下几点性质。

① $R_{xx}(\tau) = R_{xx}(-\tau)$,即 $R_{xx}(\tau)$ 是关于 $\tau$ 的偶函数。

② $R_{xx}(\tau)$ 在 $\tau=0$ 处取得最大值,且 $R_{xx}(0)$ 代表了 $x(t)$ 的平均功率,这由定义式也可以看出。

③如果 $x(t)$ 中不包含周期性分量,那么 $R_{xx}(\tau)$ 将随着 $\tau$ 的增加而下降,且 $x(t)$ 的相关性越弱,$R_{xx}(\tau)$ 下降得越快。白噪声在不同时刻上是不相关的或者相关性很小,因此其自相关函数为 $\delta$ 函数,只有在 $\tau=0$ 时才有 $R_{xx}(\tau)\neq 0$。

④如果 $x(t)$ 为确知信号,且包含周期性分量,那么 $R_{xx}(\tau)$ 也包含周期性分量。如果 $x(t)$ 为纯周期信号函数,那么自相关函数将包含该信号的基波和所有谐波(但相位因子消失),这表明 $x(t)$ 是完全相关的。

2) 互相关函数

互相关函数是度量两个变化量 $x(t)$、$y(t)$ 在不同时刻的线性相关程度的重要统计参量,它是关于两个不同时刻之间的时间间隔 $\tau$ 的函数。互相关函数的定义为

$$R_{xy}(\tau) = \lim_{T\to\infty}\frac{1}{2T}\int_{-T}^{T}x(t)y(t-\tau)\mathrm{d}t \tag{5-43}$$

可以证明,自相关函数是特殊的互相关函数,即自相关函数是 $x(t)=y(t)$ 时的互相关函数。

互相关函数的性质可以概括为以下两点。

①如果两个变化量互相完全没有关系(如信号与噪声),那么其互相关函数为一个常数,且等于两个变化量平均值的乘积;如果其中一个变化量的平均值为零(如噪声),那么其互相关函数将恒等于零,即两者完全独立不相关。

②如果两个变化量具有相同的基波频率,那么它们的互相关函数将保存它们的基波频率和两者共有的谐波。另外,互相关函数中的基波和谐波的相位为两个变化量的相位差。

2. 相关检测

相关检测就是利用信号在时间上的相关性和噪声在时间上的不相关性,使信号在检测中可以积累而噪声将被消除,从而将被噪声淹没的微弱信号检出的一种技术。根据参考信号的选择,相关检测可以分为自相关检测和互相关检测。

1) 自相关检测

自相关检测的原理框图如图 5-38 所示,待测信号 $x(t)$ 的表达式为

$$x(t) = S_i(t) + N_i(t) \tag{5-44}$$

式中:$S_i(t)$ 为输入信号;$N_i(t)$ 为输入噪声。

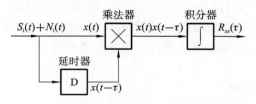

**图 5-38　自相关检测原理框图**

自相关检测的工作原理为:待测信号 $x(t)$ 进入系统,被分成两路,其中一路直接输入乘法器,另一路经过延时器延时了 $\tau$ 时间后再进入乘法器,两路信号在乘法器进行乘法运算,输出的信号 $x(t)x(t-\tau)$ 进入积分器进行积分运算,最后输出 $x(t)$ 的自相关函数 $R_{xx}(\tau)$。在实际中,由于时间有限,只能做一个确定的时间段($0\sim T$)的测量,那么自相关函数将变为

$$R_{xx}(\tau) = \frac{1}{T}\int_0^T x(t)x(t-\tau)\mathrm{d}t \tag{5-45}$$

将 $x(t)$ 代入上式,可得

$$R_{xx}(\tau) = R_{ss}(\tau) + R_{nn}(\tau) + R_{sn}(\tau) + R_{ns}(\tau) \tag{5-46}$$

式中:$R_{ss}(\tau)$、$R_{nn}(\tau)$ 分别为信号和噪声的自相关函数;$R_{sn}(\tau)$ 和 $R_{ns}(\tau)$ 分别为信号与噪声、噪声与信号的互相关函数。由于信号与噪声不相关,且噪声平均值近似为零,有 $R_{sn}(\tau)=R_{ns}(\tau)\approx 0$,那么上式变为

$$R_{xx}(\tau) = R_{ss}(\tau) + R_{nn}(\tau) \tag{5-47}$$

而噪声自身在时间上也不相关,$R_{nn}(\tau)$ 随着时间 $\tau$ 的增加也很快趋近于零,于是上式就只剩下一项,即

$$R_{xx}(\tau) \approx R_{ss}(\tau) \tag{5-48}$$

此时表明经过自相关检测,信号被保留下来,而噪声被抑制了,就可以将信号检测出来了。

2）互相关检测

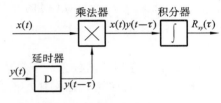

图 5-39 互相关检测原理框图

与自相关检测不同的是,互相关检测的参考信号不是来源于待测信号。其原理框图如图 5-39 所示,待测信号 $x(t)$ 同样由输入信号 $S_i(t)$ 和噪声 $N_i(t)$ 组成。

图中待测信号 $x(t)$ 直接输入乘法器,与 $S_i(t)$ 同频率的参考信号 $y(t)$ 经过延时器延时 $\tau$ 时间后再输入乘法器,二者进行乘法运算后,积分器再对乘法器的输出信号进行积分运算,由此得到 $x(t)$ 和 $y(t)$ 的互相关函数:

$$R_{xy}(\tau) = \frac{1}{T}\int_0^T x(t)y(t-\tau)\mathrm{d}t = R_{sy}(\tau) + R_{ny}(\tau) \tag{5-49}$$

由于噪声与参考信号是不相关的,且噪声平均值接近于零,随着积分时间的延长,二者的互相关函数 $R_{ny}(\tau)$ 将趋近于零。那么 $x(t)$ 和 $y(t)$ 的互相关函数就可以写成

$$R_{xy}(\tau) \approx R_{sy}(\tau) \tag{5-50}$$

此时噪声被抑制,信号得以检出。

对比自相关函数表达式(5-46)与互相关函数表达式(5-49),可以发现互相关检测的输出比自相关检测的输出要少两项干扰,因此互相关检测的抑制噪声能力要比自相关检测的强,这是互相关检测的一个优势。但是采用互相关检测的前提是知道信号 $S_i(t)$ 的频率,以使参考信号 $y(t)$ 的频率与 $S_i(t)$ 的一致,如果 $S_i(t)$ 的频率未知,要求得其频率还要额外地去测量,有时需要花费较大精力和时间,这时候就不适合采用互相关检测了。

## 5.3.6 光子计数技术

单光子探测技术是一种极微弱光探测法,当所探测的光强度比光电传感器本身在室温下的热噪声水平($10^{-14}$ W)还要低时,用通常的直流检测方法不能把这种淹没在噪声中的信号提取出来。而单光子计数方法利用弱光照射下光子探测器输出电信号自然离散的特点,采用脉冲甄别技术和数字计数技术可以把极其微弱的光信号识别并提取出来。

有许多光电探测器都可以用作单光子计数器,如光电倍增管、雪崩光电二极管（APD）、增

强型光电二极管、微通道板、微球板、真空光电二极管等,其中光电倍增管的应用最为广泛,但 APD 在集成的趋势下具有更广阔的应用前景。

APD 不同于光电倍增管,它是一种建立在内光电效应基础上的光电器件,具有内部增益和放大的作用,一个光子可以产生 10～100 对光生电子-空穴对,从而能够在器件内部产生很大的增益。APD 光子计数器的原理如图 5-40 所示。

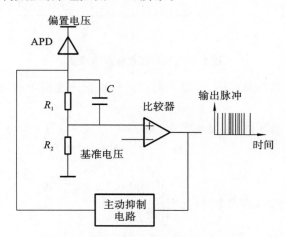

**图 5-40　APD 单光子计数器原理**

当 APD 工作在盖革模式(即偏置电压高于 APD 雪崩临界电压)时,耗尽层当中的电场强度很大,具有极高的增益。单光子入射被 APD 吸收,产生光生载流子,就会被耗尽层的电场加速,从而获得巨大的动能,它们与晶格发生碰撞,就会产生新的二次电离的光生电子-空穴对,新的电子-空穴对又会在电场的作用下获得足够的动能,再一次与晶格碰撞又产生更多的光生电子-空穴对,如此下去,形成所谓的"雪崩"倍增,使信号电流放大。雪崩电流经比较器后就可由计数器记录,以电脉冲形式输出。当一次脉冲信号输出后,就需要采取主动抑制电路将偏置电压降低至雪崩电压以下,以结束电流放大,而后再将偏置电压恢复至高于雪崩电压,以调整至待测状态。

# 5.4 ┃ 锁定放大器

锁定放大器是依据锁定接收法设计的微弱信号检测仪器。锁定放大器中除了相关器外,一般还包含同步积分器和旋转电容滤波器。同步积分器和旋转电容滤波器也有很强的抑制噪声能力,本节将对锁定放大器中的这三个核心器件进行详细分析介绍。

## 5.4.1　锁定接收法

锁定接收法利用互相关原理,令输入信号在相关器中与参考信号实现互相关,其中的微弱周期信号与参考信号同频率而得以保留下来,而噪声与参考信号无相关性而被滤除,从而将淹没在噪声中的微弱信号检测出来。锁定接收法在微弱信号探测中是一种行之有效的方法,其原理框图如图 5-41 所示。其中 $V_1(t)$ 为输入信号,$V_2(t)$ 为参考信号,$V_1(t)$ 经过窄带放大后,与参考信号一同进入乘法器,在进行乘法运算后,输出的信号再进入积分器进行积分运算,输出信号 $V_o(t)$。

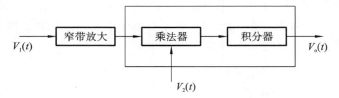

图 5-41 锁定接收法原理框图

因为信号与噪声是相互独立的,所以我们可以分别讨论它们单独输入的情况。

1. 只有信号输入

假设输入为正弦波周期信号,没有噪声,那么

$$V_1(t) = V_{s1}(t) = V_{s1}\sin(\omega_1 t + \phi_1)$$

而参考信号

$$V_2(t) = V_2\sin(\omega_2 t + \phi_2)$$

需要与正弦波信号具有相同的频率,因此有

$$\omega_1 = \omega_2$$

两信号在乘法器进行乘法运算后,输出

$$V_1(t) \cdot V_2(t) = V_{s1}V_2\sin(\omega_1 t + \phi_1)\sin(\omega_2 t + \phi_2)$$
$$= \frac{V_{s1}V_2}{2}[\cos(\phi_1 - \phi_2) - \cos(2\omega_1 t + \phi_1 + \phi_2)]$$

而后积分器对两信号的乘积进行积分运算,假设积分器的积分时间常数为 $T = RC = \dfrac{2\pi}{\omega_1}$,并取积分时间 $t=T$,那么

$$V_{so}(t) = \frac{1}{T}\int_0^T A_{vs} \cdot \frac{V_{s1}V_2}{2}[\cos(\phi_1 - \phi_2) - \cos(2\omega_1 t + \phi_1 + \phi_2)]dt \tag{5-51}$$
$$= \frac{A_{vs}}{2}V_{s1}V_2\cos(\phi_1 - \phi_2)$$

式中:$A_{vs}$ 为积分器的增益。

从式(5-51)可以看出,锁定接收法最后的输出是一个直流电压信号,而这个直流信号的大小与输入信号、参考信号幅值以及它们之间的相位差有关。

2. 只有噪声输入

当只有噪声输入时,取噪声中频率为 $\omega_1$ 的分量作为输入,可以令输入信号 $V_1(t)$ 的表达式为

$$V_1(t) = V_{n1}(t) = A_{n1}(t)\sin[\omega_1 t + \phi(t)]$$

其中,$A_{n1}(t)$ 为噪声的幅值,$\phi(t)$ 为噪声的相角,二者皆为随机变量。

同样的,可以得到锁定放大器最后的输出为

$$V_{no}(t) = \frac{1}{T}\int_0^t A_{vs}V_{n1}(t)V_2(t)dt$$
$$= \frac{A_{vs}}{T}\int_0^t A_{n1}(t)\sin[\omega_1 t + \phi(t)]V_2\sin(\omega_1 t + \phi_2)dt \tag{5-52}$$
$$= \frac{A_{vs}}{2T}V_2\int_0^t A_{n1}(t)\{\cos[\phi(t) - \phi_2] - \cos[2\omega_1 t + \phi(t) + \phi_2]\}dt$$

当积分时间 $t \to \infty$ 时,式(5-52)中的两项积分都趋近于零,由此得 $V_{no}(t) = 0$。

事实上,噪声的频率对结果没有影响,输入中选择其他频率的噪声也有一样的结果,这说明当积分时间很大时,锁定放大器具有很强的抑制噪声的能力,但是实际应用中由于时间有限,或者经常采用低通滤波器代替积分器,锁定放大器输出的噪声就不是零了,而是在零附近有一定的波动起伏。

### 5.4.2　相关器及其性能分析

由前面的原理分析可知,锁定放大器之所以具有很强的噪声抑制能力,就是其中的乘法器和积分器在起作用,而相关器主要就是由一个乘法器和一个积分器构成。因此,相关器也是锁定放大器中的核心器件,它给予锁定放大器强大的滤除噪声能力。下面将对相关器进行详细的分析。

1. 相关器的数学解

在前面相关检测的原理中已经阐明,通过一个乘法器和一个积分器就可以实现相关运算,把微弱信号从噪声中检测出来。

从理论上看,用一个乘法器和一个积分器即构成相关运算关键部分——相关器(积分时间越长,信噪比改善越强)。

在实际应用中,相关运算的实现不采用模拟乘法器,因为那样需要复杂的电子设计,而采用动态范围大、电子设计简单的 MOS 开关乘法器。积分器大多数场合采用 RC 积分器设计,积分时间取决于 $RC$ 的值,一般需要根据实际考虑具体的参数。

相关器的电路框图以及其中的开关乘法器和开关乘法器的输入/输出波形如图 5-42 所示。

假如输入乘法器的信号为

$$V_s = V_{mA} \sin(\omega t + \phi)$$

与输入信号相乘的参考信号为方波,表达式可写为

$$\omega_2 = \omega_R, \quad V_R = \frac{4}{\pi} \sum_{n=0}^{+\infty} \frac{1}{2n+1} \sin[(2n+1)\omega_R t]$$

那么可以得到乘法器的输出

$$V_1 = V_s V_R = \frac{4}{\pi} V_{mA} \sin(\omega t + \phi) \sum_{n=0}^{+\infty} \frac{1}{2n+1} \sin[(2n+1)\omega_R t] \tag{5-53}$$

而积分器输入电压 $V_1$ 和输出电压 $V_o$ 均应满足

$$C_o \frac{dV_o}{dt} + \frac{V_o}{R_o} = -\frac{V_1}{R_1}$$

即

$$\frac{dV_o}{dt} + \frac{1}{R_o C_o} V_o = -\frac{V_1}{R_1 C_o} \tag{5-54}$$

式(5-54)是一阶线性微分方程,可以求得其通解为

$$V_o(t) = e^{-\int_0^t \frac{1}{R_o C_o} dt} \left( \int_0^t \frac{-V_1}{R_1 C_o} e^{\int_0^t \frac{dt}{R_o C_o}} dt + C \right)$$

其中,$C$ 为待定常数。令电容的初始电压为零,即有 $V_o(0) = 0$,代入上式即可求出 $C = 0$,那么

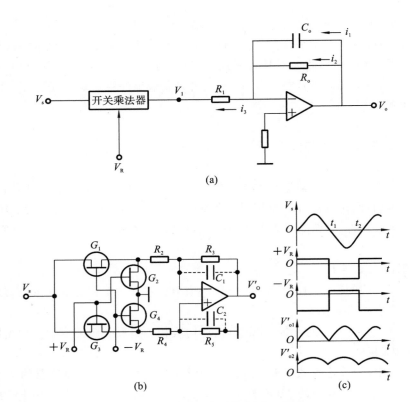

**图 5-42　相关器及开关乘法器示意图**

(a)相关器电路框图；(b)开关乘法器(PSD)电路；

(c)PSD 的输入/输出波形($V'_{o1}$为未接 $C_1$、$C_2$ 的输出，$V'_{o2}$为接 $C_1$、$C_2$ 的输出)

上式就可以写成

$$V_o(t) = e^{-\frac{t}{R_o C_o}} \left( \int_0^t -\frac{V_1}{R_o C_o} e^{\frac{t}{R_o C_o}} dt \right)$$

再将 $V_1$ 的表达式(5-53)代入上式(计算过程略)，就可以得到 $V_o(t)$的表达式：

$$
\begin{aligned}
V_o = -\frac{2R_o V_{mA}}{\pi R_1} \sum_{n=0}^{+\infty} \frac{1}{(2n+1)} & \left\{ \frac{\cos\{[\omega - (2n+1)\omega_R]t + \phi - \theta_{2n+1}^-\}}{\sqrt{1 + \{[\omega - (2n+1)\omega_R]R_o C_o\}^2}} \right. \\
& - \frac{\cos\{[\omega + (2n+1)\omega_R]t + \phi - \theta_{2n+1}^+\}}{\sqrt{1 + \{[\omega + (2n+1)\omega_R]R_o C_o\}^2}} \\
& - e^{\frac{t}{R_o C_o}} \left[ \frac{\cos(\phi - \theta_{2n+1}^-)}{\sqrt{1 + \{[\omega - (2n+1)\omega_R]R_o C_o\}^2}} \right. \\
& \left. \left. - \frac{\cos(\phi - \theta_{2n+1}^+)}{\sqrt{1 + \{[\omega + (2n+1)\omega_R]R_o C_o\}^2}} \right] \right\}
\end{aligned}
\tag{5-55}
$$

式中：

$$\theta_{2n+1}^- = \arctan[\omega - (2n+1)\omega_R]R_o C_o$$

$$\theta_{2n+1}^+ = \arctan[\omega + (2n+1)\omega_R]R_o C_o$$

式(5-55)非常复杂，不容易看出其真正的物理含义，所以下面将它作简化后讨论其物理内涵。其实，除了以上求解微分方程的方法，也可以借助信号变换域的方法，采取时域卷积法、傅里叶变换等方法获得上式的结果。

**2. 数学解的简化与物理结论**

接下来对不同的输入信号频率分析其数学解的简化,并对相关器的幅频特性进行介绍。

1) 不同输入频率下的数学解简化

(1) 输入信号频率 $\omega$ 与参考信号基波的频率 $\omega_R$ 相等。

输入信号频率与参考信号基波频率相同的情况下,有 $\omega = \omega_R$,且 $t \gg T_c$,其中 $T_c = R_o C_o$ 为积分器的时间常数,因此相关器输出可简化为

$$V_o = -\frac{2}{\pi} \frac{R_o}{R_1} V_{mA} \cos\phi \tag{5-56}$$

其中,$\phi$ 是输入信号与参考信号的相位差,输出信号 $V_o$ 与 $\cos\phi$ 成正比,这里就包含了相敏检波的含义。$\dfrac{R_o}{R_1}$ 则是近似积分器(或低通滤波器)的直流放大倍数。

(2) 输入信号频率 $\omega$ 与参考信号的偶次谐波频率相等。

对于输入信号频率等于参考频率的偶次谐波频率,即 $\omega = 2(n+1)\omega_R(n=0,1,2,\cdots)$,且 $T_c = R_o C_o$ 取得足够大时,$\omega_R R_o C_o \gg 1$,有

$$V_o = 0 \tag{5-57}$$

相关器输出为零,即表明相关器对偶次谐波具有极强的抑制作用。

从开关乘法器的输入波形上可以更加直观地对这个现象做出解释,开关乘法器输入信号与参考信号的关系如图 5-43 所示。

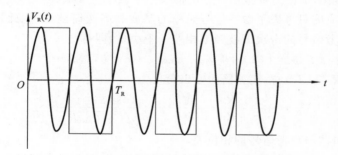

**图 5-43　输入信号与参考信号的关系**

假设输入信号为参考信号的二次谐波(见图 5-43),那么在参考信号的一个周期内,输入信号有两个周期,在开关打开的半个周期内,输入信号有一个完整的周期,正负正好抵消。假设输入信号为参考信号的四次谐波,在开关打开的半个周期内,输入信号有两个完整的周期,正负也刚好抵消。不难推导,对于更高次的偶次谐波,都有同样的结果,所有参考信号的偶次谐波都相互抵消,相关器的输出端没有偶次谐波输出。

(3) 输入信号频率 $\omega$ 与参考信号的奇次谐波频率相等。

当输入信号的频率等于参考信号的奇次谐波时,即 $\omega = (2n+1)\omega_R$,且满足 $\omega_R R_o C_o \gg 1$ 时,有

$$V_o = -\frac{2}{\pi} \frac{R_o}{R_1} \frac{V_{mA}}{(2n+1)} (1 - e^{-\frac{t}{R_o C_o}}) \cos\phi \tag{5-58}$$

当 $t \gg R_o C_o$ 时,有

$$V_o = -\frac{2}{\pi} \frac{R_o}{R_1} \frac{V_{mA}}{(2n+1)} \cos\phi \tag{5-59}$$

可以看到当 $n = 0$ 时,输出即为式(5-56),将此时的输出振幅:

$$\frac{2}{\pi} \frac{R_o}{R_1} \frac{V_{mA}}{1} \overset{记作}{=} V_{mAo}$$

将非基波的奇次谐波的输出振幅:

$$\frac{2}{\pi} \frac{R_o}{R_1} \frac{V_{mA}}{2n+1} \overset{记作}{=} V_{mA(2n+1)}$$

有

$$\frac{V_{mA(2n+1)}}{V_{mAo}} = \frac{1}{2n+1} \qquad (5\text{-}60)$$

根据式(5-60)可以画出如图 5-44 所示的归一化频率响应。

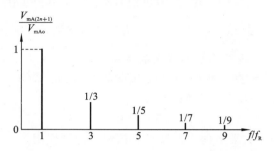

**图 5-44　相关器奇次谐波输出的频率响应**

（4）输入信号频率 $\omega$ 偏离参考信号奇次谐波一个微小量 $\Delta\omega$。

上面的频率响应图只考虑了参考信号频率的基波和高次谐波处,因此还不够完善。假设输入信号频率与参考信号的奇次谐波频率相差一个小量,即有

$$\omega = [(2n+1)\omega_R + \Delta\omega] \quad (n = 0,1,2,\cdots)$$

当 $\omega_R R_o C_o \gg 1, t \gg R_o C_o (T_c)$ 时,相关器的输出简化为

$$V_o = -\frac{2}{\pi} \cdot \frac{R_o}{R_1} \cdot \frac{V_{mA}}{(2n+1)} \cdot \frac{\cos(\Delta\omega t + \phi_{2n+1})}{\sqrt{1 + (\Delta\omega R_o C_o)^2}} \qquad (5\text{-}61)$$

式中:$\phi_{2n+1}$ 为奇次谐波与参考信号的相位差。

此时,输出的是一个频率为 $\Delta\omega$ 的交流信号,其中的幅度含有衰减因子,衰减特性为每倍频程下降 6 dB,由式(5-61)可画出相关器归一化的幅频特性,如图 5-45 所示。

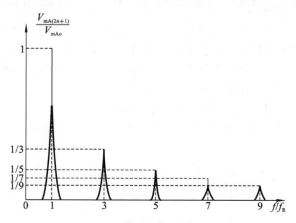

**图 5-45　相关器的幅频特性**

2）输入信号为与参考信号同频的方波

前面对正弦波输入的情况进行了具体的分析，但是实际测量中通常将缓慢变化的信号或直流信号斩波，将其变成方波信号再输入锁定放大器，那么输入信号就变为

$$V_s = \frac{4}{\pi} V_{mA} \sum_{n=0}^{+\infty} \frac{1}{2n+1} \sin\left[ (2n+1)\omega_R (t+\tau) \right]$$

式中：$\tau$ 为输入信号相对于参考信号的延迟时间。

经过相同的运算化简，可得

$$V_o = -\frac{R_o}{R_1} V_{mA} \left( 1 - \frac{2\phi}{\pi} \right) \tag{5-62}$$

式中：$\phi$ 为输入信号方波与参考信号方波的相位差。

可以看出，当输入的是对称方波信号时，相关器的输出电压大小为方波信号幅度与积分器的直流放大倍数的乘积，而且还与两方波的相位差呈线性关系。

当输入方波信号幅度为定值时，输出直流信号的幅值只受相位差 $\phi$ 影响，输出信号幅值与相位差呈线性关系，这时相关器就是实际的相敏检波器，如图 5-46 所示。

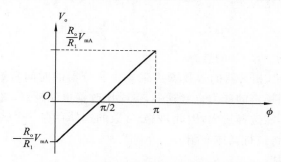

**图 5-46　相关器的输出与相位差的线性关系**

当 $\phi=0$ 时，有

$$V_o = -V_{omax} = -\frac{R_o}{R_1} V_{mA}$$

当 $\phi=\frac{\pi}{2}$ 时，有

$$V_o = V_{omin} = 0$$

当 $\phi=\pi$ 时，有

$$V_o = V_{omax} = \frac{R_o}{R_1} V_{mA}$$

3. 相关器的性能分析

前面得到的幅频特性曲线可以直观地反映相关器的性能，但是为了在实际中更好地对相关器进行设计选择，我们还需要计算相关器的等效噪声带宽，以及对积分时间常数的选择进行探讨。

1）等效噪声带宽的计算

在 $2n+1$ 次谐波处附近，电压增益的表达式经过归一化后为

$$K_{2n+1} = \frac{1}{2n+1} \cdot \frac{1}{\sqrt{1+(R_o C_o \Delta\omega)^2}} \tag{5-63}$$

根据等效噪声带宽的定义,有

$$\Delta f_{n(2n+1)} = \frac{\int_0^{+\infty} K_{2n+1}^2 \mathrm{d}(\Delta f)}{K_{2n+1}^2} = \int_0^{+\infty} K_{2n+1}^2 \mathrm{d}(\Delta f) \quad (\Delta f = 0) \tag{5-64}$$

在参考信号频率的 $2n+1$ 倍处,可以采用上述公式计算,但实际上,在 $(2n+1)f_R$ 两边都形成通频带,因此实际的等效噪声带宽应为

$$\Delta f_{n(2n+1)} = \frac{1}{(2n+1)^2} \cdot \frac{1}{2R_o C_o} \tag{5-65}$$

由于

$$\sum_{n=0}^{+\infty} \frac{1}{(2n+1)^2} = \frac{\pi^2}{8}$$

基波处系统的等效噪声带宽 $\Delta f_{n1}$ 为

$$\Delta f_{n1} = \frac{1}{2R_o C_o}$$

因此,相关器等效噪声带宽为

$$\Delta f_n = \frac{\pi^2}{16} \frac{1}{R_o C_o} = \frac{\pi^2}{8} \Delta f_{n1} \tag{5-66}$$

2)积分时间常数 $T_c = R_o C_o$ 的选择

由式(5-66)可以看到,相关器的等效噪声带宽由积分器的时间常数决定,时间常数越大,等效噪声带宽越窄,抑制噪声的能力也就越强,信噪比改善也就越好。但是考虑到对快速信号的响应要求,时间常数不能选择过大,因此,积分常数的选择存在一个区间,这个区间的上限和下限如何确定呢?下面将进行具体介绍。

(1)积分时间的下限。

积分时间的下限主要受以下两个方面的限制。

①输出电路过载电平对输出噪声的限制。

由前面分析可知,输出噪声的大小由相关器的时间常数 $T_c$ 决定,在相同的噪声输入下,$T_c$ 越大,相关器抑制噪声能力越强,输出噪声就越小。假设输入端的单位带宽白噪声电压为 $V_{ni}(\mathrm{V}/\sqrt{\mathrm{Hz}})$,且系统增益为 1 时,输出端的噪声电压为

$$V_{no} = V_{ni} \cdot \sqrt{\Delta f_n} \tag{5-67}$$

根据等效噪声带宽的定义,有

$$\Delta f_n = \frac{\int_0^{+\infty} A_V^2(f) \mathrm{d}f}{A_V^2(f_0)}$$

$$V_{ni}^2 = \frac{E_{ni}^2}{\Delta f}$$

$$V_{no}^2 = \frac{E_{ni}^2}{\Delta f} \cdot \Delta f_n = V_{ni}^2 \Delta f_n$$

故

$$V_{no} = V_{ni} \sqrt{\Delta f_n}$$

锁定放大器能正常工作的条件是输出噪声的峰值不得超过满刻度电平 FS(full scale)。满刻度电平通常以均方根值来衡量,而噪声的峰值通常为均方根值的 3.3 倍、峰-峰值为均方根值的 6.6 倍。因此,要使锁定放大器正常工作,就必须满足:

$$6.6V_{no} < \text{FS}$$

或

$$V_{no} < \frac{1}{6.6}\text{FS}$$

一般来说,锁定放大器的等效噪声带宽完全由积分器确定,并且有

$$\Delta f_n \approx \Delta f_{n1} = \frac{1}{2T_c} = \frac{1}{2R_oC_o}$$

故

$$V_{ni}\sqrt{\Delta f_n} = V_{ni}\sqrt{\frac{1}{2T_c}} < \frac{1}{6.6}\text{FS}$$

$$\left(\frac{\text{FS}}{6.6V_{ni}}\right)^2 > \frac{1}{2T_c}, \quad T_c > 21.8\left(\frac{V_{ni}}{\text{FS}}\right)^2 \tag{5-68}$$

此外,需要提醒的是,不同地区对锁定放大器的等效噪声带宽的算法可能存在差异,比如美国、英国常用 $\Delta f_n = \frac{1}{4T_c}$ 表示,日本则多用 $\Delta f_{n1} = \frac{1}{2T_c}$ 计算,在实际应用中需要注意到这点。

对于衰减特性为 12 dB/倍频程的积分器,即由两节积分器串联的积分器,有 $\Delta f_{n1} = \frac{1}{4T_c}$,那么积分时间常数需要满足:

$$T_c > 10.9(V_{ni}/\text{FS})^2 \tag{5-69}$$

因此,$T_c$ 必须满足式(5-68)和式(5-69)这两个不等式,否则锁定放大器将出现噪声过载。

②谐波衰减对时间常数 $T_c$ 的限制。

前面在讨论相关器的性质时,皆有 $\omega_R R_o C_o \gg 1$ 的前提,略去了小项,得到的是简单明确的结果。但是如果需要考虑二次谐波分量(一种干扰或噪声),则经过一定的分析之后可以得到;如果要求二次谐波小于直流分量(有用信号)的 1/100,则有

$$\frac{1}{2\omega_R R_o C_o} < \frac{1}{100}$$

$$\frac{1}{2\omega_R T_c} < \frac{1}{100}$$

$$T_c > \frac{100}{2\omega_R} = \frac{50}{2\pi/T_R} \approx 8T_R$$

即

$$T_c > 8T_R$$

其中,$T_R$ 为参考信号的周期。

由上式可以清晰地看到,对于单级积分器(衰减速度为 6 dB/倍频程),必须满足积分时间常数 $T_c$ 大于信号周期的 8 倍,才能保证二次谐波分量小于直流分量的 1/100。

(2) 积分时间的上限。

积分时间越长,相关器抑制噪声的能力也就越强,但是检测信号时为了避免失真,就要对积分时间进行限制。通常来说,信号都具有一定的频宽,并不是单一频率的。为了方便讨论,假设信号 $S(t)$ 是频率为 $\Omega_s$ 的调幅波,表达式为

$$S(t) = V_A = V_{mA}\cos\Omega_s t \sin\omega_R t \tag{5-70}$$

式(5-70)中只有 $\Omega_s$ 项包含信息量,$\omega_R$ 为载波频率,并假设信号载波频率 $\omega_R$ 与参考信号频率一致。

而后将参考信号 $V_R = \frac{4}{\pi}\sum_{n=0}^{+\infty}\frac{1}{2n+1}\sin\omega_R t$ 代入相关器的微分方程式(5-54)中,经过推导,可以得到其稳态解,对稳态解进行适当简化后可得到 $n=0$ 时的基波输出:

$$V_{\mathrm{o}} = -\frac{2R_{\mathrm{o}}}{R_1}\frac{V_{\mathrm{mA}}}{\pi}\frac{\cos(\Omega_{\mathrm{s}}t - \theta_{\mathrm{s}})}{\sqrt{1 + (R_{\mathrm{o}}C_{\mathrm{o}}\Omega_{\mathrm{s}})^2}} \tag{5-71}$$

式中：$\theta_{\mathrm{s}} = \arctan T_{\mathrm{c}}\Omega_{\mathrm{s}} = \arctan R_{\mathrm{o}}C_{\mathrm{o}}\Omega_{\mathrm{s}}$。

由式(5-71)可以看出，相关器可以恢复出信号 $\cos\Omega_{\mathrm{s}}t$，但是要保证不失真地恢复信号，就要使恢复后的频谱内的各个频率分量与原信号具有相同的比例。

假设要求信号频谱最高频率的失真不超过 $50\%$，则由式(5-71)可得：

$$\frac{1}{\sqrt{1 + (R_{\mathrm{o}}C_{\mathrm{o}}\Omega_{\mathrm{smax}})^2}} \geqslant \frac{1}{2}$$

因此可得

$$T_{\mathrm{c}} = R_{\mathrm{o}}C_{\mathrm{o}} \leqslant \frac{\sqrt{3}}{\Omega_{\mathrm{smax}}} \tag{5-72}$$

同样的，如果要求最高频率的失真不超过 3 dB，那么就要求：

$$\frac{1}{\sqrt{1 + (R_{\mathrm{o}}C_{\mathrm{o}}\Omega_{\mathrm{smax}})^2}} \geqslant \frac{1}{\sqrt{2}}$$

因而有

$$T_{\mathrm{c}} = R_{\mathrm{o}}C_{\mathrm{o}} \leqslant \frac{1}{\Omega_{\mathrm{smax}}} \tag{5-73}$$

式(5-72)和式(5-73)就是对积分时间的上限要求。

因此，对于不同的失真要求，积分时间常数的取值范围为

$$8T_{\mathrm{R}} \leqslant T_{\mathrm{c}} \leqslant \frac{\sqrt{3}}{\Omega_{\mathrm{smax}}} \quad (\text{或}\ 8T_{\mathrm{R}} \leqslant T_{\mathrm{c}} \leqslant \frac{1}{\Omega_{\mathrm{smax}}})$$

或者用频率来表示：

$$\begin{cases} \dfrac{8}{f_{\mathrm{R}}} < T_{\mathrm{c}} \leqslant \dfrac{\sqrt{3}}{2\pi} \cdot \dfrac{1}{f_{\mathrm{smax}}} \\[2mm] \dfrac{8}{f_{\mathrm{R}}} < T_{\mathrm{c}} \leqslant \dfrac{1}{2\pi f_{\mathrm{smax}}} \end{cases} \tag{5-74}$$

式中：$f_{\mathrm{smax}} = \dfrac{\Omega_{\mathrm{smax}}}{2\pi}$ 为信号的最高频率分量。对式(5-74)进行简单的运算可以得到载波频率 $f_{\mathrm{R}}$ 和信号频率 $f_{\mathrm{smax}}$ 的关系：

$$\begin{cases} f_{\mathrm{R}} \geqslant 8 \times 2\pi f_{\mathrm{smax}} \approx 50 f_{\mathrm{smax}} \\[2mm] f_{\mathrm{R}} \geqslant \dfrac{8 \times 2\pi}{\sqrt{3}} f_{\mathrm{smax}} \approx 29 f_{\mathrm{smax}} \end{cases} \tag{5-75}$$

从式(5-75)可以看出，采用相关检测进行微弱信号检测时，载波频率 $f_{\mathrm{R}}$ 应远大于信号的最高频率 $f_{\mathrm{smax}}$。

正如前面所言，为了更有效地抑制噪声同时避免锁定放大器输出端噪声电平过载，时间常数 $T_{\mathrm{c}}$ 应尽可能地选取较大的值，但另一方面，又要避免时间常数过大导致信号失真严重，因此取值要在积分时间上限与下限的中间。当然，实际应用中也可以根据情况设法减缓信号的变化速度、减小信号频率的带宽，比如将 $f_{\mathrm{smax}}$ 减小到 1/100 Hz 以下或更低，就可以采用较大的时间常数来检测被噪声覆盖的极其微弱的信号。

总而言之，时间常数越大，相关器等效噪声带宽越小，抑制噪声的能力就越强，但同时对快速变化的信号检测能力也会下降。因此，在实际中需要合理选择 $T_{\mathrm{c}}$，不可超出限制范围。

### 4. 相关器的实用电路

相关器的实用电路如图 5-47(a)所示。在该电路中,当 $\phi$ 为高电平时,$\overline{\phi}$ 为低电平,G1 和 G2 导通,G3、G4 截止,运算放大器的同相输入端通过 G1 与输入信号端口相接,运算放大器的反相输入端则通过 G2 和 300 kΩ 及 3.3 kΩ 电阻接地,这时放大倍数为+10,等效电路如图 5-47(b)所示,可得

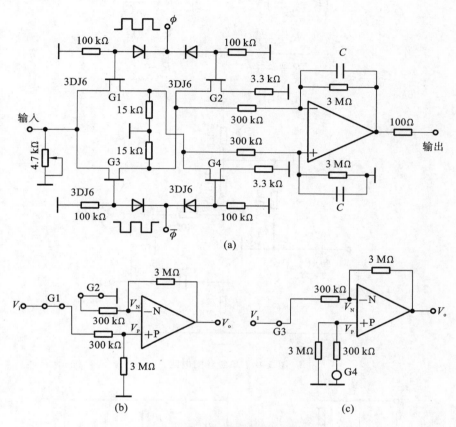

**图 5-47  相关器实用电路图**

(a)相关器的实用电路;(b)、(c)实用相关器的等效电路

$$V_P = V_N$$

$$V_P = \frac{V_i \times 3 \times 10^3}{3 \times 10^3 + 300}, \quad V_N = V_o \frac{300}{3 \times 10^3 + 300}$$

$$V_o = V_i \times \frac{3 \times 10^3}{300} = 10 V_i$$

当 $\phi$ 为低电平时,$\overline{\phi}$ 为高电平,G3 和 G4 导通,G1、G2 截止,此时电路放大倍数为−10,等效电路如图 5-47(c)所示。

### 5. 单级移相电路分析

图 5-48 所示的为一个单级移相电路,其微变等效电路如图 5-49 所示。对该微变等效电路进行分析易得:

$$\frac{\dot{V}_B}{\dot{V}_i} = \frac{-\beta \dot{I}_b R_3}{\dot{I}_b r_{be} + (\beta+1) \dot{I}_b R_4} = \frac{-\beta R_3}{r_{be} + (\beta+1) R_4} \approx -\frac{R_3}{R_4} = -1$$

$$\frac{\dot{V}_A}{\dot{V}_i} = \frac{(\beta+1)\dot{I}_b R_4}{\dot{I}_b r_{be} + (\beta+1)\dot{I}_b R_4} = \frac{(\beta+1)R_4}{r_{be} + (\beta+1)R_4} \approx 1$$

因

$$\dot{V}_o = \frac{\dot{V}_B - \dot{V}_A}{\left(R + \dfrac{1}{j\omega C}\right)} \cdot \frac{1}{j\omega C} + \dot{V}_A = \frac{R - \dfrac{1}{j\omega C}}{R + \dfrac{1}{j\omega C}} \cdot \dot{V}_i$$

$$\frac{\dot{V}_o}{\dot{V}_i} = \frac{R - \dfrac{1}{j\omega C}}{R + \dfrac{1}{j\omega C}} = H(j\omega) = \frac{R + \dfrac{j}{\omega C}}{R - \dfrac{j}{\omega C}}$$

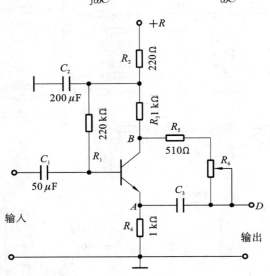

图 5-48　单级移相电路

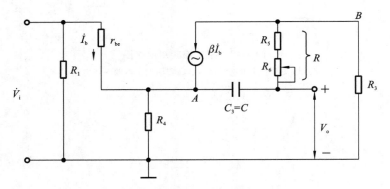

图 5-49　单级移相电路的微变等效电路

幅频特性为

$$|H(j\omega)| = \frac{\sqrt{R + \left(\dfrac{1}{\omega C}\right)^2}}{\sqrt{R + \left(\dfrac{1}{\omega C}\right)^2}} = 1$$

相频特性为

$$\phi = \phi_1 - \phi_2, \quad \phi_1 = \arctan \frac{\dfrac{1}{\omega C}}{R} = \arctan \frac{1}{\omega RC}$$

$$\phi_2 = \arctan \frac{-\dfrac{1}{\omega C}}{R} = -\arctan \frac{1}{\omega RC}$$

$$\phi = 2\arctan \frac{1}{\omega RC}$$

由上式易得当 $R \to 0$ 时，$\phi \to 180°$；当 $R \to +\infty$ 时，$\phi \to 0°$。即移相范围是 $0° \sim 180°$。

### 5.4.3　锁定放大器中的同步积分器

相关器可以在锁定放大器中得到应用，其实我们前面介绍过的同步积分器也可以在锁定放大器设计中得到应用。在同步累积法中我们已经对同步积分器进行了简单的介绍，通过对信号和噪声采取多次累积平均以提高输出信噪比，同步积分器可以将微弱信号从很强的噪声背景中提取出来。下面将对同步积分器进行更深入的探讨。

1. 同步积分器的数学物理分析

当使用同步积分器进行微弱信号检测时，对于正弦波或方波信号而言，因为信号只有正、负半周两个状态，所以只需要两个累积器分别对信号的正、负两个半周进行积分。同步积分器通过同步开关与累积器和负载相连，以达到信号的同步输出。

同步积分器的等效电路如图 5-50 所示，由三刀 $S_1$、$S_2$、$S_3$ 双掷组成的开关 S 交替地将电容 $C_1$、电阻 $R^{(1)}$ 和 $C_2$、$R^{(2)}$ 接入通路中（其中 $R^{(1)} = R^{(2)} = R$），其开关频率与参考信号的频率 $f_R$ 一致。输入的信号为 $I_i = I_{im}\sin(\omega t + \phi)$，保持与参考信号同步，由此使电流源在正半周和负半周分别向电容 $C_1$ 和 $C_2$ 充电。在信号的正半周，开关接通 $C_1$ 和 $R^{(1)}$，断开 $C_2$ 和 $R^{(2)}$，电流源 $I_i$ 以时间常数 $RC_1$ 给 $C_1$ 充电；在信号的负半周，开关接通 $C_2$ 和 $R^{(2)}$，断开 $C_1$ 和 $R^{(1)}$，电流源 $I_i$ 以时间常数 $RC_2$ 给 $C_2$ 充电。经过多个周期的交替充电后，$C_1$ 上的电压接近输入信号的电压峰值（$I_{im}R_i = V_{im}$），$C_2$ 上的电压也接近输入信号的负半周峰值（$-V_{im}$）。

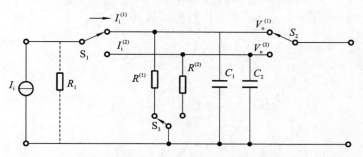

**图 5-50　同步积分器的等效电路**

给出单位幅度周期脉冲的开关函数 $x$ 为

$$x = \frac{4}{\pi} \sum_{n=0}^{+\infty} \frac{1}{2n+1} \sin(2n+1)\omega_R t \qquad (5\text{-}76)$$

如果采用开关函数来描述图 5-50 中的各项电流和电阻，有

$$I_{\mathrm{i}}^{(1)} = \frac{I_{\mathrm{i}}}{2}(1+x) = \begin{cases} I_{\mathrm{i}} & (\text{接通电容}\,C_1\,,x=1) \\ 0 & (\text{断开电容}\,C_1\,,x=-1) \end{cases} \tag{5-77}$$

$$R^{(1)} = \frac{2R}{1+x} = \begin{cases} R & (\text{接通电容}\,C_1\,,x=1) \\ +\infty & (\text{断开电容}\,C_1\,,x=-1) \end{cases} \tag{5-78}$$

同理，$I_{\mathrm{i}}^{(2)} = \dfrac{I_{\mathrm{i}}}{2}(1-x)$，$R^{(2)} = \dfrac{2R}{1-x}$。

由上述式子可以看出，这个电路的两个积分器中的电阻随着输入信号的极性变化而发生周期性变化。积分器输入电流和输出电压的关系分别为

$$C_1 \frac{\mathrm{d}V_{\mathrm{o}}^{(1)}}{\mathrm{d}t} + \frac{V_{\mathrm{o}}^{(1)}}{R^{(1)}} = I_{\mathrm{i}}^{(1)}$$

即

$$\frac{\mathrm{d}V_{\mathrm{o}}^{(1)}}{\mathrm{d}t} + \frac{1}{C_1 R^{(1)}}V_{\mathrm{o}}^{(1)} = \frac{1}{C_1}I_{\mathrm{i}}^{(1)} \tag{5-79}$$

同样的，有

$$\frac{\mathrm{d}V_{\mathrm{o}}^{(2)}}{\mathrm{d}t} + \frac{1}{C_2 R^{(2)}}V_{\mathrm{o}}^{(2)} = \frac{1}{C_2}I_{\mathrm{i}}^{(2)} \tag{5-80}$$

把 $I_{\mathrm{i}}^{(1)}$ 的表达式(5-77)及 $R^{(1)}$ 的表达式(5-78)代入式(5-79)，可得

$$\frac{\mathrm{d}V_{\mathrm{o}}^{(1)}}{\mathrm{d}t} + \frac{1+x}{2RC_1}V_{\mathrm{o}}^{(1)} = \frac{I_{\mathrm{i}}}{2C_1}(1+x) \tag{5-81}$$

将式(5-81)和式(5-54)进行对比，可以看出，在 $x=1$ 时，两个式子基本一致，也就是说描述相关器和同步积分器的数学方程也基本一致，它们的数学解和物理结论也大致相同。而因为相关器只有一个积分电容，同步积分器有两个积分电容，所以数学方程和物理结论又存在些许差异。

对式(5-81)求通解

$$V_{\mathrm{o}}^{(1)}(t) = \mathrm{e}^{-\int_0^t \frac{1+x}{2RC_1}\mathrm{d}t}\left[\int_0^t \frac{I_{\mathrm{i}}}{2C_1}(1+x)\mathrm{e}^{\int_0^t \frac{1+x}{2RC_1}\mathrm{d}t}\mathrm{d}t + \mathrm{C}\right] \tag{5-82}$$

其中，$C$ 为待定系数，假设初始条件为 $V_{\mathrm{o}}^{(1)}(0)=0$。

对式(5-82)中的积分项 $\displaystyle\int_0^t \frac{1+x}{2RC_1}\mathrm{d}t$ 进行近似运算，因为

$$\int_0^t \frac{x}{2RC_1}\mathrm{d}t = \frac{1}{2RC_1}\int_0^t \frac{4}{\pi}\sum_{n=0}^{+\infty}\frac{1}{2n+1}\sin(2n+1)\omega_{\mathrm{R}}t\,\mathrm{d}t$$

$$= \frac{1}{2RC_1}\left[\frac{\pi}{2\omega_{\mathrm{R}}} - \frac{4}{\pi\omega_{\mathrm{R}}}\sum_{n=0}^{+\infty}\frac{1}{(2n+1)^2}\cos(2n+1)\omega_{\mathrm{R}}t\right]$$

那么

$$\int_0^t \frac{1+x}{2RC_1}\mathrm{d}t = \frac{1}{2RC_1}\left[t + \frac{\pi}{2\omega_{\mathrm{R}}} - \frac{4}{\pi\omega_{\mathrm{R}}}\sum_{n=0}^{+\infty}\frac{1}{(2n+1)^2}\cos(2n+1)\omega_{\mathrm{R}}t\right]$$

上式后面一项是周期变化函数，如果测试时间 $t$ 很大 $\left(t\gg\dfrac{1}{4f_{\mathrm{R}}}=\dfrac{1}{4}T_{\mathrm{R}}\right)$ 时，后两项均可视为小项而舍去，那么上式就变为

$$\int_0^t \frac{1+x}{2RC_1}\mathrm{d}t \approx \frac{t}{2RC_1} \tag{5-83}$$

然后再将简化后的式(5-83)代回到式(5-82)，经过适当的运算，得

$$V_{\mathrm{o}}^{(1)} = \mathrm{e}^{-\frac{t}{2RC_1}} \left\{ \int_0^t \frac{I_{\mathrm{im}} \sin(\omega t + \phi)}{2C_1} \left[ 1 + \frac{4}{\pi} \sum_{n=0}^{+\infty} \frac{1}{2n+1} \sin(2n+1)\omega_{\mathrm{R}} t \right] \cdot \mathrm{e}^{\frac{t}{2RC_1}} \, \mathrm{d}t + C \right\}$$

积分的过程比较复杂,最后得到的是也是一个比较复杂的式子:

$$V_{\mathrm{o}}^{(1)} = RI_{\mathrm{im}} \frac{\sin(\omega t + \phi - \theta)}{\sqrt{1 + (2RC_1\omega)^2}} + \frac{2RI_{\mathrm{im}}}{\pi} \sum_{L=1}^{+\infty} \frac{1}{L} \left\{ \frac{\cos[(\omega - L\omega_{\mathrm{R}})t + \phi - \theta_{\mathrm{e}}^-]}{\sqrt{1 + [2RC_1(\omega - L\omega_{\mathrm{R}})]^2}} \right.$$

$$- \frac{\cos[(\omega + L\omega_{\mathrm{R}})t + \phi - \theta_{\mathrm{e}}^+]}{\sqrt{1 + [2RC_1(\omega + L\omega_{\mathrm{R}})]^2}} \right\} - \mathrm{e}^{-\frac{t}{2RC_1}} \left\{ RI_{\mathrm{im}} \frac{\sin(\phi - \theta)}{\sqrt{1 + (2RC_1\omega)^2}} \right.$$

$$+ \frac{2RI_{\mathrm{im}}}{\pi} \sum_{L=1}^{+\infty} \frac{1}{L} \left[ \frac{\cos(\phi - \theta_{\mathrm{e}}^-)}{\sqrt{1 + [2RC_1(\omega - L\omega_{\mathrm{R}})]^2}} - \frac{\cos(\phi - \theta_{\mathrm{e}}^+)}{\sqrt{1 + [2RC_1(\omega + L\omega_{\mathrm{R}})]^2}} \right] \right\}$$

$$(5\text{-}84)$$

式中:$L = 2n+1 (n=0,1,2,3\cdots)$,且有

$$\begin{cases} \theta = \arctan(2RC_1\omega) \\ \theta_{\mathrm{e}}^- = \arctan[2RC_1(\omega - L\omega_{\mathrm{R}})] \\ \theta_{\mathrm{e}}^+ = \arctan[2RC_1(\omega + L\omega_{\mathrm{R}})] \end{cases} \quad (5\text{-}85)$$

　　这种积分式看起来很复杂,不好直接进行积分,但是仔细分析式子的结构,可以发现实际上就是 $\int \mathrm{e}^{at} \cos bt \, \mathrm{d}t$ 和 $\int \mathrm{e}^{at} \sin bt \, \mathrm{d}t$ 两种积分形式,而这两种积分形式可以采用分部积分法进行计算,由此可以求解出积分结果。

　　积分结果的表达式也很复杂,但是对式子结构进行分析,也可以发现其由两个部分组成:一个是稳态响应;另一个是暂态响应。而对其中的稳态响应分析,发现其也由两部分组成:一个是信号频率;另一个是信号频率与参考频率的奇次谐波的和频、差频的无穷级数。

　　如果从物理含义的角度进行简化,因为积分时间常数 $T_{\mathrm{i}} = 2RC_1$,信号周期 $T = 2\pi/\omega$,那么式(5-84)中各个分母中的 $2RC_1\omega = \dfrac{2\pi T_{\mathrm{i}}}{T}$。再令 $n = \dfrac{T_{\mathrm{i}}}{T}$,即信号在 $T_{\mathrm{i}}$ 时间内的积分次数,在同步积分器等效电路中也就是信号对电容 $C_1$ 充电的等效次数,那么:

$$T_{\mathrm{i}} \frac{2\pi}{T} = 2n\pi \quad (5\text{-}86)$$

　　此外,在实际应用中,$n$ 一般取 $10 \sim 10^8$ 次,因此,$2RC_1\omega = 2n\pi$ 远大于 1,那么可以将式(5-84)中分母含有 $2RC_1\omega$ 的各项作为小项舍去,就得到简化后的结果:

$$V_{\mathrm{o}}^{(1)} = \frac{2RI_{\mathrm{im}}}{\pi} \sum_{L=1}^{+\infty} \frac{1}{L} \frac{\cos[(\omega - L\omega_{\mathrm{R}})t + \phi - \theta_{\mathrm{e}}^-]}{\sqrt{1 + [2RC_1(\omega - L\omega_{\mathrm{R}})]^2}}$$

$$- \frac{2RI_{\mathrm{im}}}{\pi} \mathrm{e}^{-\frac{t}{2RC_1}} \sum_{L=1}^{+\infty} \frac{1}{L} \frac{\cos(\phi - \theta_{\mathrm{e}}^-)}{\sqrt{1 + [2RC_1(\omega - L\omega_{\mathrm{R}})]^2}} \quad (5\text{-}87)$$

其中,$L$ 为奇数。

　　对于 $C_2$ 构成的积分器通过一样的分析可以得到相同形式的结果,只是由于信号的极性相反,要与式(5-87)互为相反数,即

$$V_{\mathrm{o}}^{(2)} = -V_{\mathrm{o}}^{(1)} \quad (5\text{-}88)$$

　　同步积分器的输出电压 $V_{\mathrm{o}}$ 是通过同步开关将 $V_{\mathrm{o}}^{(1)}$ 和 $V_{\mathrm{o}}^{(2)}$ 交替地接到输出负载 $R_{\mathrm{L}}$ 上得到的。假设 $R_{\mathrm{L}} \gg R$,可以得到输出电压 $V_{\mathrm{o}}$ 的表达式为

$$V_{\mathrm{o}} = \frac{1}{2}[V_{\mathrm{o}}^{(1)} + V_{\mathrm{o}}^{(2)}] + \frac{1}{2}x[V_{\mathrm{o}}^{(1)} - V_{\mathrm{o}}^{(2)}] \quad (5\text{-}89)$$

对于式(5-89)，如果 $x=1$，则有 $V_{\circ}=V_{\circ}^{(1)}$，如果 $x=-1$，则有 $V_{\circ}=V_{\circ}^{(2)}$。一般来说，都有电容 $C_1$ 和 $C_2$ 相等，这时

$$V_{\circ}=V_{\circ}^{(1)}x \tag{5-90}$$

式中：$x$ 为单位周期脉冲开关函数。

通过式(5-90)可以看出，输出信号为方波，其频率与参考信号相同，幅值由 $V_{\circ}^{(1)}$ 决定，即 $V_{om}=V_{\circ}^{(1)}$。

**2. 同步积分器的性能**

同步积分器的输出由 $C_1$ 的输出电压和一个开关函数决定，因此，要了解同步积分器的性能，我们只需要对 $C_1$ 的输出 $V_{\circ}^{(1)}$ 进行分析即可。

**1) 输入信号与参考信号频率相同**

假设输入信号与参考信号频率相同，即有 $\omega=\omega_R$，且 $2RC_1\omega\gg1$，$\omega-\omega_R=0$，$\theta_e^-=0$，代入式(5-87)可将小项舍去，得到 $V_{\circ}^{(1)}$ 或输出方波信号的幅值为

$$V_{olm}^0=\frac{2RI_{ilm}^0}{\pi}[1-e^{-\frac{t}{2RC}}]\cos\phi \tag{5-91}$$

当 $t\gg2RC=T_i$ 时，有 $e^{-\frac{t}{2RC}}\to0$，稳态解为

$$V_{olm}^0=\frac{2RI_{ilm}^0}{\pi}\cos\phi \tag{5-92}$$

式中：$V_{olm}^0$ 为输出方波的幅值；$I_{ilm}^0$ 为输入电流的幅值；上标"0"代表该信号频率为参考信号的某次谐波频率，下标中的"1"表示信号频率对应的是参考信号 1 次谐波即基波频率。

由式(5-91)和式(5-92)可知，输入信号与参考信号频率相同时同步积分器有以下几个特点。

(1) 积分时间常数 $T_i=2RC$，可以通过调节电容大小以达到改变积分时间的目的，同时保持放大倍数不变。

(2) 输出方波信号幅值与输入信号幅值、输入信号与参考信号的相位差的余弦值、同步积分器的放大倍数三者成正比。

(3) 输出信号中含有输入正弦波信号的振幅信息和相位信息，因此可以通过在参考信号的通道中加上一个定标相移器，再对输出信号进行检测，以获得输入信号的振幅和相位信息。

**2) 输入信号频率等于参考信号偶次谐波的频率**

当输入信号频率 $\omega=2(n+1)\omega_R(n=0,1,2,\cdots)$ 时，同样代入式(5-87)，设 $2RC_1\omega_R\gg1$，可以得到 $V_{o2(n+1)}\to0$。具体推导过程为：观察式(5-87)的形式可知其是两项级数之和，且后一项为暂态项，暂不用考虑，仅考虑前一个稳态项，该项是对 $L$ 进行求和，且 $L$ 为奇数，因此可设 $L=2n+1(n=0,1,2,\cdots)$，注意到和式中每一项的分母都有公共项 $\sqrt{1+[2RC_1(\omega-L\omega_R)]^2}$，先考虑信号频率 $\omega=2\omega_R$ 以及式中 $L$ 取 1 的一项，可得

$$\frac{2RI_{im}}{\pi}\frac{1}{1}\frac{\cos[(2\omega_R-\omega_R)t+\phi-\theta_e^-]}{\sqrt{1+[2RC_1(2\omega_R-\omega_R)]^2}}$$

$$=\frac{2RI_{im}}{\pi}\frac{\cos[\omega_Rt+\phi-\theta_e^-]}{\sqrt{1+(2RC_1\omega_R)^2}}$$

因为这一项的分母很大，可以近似等于零，如果 $L$ 取值为大于 1 的奇数，得到的结果更小，同样趋近于零。输入信号频率为更高次的偶次谐波频率时，经过相同的分析，结果依然成立，因此有 $V_{o2(n+1)}\to0$。

从物理的角度来看,上面的分析表明同步积分器可以抑制偶次谐波。直观地看,对积分器来说,在参考信号的半个周期内,对输入信号的 $n+1$ 个整周期进行了积分,因此输入信号的正半周期对电容所充的电荷与负半周所释放的电荷刚好抵消,积分为零,表现为零输出。该物理过程与前面提到的相关器的偶次谐波分析类似。

3) 输入信号频率为参考信号奇次谐波的频率

当输入信号为频率 $\omega = k\omega_R(k = 2i+1, i = 0,1,2,3,\cdots)$ 时,同样代入式(5-87),设 $2RC\omega_R \gg 1$,可以发现,除了 $k = L = 2n+1$ 的那项,其余各项分母中皆有 $2RC\omega_R$,即其余各项皆趋近于零,可以舍去,且根据式(5-85)有 $\theta_e^- |_{L=k} = 0$,因此有

$$V_{okm}^0 = \frac{2RI_{ikm}}{\pi} \frac{1}{k}(1 - e^{-\frac{t}{2RC}})\cos\phi \tag{5-93}$$

当 $t \gg 2RC$ 时,进一步简化为

$$V_{okm}^0 = \frac{2RI_{ikm}}{\pi} \frac{1}{k}\cos\phi \tag{5-94}$$

根据式(5-94)可以看出,如果输入信号频率为参考信号奇次谐波频率,输出信号幅值与输入信号幅值、输入信号与参考信号的相位差的余弦值、同步积分器的放大倍数三者成正比。相较于输入信号频率为参考信号基波频率时,此时的输出只多了一项 $1/k$,式(5-92)就是 $k = 1$ 的情况。

4) 输入信号频率偏离参考信号基波频率或奇次谐波频率一个小量

当输入信号频率 $\omega = k\omega_R + \Delta\omega(k = 1,3,5,\cdots)$ 时,设 $2RC\omega_R \gg 1$。将 $\omega$ 代入式(5-87),同样除了 $L = k$ 那项,其余各项都可以作为小项舍去,因此

$$V_{okm} = \frac{2RI_{ikm}}{\pi} \frac{1}{k}\left[\frac{\cos(\Delta\omega t + \phi - \theta_k^-)}{\sqrt{1 + (2RC\Delta\omega)^2}} - e^{-\frac{t}{2RC}}\frac{\cos(\phi - \theta_k^-)}{\sqrt{1 + (2RC\Delta\omega)^2}}\right] \tag{5-95}$$

当 $t \gg 2RC$ 时,有

$$V_{okm} = \frac{2RI_{ikm}}{k\pi} \frac{\cos(\Delta\omega t + \phi - \theta_k^-)}{\sqrt{1 + (2RC\Delta\omega)^2}} \tag{5-96}$$

由式(5-96)可以看出,当输入信号频率相较于参考信号的基波或奇次谐波频率偏离一个小量 $\Delta\omega$ 时,输出方波信号的振幅与 $\Delta\omega$ 相关,且随着 $\Delta\omega$ 的增大而按因子 $1/\sqrt{1 + (2RC\Delta\omega)^2}$ 减小。注意到,这个变化因子即是 RC 低通滤波器的传输函数的模数,其中截止频率 $\Delta\omega = 1/(2RC)$,这说明了在参考信号的各个奇次谐波频率附近,同步积分器与低通滤波器具有相同的传输函数。而因为 $\Delta\omega$ 可正可负,对于某个奇次谐波偏移量 $\Delta\omega$ 绝对值相同的信号都有相同的输出效果,合起来的效果就是一个带通滤波器。因此,从物理的角度上来说,对于参考信号某个奇次谐波频率附近的输入信号,同步积分器就是一个带通滤波器,这个滤波器的中心频率是参考信号的各奇次谐波频率,频带宽度 $2\Delta\omega = 1/(RC)$,RC 越大,通带越窄,积分时间也越长。

将 $k\omega_R$ 处的传输函数相对于 $V_{olm}^0$ 进行归一化后,可得

$$\frac{V_{okm}}{V_{olm}^1} = \frac{I_{ikm}}{I_{ilm}} \frac{1}{k} \frac{1}{\sqrt{1 + (2RC\Delta\omega)^2}} \tag{5-97}$$

如果输入信号的各次谐波振幅相等($I_{ikm} = I_{i1m}$),则

$$\frac{V_{okm}}{V_{olm}^1} = \frac{1}{k} \frac{1}{\sqrt{1 + (2RC\Delta\omega)^2}} \tag{5-98}$$

那么就可以画出同步积分器的传输特性,如图 5-51 所示。这个梳妆滤波器以参考信号频率为参数,其"梳状齿"在各个奇次谐波处,相对幅度和方波频谱特性的幅度相同。

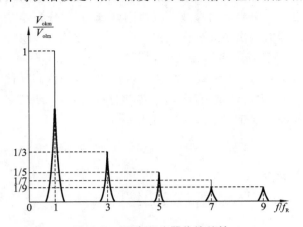

图 5-51　同步积分器传输特性

因此,同步积分器是一个随参考信号变化而变化的方波匹配滤波器,且滤波器带宽随着积分时间常数的增大而减小,同步积分器对噪声的抑制能力也随之增强,整个系统更接近于方波的理想匹配滤波器。

这里提到的匹配滤波器,在"信号与系统"课程中是一种基本的最佳系统,能在输出端获得最大信噪比的系统。匹配滤波器只对信号与噪声的传输进行分析,根据最大信噪比原理得到系统的传输函数表达式,在这期间忽略系统内的元器件产生的噪声,得到的传输函数也是依赖于传输信号的表达式。

处理信号是为了获取信号中的信息,信号的处理与传输是不可分开的,调制与解调是为了信号的传输,而信号的处理主要就是放大和滤波了。

与匹配滤波器对应的,还有另一类最佳系统——维纳滤波器,这种滤波器是根据最小均方值误差原则进行设计的。

假设输入信号为 $s(t)$,且伴随着白噪声输入,可以证明,具有最大输出功率信噪比的最佳系统(匹配滤波器)的冲激响应是

$$h_{\text{opt}}(t) = s(t_0 - t)$$

式中:$t_0$ 为信号通过系统的延时时间。再设

$$F[s(t)] = s(j\omega) = \int_{-\infty}^{\infty} s(t) e^{-j\omega t} \, dt$$

就可以得到匹配滤波器的系统函数:

$$H_{\text{opt}}(j\omega) = \int_{-\infty}^{+\infty} s(t_0 - t) e^{-j\omega t} \, dt$$

令 $t_0 - t = \tau$,则有

$$
\begin{aligned}
H_{\text{opt}}(j\omega) &= \int_{+\infty}^{-\infty} s(\tau) e^{-j\omega t_0} e^{j\omega \tau} (-d\tau) \\
&= \left[ \int_{-\infty}^{+\infty} s(\tau) e^{j\omega \tau} \, d\tau \right] e^{-j\omega t_0} \\
&= \left[ \int_{-\infty}^{+\infty} s(\tau) e^{-j(-\omega)\tau} \, d\tau \right] e^{-j\omega t_0}
\end{aligned}
$$

$$= s(-j\omega)e^{-j\omega t_0}$$

只要匹配滤波器的冲激响应满足因果律,匹配滤波器就可以实现。

5)输入信号是与参考信号同频的方波

在上述分析中,讨论的均是输入信号为正弦波的情况。但在实际应用中,还会出现输入信号为方波的情况,这时候就要进行另外的分析了。输入方波信号电流可以表示为

$$I_i = I_{im}\frac{4}{\pi}\sum_{k=1}^{+\infty}\frac{1}{k}\sin[k\omega_R(t+\tau)] \tag{5-99}$$

其中,$k=2i+1(i=0,1,2,\cdots)$,$\tau$ 为信号相较于参考信号的延迟时间,它和相位差之间的关系为 $\phi_k = k\omega_R\tau$。式(5-99)与正弦波的输入 $I_i = I_{im}\sin(\omega t+\tau)$ 相比,只是各项谐波的输入电流不同,依照式(5-96)的求解方法对其进行求解,有

$$V_{os} = I_{im}R\left(1-\frac{2\omega_R\tau}{\pi}\right) = I_{im}R\left(1-\frac{2\phi_1}{\pi}\right) \tag{5-100}$$

式中:$\phi_1 = \omega_R\tau$。

假设在 $0<\phi_1<\pi$ 区间内,$t\gg T_i = 2RC$ 恒成立。从式(5-100)可以看出,当输入为与参考信号同频的方波时,输出方波的幅值不仅与输入方波的幅值成正比关系,而且与输入信号、参考信号之间的相位差也呈线性关系。从物理的角度上来说,即同步积分器不仅是方波的匹配滤波器,还可以在强噪声的情况下作为方波鉴相器,输出幅值与相位差关系如图 5-52 所示。

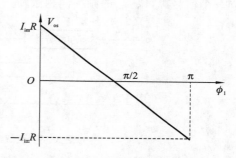

**图 5-52**  同步积分器的输出与 $\omega_R\tau$ 的关系

6)输入信号为调幅方波

当输入信号为调幅方波,而频率仍与参考信号频率相同时,可将输入信号表达式写为

$$I_i = I_{im}\cos(\Omega t+\phi)\frac{4}{\pi}\sum_{k=1}^{+\infty}\frac{1}{k}\sin(k\omega_R t) \tag{5-101}$$

或

$$I_i = \frac{2I_{im}}{\pi}\sum_{k=1}^{+\infty}\frac{1}{k}\{\sin[(k\omega_R+\Omega)t+\phi]+\sin[(k\omega_R-\Omega)t-\phi]\} \tag{5-102}$$

式中:$\Omega$ 为调幅角频率;$k=2i+1(i=0,1,2,\cdots)$。将式(5-102)代入式(5-82),再经推导得出方波幅值 $V_{osm}$,其表达式较为复杂,对其进行适当的化简运算,得到比较简单的形式:

$$V_{osm} = \frac{RI_{im}}{\sqrt{1+(2RC\Omega)^2}}\cos(\Omega t+\phi-\theta_3) \tag{5-103}$$

式中:$\theta_3 = \theta = \arctan(2RC\Omega)$。

从式(5-103)可以看出,输入为调幅方波时,输出仍为调幅方波,但是幅值存在衰减,衰减为输入信号的 $1/\sqrt{1+(2RC\Omega)^2}$,且产生了相位偏移 $\theta$。

通过以上的分析可知,同步积分器可以看成一个方波匹配滤波器,这个等效的方波匹配滤波器是以同步积分器的参考信号频率作为参量的。如果输入信号是与参考信号相干的正弦波或方波信号,且信号极微弱,被淹没在很强的白噪声中,当通过同步积分器时,信号频率在通带内因而可以正常通过,而绝大部分噪声将被滤除,输出信噪比得到很大的提高。此外,由其工作机理也易知,如果输入信号里面还混合了一些干扰信号,只要这些干扰信号的频率不在同步

积分器的通频带内,同样可以有效地将其滤除。

上面是从滤波器的角度阐述,当然,也可以从积分器的角度看待。同步积分器是带有同步开关的积分器,以参考信号的频率进行同步开关,使信号同相地分别对两个电容充电。而噪声由于频率与相位的随机性,无法与开关保持同步,因而在对电容进行充放电时将相互抵消,也可以认为噪声的均值为零,积分器对噪声的积分结果也接近于零。对于周期与开关不同步的干扰信号,同样会在积分过程中相互抵消,最终只有有用信号能最大限度地保留下来。

3. 同步积分器的两级串联

前面已经说到同步积分器可以看成一个方波匹配滤波器,输入为正弦波信号或者方波信号,输出为交流方波信号。那么自然地,一个同步积分器的输出可以作为另一个同步积分器的输入,即将两个同步积分器串联起来,可以更加有效地抑制噪声和去除干扰。这种方案主要用于一级同步积分器的输出信噪比还达不到要求的情况。

两级串联同步积分器的工作原理如图 5-53 所示,其中两级同步积分器的参考信号均来源于同一个信号源,以 $\omega_R$ 的频率同相激励。

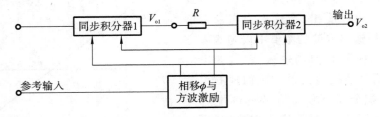

图 5-53 两级串联同步积分器工作原理

假设输入信号的频率偏离参考信号奇次谐波频率一个小量,即 $\omega = k\omega_R + \Delta\omega$,$k = 2i+1$($i = 0,1,2,\cdots$),$\Delta\omega$ 为偏离 $k\omega_R$ 的小量,则输入信号表达式可以写为

$$I_i = I_{ikm}\sin[(k\omega_R + \Delta\omega)t + \phi] \tag{5-104}$$

式中:$\phi$ 为输入信号相较于参考信号的相位差。

根据式(5-96),可以知道第一级同步积分器的输出方波幅值为

$$V_{olm} = \frac{2R_1 I_{ikm}}{\pi k}\frac{1}{\sqrt{1+(2R_1 C_1 \Delta\omega)^2}}\cos(\Delta\omega t + \phi - \theta_e^-) \tag{5-105}$$

式中:$R_1$、$C_1$ 为第一级同步积分器的积分电阻和电容。由式(5-85)可知

$$\theta_e^- = \arctan(2R_1 C_1 \Delta\omega) \tag{5-106}$$

则可以得到第一级同步积分器的输出信号为

$$V_{ol} = V_{olm}x \tag{5-107}$$

由于输出信号的幅值 $V_{olm}$ 是一个变化的周期函数,所以第一级同步积分器的输出信号就是一个调幅周期方波信号。为了方便后续的分析,我们需要将第一级的输出电压信号转换为第二级的输入电流信号,即

$$I_{i2} = \frac{V_{ol}}{R} = \left(\frac{V_{olm}}{R}\right)x \tag{5-108}$$

其中,$R$ 为由电压源变成电流源的等效内阻,由具体电路决定,在此不作深入探讨。

因此,第二级同步积分器的输入为调幅方波信号,根据前面的分析,我们可以得到第二级同步积分器的输出方波幅值为

$$V_{\text{o2m}} = \frac{2R_1 I_{ikm}}{R\pi k} \cdot \frac{1}{\sqrt{1+(2R_1 C_1 \Delta\omega)^2}} \cdot \frac{R_2}{\sqrt{1+(2R_2 C_2 \Delta\omega)^2}} \cos[\Delta\omega t + \phi - \theta_{\text{e}}^{-} - \theta_2]$$

$$(5\text{-}109)$$

式中：$R_2$、$C_2$ 为第二级同步积分器的积分电阻和电容。此外有

$$\theta_2 = \arctan(2R_2 C_2 \Delta\omega) \tag{5-110}$$

对于基波频率，有 $\omega = \omega_{\text{R}}$，$k=1$，$\Delta\omega = 0$，则 $\theta_{\text{e}}^{-} = 0$，$\theta_2 = 0$ 且 $I_{ikm} = I_{i1m}$，因此，基波频率的输出方波电压幅值为

$$V_{\text{o2m}}^0 = \frac{2R_1 R_2}{\pi R} I_{i1m} \cos\phi \tag{5-111}$$

为得到相对于基波响应的归一化传输函数，令 $I_{i1m} = I_{ikm}$，则

$$K_k = \frac{V_{\text{o2m}}}{V_{\text{o2m}}^0} \tag{5-112}$$

$$= \frac{1}{\sqrt{1+(2R_1 C_1 \Delta\omega)^2}\sqrt{1+(2R_2 C_2 \Delta\omega)^2}} \cdot \frac{\cos(\Delta\omega t + \phi - \theta_{\text{e}}^{-} - \theta_2)}{k\cos\phi}$$

为了方便进行讨论，假设两级同步积分器的参数相同，即 $R_1 = R_2 = R_0$，$C_1 = C_2 = C_0$，$\theta_{\text{e}}^{-} = \theta_2 = \theta_0$，并设 $\phi = 0$，那么相对于基波响应的归一化传播函数变为

$$K_k = \frac{1}{k[1+(2R_0 C_0 \Delta\omega)^2]} \cdot \cos(\Delta\omega t - 2\theta_0) \tag{5-113}$$

两级同步积分器的传输特性仍是以参考信号频率为参数的梳状滤波器，但是滤波器的"梳状齿"的通频带要比单级同步积分器的更窄。以 $\Delta\omega$ 计算，单级同步积分器的衰减速度为 6 dB/倍频程，而两级同步积分器的衰减速度为 12 dB/倍频程。因此，两级同步积分器相较于单级同步积分器的抑制噪声能力要更强，检测微弱信号的效果也更好。

### 5.4.4　旋转电容滤波器

旋转电容滤波器和以上几种滤波器一样，也具有很强的滤除噪声和抗干扰的能力。从原理上来看，旋转电容滤波器也是利用相关检测原理。从电路结构上看，它由一个同步开关及一个 RC 积分电路组成，可以实现被测信号与开关函数相乘和积分。

#### 1. 旋转电容滤波原理

图 5-54 为旋转电容滤波器的原理示意图。系统通过频率为 $f_0$ 的方波信号 $p(t)$ 来控制双刀双掷同步开关 $S_1$、$S_2$，以使 $I_i(t)$ 交替地对 RC 电路充电，如图 5-54(a) 所示。在参考信号的正半周，电路由 $A$ 到 $B$ 充电，在参考信号的负半周，电路由 $B$ 到 $A$ 充电，可以画出图 5-54(a) 的等效电路，如图 5-54(b) 所示，滤波器的空载输出电压 $V_{\text{o}}(t)$ 是输入信号 $I_i(t)$ 与开关信号 $p(t)$ 的乘积及 RC 网络积分的结果。令 $x(t) = p(t)I_i(t)$，便可进一步地得到如图 5-54(c) 所示的等效电路。

假设输入信号和参考信号为

$$I_i(t) = I_{\text{im}} \sin(\omega_i t + \phi_i) \tag{5-114}$$

$$p(t) = \frac{4}{\pi} \sum_{n=0}^{+\infty} \frac{1}{2n+1} \sin(2n+1)\omega_0 t \tag{5-115}$$

则

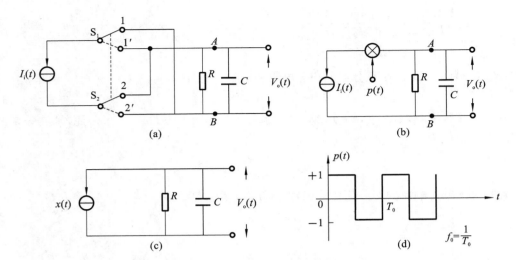

**图 5-54　旋转电容滤波器的原理图**

(a)该滤波器的电路图；(b)等效电路图 1；(c)等效电路图 2；(d)开关 $S_1$、$S_2$ 的控制信号波形图

$$x(t) = p(t)I_i(t) = I_{im}\frac{4}{\pi}\sin(\omega_i t + \phi_i)\sum_{n=0}^{+\infty}\frac{1}{2n+1}\sin(2n+1)\omega_0 t \tag{5-116}$$

对图 5-54(c)所示的电路分析，源电流 $x(t)$ 等于流过 $R$ 和 $C$ 的电流之和。若 $V_o(t)$ 为空载输出电压，则正半周时有

$$x(t) = p(t)I_i(t) = \frac{V_o(t)}{R} + C\frac{\mathrm{d}V_o(t)}{\mathrm{d}t}$$

即

$$\frac{\mathrm{d}V_o(t)}{\mathrm{d}t} + \frac{1}{RC}V_o(t) = \frac{1}{C}I_i(t)p(t) \tag{5-117}$$

而负半周时有 $x(t) = -p(t)I_i(t)$，即

$$\frac{\mathrm{d}V_o(t)}{\mathrm{d}t} + \frac{1}{RC}V_o(t) = -\frac{1}{C}I_i(t)p(t) \tag{5-118}$$

可以发现，式(5-118)与式(5-54)类似，可以通过多种方法求解，求得通解为

$$V_o(t) = \mathrm{e}^{-\frac{t}{RC}}\left\{\int_0^t\left[\frac{I_i(t)}{C}p(t)\mathrm{e}^{\frac{t}{RC}}\right]\mathrm{d}t + C_o\right\} \tag{5-119}$$

式中：$C_o$ 为待定常数。假设 $t=0$ 时，电容器上的电压为零，即 $V_o(0)=0$。将式(5-116)代入式(5-119)，可以算得正半周的振幅输出为

$$\begin{aligned}
V_{om}^+(t) = \frac{2I_{im}R}{\pi}\sum_{n=0}^{+\infty}\frac{1}{2n+1}&\left\{\left[\frac{\cos(\phi_i - \theta_2)}{\sqrt{1+\{[\omega_i + (2n+1)\omega_0]RC\}^2}}\right.\right.\\
&\left.-\frac{\cos(\phi_i - \theta_1)}{\sqrt{1+\{[\omega_i - (2n+1)\omega_0]RC\}^2}}\right]\mathrm{e}^{-\frac{t}{RC}}\\
&+\left[\frac{\cos\{[\omega_i - (2n+1)\omega_0]t + \phi_i - \theta_1\}}{\sqrt{1+\{[\omega_i - (2n+1)\omega_0]RC\}^2}}\right.\\
&\left.\left.-\frac{\cos\{[\omega_i + (2n+1)\omega_0]t + \phi_i - \theta_1\}}{1+\sqrt{\{[\omega_i + (2n+1)\omega_0]RC\}^2}}\right]\right\}
\end{aligned} \tag{5-120}$$

类似的，当 $p(t)$ 为负半周时，可得

$$V_{\text{om}}^-(t) = -\frac{2I_{\text{im}}R}{\pi}\sum_{n=0}^{+\infty}\frac{1}{2n+1}\Bigg\{\Bigg[\frac{\cos(\phi_{\text{i}}-\theta_2)}{\sqrt{1+\{[\omega_{\text{i}}+(2n+1)\omega_0]RC\}^2}}$$

$$-\frac{\cos(\phi_{\text{i}}-\theta_1)}{\sqrt{1+\{[\omega_{\text{i}}-(2n+1)\omega_0]RC\}^2}}\Bigg]e^{-\frac{t}{RC}}$$

$$+\Bigg[\frac{\cos\{[\omega_{\text{i}}-(2n+1)\omega_0]t+\phi_{\text{i}}-\theta_1\}}{\sqrt{1+\{[\omega_{\text{i}}-(2n+1)\omega_0]RC\}^2}}$$

$$-\frac{\cos\{[\omega_{\text{i}}+(2n+1)\omega_0]t+\phi_{\text{i}}-\theta_1\}}{1+\sqrt{\{[\omega_{\text{i}}+(2n+1)\omega_0]RC\}^2}}\Bigg]\Bigg\} \tag{5-121}$$

式中：

$$\theta_1 = \arctan[\omega_{\text{i}}-(2n+1)\omega_0]RC \tag{5-122}$$

$$\theta_2 = \arctan[\omega_{\text{i}}+(2n+1)\omega_0]RC \tag{5-123}$$

对比式(5-120)和式(5-121)，可以发现，两个式子只相差一个负号，即正、负半周的输出只在相位上相差 $180°$，其他完全相同。而电路最终的输出是两个半周的输出交替地接到负载 $R_{\text{L}}$ 上得到的，假设 $R_{\text{L}}\gg R$，$V_{\text{o}}(t)$ 与 $V_{\text{om}}^{(+)}(t)$、$V_{\text{om}}^{(-)}(t)$ 的关系式可以写为

$$V_{\text{o}}(t) = \frac{1}{2}[V_{\text{om}}^{(+)}(t)+V_{\text{om}}^{(-)}(t)]+\frac{1}{2}p(t)[V_{\text{om}}^{(+)}(t)-V_{\text{om}}^{(-)}(t)] \tag{5-124}$$

根据已经得到的 $V_{\text{om}}^{(+)}(t)=-V_{\text{om}}^{(-)}(t)$，代入式(5-124)，有

$$V_{\text{o}}(t) = V_{\text{om}}^{(+)}(t)p(t) \tag{5-125}$$

式中：$p(t)$ 为振幅是 $\pm1$ 的开关函数。因此，输出 $V_{\text{o}}(t)$ 为一交流方波，振幅为 $V_{\text{om}}^{(+)}(t)$。

**2. 旋转电容滤波器的性能**

在实际中，为了保证抑制噪声性能，等效噪声带宽需要足够低，对时间常数 $\tau=RC$ 的取值就比较大，这样式(5-120)与式(5-121)中的和频项就省略了，旋转电容滤波器的正、负半周输出具有相同的性质，因此只考虑正半周即可，简化后的 $V_{\text{om}}^{(+)}$ 的表达式为

$$V_{\text{om}}^{(+)}(t) \approx \frac{2I_{\text{im}}R}{\pi}\sum_{n=0}^{+\infty}\frac{1}{2n+1}\Bigg\{\frac{\cos\{[\omega_{\text{i}}-(2n+1)\omega_0]t+\phi_{\text{i}}-\theta_1\}}{\sqrt{1+\{[\omega_{\text{i}}-(2n+1)\omega_0]RC\}^2}}$$

$$-\frac{\cos(\phi_{\text{i}}-\theta_1)}{\sqrt{1+\{[\omega_{\text{i}}-(2n+1)\omega_0]RC\}^2}}e^{-\frac{t}{RC}}\Bigg\} \tag{5-126}$$

式中：$I_{\text{im}}R$ 为输出电压振幅，反映的是输入信号的振幅信息；$2/\pi$ 为输入正弦波信号时直流输出的常系数；括号 $\{\ \ \}$ 中的前一项为稳态输出，后一项为瞬态输出。

同样的，下面将对不同的输入信号频率分别分析，探讨不同情况下的旋转电容滤波器的性能。

**1) 输入信号频率与开关信号的重复频率相等**

对于输入为 $n=0$，$\omega_{\text{i}}=\omega_0$ 的基波，$\theta_1=0$，正半周输出信号为

$$V_{\text{om}}^{0(+)}(t) = \frac{2I_{\text{im}}R}{\pi}[1-e^{-\frac{t}{RC}}]\cos\phi_{\text{i}} \tag{5-127}$$

当测试时间 $t\gg RC$ 时，电路为稳态输出，此时

$$V_{\text{om}}^{0(+)}(t) = \frac{2I_{\text{im}}R}{\pi}\cos\phi_{\text{i}} \tag{5-128}$$

式中：$\phi_{\text{i}}$ 为开关信号(相位为 $\phi_{\text{i}}$)与参考信号(相位为零)的相位差。

通过式(5-128)可以看出，当输入信号与开关信号同频时，输出信号振幅与输入信号振幅、

输入信号与开关信号之间相位差的余弦值均成正比。

2）输入信号频率与开关信号频率的关系为 $\omega_i = 2n\omega_0$

输入信号频率为参考频率偶数倍时，由于 $\omega_0 RC \gg 1$，有 $V_{om}^{(+)}(t) = 0$，即旋转电容滤波器可以有效地抑制 $\omega_0$ 的偶次谐波。

3）输入信号频率与开关信号频率的奇数倍

当 $\omega_i = (2n+1)\omega_0$ 时，$\theta_1 = 0$，且有 $\omega_i = (2n+1)\omega_0$，因此

$$V_{om(2n+1)}^{(+)}(t) = \frac{2I_{im(2n+1)} \cdot R}{\pi} \cdot \frac{1}{2n+1}(1 - e^{-\frac{t}{RC}})\cos\phi_{i(2n+1)} \tag{5-129}$$

当测试时间 $t \gg RC$ 时，输出达到稳态，有

$$V_{om(2n+1)}^{(+)} = \frac{2I_{im(2n+1)} \cdot R}{\pi} \cdot \frac{1}{2n+1}\cos\phi_{i(2n+1)} \tag{5-130}$$

由式（5-130）可知，假设输入信号的奇次谐波（包括基波）振幅相等时，输入 $2n+1$ 次谐波的输出要比基波的输出多一个因子 $1/(2n+1)$。

4）输入信号频率偏离基波或奇次谐波一个 $\Delta\omega$

当输入信号的频率 $\omega_i = (2n+1)\omega_0 + \Delta\omega$ 时，输出信号为

$$V_{om(2n+1)}^{(+)} = \frac{2I_{im(2n+1)}R}{\pi} \cdot \frac{1}{2n+1} \cdot \frac{1}{\sqrt{1+(\Delta\omega RC)^2}}[\cos(\Delta\omega t + \phi_i - \theta_1) - \cos(\phi_i - \theta_1) \cdot e^{-\frac{t}{RC}}]$$

$$\tag{5-131}$$

测试时间足够长时，得到稳态输出：

$$V_{om(2n+1)}^{(+)} = \frac{2I_{im(2n+1)}R}{\pi} \cdot \frac{1}{2n+1} \cdot \frac{1}{\sqrt{1+(\Delta\omega RC)^2}} \cdot \cos(\Delta\omega t + \phi_i - \theta_1) \tag{5-132}$$

从式（5-132）可以看出，此时输出信号为交流信号，且振幅随着 $\Delta\omega$ 增大而减小，且 $RC$ 越大，振幅减小的速度就越快。

综上所述，旋转电容滤波器允许频率为参考信号频率奇数倍的信号通过，而对频率为参考信号频率偶数倍的输入信号有很强的抑制作用。因此，它是一个重复频率为 $\omega_0$ 的方波匹配滤波器，抑制噪声的能力随着时间常数 $RC$ 的增大而增强，同时也越接近理想的方波匹配滤波器。

假设输入的各次谐波振幅相等，将式（5-132）相对于式（5-128）进行归一化，可得到传递函数：

$$K_{2n+1} = \frac{V_{o(2n+1)}^{(+)}}{V_{om}^{0(+)}} = \frac{1}{2n+1} \cdot \frac{1}{\sqrt{1+(\Delta\omega RC)^2}} \tag{5-133}$$

由此可见，旋转电容滤波器的传输特性与同步积分器的相似，也是一个梳状滤波器。

**3. 实用旋转电容滤波器**

旋转电容滤波器的搭建可以采用运算放大器，图 5-55 所示的即为一采用高输入阻抗运算放大器的实用旋转电容滤波器，高输入阻抗使它不分流输入信号电流。驱动信号 A 和 B 互为反相方波，其频率均为 $f_0$，场效应开关管 $\text{FET}_1 \sim \text{FET}_4$ 作为同步开关，在 A 和 B 的激励下，$\text{FET}_1$、$\text{FET}_4$ 与 $\text{FET}_2$、$\text{FET}_3$ 交替地饱和导通或截止，可以将控制信号与网络隔开。电阻 $R_2$ 由电路的电压增益 $K_F = -R_2/R_1$ 确定，而 $R_1$ 应根据信号源负载的要求来定。电容器 $C$ 由所需的时间常数而定，$R_2 = 1\ \text{M}\Omega$，$C = 1\ \mu\text{F}$，所以 $\tau = R_2C = 1\ \text{s}$，输入电流 $I_i(t) = V_i(t)/R_1$，而电压增益为 $K_F = -100$。同步开关频率 $f_0 = 11.1\ \text{Hz}$，由理论计算可得 3 dB 带宽为

$$\Delta f_{\mathrm{c}} = \frac{1}{\pi R_2 C} = 0.318 \text{ Hz}$$

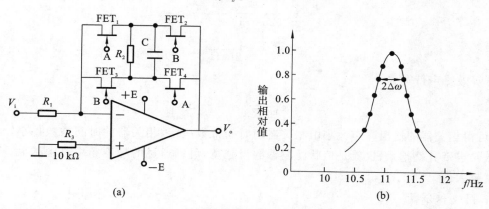

**图 5-55　旋转电容滤波电路**

(a)原理电路；(b)响应特性

根据后面的噪声分析，可得等效噪声带宽为

$$\Delta f_{\mathrm{n}} = \frac{\pi^2}{8} \cdot \frac{1}{2R_2 C} = 0.617 \text{ Hz}$$

实测 3 dB 带宽为 0.32 Hz，与理论计算结果相符合。

### 5.4.5　锁定放大器的噪声分析

#### 1. 窄带滤波法

窄带滤波法通过一个窄带的带通滤波器，令信号的频率落于通带内，而将大部分位于通带外的噪声滤除，只允许通带内的噪声通过，因此窄带滤波法的滤噪效果与输入噪声类型有很大关系。

当输入噪声主要为白噪声（热噪声、散粒噪声）时，噪声在整个频带上呈均匀分布，噪声滤除效果只与系统等效噪声带宽有关，而与通频带中心频率无关。

当输入噪声为 $1/f$ 噪声时，噪声的功率与频率成反比，同样的，系统等效噪声带宽越小，滤除效果越好，但是还需要考虑输入信号的频率。当输入信号频率越低时，通频带内的噪声功率也就越大，窄带滤波法的滤除噪声效果就要稍差一些。

因此，使用窄带滤波法需要对输入信号和噪声的频谱进行一定的分析，当信号频率与噪声峰值的频率相隔较远时能够达到更佳的效果。

#### 2. 相关器

由相关器的幅频特性曲线（见图 5-45），可以看到相关器相当于一个梳状滤波器，由多个窄带滤波器组合而成，因此也可以从窄带滤波的角度来更直观地分析相关器对噪声的抑制。

在梳状齿通带外的噪声将被有效地滤除，而通带内的噪声将随信号一同通过，且对于不同频率的噪声也有不同的增益，非基波频率的噪声增益将小于信号的增益，因此相关器对于通带内非基波频率的噪声也有一定的抑制作用。

根据前面的分析，在参考信号频率的 $2n+1$ 处，等效噪声带宽为

$$\Delta f_{\mathrm{n}(2n+1)} = \frac{1}{(2n+1)^2} \cdot \frac{1}{2R_{\mathrm{o}} C_{\mathrm{o}}}$$

因为

$$\sum_{n=0}^{+\infty} \frac{1}{(2n+1)^2} = \frac{\pi^2}{8}$$

$$\Delta f_{n1} = \frac{1}{2R_o C_o}$$

相关器等效噪声带宽为

$$\Delta f_n = \frac{\pi^2}{16} \frac{1}{R_o C_o} = \frac{\pi^2}{8} \Delta f_{n1}$$

由此,可得相关器的输出噪声大小由相关器的时间常数决定,相关器的时间常数越小,相关器的等效噪声带宽就越大,也就是梳状滤波器的齿越宽,可以通过的噪声频率范围越大,输出噪声也就越大。

3. 同步积分器

由图 5-51 的传输特性图可知,同步积分器的滤波效果也相当于一个梳状滤波器,其带宽同样由积分时间常数决定。对频率在滤波器通带外的噪声都可以滤除,而对在参考信号奇次谐波频率附近的噪声也有一定的抑制作用,且对应的高次谐波频率次数越高,抑制效果越好。

通过归一化传输函数曲线可以非常直观地反映出同步积分器的特性,但是在实际问题中,往往采取等效噪声带宽使计算更加方便,因此对同步积分器的等效噪声带宽进行分析是很有必要的。同步积分器等效噪声带宽的计算可以参照相关器等效噪声带宽的计算,二者的计算除了相差一个因子 2 外完全一致。

与相关器一样,同步积分器可以有效地抑制偶次谐波,所以我们只需考虑奇次谐波处的等效噪声带宽。假设 $\phi=0$,各奇次谐波处振幅与基波振幅相同,那么根据式(5-98)得到相对于基波的归一化传输函数:

$$K_k = \frac{1}{k} \cdot \frac{1}{\sqrt{1+(2RC\Delta\omega)^2}} \tag{5-134}$$

对于某奇次谐波频率,噪声的频率分布范围很宽,大于该谐波处"梳状齿"通频带,因此计算等效带宽积分范围应为$(-\infty, +\infty)$,同时基波处的最大增益为 $1, k\omega_R$ 处的等效噪声带宽为

$$\Delta f_{kn} = \int_{-\infty}^{+\infty} K_k^2 \mathrm{d}f \tag{5-135}$$

先考虑单级同步积分器,对式(5-134)积分,有

$$\Delta f_{kn}^{(1)} = \int_{-\infty}^{+\infty} \left[ \frac{1}{k} \frac{1}{\sqrt{1+(2RC\Delta\omega)^2}} \right]^2 \mathrm{d}(\Delta f) = \frac{1}{k^2} \cdot \frac{1}{4RC} \tag{5-136}$$

式中的上标(1)表示单级同步积分器。由此可得单级同步积分器在基波附近的等效噪声带宽为

$$\Delta f_{1n}^{(1)} = \frac{1}{4RC} \tag{5-137}$$

将各奇次谐波附近的等效噪声带宽相加,即可得到总的等效噪声带宽:

$$\Delta f_n^{(1)} = \sum_{k=1}^{+\infty} \frac{1}{k^2} \cdot \frac{1}{4RC} = \frac{\pi^2}{8} \cdot \frac{1}{4RC} = \frac{\pi^2}{8} \cdot \Delta f_{1n}^{(1)} \tag{5-138}$$

同样的,可以计算出两级串联同步积分器在奇次谐波处的等效噪声带宽为

$$\Delta f_{kn}^{(2)} = \frac{1}{k^2} \cdot \frac{1}{8RC} \tag{5-139}$$

取 $k=1$ 时,得到基波处的等效噪声带宽:

$$\Delta f_{1n}^{(2)} = \frac{1}{8RC} \tag{5-140}$$

将全部奇次谐波附近的等效噪声带宽相加,得到总的等效噪声带宽为

$$\Delta f_n^{(2)} = \sum_{k=1}^{+\infty} \frac{1}{k^2} \cdot \frac{1}{8RC} = \frac{\pi^2}{8} \cdot \frac{1}{8RC} = \frac{\pi^2}{8} \cdot \Delta f_{1n}^{(2)} \tag{5-141}$$

通过以上的分析,可以总结出如下几点结论。

(1) 同步积分器的等效噪声带宽取决于积分时间常数 $T_i = 2RC$,且时间常数越大,等效噪声带宽越窄,抑制噪声的能力也就越强,这点与相关器相同。

(2) 两级串联的同步积分器通频带比单级同步积分器更窄,衰减速度是单级同步积分器的 2 倍。两级同步积分器的等效带宽也是单级同步积分器的一半,这表明两级同步积分器的抑制噪声能力要比单级同步积分器强 1 倍。

(3) 同步积分器总的等效噪声带宽为基波处的等效噪声带宽的 $\pi^2/8$ 倍,如果输入的是正弦波信号,在同步积分器前加上选频放大器可以更有效地滤除噪声,提高信噪比;如果输入的是方波信号,加上选频放大器会将噪声和信号的各次谐波一同滤除,对于信噪比的提高没有帮助,但是可以将一些干扰也滤除,提高同步积分器的输入动态范围。

4. 旋转电容滤波器

根据式(5-133),可以看出旋转电容滤波器的传输特性也是一个梳状滤波器,对不同频率噪声的抑制与同步积分器、相关器相似。

类似于前面同步积分器等效噪声带宽的计算,我们也可以根据式(5-133)算出旋转电容滤波器在基波及奇次谐波处的等效噪声带宽:

$$\Delta f_{n(2n+1)} = \frac{1}{(2n+1)^2} \cdot \frac{1}{2RC} \tag{5-142}$$

当 $n=0$ 时,得

$$\Delta f_{n1} = \frac{1}{2RC} \tag{5-143}$$

这就是基波处的等效噪声带宽,同样求出总等效噪声带宽为

$$\Delta f_n = \sum_{n=0}^{+\infty} \Delta f_{n(2n+1)} = \sum_{n=0}^{+\infty} \frac{1}{(2n+1)^2} \cdot \frac{1}{2RC} = \frac{\pi^2}{8} \cdot \frac{1}{2RC} \tag{5-144}$$

可以发现,旋转电容滤波器的等效噪声带宽表达式(5-144)与相关器的等效噪声带宽表达式(5-66)具有相同的形式,两者等效噪声带宽一致,且随着时间常数 $RC$ 的增加,等效噪声带宽减小,旋转电容滤波器抑制噪声的能力也越强。

## 思　考　题

5-1　开关电容滤波器相较于一般 RC 滤波器有何优点?

5-2　信噪比改善指的是什么? 如何理解信噪比改善不是噪声系数的倒数?

5-3　假设一个白噪声通过等效噪声带宽为 $\Delta f_n$、最大增益 $A_v(f_0)$ 为 2 的系统,求输出端噪声功率与输入端噪声功率之比。

5-4　微弱信号检测有几种方法? 分别简述相应工作原理。

5-5　假设一个微弱信号检测系统的等效噪声带宽 $\Delta f_n = 10^{-5}$ Hz,最大增益 $A_v(f_0)=2$,输入信号的带宽小

于 $\Delta f_n$，背景白噪声的带宽 $\Delta f_{ni} = 10^{-4}$ Hz，试求系统的 SNIR。

5-6   假设采用同步累积法进行微弱信号检测，要求输出信噪比达到 5，在输入信噪比为 0.2 的情况下至少要进行多少次累积？

5-7   对比取样积分器和同步积分器，简述它们的相同点和不同点。

5-8   相关检测可以分为几种？分别说明基本原理并比较优劣。

5-9   为什么相关器中的乘法器不采用模拟乘法器而采用开关乘法器？

5-10   画出同步积分器的等效电路，并简单分析其工作原理。

5-11   使用两级同步积分器串联有什么优势？

# 第6章

# 光电信号量化处理

在前面的章节里,我们主要介绍了光电模拟信号的处理。本章以光电图像传感器为例,重点讲述光电图像信号量化处理的问题。

随着微电子技术、集成光电技术的进步,新型光电传感器的发展十分迅速,这些都对光电信号的采集和处理提出了更高的要求。由于光电传感器的种类差异,其输出信号的形式也是多种多样的。可将它们大致分为模拟连续信号与模拟离散信号。在这一章中,我们重点介绍模拟光电图像信号的处理。

事实上,光电图像信号的处理需要借助光电图像传感器和模拟电路、计算机及各种算法软件来实现图像的处理。由于计算机只能处理数字信号,所以需要我们把模拟图像信号转变成计算机能够处理的数字信号,这一转换过程称为量化。

从前面章节的学习可知,经过读出电路采集输出的光电图像信号依然是模拟信号,只是由于固体电子扫描实现了信号的空间抽样成为时间离散、数值连续的模拟信号,这样的模拟信号仍然需要做进一步的量化处理才能获得数字图像信息。

本章主要讲述的是光电图像信号量化处理电路,并将光电图像信号量化处理的共性问题进行梳理和介绍,以便于学生理解和实践运用。

## 6.1 ▏▏ 光电信号的量化处理

光电信号的量化就是把传感器输出的模拟光电信号经过抽样得到瞬时值,从而使得信号幅度离散,再用一组规定的电平,把瞬时抽样值用最接近的电平值来近似表示,从而将连续输入信号变为具有有限个离散值电平的近似信号。

量化可分为均匀量化和非均匀量化两类。前者的量化阶距相等,又称为线性量化,适用于信号幅度均匀分布的情况;后者量化阶距不等,又称为非线性量化,适用于幅度非均匀分布信号的量化,即对小幅度信号采用小的量化阶距,以保证有较大的量化信噪比。对于非平稳随机信号,为适应其动态范围随时间的变化,有效提高量化信噪比,可采用量化阶距自适应调整的自适应量化。通过量化进而实现编码是数字信号处理的基础,广泛用于计算机、测量、自动控制等各个领域。

经过图像传感器空间抽样的图像只是在空间上被离散成为像素(样本)的阵列,而每个样本灰度值是一个由无穷多个取值的连续变化量,必须将其转化为有限个离散值,赋予不同码字才能真正成为数字图像。

实现模数转换的器件一般是指模数转换器。如果信号要求不高时,也可以采用如二值化等简单量化方法。模数转换器是连接物理世界和数据信号的接口。在物理世界中,信号的传递无论是在时间上还是幅度上都是连续变化的。而为了给有限计算能力的计算机进行计算和转换,必须转化为在时间和幅度上都是离散的数字信号。我们在信息转换的过程中,必须将物理世界中的有效信息合理转换。不能在转换的过程中丢失重要的信息,并且还要合理运用资源。

模数转换就是要将时间和幅值都连续的模拟量,转换为时间和幅值都离散的数字量,一般要经过采样、保持、量化、编码几个过程。

### 6.1.1　模数转换的一般工作过程

**1. 采样**

采样电路将输入连续模拟量转换为在时间上离散的模拟量。采样频率由采样定理确定。采样定律在第 3 章已有介绍。我们需要注意的是采样频率 $f_s$ 与信号最大频率 $f_{imax}$ 必须满足下面的关系:

$$f_s \geqslant 2f_{imax} \tag{6-1}$$

一般来说,$f_s$ 取值为 3～5 倍的 $f_{imax}$。

将采样所得信号转换为数字信号往往需要一定的时间,为了给后续的量化编码电路提供一个稳定值,采样电路的输出还须保持一段时间。一般采样与保持过程都是同时完成的。采样-保持电路的原理图及输出波形分别如图 6-1(a)、(b)所示。取样-保持电路由输入放大器 $A_1$、输出放大器 $A_2$、保持电容 $C_H$ 和开关驱动电路组成,电路中要求 $A_{V1}A_{V2}=1$,且 $A_1$ 具有较高输入阻抗,以减小对输入信号源的影响,$A_2$ 选用有较高输入阻抗和低输出阻抗的运放,这样不仅 $C_H$ 上所存电荷不易泄漏,而且电路还具有较高的带负载能力。

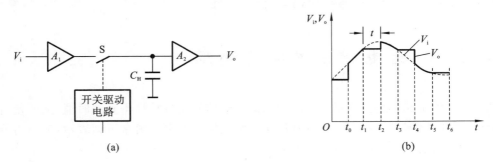

**图 6-1　采样-保持电路的输出波形**
(a)原理图;(b)输出波形图

$t_0 \sim t_1$ 时段,开关 S 闭合,电路处于取样阶段,电容器 $C_H$ 充电,由于 $A_{V1}A_{V2}=1$,因此 $V_o=V_i$。$t_1 \sim t_2$ 时段为保持阶段,期间 S 断开,若 $A_2$ 的输入阻抗足够大,且 S 为较理想的开关,可认为 $C_H$ 几乎没有放电回路,输出电压保持 $V_o$ 不变。

**2. 量化**

以上分析结果表明,经采样和保持电路后的输出信号,在数值上还是连续变化的模拟信号。至此,只实现了对输入信号在时间上的离散。要转换成数字量,还要实现数值上的离散,将采样电压表示为一最小数量单位的整数倍,这一转换过程即为量化。量化所取的最小数量单位称为量化单位,用 $\Delta$ 表示。量化单位 $\Delta$ 是数字信号最低有效位为 1 时所对应的模拟量,即 1LSB。由于采样电压是连续的,它的值不一定都能被 $\Delta$ 整除,所以在量化过程中,不可避免地存在误差。此误差称为量化误差,用 $\varepsilon$ 表示。$\varepsilon$ 属于原理误差,它是无法消除的。A/D 转换器的位数越多,1LSB 所对应的 $\Delta$ 值越小,量化误差的绝对值也越小。

量化的方法一般有舍尾取整法和四舍五入法两种。舍尾取整的处理方法是:如输入电压在两个相邻的量化值之间时,即 $(n-1)\Delta < V_1 < n\Delta$ 时,$V_1$ 的量化值为 $(n-1)\Delta$。四舍五入的处理方法是:当 $V_1$ 的尾数不足 $\Delta/2$ 时,舍去尾数取整数;当 $V_1$ 的尾数大于或等于 $\Delta/2$ 时,则其量化单位在原数上加一个 $\Delta$。

例如,要将 $0\sim 1$ V 的模拟电压转换为 3 位二进制码,取 $\Delta = \dfrac{1}{8}$ V,采用舍尾取整法,凡数值为 $0\sim\dfrac{1}{8}$ V 的模拟量,都当作 $0\Delta$,并用二进制码 000 表示;凡数值在 $\dfrac{1}{8}\sim\dfrac{2}{8}$ V 的模拟量,都当作 $1\Delta$,并用二进制码 001 表示。而采用四舍五入法,则取量化单位 $\Delta = 2/15$ V,凡数值在 $0\sim 1/15$ V 的模拟电压都当作 $0\Delta$,并用二进制数 000 表示;而数值在 $1/15\sim 3/15$ V 的模拟电压都当作 $1\Delta$,用二进制数 001 表示。不难看出,舍尾取整量化方法的最大量化误差 $|\varepsilon_{max}| = $ 1LSB,而四舍五入量化方法的最大量化误差 $|\varepsilon_{max}| = $ LSB/2,由于后者量化误差小,所以为大多数 A/D 转换器所采用。

按上述两种方法划分量化电平的示意图分别如图 6-2(a)、(b)所示。

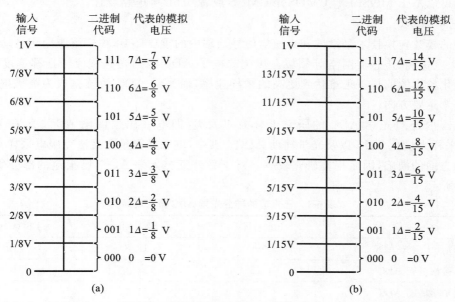

**图 6-2　划分量化电平的两种方法**

(a)舍尾取整法;(b)四舍五入法

## 3. 编码

将量化后的结果用二进制码或其他代码表示出来的过程称为编码。经编码输出的代码就是 A/D 转换器的转换结果。

A/D 转换器按工作原理的不同可分为直接 A/D 转换器和间接 A/D 转换器两种。直接 A/D 转换器将模拟信号直接转换为数字信号,这类 A/D 转换器具有较快的转换速度,典型电路有并行比较型 A/D 转换器、逐次比较型 A/D 转换器。而间接 A/D 转换器则是先将模拟信号转换成某一中间量(时间或频率),然后再将中间量转换为数字量输出。此类 A/D 转换器的速度较慢,典型电路有双积分型 A/D 转换器、电压频率转换型 A/D 转换器。

# $6.2$ ‖ CCD 光电信号的量化

## 6.2.1  常规点式光电探测器的量化

### 1. 传统模拟信号量化

普通的光电探测技术一般采用独立的片外模数转换器(ADC)。

模数(A/D)转换最主要的一个作用就是将模拟信号转换为与其值成正向相关的数字信号。在 A/D 转换中,为了获得不连续的数字信号,进行转换时只能在时域上按一定的周期对输入的模拟信号进行采集,然后再通过量化,把采样值转换为输出的数字量。完成完整的 A/D 转换需要经过两个大的步骤,分别是信号的采样-保持以及后端的量化编码。

A/D 转换电路多基于 Si、Si/Ge、InP 和 GaAs 等基底进行半导体模数转换器电路的设计,电路单元可以基于 MOSFET、CMOS、BiCMOS 或者 TTL 等电路设计。

### 2. 光学 ADC

信号的模数转换技术是微波和光通信信号处理中的重要环节,被广泛应用在自动控制、高速成像、太空探测、传感器网络等领域。传统的电子 ADC 因为受到载流子迁移速度的限制,在保证量化精度的前提下很难达到更高的采样速率,而光学 ADC 系统就成为突破电子 ADC 瓶颈的一个重要方向。

目前国内外对光学 ADC 的研究可分为 4 大类,即电采样光量化 ADC、光采样电量化 ADC、光采样光量化 ADC 以及光学辅助 ADC。其中,电采样光量化无法克服电采样在速率及时间抖动方面的缺陷,因而相关研究较少。对于另外三类光学 ADC,已报道的部分研究成果如表 6-1 所示。

表 6-1　已报道的部分光学 ADC 研究成果

| 结　　构 | Fin/GHz | SNR/dB | FS/(GS/s) |
|---|---|---|---|
| Taylor 全光 ADC | — | 19.8 | 10 |
| 移相全光 ADC | 1.25 | 23.4 | 40 |
| 光学辅助 ADC | 10 | 51.5 | 20 |
| 光采样电量化 ADC | 6.1 | 37.9 | 10 |

## 6.2.2  CCD 输出信号

由前面章节我们已经知道,对一个 CCD 图像传感器输出的图像信号进行采集,需要设计实现输出信号的 CDS、可编程增益放大、钳位滤波、数值变换等处理,经过以上电路提高待检测信号的信噪比和抗干扰能力,以便后续数字电路进一步进行数字信号的处理、分析、显示、存储、记录以及模式识别等。本章将聚焦在光电图像信息的量化处理上。

阵列 CCD 上的像素可以将入射光信号转化为空间上离散的电信号,在曝光阶段每个像素对光照积分,产生相应的信号电荷包,电荷包先转移到每个像素对应的垂直寄存器上,在外部轮询驱动时钟作用下,由垂直寄存器转移到水平寄存器,再由水平寄存器将信号电荷包通过末端放大器逐个从芯片输出。

因为末端放大器需要的输入信号是电压信号而非电荷(电流)信号,为了将电信号输出,需要信号电荷转化为信号电压,以信号电压作为末端放大器的输入信号。具体的转换方法就是使用电容,让信号电荷包传输到电容上积蓄,使电容的电压变化,则完成了信号电荷到信号电压的转换,从而得到信号电压。图 6-3 所示的电容 $C_{FD}$ 在接收到水平寄存器转移过来的电荷量为 $Q$ 的电荷包后,其电压发生的变化值为

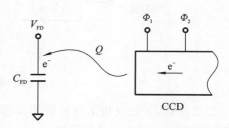

**图 6-3　信号电荷转换为信号电压示意**

$$\Delta V_{FD} = \frac{Q}{C_{FD}} \tag{6-2}$$

电容的信号电压作为高输入阻抗末端放大器的输入信号,被放大后就可输出到 CCD 图像传感器外面。

CCD 作为光学图像传感器在许多领域得到广泛的应用。被检测对象的光信息通过光学成像系统成像于 CCD 的光敏面上,CCD 的像敏单元将其上的光强度转换成电荷量,存于器件的相应位置。CCD 在一定频率的时钟脉冲驱动下,将所存信号以一定的方式输出,以便在 CCD 的输出端获得被测图像的视频信号。视频信号中的每一个离散的电压信号对应于该像敏单元上图像的光强度,即视频信号任意时刻的输出电压均对应于 CCD 像敏面上的一个空间位置,从而可以用 CCD 的自扫描方式完成信息从空间域到时间域的变换。CCD 作为图像传感器使用时,为了保证图像的细节,必须确定分辨率。根据采样定理的要求,采样频率应高于所采图像最高空间频率(每毫米线对数的 2 倍)。应根据所测量的采样尺寸选择 CCD 器件,此外还要确保图像的亮度值处于 CCD 光电转换特性允许的动态范围之内,以保证转换后的图像信息不失真。如果光学图像的亮度在时间坐标轴上还有变化,则图像亮度对时间的变化上有一个最高截止频率。

根据对 CCD 传感器视频信号用途的不同,对 CCD 视频信号有两种处理方法:一是对 CCD 视频信号进行二值化处理后,再进行数据采集;二是对 CCD 视频信号采样、量化编码后,再采集到计算机系统。

### 6.2.3　CCD 视频信号的二值化处理

CCD 作为光谱探测、光学图像测量与光强分布测量的光电传感器时,需要将每个像敏单元上的光强度,即光强分布 $I(x,y)$ 或 $I(x)$ 值转换为时序电压 $u(t)$,并将 $u(t)$ 转换为数字信号才能送入计算机进行计算与处理。将 $u(t)$ 转换为数字信号的过程称为量化处理。

CCD视频输出信号的量化过程如图6-4所示。系统先将CCD输出的调制脉冲信号经过低通滤波器滤波,变成连续的模拟信号$U_s$,按照对图像分辨率的要求,再用采样-保持(S/H)电路对$U_s$进行间隔采样,把$U_s$变成离散的模拟信号$U_o$。最后由A/D转换器(量化编码器)将$U_o$转换为数字量送入计算机。

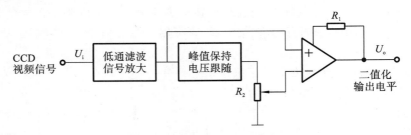

图6-4 视频信号的二值化过程

如上所述,量化过程采用的器件和电路常用到S/H和量化电路,下面简单介绍它们的基本工作原理。

### 1. 采样-保持电路

一般量化转换都需要一定的时间,在转换过程中,如果送给量化电路(如ADC)的模拟量发生变化,则不能保证精度,所以通常在量化电路前加入采样-保持电路,如图6-5所示。采样-保持电路有两种工作状态:采样状态和保持状态。在采样状态,控制开关闭合,输出随输入变化。在保持状态,控制开关断开,由保持电容维持该电路的输出不变。

图6-5所示的S/H电路主要由模拟电子开关S、存储电容器$C_H$,以及输入、输出放大器($A_1$、$A_2$)构成。控制脉冲$S_P$的电平控制电路的工作状态,即使开关S处于闭合或断开状态。

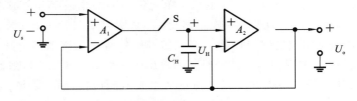

图6-5 采样保持电路

当$S_P$为低电平时,S闭合,$U_s$通过放大器$A_1$、开关S快速地向电容$C_H$充放电,跟随器$A_2$使得输出电压$U_o$跟随$U_s$变化。当$S_P$为高电平时,S断开,S/H电路处在保持状态,$U_s$不能通过S,$C_H$上的电压$U_H$通过跟随器$A_2$的输入电路放电。由于$A_2$的输入阻抗很高,放电很慢,$U_o$基本保持了S断开前的$U_H$值。$A_1$的输出阻抗很低($1\sim5\ \Omega$),并能输出较大的电流供$C_H$快速充放电,快速跟上输入$U_s$的变化。$A_2$的输入阻抗高达$10\sim10^5\ \mathrm{M}\Omega$,可使$C_H$上电荷的放电速度降低,确保输出电压基本不变。

S/H电路中的电容$C_H$漏电应尽量小,以使电容上的电荷保持更长的时间。图6-6所示的为S/H电路的时域特性,图中$T_0$时刻之前S/H电路处在保持状态,控制脉冲$S_P$为高电平,当控制脉冲变为低电平时,S/H电路中的S闭合,进入采样状态,$C_H$开始充电,输出$U_o$将追踪输入$U_s$而变化。图中所表示的时间间隔$T_{AC}$为$U_o$跟踪到$U_s$所需要的时间,称为捕捉时间,定义为在采样精度范围内电容充电到模拟电压$U_s$所需的时间。

捕捉时间的长短与$C_H$和采样精度密切相关,图中所示的$T_2$时刻,$S_P$的电平由低变高,

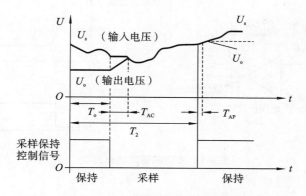

**图 6-6　采样-保持电路的时域特性**

S/H 电路进入保持状态。由于电路的延迟,电子模拟开关延迟一段时间才真正切断电路,电路实际进入保持状态的延迟时间定义为孔径时间 $T_{AP}$,孔径时间是不稳定的,它有一定的变化范围,称为孔径时间的不定性,用 $\Delta T_{AP}$ 表示。在高速数据采集时,S/H 电路的 $\Delta T_{AP}$ 会影响采样精度。S/H 电路进入保持状态,由 $C_H$ 电荷的泄露造成电路输出电平呈线性下降趋势,即

$$\frac{\mathrm{d}u}{\mathrm{d}t} = \frac{I}{C} \tag{6-3}$$

2. CCD 视频信号的二值化处理

在对图像灰度没有较高分辨率要求的设计中,为提高处理速度和降低成本,量化方式可以采用二值化图像处理方法。实际上,许多检测对象在本质上也表现为二值情况,如图纸、文件的输入、物体尺寸、位置的检测等,在对这些信息进行处理时采用二值化是恰当的。二值化处理是把图像和背景作为分离的二值(0,1)对待。光学系统把被测对象投影在 CCD 的像敏面上。由于被测物与背景在光强分布上的变化反映在 CCD 输出的视频信号中,则所对应的输出电压将会产生较大的变化,即图像尺寸在边界处会有明显的电平变化。通过二值化处理方法可把 CCD 视频信号中的图像尺寸信息与背景分离成二值电平。实现 CCD 视频信号二值化处理的方法很多,既可以采用硬件电路实现,也可以采用软件方法实现。几种常用的二值化处理方法包括固定阈值法、浮动阈值法和微分法。

(1) 固定阈值法。

固定阈值法是一种最简便的二值化处理方法。将 CCD 输出的视频信号送入电压比较器的同相端,而反相端输入为一固定参考电平。当同相端输入信号电平高于反相端时,输出高电平,反之则输出低电平,如图 6-7 所示。

采用固定阈值法对测量系统有较高的要求。首先要求系统提供给电压比较器的阀值电压 $E_{th}$ 要稳定,其次 CCD 输出的视频信号只与被测物体的直径有关,而与时间 $t$ 无关,即要求它的时间稳定性要高。显然,这就要求测量系统的光源及 CCD 驱动脉冲稳定,主要是转移脉冲的周期 $T_{SH}$ 要稳定。因此,采用固定阈值法的测量系统应提供由恒流源供电的稳定光源,可以采用由晶体振荡器构成的 CCD 驱动器,以确保所提供的 $T_{SH}$ 稳定。

有些在线检测的应用中,不稳定的背景辐射无法克服,即在不能保证入射到 CCD 像敏面上的光是稳定的情况下,固定阈值法受到因光源变化而引起 CCD 输出信号幅度的变化,从而导致测量误差。当误差大到不能允许时,就应该采用其他二值化处理方法。

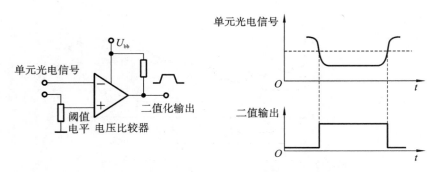

图 6-7 固定阀值二值化处理

（2）浮动阈值法。

浮动阈值法使电压比较器的阈值电压随测量系统的光源或随 CCD 输出视频信号的幅值浮动，这样，当光源强度变化引起 CCD 的视频信号起伏变化时，可以通过电路将光源的起伏或 CCD 视频信号的起伏变化反馈到阈值上，使阈值电压跟着变化，从而使二值化方波脉冲的宽度基本不变。

图 6-8 为浮动阈值二值化电路的原理图。采样-保持器采得 CCD 在该周期中输出的背景信号，并保持到这个周期。跟随器输出信号通过电位器 $R_P$ 送到电压比较器，提供二值化阈值。

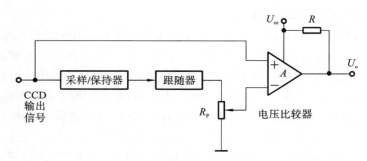

图 6-8 浮动阈值二值化电路原理图

浮动阈值二值化电路的浮动量需要根据光源及背景光的影响进行适当调整，但理想的、完全能够消除光源不稳定因素所带来的测量误差是很困难的。想办法找到 CCD 视频信号中被测物体像的边界特征进行二值化，是较为理想的二值化方法。

（3）微分法。

由 CCD 视频信号的输出波形可以看出，被测物图像的边界信号处于 CCD 输出信号波形曲线的斜率最大点处。因此，可以用微分电路获得曲线斜率最大点的横坐标值，该值为被测物图像在 CCD 上的像敏单元位置。这种通过微分电路获得图像边界信号的方法称为微分法。

微分法的原理框图如图 6-9 所示，将 CCD 输出的两幅脉冲信号经过采样-保持电路或经过低通滤波电路进行处理，变成连续的平滑曲线。将该连续的视频信号经过微分电路 1 微分，它的输出是视频信号的变化率曲线，信号电压的最大值对应于视频信号边界过渡区变化率最大的点。微分电路 1 在视频信号的下降沿产生一个负脉冲，在上升沿产生一个正脉冲。经过绝对值电路，将微分电路 1 输出的两个极性相反的信号转变成同极性的脉冲信号，信号的峰值点对应于边界特征点。经过微分电路 2 再次微分，获得对应于绝对值的峰值过零信号，再送给过零触发器,输出两个下降沿对应于过零点的方波脉冲信号,用其下降沿去触发一个触发器,便可以获得被测物体边界特征的二值化方波脉冲,即二值化输出信号。

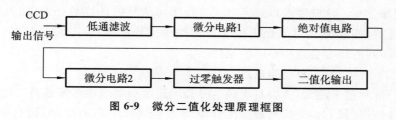

**图 6-9　微分二值化处理原理框图**

### 6.2.4　CCD 图像信号的 A/D 量化处理

除了二值化处理外,很多场合中光电图像数字处理是需要保留图像细节的,这样在 CCD 输出的视频模拟信号就需要用到 A/D 转换器,A/D 转换器是实现模拟量转换成数字量的电子器件,它完成的传递函数可表示成输入的模拟信号电压 $U$ 与参考信号 $E$ 之间的差值小于或等于 $\pm\dfrac{1}{2}\dfrac{U_B}{2^n}$。

A/D 转换器的输出特性曲线如图 6-10(a)所示,理论上,与输入值对应的输出二进制数字量应在虚线上。实际特性曲线由宽度为 $U_B/2^n$ 的若干个台阶组成,每个台阶的中间点与转换信号的电压值相对应。理想特性曲线(虚直线)与中间点相交。台阶形状的特性曲线在 $E\pm\dfrac{1}{2}\dfrac{U_B}{2^n}$ 处发生跳变,$E$ 是与理想特性曲线的二进制数对应的参考模拟量。模拟量 $A(U_s)$ 与二进制数对应的理论值电压 $E$ 之间存有误差,其范围为 $-\dfrac{1}{2}\dfrac{U_B}{2^n}\sim+\dfrac{1}{2}\dfrac{U_B}{2^n}$,称为量化误差。A/D 转换器的量化误差如图 6-10(b)所示,图中 $q$ 为量化单位,$q=\dfrac{U_B}{2^n}$。

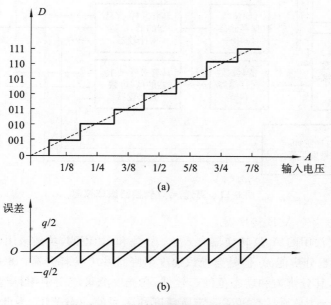

**图 6-10　A/D 转换器输入-输出特性**
(a)输出特性;(b)量化误差

### 1. 片外 ADC

在光电成像应用技术中经常要对光学图像的模拟光强分布进行数字图像信号处理,从而获得需要的图像信息。这就要求以数字方式进行图像信号的计算和处理(如人脸识别等机器视觉技术)。显然,能够完成单元光电信号量化处理工作的器件主要是 ADC。ADC 类型很多,特性各异,不同的场合会选用不同的器件。

#### 1) CCD 的片外高速 A/D 转换电路

由于 CCD 阵列越来越大,所以对视频信号处理速度的要求也越来越高。这里介绍一款 8 位的高速 A/D 转换器(TLC5540),最高工作频率为 75 MHz,具有启动简便、响应速度快、线性精度高等特点,可基本满足单元光电信号高速 A/D 数据采集需要。

该 A/D 转换器的启动和数字信号的读出都很简单,只用一个时钟脉冲信号 CLK 即可完成。时钟脉冲 CLK 的前沿(上升沿)启动 A/D 转换器,利用后沿(下降沿)就可以将转换完的 8 位数字信号送到输出寄存器。

A/D 转换器的基本原理框图如图 6-11 所示,它由电压基准、数字电压比较器、数据存储器、数据锁存器和时钟脉冲信号发生器等部分组成。电压基准为电压比较器提供参考电压,形成高 4 位数或低 4 位数存入存储器,各路数字比较器在统一的时钟脉冲控制下完成比较并形成数据。存入存储器的数据通过三态锁存器形成 8 位数字,并由 $\overline{OE}$ 控制。显然,这种通过比较器与参考电压进行比较形成数据的方式属于高速闪存的 A/D 转换方式,具有极高的转换速度。

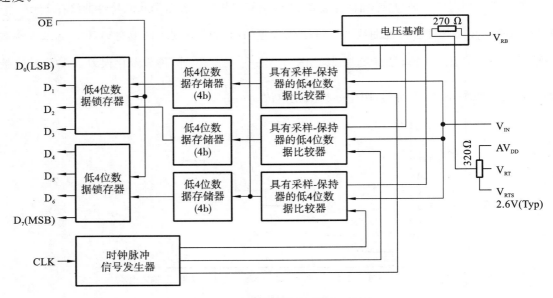

**图 6-11　高速 A/D 转换器原理框图**

#### 2) 高分辨率的片外 A/D 转换器

CCD 输出视频常用的 A/D 转换器有 8 位、10 位和 12 位的,虽然采用较高位数的 A/D 转换器会提高图像像素分辨能力,但是会导致速度下降且片上功耗升高。8 位的 A/D 转换器的分辨率只有 1/256,其分辨力和动态范围都较低,在光度测量应用中用得越来越少。在较高的成像要求下,A/D 器件必须具有更高的转换精度和更大的动态范围,为此引入分辨率更高的 A/D 转换器件。

例如,LTC1412 型 A/D 转换器作为 12 位的高分辨率 A/D 转换器代表,也是一款 CCD 比较常用的高速 A/D 转换器件。

A/D 转换器原理框图如图 6-12 所示。它采用的是逐次逼近 ADC(SAR-ADC)结构,模拟信号由 $V_{IN}^+$ 与 $V_{IN}^-$ 输入端输入,根据输入信号的极性可选择不同的接入方式,例如,在正极性输入信号的情况下将 $V_{IN}^-$ 接地。输入到转换器的信号先经过采样-保持器使采样瞬间的模拟信号保持一段时间,并将其送入 12 位的校正数模转换器,12 位的校正数模转换器转换的模拟电压与 2.5 V 参考电平经过放大器放大为 4.06 V 的稳定电压进行比较并校准后,再将 D/A 转换器的输出与输入电压进行比较。当数字锁存器存储的数据转换成的模拟量与输入电压通过比较器进行比较,结果相等时,将数据锁存器的数据锁存并输出。比较的过程与数据的输出等操作均由内部时钟和逻辑电路完成,受外接脉冲与 $\overline{CS}$ 控制,按一定时序的程序进行。A/D 转换器工作的状态由 BUSY 输出端的状态表征。

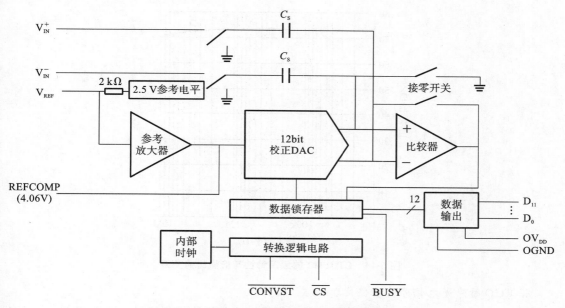

图 6-12　12 位 SAR-ADC A/D 转换器原理框图

A/D 转换器的启动、转换过程与数据输出等的控制时序由图 6-13 所示的波形图描述。由图可见,在片选脉冲 $\overline{CS}$ 有效后,经过 $t_1$ 时刻 A/D 转换器方可在 $\overline{CONVST}$ 启动脉冲有效后启动并进行转换。A/D 转换器接收到 $\overline{CONVST}$ 后,经 $t_3$ 时间延时后它的状态脉冲 $\overline{BUSY}$ 将由高电平变为低电平,表明 A/D 转换器已经在内部时钟的控制下进行转换工作。当 $\overline{BUSY}$ 由低电平变为高电平时,表明 A/D 转换器已经完成转换工作,并将转换完成的数据送到输出端口(即数据线上的数据有效),$t_4$ 时间段表明数据已经可靠有效。从 A/D 转换完成到允许下一次启动A/D 转换器需要延迟 $t_5$ 时间。图中的 $t_2$ 时间为 A/D 转换器启动脉冲 $\overline{CONVST}$ 的最短宽度,时间 $t_6$ 为片选有效到数据线数据有效的延迟时间,而 $t_7$ 为片选无效到数据线无效的延迟时间。

A/D 转换器的主要特性参数是频率特性与信噪比。频率特性与信噪比的关系如图 6-14所示,在 3 MHz 输入频率的情况下信噪比略微有所下降。

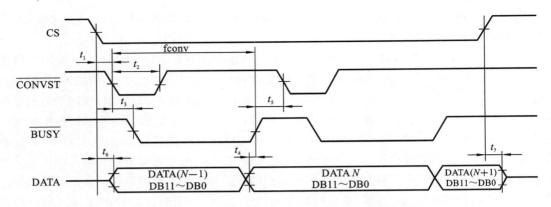

图 6-13 LTC1412 型 A/D 转换器启动与转换时序波形图

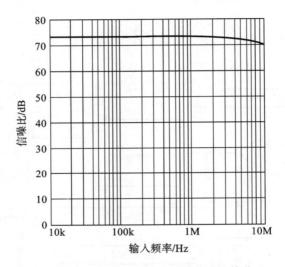

图 6-14 LTC1412 的频率特性与信噪比的关系

**2. CCD 时序光电信号的量化处理**

仍以 CCD 输出的信号为光电信号的典型信号讨论其量化处理问题。CCD 输出的信号分为线阵 CCD 和面阵 CCD 两种,尽管它们的输出形式千差万别,但是它们都是时间的函数,属于时序信号。对于时序信号的量化处理通常要用到抗混叠用的低通滤波器、采样-保持器等功能器件,这些功能器件的基本特性可参考前面的相关介绍,这里仅介绍通过常用 CCD 输出信号量化处理的高分辨率 A/D 转换器,并着重介绍序列光电信号的量化处理问题。

例如,16 位并行输出的高速、高分辨率的 A/D 转换器(ADS8322),其原理图如图 6-15 所示。从图中可以看出,它具有内部基准电源和采样-保持电路(逐次逼近式 A/D 转换器,SAR-ADC)。

它的转换方式属于逐次逼近的转换方式,由容性数模转换器、电压比较器与逐次逼近存储器完成 A/D 转换工作,并将其 16 位数字送入三态锁存器,三态锁存器的输出由端口 BYTE 控制。

ADS8322 的启动及其控制均由时钟脉冲 CLK、片选信号 $\overline{CS}$、读信号 RD 和控制脉冲 $\overline{CONVST}$ 控制,A/D 转换器的工作状态(是否处于转换过程中)由忙信号 BUSY 端口输出。

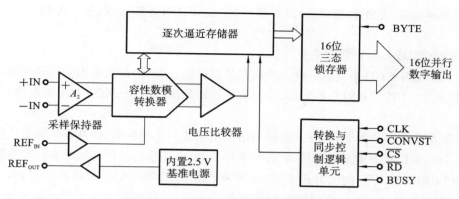

**图 6-15　ADS8322 A/D 转换器的原理图**

**3. 时序光电信号的 A/D 数据采集**

时序光电信号常分为线阵 CCD 和面阵 CCD 类型，它们的同步方式不同，A/D 数据采集和计算机接口方式等也不相同。下面讨论下 CCD 视频信号的 A/D 数据的采集问题，以点及面，给出基本 CCD 数据采集和量化方法的介绍。

**1）线阵 CCD 输出信号 A/D 采集系统的基本组成**

这里以线阵 TCD1251D（2700 像素单元）线阵 CCD 的输出信号为例，讨论 CCD 输出信号的 A/D 数据采集系统的基本组成。图 6-16 为典型的线阵 CCD 同步数据采集系统的原理框图，它由线阵 CCD 驱动器、同步控制器、A/D 转换器、数据存储器、地址发生器、地址译码器、接口电路与总线接口等硬件和计算机软件构成。线阵 CCD 驱动器除提供 CCD 工作所需要的驱动脉冲外，还要提供与转移脉冲 SH 同步的行同步脉冲 Fc，与 CCD 输出的像元亮度信号同步的脉冲 SP 和时钟脉冲 CLK，并将其直接送到同步控制器，使数据采集系统的工作始终与线阵 CCD 的工作同步。同步控制器接收软件通过地址总线与读/写控制线等传送命令，执行对地址发生器、数据存储器、A/D 转换器、接口电路等的同步控制。

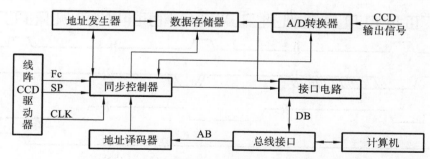

**图 6-16　线阵 CCD 同步数据采集系统原理框图**

图 6-16 中的 A/D 转换器件是 16 位的 A/D 转换器（ADS8322），转换速率可达 500 kHz，具有内部采样放大电路，可对输入信号进行采样保持。数据存储器采用的是 64 KB 的 SRAM（6264），存取速率高于 10 MHz。地址发生器由同步或异步的多位二进制计数器构成。接口电路由双向 8 位总线收发器构成。地址译码器与同步控制器一起用 CPLD 现场可编程序逻辑电路构成。总线接口方式可有多种选择，如 PC 总线接口方式、并行接口（打印口）方式、USB 总线串行接口方式、WiFi、蓝牙或以太网接口方式等，不同的接口方式具有不同的特性。

此外，接口软件也是数据采集系统的核心，得靠它来判断数据采集系统的工作状态，发出

A/D 转换器的启动、数据的读/写操作等指令,完成计算与处理数据,包括存储、显示、执行和传输等。

2) 线阵 CCD 的 A/D 数据采集

经放大的线阵 CCD 输出信号接入转换器的模拟输入端,驱动器输出的同步控制脉冲 Fc、SP 与时钟脉冲 CLK 送到同步控制器,并与软件控制的执行命令一起控制采集系统与 CCD 同步工作。

软件发出采集开始命令,通过总线接口给采集系统一个地址码,地址译码器输出执行命令(低电平)。同步控制器得到指令后,将启动采集系统(采集系统处于初始状态),等待驱动器行同步脉冲 Fc 的到来。Fc 的上升沿对应 CCD 输出信号的第一个有效像素单元,Fc 到来后,A/D转换器将在 SP 与 CLK 的共同作用下启动并进行 A/D 转换工作。转换完成后,A/D 转换器输出的状态信号 BUSY 送回同步控制器。同步控制器将发出存数据的命令(A/D 的读脉冲 RD、存储器的写脉冲 WR),将 A/D 转换器的输出数据写入存储器,并将地址发生器的地址加 1。上述转换工作循环进行,直到地址发生器的地址数增加到希望值(转换工作已完成),同步控制器得到地址发生器的地址数已达到希望值的信息后,再通知计算机。计算机得到转换工作已完成的信息后,软件再通过总线接口、地址译码器和同步控制器将存在存储器中的数据通过接口电路送入计算机内存。

TCD1251D 线阵 CCD 的行同步脉冲 Fc、采样脉冲 SP、时钟脉冲 CLK 与 A/D 转换器的各种操作控制脉冲的时序关系如图 6-17 所示。Fc 的上升沿使同步控制器开始自动接收采样脉冲 SP 与时钟脉冲 CLK,SP 的上升沿使片选 $\overline{CS}$ 与转换信号 $\overline{CONVST}$ 有效,CLK 的第一个脉冲使 A/D 转换器启动,状态信号 BUSY 变为高电平,经过 16 个时钟周期的转换后,转换过程结束时,BUSY 由高电平变为低电平,A/D 转换器进入输出数据阶段,读脉冲 $\overline{RD}$ 有效;同时,在BUSY 下降沿的作用下,同步控制器发出两个写脉冲 WR,写脉冲 WR 将 16 位数据分两次写

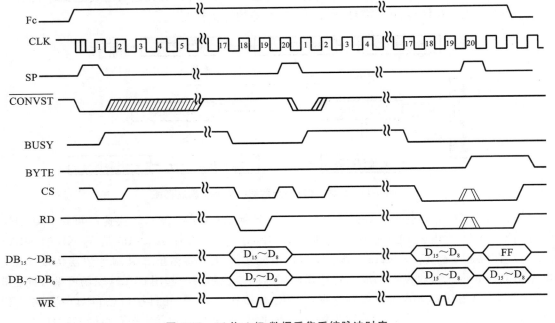

图 6-17    16 位 A/D 数据采集系统脉冲时序

入静态随机存储器(SRAM),每写一次,同步控制器使地址发生器的地址加 1。如此循环,经 2700 个 SP,A/D 转换器进行 2700 次转换(即将 TCD1251D 的所有有效像元转换完成)后,地址计数器的地址为 5400,计数器的译码器输出计满信号送给同步控制器,同步控制器将通过总线接口通知计算机,计算机软件将通过接口总线及译码器控制同步控制器读出 5400 个 8 位数据到计算机内存。将数据存入计算机时,按 16 位数据模式存放数据构成 2700 个 16 位数据。

显然,接口总线不同会直接影响数据采集的速度。其中 PCI 总线的数据传输速度较快,因为采用 PCI 总线接口方式时可不用 SRAM,转换完成后数据被存入计算机内存。用 USB 2.0 及 USB 3.0 接口方式采集单一速度不高于 1 MHz 的线阵 CCD 传感器输出信号时不用配置 SRAM,但是对于驱动频率较高的线阵 CCD 的数据采集仍需配置 SRAM。用并口等低速接口方式进行数据采集时,由于接口的数据传输速度低于线阵 CCD 的数据输出速率,只有中间配置了 SRAM,才可以衔接高速 A/D 采集与低速数据传输的接口问题,从而完成线阵 CCD 的 A/D 数据采集的工作。

从上面介绍可知,以线阵 CCD 为代表的序列光电信号的数据采集的关键问题就是同步问题,只要设计好了同步,就可以满足数据的正常传输。

3) 面阵 CCD 的 A/D 数据采集系统

面阵 CCD 图像传感器输出的信号与线阵 CCD 的不同,它输出的信号里既有与像面照度成函数关系的图像信号,也有行、场同步信号,因此称其为视频信号或全电视信号。将图像信号数字化或视频信号数字化的方法通常称为视频信号的 A/D 数据采集。

面阵 CCD 视频信号的 A/D 数据采集方法有很多,在图像识别与图像测量等应用领域常将视频信号的 A/D 数据采集方法分为“板卡式”和“嵌入式”两种。“板卡式”是指在计算机系统中插入专用的图像采集卡构成的视频信号 A/D 数据采集系统,而“嵌入式”是指采用具有图像采集与图像处理功能的单片机系统、数字信号处理器(DSP)、现场可编程门阵列(FPGA)或高性能微处理器 ARM 等微型化计算机系统构成的视频信号 A/D 数据采集系统。“嵌入式”系统通常与图像传感器安装在一起,称为机器视觉功能的传感器。“嵌入式”系统所用微型机的种类繁多、功能各异,发展规模和应用的空间远超过“板卡式”系统。这里我们只简单地介绍下嵌入式 CCD 数据采集与处理系统。

嵌入式 CCD 数据采集系统具有高速信号处理功能,大大缩短了数据处理时间,因此在 CCD 视频数据采集领域受到青睐。

一般的嵌入式数字信号处理硬件作为数字图像处理软件运行的载体(见图 6-18),主要分为以下几种类型:大规模可编程器件 CPLD/FPGA、数字信号处理器(DSP)、高性能微处理器 ARM 和 CPLD/FPGA、DSP、ARM 的混合系统。

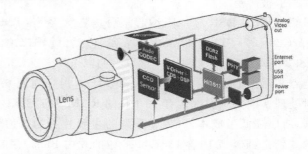

**图 6-18 嵌入式 CCD 数字图像处理平台**

嵌入式 CCD 数据采集与处理系统以应用为中心,以嵌入式计算机为核心,软硬件可裁剪,适用于对功能、成本、体积、功耗有严格要求的专用信号处理系统。它一般由嵌入式微处理器、外围硬件设备、嵌入式操作系统以及用户的应用程序等部分组成,用于实现对其他设备的控制、监视或管理等功能。与传统的数字产品相比,利用嵌入式技术的产品具有如下特点。

(1)由于嵌入式 CCD 数据采集系统采用的是如上微处理器,实现相对单一的功能,采用独立的操作系统,所以往往不需要大量的外围器件,因而在体积、功耗上有其自身的优势。

(2)嵌入式 CCD 数据采集系统是将计算机技术、半导体技术和电子技术与各个行业的具体应用相结合后的产物,是一门综合技术。由于空间和各种资源相对不足,嵌入式系统的硬件和软件设计都必须高效,尽可能地在同样的尺寸上实现更高的性能。

(3)嵌入式 CCD 数据采集系统是一个软硬件高度结合的产物。为了提高执行速度和系统可靠性,嵌入式系统中的软件一般都固化在存储器芯片或单片机本身,而不是存储于磁盘等载体中。

(4)为适应嵌入式 CCD 数据采集系统分布处理结构和上网需求,嵌入式设备必须配有通信接口,并提供相应的 TCP/IP 协议簇软件支持。新一代嵌入式设备还具备 IEEE 1394、USB、CAN、Bluetooth、WiFi 或 IrDA 通信接口,同时提供相应通信组网协议软件和物理层驱动软件。

(5)因为嵌入式系统往往和具体应用有机地结合在一起,它的升级换代也是和具体产品同步进行的,因此嵌入式系统产品一旦进入市场,具有较长的生命周期。

微处理器是嵌入式 CCD 数据采集系统的核心,其中,数字信号处理器(DSP)是一种独特的微处理器,其体系结构针对数字信号处理的操作进行了优化。DSP 可接收模拟信号,将其转换为 0 或 1 的数字信号,再对数字信号进行修改、删除、强化,并把数字数据转回模拟数据或实际环境格式。DSP 不仅具有可编程性,而且其实时运行速度可达每秒数千万条复杂指令时序,远远超过通用微处理器,是数字化电子世界中日益重要的芯片之一。

DSP 芯片自 20 世纪 80 年代初诞生以来,在 40 多年时间里得到了飞速的发展,其性价比不断提高,开发手段越来越完善,已经在通信与电子系统、信号与信息处理、自动控制、雷达、军事、航空航天、医疗、家用电器等许多领域得到广泛的应用。

DSP 芯片可分为通用型和专用型两大类。通用型 DSP 芯片是一种软件可编程的 DSP 芯片,可用于 DSP 的应用现场开发,适配到任何场合。专用型 DSP 芯片则将 DSP 处理的算法集成到 DSP 芯片内部,一般适用于专用的场合,具有成本优势。

目前,DSP 芯片的主要供应商包括美国的德州仪器(TI)公司、亚德诺半导体公司(ADI)、AT&T 公司和 Motorola 公司等。其中,TI 公司的 DSP 芯片占世界 DSP 芯片市场的近 50%,在国内也被广泛采用。

TI 公司的 DSP 芯片归纳起来分为三大系列:TMS320C2000 系列(包括 TMS320C2xx/C24x/C28x 等)、TMS320C5000 系列(包括 TMS320C54x/C55x)、TMS320C6000 系列(包括 TMS320C62x/C67x/C64x)。这里我们以 TMS320C28x 作为代表来介绍。这类芯片具有 32 位定点和浮点 DSP,最高频率为 150 MHz,指令周期 6.67 ns,可以在采集过程中对数据进行实时处理。因为它内部含有 18 KB 的 RAM 和 128 KB 的 Flash 存储器,不必使用外扩程序存储器,所以降低了成本。C28x 系列的主要片种为 TMS320F2810 和 TMS320F2812。两种芯片的差别是:F2812 内含 128K×16 位的片内 Flash 存储器,有外部存储器接口,而 F2810 仅有 64K×16 位的片内 Flash 存储器,且无外部存储器接口。它们的硬件特征可参见表 6-2。

值得一提的是,TMS320F2812 内部集成了 16 路 12 位的 A/D 转换器,速度高达 12.5 MHz,可以满足带宽为 6 MHz 的视频信号的采集,而且它具有 14 个 CPU 内核中断、3 个外部中断和 96 个外部中断 2,方便了视频采集的控制。

表 6-2　TMS320F2810 和 TMS320F2812 的硬件特性

| 特　　　征 | F2810 | F2812 |
|---|---|---|
| 指令周期(150 MHz) | 6.67 ns | 6.67 ns |
| SRAM(16 位字) | 18K | 18K |
| 3.3V 片内 Flash(16 位字) | 64K | 128K |
| 片内 Flash/SRAM 的密钥 | 有 | 有 |
| Boot ROM | 有 | 有 |
| 掩膜 ROM | 有 | 有 |
| 外部存储器接口 | 无 | 有 |
| 事件管理器 A 和 B(EVA 和 EVB) | EVA、EVB | EVA、EVB |
| * 通用定时器 | 4 | 4 |
| * 比较寄存器/脉宽调制 | 16 | 16 |
| * 捕获/正交解码脉冲电路 | 6/2 | 6/2 |
| 看门狗定时器 | 有 | 有 |
| 12 位的 ADC | 有 | 有 |
| * 通道数 | 16 | 16 |
| 32 位的 CPU 定时器 | 3 | 3 |
| 串行外围接口 | 有 | 有 |
| 串行通信接口(SCI)A 和 B | SCIA、SCIB | SCIA、SCIB |
| 控制器局域网络 | 有 | 有 |
| 多通道缓冲串行接口 | 有 | 有 |
| 数字输入/输出引脚(共享) | 有 | 有 |
| 外部中断源 | 3 | 3 |
| 供电电压 | 核心电压 1.8 V<br>I/O 电压 3.3 V | 核心电压 1.8 V<br>I/O 电压 3.3 V |
| 封装 | 128 针 PBK | 179 针 GHH,176 针 PGF |
| 温度选择　A:−40 ℃～+85 ℃<br>S:−40 ℃−+125 ℃ | PBK<br>仅适用于 TMS | PGF 和 GHH<br>仅适用于 TMS |

基于 DSP 的面阵 CCD 图像数据采集系统原理如图 6-19 所示。CCD 输出的视频信号被分成两路:一路视频信号经过视频预处理电路后直接输出到 DSP 的 A/D 转换输入通道,同时另一路视频信号经过同步信号提取电路后,输出行、场同步信号到 DSP 的外部中断口。DSP 响应中断,采集数据并存入帧存储器,帧存储器内数据经 ISP 处理后经接口送出。

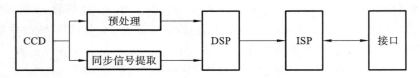

**图 6-19　基于 DSP 的 CCD 图像数据采集系统原理框图**

由于 DSP 具有的强大运算能力，一些图像信号的预处理也都使用通用 DSP，或者 DSP 与专用图像处理芯片——图像信号处理器（image signal processor，ISP）（如华为海思的 Hi3512～3516 等系统级专用音、视频信号处理芯片）一起来进行数字图像信号的处理。

# *6.3* ‖ CMOS 图像信号

随着 CMOS 工艺的发展，CMOS 图像传感器（CMOS image sensor，CIS）因其卓越的性能成为图像采集的重要功能模块。由于与平面 CMOS 工艺兼容，且性能也越来越优异，各种类型的 CIS 如雨后春笋般地涌现。图像传感器作为成像系统的核心元件，其性能指标直接影响着成像系统的成像质量。随着机器视觉和人工智能等领域的快速发展，以及人们对成像系统性能需求的日益提高及其自身应用范围的持续扩大，掌握 CMOS 图像传感器相关知识具有十分重要的社会和经济意义。

常用的 CMOS 成像系统主要包括光学处理、CMOS 图像传感器及图像处理三大部分。图像处理又可以分为前段模拟信号处理（VGA/PGA、ADC 等）和后段处理（ISP、接口），如图 6-20所示。

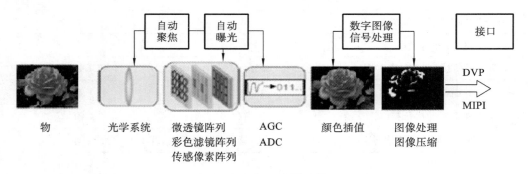

**图 6-20　数字成像系统**

## 6.3.1　CMOS 图像传感器的信号形式

CIS 中像素感光后产生模拟电压信号，并通过像素阵列内部列总线逐行输出，再由片上模拟信号处理电路对模拟电压信号进行相关双采样及模拟放大等操作以消除固定模式噪声，提高信噪比。在 CIS 片上还集成有信号处理电路，信号处理电路将采样放大后的模拟电压信号进行 A/D 转换、数字图像处理并存储在寄存器中，由数据输出电路如低压差分信号接口电路、USB、WiFi、串口以及低电压差动信号（low voltage differential signal，LVDS）输出。

CIS 能够很好地与传统半导体 CMOS 工艺兼容，降低了生产成本，这也使得 CIS 内部集成控制模块成为可能,从而实现转换模式控制、曝光时间控制、自动增益控制等功能。同时 CMOS 器件具有良好的抗辐射性,可以应用在航空航天、军工等应用条件苛刻的环境中,拓展了 CIS 的应用领域。

1. CMOS 图像传感器结构

CIS 是模拟电路和数字电路的集成,它主要由四个组件构成,即微透镜、彩色滤光片(CF)、光电二极管(PD)、像素单元电路设计。

微透镜具有球形表面和网状透镜,光通过微透镜时,CIS 的非活性部分负责将光收集起来并将其聚焦到彩色滤光片。

彩色滤光片拆分入射光中的红、绿、蓝(RGB)成分,并通过感光元件形成拜尔阵列滤镜。彩色滤光片可以加也可以不加,例如,一些检测场合对色彩要求不高,而对空间分辨率要求较高,则可以不加这些滤光片。

在传统 CMOS 感光元件中,感光二极管位于电路晶体管后方,进光量会因遮挡受到影响。所谓背照式 CMOS 就是将它掉转方向,让光线首先进入感光二极管,从而增大感光量,可显著提高低光照条件下的拍摄效果(见图 6-21)。

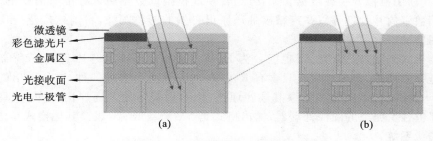

图 6-21　CMOS 不同的光照模式
(a)前照式;(b)背照式

高速性是 CMOS 电路的固有属性,CMOS 图像传感器可以较快地驱动成像阵列的列总线,并且 ADC 在片内工作,具有较快的速率,对输出信号和外部接口的干扰敏感性低,有利于其与下一级处理器的连接。CMOS 图像传感器具有很强的灵活性,可以对局部像元进行随机访问,增加工作的灵活性。

2. CMOS 图像传感器输出格式

一个典型的 CMOS 图像传感器通常包含一个片上的图像采集与处理系统,能够通过电子扫描将离散信号由统一端口输出,这与 CCD 图像传感器很相似,但它集成了所有的时序逻辑、单一时钟及芯片内的可编程功能,如增益调节、积分时间、窗口和模数转换器。事实上,当采购了 CMOS 图像传感器后,就得到了一个包括图像阵列逻辑寄存器、存储器、定时脉冲发生器和转换器在内的全部系统。确切地说,CMOS 图像传感器实际是一个图像系统,与传统的 CCD 图像系统相比,它把整个图像系统集成在一块芯片上,不仅降低了功耗,而且具有重量较轻、占用空间少以及总体价格更低的优点。

1) 彩色 CMOS 图像的获得

在电子摄像系统的设计中,彩色图像最经典的获得方法是采用棱镜分光和三基色滤光系统产生原始光学图像的三基色分图像,然后用三个单色图像传感器分别转换三个分图像,产生红、绿、蓝三色图像信号。这里主要讨论单片 CIS 传感器上直接产生彩色图像的三基色电信号。用单片 CMOS 图像传感器捕获彩色图像,运用拜尔排列的彩色像素阵列,这种方式始于 CCD 彩色图像传感器。

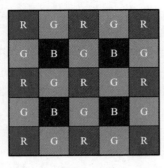

图 6-22 拜尔滤镜阵列示意图

在前面介绍像素的光学结构时提到,在每个像素上,可以制作一个滤光层,使对应的像素只对一种基色的光能量产生响应。在像素阵列上实现三种基色的像素排列,通过覆盖三种基色滤光层的设计就可以在一个原始像素阵列上获得彩色的图像。最常采用的三种基色像素排列的图案,被称为拜尔像素排列。拜尔滤光器阵列是由美国柯达公司的 Bryce E. Bayer 在 1976 年发明的,从 CCD 时代一自沿用至今。拜尔排列由 4 个相邻像素构成一个 2×2 矩阵,从左到右及从上到下的排列是绿、红、蓝、绿和绿、蓝、红、绿,如图 6-22 所示。因为矩阵中一个 4 像素矩阵中的 4 个像素面积是完全相同的,所以这个 4 像素矩阵获得的光能量 $E_c=1R+1B+2G$,这个 4 像素矩阵为一个空间坐标提供彩色信息。三基色像素提供的信号可以在模拟图像信号层面或数字图像数据层面,分别利用模拟开关或数据切换,分组转换成模拟或数据格式标准所需的 RGB 图像信息。应用数字信号处理可以高度精确地还原出自然的彩色图像,目前被广泛应用于静止图像和连续图像的摄取。

从输出格式来说,图像传感器也能分为 Raw 传感器和系统级芯片 SOC 传感器。前者得到的图像是拜尔模式,每个像素上只含有 R、G、B 三种颜色当中的一种,这种输出的图像信息也称为 Raw 数据,它需要数字图像信号处理器(ISP)做插值处理还原出 RGB 信息。而后者(SOC)内部包含了完整的图像处理器,输出格式是 YUV 或 RGB(以及其他格式),适合应用于低像素的摄像系统。

2)黑白 CMOS 图像的获得

在原始像素上,覆盖三种基色滤光层,使得每种滤光层对应的像素只对一种基色的光能量产生响应,也就是拜尔像素排列。

那么需要黑白成像的场合,就只要把拜尔滤镜层拿掉,即可得到黑白视频输出的 CMOS 图像传感器。由于没有分成 R、G 和 B 颜色区,像素的空间分辨率更高,一般用于分辨率要求比较高的工业相机或者机器视觉领域。

## 6.3.2 CMOS 图像传感器的信号处理

CMOS 图像传感器是图像传感器与 CMOS 电路的组合。自 20 世纪 70 年代以来,随着 CMOS 工艺和电路设计技术的不断发展,CMOS 图像传感器性能不断提高,拉开了 CMOS 图像传感器在各个领域应用的序幕。

在电路设计方面,像元电路直接与光电探测器相连,处于 CMOS 图像传感器信号处理链路的最前端,因此其性能直接影响到 CMOS 图像传感器的应用。目前,较为常用的像元电路为 3T 和 4T 有源像元电路(4T-APS),然而 3T 和 4T 有源像元电路具有光电二极管偏置电压不稳定、注入效率低、转换增益很难提高等缺陷,对微弱信号的读取效果较差。

1. CMOS 模拟前端电路

1)CMOS 图像传感器的自动曝光电路

除了光电信号的读出电路,CMOS 图像传感器还对曝光设计了电子自动曝光电路。

　　根据曝光开始和结束的时序,CMOS 图像传感器的电子快门可以分为滚动快门和全局快门。

　　(1)滚动快门。

　　按照前面所述,CMOS 图像传感器像素阵列按行曝光和输出电压信号。滚动快门就是每一行依次地开始重置、曝光、选择输出,其中相邻两行的工作时序如图 6-23 所示。每一行在复位信号开始后,经过曝光时间 $T_{\exp}$ 完成曝光,然后再选择信号的上升沿,用这行像素对应的所有列总线输出整行像素的电压信号。每一行的复位信号和下一行的复位信号都有相同的行间隔时间 $T_{\text{row}}$,并且经过相同时间长度 $T_{\exp}$ 后,每一行的选择输出信号和下一行的选择输出信号也具有相同的行间隔时间 $T_{\text{row}}$。可以看出,每一行的电荷信号送到读出通道后,下一行的信号在间隔 $T_{\text{row}}$ 后就会到来,所以每行电荷信号读出的时间需要小于 $T_{\text{row}}$。

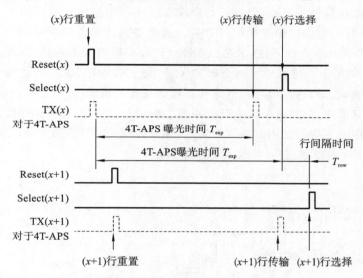

图 6-23　滚动快门相邻行工作时序图

　　滚动快门模式下,在完成这一帧(即所有行)的信号传输后,就可以复位从下一帧的第一行开始曝光,这种工作方式是连续摄影的重要手法。但这种工作方式在拍摄物体运动图像和有闪光图像时会产生失真,因为滚动快门的每一行都是在不同时间点开始和结束曝光的,如果被摄物体在曝光过程中高速运动或者亮度发生明显变化,即在不同的时间点发生了剧烈的变化,就会反映在不同时刻曝光的像素行输出的信号上,产生明显的图像变形或不连续、闪光失真等问题。解决的方法是提高滚动快门的速度。

　　(2)全局快门。

　　为了解决滚动快门在拍摄高速运动物体和闪光画面会产生失真的问题,提出了全局快门的方法。在全局快门中,所有行在同一时间复位、开始和结束曝光,避免了不同时间开始和结束曝光带来的失真问题。

　　以 4T 有源像素为例,光电二极管产生的电荷信号存储在浮置扩散区 FD 的寄生电容 $C_{\text{FD}}$ 中,然后按顺序将各行像素的 FD 中的电压信号输出。在所有行都输出信号后,才对所有像素的光电二极管和浮置扩散区 FD 进行复位,开始下一帧图像的曝光。

　　在 FD 的电荷信号输出时,所有传输栅 TG 都关闭,光电二极管的变化不会影响到 FD,但是也必须等到全部信号输出完毕后,光电二极管才能开始下一轮曝光。因为其复位开关和 FD

共用,在输出完毕前对光电二极管进行复位,就需要对 FD 也进行复位,FD 中尚未读出的信号将会消失。由于光电二极管曝光需要等待 FD 全部读出,所以 4T 像素的全局快门的读出速度较低,性能受限。

在 5T 有源像素中,光电二极管和 FD 分别由不同的二极管 $M_1$ 和 $M_4$ 重置。对所有像素,可以由 $M_4$ 重置光电二极管后开始曝光,这期间 FD 滚动读出上一帧图像。在完成所有行的 FD 的信号读出后,由 $M_1$ 对 FD 进行重置,然后打开传输栅 TG,光电二极管曝光的电荷信号转移到 FD,电荷信号转移完毕后,由 $M_4$ 重置 PD,进行下一帧图像的曝光。光电二极管和 FD 的分开重置,使得 5T 像素具有更高的读出速度和刷新速率。

2) CMOS 读出电路

通过在 CIS 像素内集成有源放大器,便构成有源图像传感器(APS)。CMOS APS 具有噪声低、读出速度高、功耗低等优点,但由于每个像素缓冲器中晶体管的阈值电压都有微小的差别,这种不均匀性将引起固定模式噪声(FPN)。通过在列读出电路中采用相关双采样(CDS)以及 Double Delta Sample(DDS)技术可以消除 FPN,获得更低的噪声。CMOS APS 的读出电路结构如图 6-24 所示。像素单元由光电二极管、复位晶体管 RST、行选择电路 ROW 以及像素级缓冲单元组成。列读出电路由信号和复位 2 条支路组成,分别去采样信号电平 $V_S$ 和复位电平 $V_R$,实现双采样,消除由于像素级缓冲器失配引起的像素 FPN。列读出电路中输出缓冲器因工艺过程中的不确定性引起器件间失配,导致信号支路与复位支路之间的偏移变化,造成列 FPN。列 FPN 可以通过 DDS 技术予以消除。

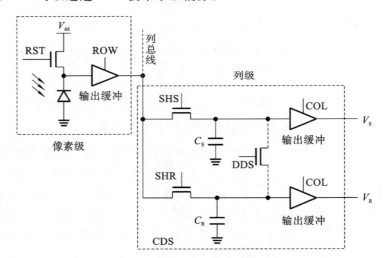

**图 6-24　典型的 CMOS APS 像素单元及列读出电路**

3) 像素阵列的列读出电路

像素阵列以行为单位对像素进行操作。在读出时,曝光完成需要输出的一行像素将会被选择输出,所有的列输出通道在同一时间输出这行像素的电荷信号,等待列开关(模拟开关)将水平读出通道和各个列通道依次接通,依次输出被选择行的每个像素的电荷信号到模拟放大器进行放大,以便后续进行 A/D 转换。

如图 6-25(a)所示的水平读出通道,每次只接通一个列通道并读出该列通道的电压信号到水平读出通道,而根据电子快门部分的描述,在滚动读出每行像素时,需要保证输出整行像素信号的时间短于行间隔时间 $T_{row}$。在列数量较大时,单行水平通道会不够时间读出所有列通道的信号。所以可以通过增加一次读出中接通的列通道数量，来缩短整行读出时间，图 6-25 是单列水平读出和多列并行读出的示意图。并行数 $N_{col}$ 和单帧图像读出间隔 $T_{frame}$ 的关系如下：

$$T_{frame} = N_p T_{pix} / N_{col} \tag{6-4}$$

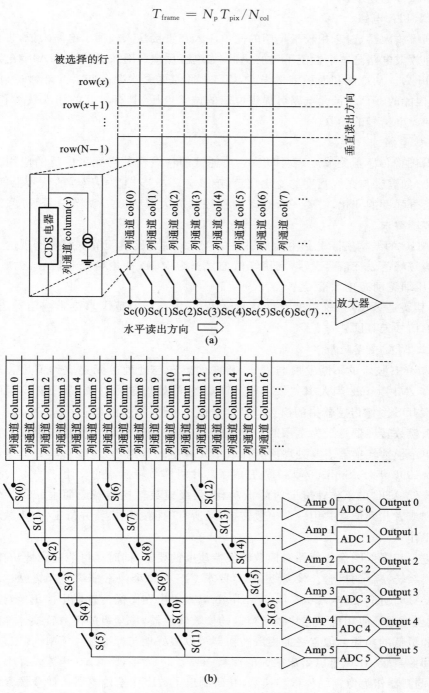

**图 6-25　列读出电路示意图**

(a)单列水平通道读出；(b)6 行并行水平通道读出

式中：$N_p$ 是阵列像素总数；$T_{pix}$ 是单个像素读出时间。现在摄影器材的并行数 $N_{col}$ 已经可以达到 100 以上，高并行数提升了整行像素的读出速度，有利于提升图像刷新率，还能提升高分辨率图像的单帧传输速度。

4）列级 TIA 电路

关于列级放大器选择，相较于早期的简单注入和直接注入式读出电路来说，带反馈的电路如跨阻反馈放大电路是一个性能不错的选择，如电容反馈跨阻放大器（CTIA）和电阻反馈跨阻放大器（RTIA）。从性能和面积消耗来看，CTIA 目前更受欢迎一些。此外，作为低照度场合应用时，高性能的 CTIA 像元电路可提供恒定的偏置电压，具有较高的注入效率和转换增益，适合对微弱光电信号的读取。

5）AGC 电路

CMOS 图像传感器集成度高、体积小、功耗低的特点使其得到了广泛的应用。但是应用环境的变化（如温度与光线强度的变化）会直接影响 CMOS 图像传感器的信号强度及其性能。为了适应信号强度的变化，需要一个自动增益控制放大器（AGC）调节信号强度，满足信号较大的动态范围要求。

一般 AGC 的结构实际上是由前面讲过的 VGA 加上反馈调节电路来实现的。可以通过检测输出信号峰值表征信号大小，利用峰值信号作为 VGA 的增益控制信号，实现对 VGA 的增益控制，压缩宽动态输入信号。

VGA 其实是 AGC 系统中极为重要的模块，其增益调节范围直接影响信号压缩范围，其线性度影响信号失真度。

2. 片上 ADC 电路进展

随着 CMOS 技术的不断发展与进步，将图像感知与处理单元集成到单片芯片中成为可能。1998 年，M. Loinaz 等人率先将 APS、ADC、色彩处理单元以及 DSP 集成到单个 CMOS 芯片中。CMOS 图像传感器中的模数转换器常以三种形式存在，即芯片级、列级以及像素级。

芯片级模数转换器是最为常用的一种形式，它是在整个图像传感器中集成一片模数转换器。由于单个模数转换器需要处理所有像素单元产生的数据量，这就对其处理速度提出了很高的要求。1998 年，S. Smith 等人率先完成了芯片级模数转换器的设计。

为了降低 ADC 的工作速度同时降低功耗，列级模数转换器应运而生。CMOS 图像传感器中的一列或者几列像素共用一个模数转换器，所有的模数转换器并行工作，模数转换器可以以中低速工作。

为了进一步降低图像传感器对模数转换器速度的要求，同时尽可能达到低功耗，人们提出了像素级模数转换器的概念。像素级 ADC 要求 CIS 的每个像素模块中都集成一个模数转换器，所有的 ADC 并行工作。2005 年，U. Ringh 等人提出在图像传感器中使用像素级的模数转换器，并从理论上证明相比于芯片级和列级的模数转换器，像素级的模数转换器能够达到最高的信噪比和最低的功耗。像素级的模数转换器可以很好地与标准数字 CMOS 工艺兼容，通过复制像素和像素级 ADC 可以组成很大的像素阵列。2017 年，Brochardl 等人提出了在像素级集成 $\Sigma$-$\Delta$ 调制器作为像素级模数转换器，并研制出了数字像素传感器。如今像素级模数转换器由于其无可比拟的优点，正逐渐受到人们的青睐。

# 6.4 ▎ CMOS 图像信号的片上量化

总的来说,CIS 的动态范围(DR)越高,所记录的图像信息越接近被拍摄场景。自然场景的 DR 近 180 dB,但典型 CIS 的 DR 只有不到 70 dB。人们提出了多种方法来提高 CIS 的 DR。目前,应用于 CIS 的 ADC 主要分为芯片级 ADC、列级 ADC 及像素级 ADC 三种类型。列级 ADC 相比于芯片级 ADC,能有效地提高 CIS 的帧率。而列级 ADC 与像素级 ADC 相比,能有效地提高像素的填充因子,从而提高了 CIS 的光电转换效率,并实现了更高的动态范围。因此,列级 ADC 广泛地应用于 CIS 芯片。

为获得高质量的图像,对于高动态范围的 CIS 芯片,其片上 ADC 的转换精度需要在一定位数以上。为了保证高分辨率下 CIS 的高帧频,CIS 片上 ADC 的转换时间要限制在百纳秒,为了能够容纳更多的片上 ADC,每个 ADC 的宽度要在几十微米量级,功耗要在百微瓦量级。在减小面积、降低功耗的同时,提高 CIS 片上 ADC 精度和速度,成为非常具有挑战性的研究课题,是学术界和产业界共同关注的焦点。

## 6.4.1　芯片级 ADC 的分类

根据不同的量化方式,芯片级 ADC 可以被分为很多种。本节将对几种应用较为广泛的 ADC 结构进行介绍,对于不同结构的 ADC,其性能优势和应用也各不相同。

### 1. 逐次逼近 ADC(SAR-ADC)

逐次逼近 ADC 又称 SAR-ADC,是一种利用二进制搜索算法完成数模转换的 ADC 结构,它通过将输入电压与多个模拟电压值进行比较,最终确定输出数字码。图 6-26 为 SAR-ADC 电路结构图,包括数模转换电路(DAC)、比较器、逻辑电路及采样-保持电路,其电路结构相对简单,比其他 ADC 具有更高的能量效率。

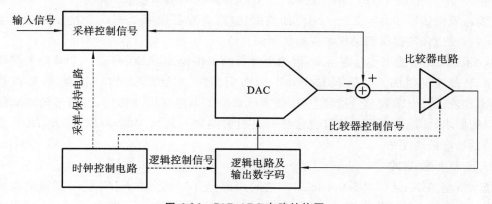

**图 6-26　SAR-ADC 电路结构图**

SAR-ADC 的工作原理是:当采样-保持电路对输入信号进行采样保持后,寄存器将最高位置 1 使 DAC 输出 $V_{FS}/2$($V_{FS}$ 为 SAR-ADC 的量化范围),比较器将采样信号与 $V_{FS}/2$ 进行比较以确定 ADC 输出数字码最高位。当输入信号大于 $V_{FS}/2$ 时,ADC 输出数字码最高位置 1,同时 DAC 输出 $3V_{FS}/4$,并进行再次比较确定次高位;若输入信号小于 $V_{FS}/2$,则 ADC 输出数字码最高位置 0,DAC 输出 $V_{FS}/4$,并进行再次比较确定次高位,如此不断循环直至数字码的所有位都确定完毕,则 ADC 量化完成。

从 SAR-ADC 的工作过程可知,对于一个 $N$ 位 SAR-ADC,一个量化周期至少需要 $N$ 个时钟周期,这在所有 ADC 结构中并不算最快。随着位数的增加,SAR-ADC 的转换速率也会随之降低,所需的 DAC 电路规模也会变得复杂。针对这一问题,研究人员对电路结构做出改进,如时间交织、多位一次比较等,但是会引入其他问题导致设计难度提高,使得电路难以同时兼顾精度和速度的要求,因此在中等精度及速度的应用中,更常用到 SAR-ADC。

**2. 全并行 ADC**

全并行 ADC 又称 Flash ADC,顾名思义,是所有 ADC 拓扑中速度最快但是精度最低的,其电路结构如图 6-27 所示。

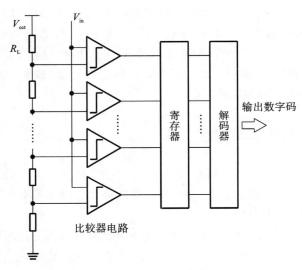

**图 6-27 Flash ADC 电路结构图**

对于一个 $N$ 位的 Flash ADC,需要 $2^N$ 个阻值相同的电阻串联,以产生 $2^N-1$ 个参考电平,将输入模拟信号同时与 $2^N-1$ 个电压值做比较,寄存器保存 $2^N-1$ 个比较器输出组成的数字码,再通过译码器得到最终需要的数字码。

从 Flash ADC 的工作过程可知,因为全并行的工作模式,ADC 只需一个时钟周期即可完成转换,转换速度很快。但是 $N$ 位 Flash ADC 需要 $2^N$ 个比较器及电阻,当 ADC 位数增加时,所需比较器及电阻数量呈指数上升,极大地增加了电路规模及功耗,对信号的驱动能力也有很高的要求,而制造工艺的缺陷也会带来电阻失配等一系列问题,所以 Flash ADC 更常用于高速低精度的应用中。

**3. 流水线型 ADC**

流水线型 ADC 又称 Pipelined ADC,它的内部包含一级全并行 ADC 及多级结构相同的低精度 ADC,其电路结构如图 6-28 所示,包含采样-保持电路、子 DAC、子 ADC 及残差放大电路。

对于一个 $N$ 位 Pipelined ADC,除最后一级为全并行 ADC 外,其余各级均由结构相同的子 ADC 组成。在进行转换时,首先通过采样-保持电路对输入模拟信号采样,再由子 ADC 将模拟信号量转化为数字信号并输出。同时,将输出数字信号输入本级的子 DAC 中,由子 DAC

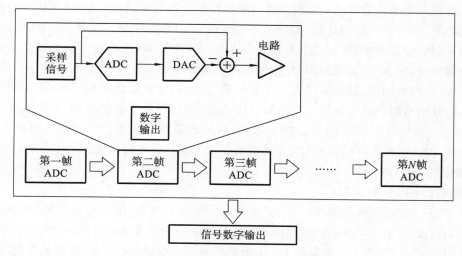

**图 6-28　Pipelined ADC 电路结构图**

产生相应的模拟信号与采样信号做减法，将差值放大后输入下一级的 ADC 中。

　　ADC 的输出时间并不相同，每级依次顺延，所以需要额外的逻辑电路将输出信号同步后再进行输出，这将降低电路的转换速率。但是 Pipelined ADC 的转换速率只与每级子 ADC 的延迟有关，与 ADC 位数无关，因此提高 ADC 精度对速率的影响并不大。Pipelined ADC 更常用于高精度片上高速的应用中，在 16 位分辨率下，其转换速率可达到几百兆赫兹。

　　4. 非线性 ADC

　　1）基于 SAR-ADC 结构

　　基于 SAR-ADC 结构的非线性 ADC 主要由采样-保持模块、DAC 电路、比较器、SAR 控制逻辑和查找表等部分构成。为实现对数关系的转换，较小的输入信号就要分配较小范围的输出码。以一个 8 位的 ADC 为例，它的结构如图 6-29 所示，要量化整个输入范围，得到的输出码数之和则应该等于总输入 $2^{10}$，即 1024 个码对应于 256 个码输出，这就需要内部电路的精度为 10 位。首先，由采样-保持电路对输入信号 $V_{in}$ 进行采样，得到稳定的信号 $V_{S\_H}$，接着比较器在时钟的控制下将 $V_{S\_H}$ 信号依次与 DAC 模块产生的参考电压 $V_{AC}$ 进行比较，控制模块根据传

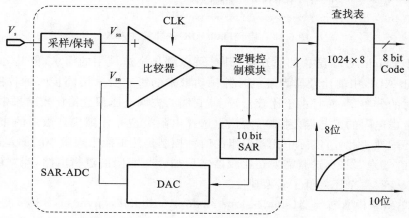

**图 6-29　基于 SAR-ADC 结构的非线性 ADC**

递的比较结果产生数字信号的有效位并进行锁存以便转换完成后统一输出,此时 SAR 逻辑信号反馈到 DAC 进行下一位的比较,如此循环直到输出 10 位数字码。接着,查找表将原始输出码映射到所需的增强码中,所以这里需要一个 $1024 \times 8$ 的 ROM 来存储对应的函数关系,但这种结构的数字电路会增大占用面积,且硬件设计也变得复杂。在该结构中,量化一个输入样本需要消耗 12 个时钟周期,数据采样占用 1 个周期,逐次逼近的量化过程需要 10 个周期,查找表导出最终输出结果仍然要占用 1 个周期。由此可以看出,对于该结构的 $N$ 位 ADC 则需要 $N+4$ 个转换周期,而且随着 ADC 位数的增加,对比较器判断相近信号的能力要求也越来越严苛。此外,对于 SAR-ADC 结构,当分辨率低于 12 位时,成本价格便宜,而要求精度高于 12 位时,价格会变得很高。

2)基于 Flash ADC 结构

基于 Flash ADC 结构的非线性 ADC 主要由低噪声放大器、电阻分压模块、比较器、编码器和查找表组成。图 6-30 所示的是利用该结构实现的一个 6 位非线性 ADC,其工作原理与常规 Flash ADC 的类似,由 2 个电阻和 $2^6-1$ 个比较器构成电路核心,利用比较器组对采样后的输入信号与电阻分压模块得到的一串参考电压并分别进行比较,但这里设置电阻串参考电压的阈值与输入信号的分布范围有关,并非平时的等间隔设置电平。接着,对比较器组得到的温度计码进行编码,转换成所需的数字码格式,如格雷码或二进制码。最后通过查找表为 Flash ADC 的每位输出设置更小的划分,从而进行更精细的量化。

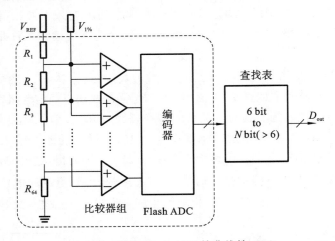

**图 6-30 基于 Flash ADC 的非线性 ADC**

采用基于 Flash ADC 结构的非线性 ADC 可以满足高速应用的需求,但其分辨率不宜增大,因为 Flash ADC 中的比较器为避免时钟抖动带来的影响会采用同步时钟控制,这种方式降低了高速时的分辨率,而且由于比较器较多,它们的失调电压都会给比较结果带来不同程度的偏差。再考虑电阻的工艺误差影响,须慎重选择电阻类型并仔细规划版图的布局布线以提高电阻间的匹配性。此外,实际中比较器组的时钟控制仍然可能出现微小的偏差,导致输出的温度计码存在"气泡"现象,这就需要在比较器之后加入与非门的逻辑电路,当"气泡"较多时,电路设计不仅变得复杂还降低了转换速度。

3)基于单斜率模数转换器(single-slope analog-to-digital converter,SS ADC)结构

应用于高精度低频率需求领域的 SS ADC 不像 Flash ADC 那样可工作于高速应用,但其电路结构十分简单,包括斜坡产生模块、比较模块、计数器和存储单元等,它们之间的信号传输

关系如图 6-31(a)所示,图 6-31(b)以 10 位 SS ADC 为例阐述了其工作过程。当量化开始时,复位信号先对系统数据进行清零。当斜坡信号开始下降时,计数器在使能信号的触发下开始计数,同时比较器将前级电路得到的像素电压与斜坡发生器的输出斜坡开始比较,此处斜坡的输出范围应与像素的输出范围一样。当斜坡的某个台阶电压值大于输入电压值时,连接到比较器输出端的计数器开始停止继续计数,并对转换的数字码锁存放入寄存器中。由此可以看出 SS ADC 中斜坡发生器产生的斜坡斜率和计数器的时钟频率都会影响 A/D 转换的结果,所以对于非线性 ADC 来说,可以通过斜坡斜率的改变产生指数输出再与输入进行比较,最终得到 A/D 转换的对数关系,其转换行为如图 6-32 所示。则该非线性 ADC 的实现核心需要主从斜坡发生器结构来产生非线性斜坡输出,但主从斜坡发生器会用到较多的无源器件,受工艺影响较大且只能产生指数响应,对于不均匀的输入范围并不适用。此外,SS ADC 的转换速度严重依赖于斜坡的产生时间,当输入信号接近 $V_{ramp}$ 信号时,仍需要很长的转换时间,因为即使已经有了比较结果,但斜坡却需完整输出才算一个量化周期完成。

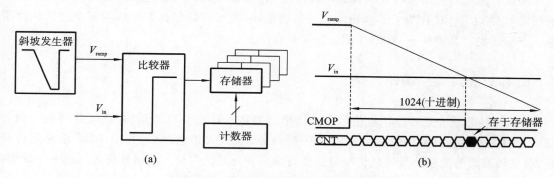

**图 6-31 基于 SS ADC 结构与工作时序**

(a)SS ADC 的结构;(b)10 位 SS ADC 的工作时序

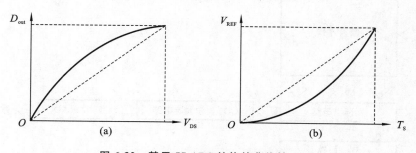

**图 6-32 基于 SS ADC 结构的非线性 ADC**

(a)A/D 转换关系;(b)指数斜坡输出

对于一个 $N$ 位的 SS ADC,计数器计数从 0 至 $2^N$,并控制斜坡产生电路输出斜坡信号(实质是一个 $N$ 位 DAC),将斜坡信号与输入信号进行比较,随着斜坡信号的逐渐增加,当斜坡信号大于输入信号时,比较器发生跳转,控制寄存器保存计数器输出信号,即为 SS ADC 的输出数字码。

从 SS ADC 的工作过程可以看出,对于一个 $N$ 位 SS ADC,需要 $2^N$ 个时钟周期才能完成一次转换,速度远低于其他 ADC 拓扑结构。在精度方面,比较器失调电压及斜坡信号线性度是影响 SS ADC 性能的主要因素。随着 ADC 位数的增加,整个电路所需的转换时间将呈指数增加,又成为制约 ADC 精度的新问题。研究人员提出许多解决办法,如多步斜坡、时间拓展等,这也使得 SS ADC 在高精度低速方面更加适用。

通过比较以上三种非线性模数转换器,可以发现每种结构都存在优势与不足。基于 SAR-ADC 结构的非线性电路虽然具有中等转换速率、高分辨率的优点,但若要应用于列级 CMOS 图像传感器,它的电路面积并不占优势,因为其量化精度主要由产生模拟信号的电容阵列决定,即使电容精度较电阻阵列容易实现,但电容仍必须满足匹配性的要求,所以面积通常设计得比较大。基于 Flash ADC 结构的非线性电路可实现数据高速转换,但随着电路精度的增加,面积和功耗的影响会成为采用此结构的严重弊端,因为 $N$ 位的转换就需要 $2N$ 个电阻和 $2N-1$ 个比较器,而电阻偏差受工艺影响较大,其匹配性很难保证电阻串顶部连接的比较器的延时和底部的延时相同,况且信号输入端连接的比较器组会增大输入电容,导致带宽减小从而影响转换速度。基于 SS ADC 结构的非线性电路因其电路简单、面积小、精度高、功耗低的优势在列并行 CMOS 图像传感器的应用中更为成熟。

图像传感器将光信号转换为计算机软件能够识别的电信号,是连接真实世界与数字世界的桥梁,而片上 ADC 作为 CIS 读出电路的关键模块,其性能好坏又直接影响着最终的成像质量。下面我们对几种片上 ADC 应用进行简单介绍。

### 6.4.2　芯片级 ADC

CIS 中像素感光后产生的电信号由列读出电路进行读取并存储后,列选电路将每一列存储单元内的模拟电信号依次读出,经过同一个 CDS 及放大器电路后,再由 ADC 电路进行转换,最终转换后的数字信号通过传输电路被传输至片外系统以待计算机软件进行进一步处理,如图 6-33 所示。

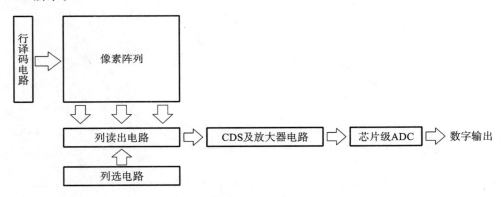

**图 6-33　芯片级 ADC**

采用芯片级 ADC 的 CIS 芯片,其信号不论是在模拟域还是数字域,全部通过同一套读出电路进行处理及读出,有很好的均匀一致性。但是这种结构要求读出电路尤其是 ADC 有很高的速度。如今的成像产品越来越追求高清化,摄像头的分辨率越来越高,这种情况需要帧频达到 30 f/s 或更高才能流畅成像。如果在 CIS 中用芯片级 ADC 对以上信号进行处理,那么 ADC 需要很高的转换速率才能确保数据的完整传输。如果在噪声或精度方面提出进一步要求,则 CIS 芯片的设计将变得十分困难,所以芯片级 ADC 通常应用于早期图像传感器中。

### 6.4.3　列级 ADC

为应对 CIS 对 ADC 越来越高的速度要求,研究人员提出了列级并行 ADC 的概念。在每一列读出电路中集成一个 ADC,所有列并行完成模数转换操作,这极大地降低了 ADC 所需转换速度,其结构如图 6-34 所示。

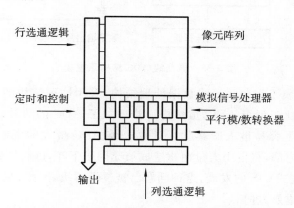

图 6-34　带列级 ADC 的 CMOS 图像传感器示意图

列级 ADC 的结构需要在每一列读出电路中集成一个 ADC,这对电路设计有一定的挑战。当像素变得很小时,ADC 的面积也需要随之减小,在芯片中集成了上万个列级 ADC 的情况下,晶体管失配多少带来均匀一致性的问题。但是因为列级 ADC 在功耗、速度及设计复杂程度方面的优势,它仍是目前 CIS 片上设计所采用的主流选择。

与普通单路 ADC 不同,CIS 片上列级 ADC 是阵列结构,对面积和功耗的要求相当苛刻。为了提高精度,就必须加大电容面积,加大电容即会增加 ADC 面积占比、增加功耗、减慢建立时间,提高比较器精度又会进一步增大功耗。可见,CIS 片上 ADC 设计的核心是在有限的面积内解决 ADC 精度、速度、面积、功耗之间的矛盾。

因为电荷被限制在具体像素以内,所以 CMOS 图像传感器的另一个优点就是它有防光晕特性。在像素位置内产生的电压先是被切换到一个纵列的缓冲区内,然后再被传输到输出放大器中,因此不会发生传输过程中的电荷损耗以及随后的光晕现象。它的不利因素是每个像素中放大器的阈值电压都有细小的差别,这种不均匀性会引起固定图像噪声。然而,随着 CMOS 图像传感器结构设计和制造工艺的不断改进,这种效应已经得到显著弱化。

CMOS 这种多功能的集成化,使得许多以前无法应用图像技术的地方现在也变得可行了,如视觉互动的玩具、分散的安保摄像机、嵌入在显示器和笔记本电脑显示器中的摄像机、带相机的移动电路、指纹识别系统,甚至医学图像上所使用的一次性照相机等,这些都可以为应用开发的设计者所考虑。

### 6.4.4　像素级并行 ADC

像素级并行 ADC 进一步降低了芯片对 ADC 速度的要求,这种结构需要在每一个像素或每几个像素中集成一个 ADC 电路,其结构如图 6-35 所示。

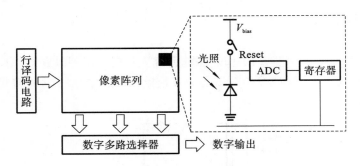

**图 6-35　像素级 ADC 结构示意图**

　　像素级 ADC 结构属于完全并行的数据处理结构,采用这种结构的 CIS 总可以获得很高的速度。除此之外,相比于列级 ADC,虽然进一步增加了 ADC 的数量,但是这种结构带来的均匀一致性问题却更不容易被人眼察觉。对像素级 ADC 最大的限制是其面积的问题,将 ADC 电路集成在像素内部,将占用大量面积造成填充因子下降,进而导致灵敏度降低,带来满阱问题。但是随着堆栈式 CIS 的发展,这种问题已被逐渐解决,因此,在未来的研究中,像素级 ADC 势必成为研究的重要方向。

# 6.5 ‖ CMOS 数字图像信号处理

　　数字成像系统的成像原理如图 6-36 所示,它的工作原理和特性与 CCD 数码相机基本相同。被摄景物经成像物镜成像在 CMOS 的像敏面上。视频信号被 A/D 转换器转换成数字信号,并以数字图像的形式存入存储器。主芯片利用 A/D 转换器得到的数字图像信号进行后续的各类数字图像的处理(如灰度补偿、色彩插值、平滑处理、色彩校正等)。

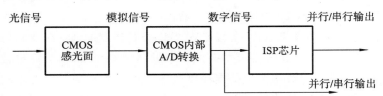

**图 6-36　数字成像系统成像原理图**

　　图像信号处理器(image signal processor,ISP)是专门处理图像信号的处理器,区别于通用数字信号处理器(digital signal processor,DSP),后者的处理的对象不仅仅为图像信号。

　　ISP 一般用来处理图像传感器的输出数据,如做自动曝光控制(AEC)、自动增益控制(AGC)、自动白平衡(AWB)、镜头校正(LSC)、色彩校正、Lens Shading、Gamma 校正、祛除坏点等功能的处理。而 DSP 的功能就比较多了,它可以做拍照及回显(JPEG 的编解码)、录像及回放(Video 的编解码)、H.264 的编解码等方面的处理,总之是处理数字信号。ISP 是一类特殊的处理图像信号的 DSP。

### 6.5.1　图像信号处理进程

如前所述,ISP 负责处理图像传感器输出的原始图像信号,还原出事物真实的画面。ISP 需要做一系列由算法控制的图像处理,包括 AWB、AEC、LSC、Gamma 校正等功能处理。ISP 是构成摄像系统的重要单元,ISP 的发展与图像传感器的发展紧密联系,一般能够和不同厂商的图像传感器匹配,ISP 接口也必须和图像传感器接口兼容。低像素摄像系统设计一般采用并行接口方案,而高像素摄像系统设计一般选用串行 MIPI 接口方案。目前 ISP 分为内置和外置两种,内置 ISP 集成在 CIS 内部,外置 ISP 和传感器相互独立。外置 ISP 处理图像的性能和效果优于内置 ISP,其处理功能更专业并且包含的处理手段更全面。此外,外置 ISP 可以自由选型来搭配所需要的图像传感器,而内置 ISP 已经集成在图像传感器内部,只能使用固定搭配的方案,难以设计出存在差异化的产品。当然,内置 ISP 的方案也存在一定的优势,如价格成本低、开发简单、开发周期短。外置 ISP 的价格一般比较高,原理图设计和 Layout 难度比较大,调试阶段也比较长。而内置 ISP 正好相反,其设计简单、便捷,调试方面也更省时间。下面就具体的 ISP 进程中相关技术进行简单介绍。

1. 自动曝光(automatic exposure,AE)

AE 主要影响图像的明暗程度。不同场景下,光照的强度有着很大的差别,人眼有自适应的能力,因此可以很快调整,使自己感应到合适的亮度。但图像传感器却不具有这种自适应能力,因此必须使用自动曝光功能来确保拍摄的照片获得准确的曝光从而具有合适的亮度。

AE 模块根据自动测光系统获得当前图像的曝光量,再自动配置镜头光圈、CIS 快门及 CIS 增益来获得最佳的图像质量。AE 算法主要分光圈优先、快门优先、增益优先。光圈优先时算法会优先调整光圈到合适的位置,再分配曝光时间和增益,只适合 P-IRIS 镜头,这样能均衡噪声和景深。快门优先时算法会优先分配曝光时间,再分配 CIS 增益和 ISP 增益,这样拍摄的图像噪声会比较小。增益优先时,算法则是优先分配 CIS 增益和 ISP 增益,再分配曝光时间,适合拍摄运动物体的场景。

自动曝光的实现一般包括以下三个步骤。

(1)光强测量　是利用图像的曝光信息来获得当前光照信息的过程。既可以统计图像的全部像素,也可以只对图像中间部分作统计,还可以将图像分成不同部分且每部分赋予不同权重。按照统计方式的不同,统计可分为全局统计、中央权重统计、加权平均统计等。全局统计是指将图像的全部像素都统计进来;中央权重统计是指只统计图像的中间部分,这主要是因为通常情况下图像的主体部分都位于图像的中间部分;加权平均统计是指将图像分为不同的部分,每一部分赋予不同的权重,比如中间部分赋予最大权重,相应的边缘部分则赋予较小的权重,这样统计得到的结果会更加准确。

(2)场景分析　是为了获得当前光照的特殊情况而进行的处理,比如有没有背光照射或者正面强光等场景下。对这些信息的分析可以提升图像传感器的易用性,并且能大幅提高图像的质量,这是自动曝光中最为关键的技术。目前常用的场景分析技术主要有模糊逻辑和人工神经网络算法,这些算法比起固定分区测光算法具有更高的可靠性,主要是因为在模糊规则制定或者神经网络的训练过程中已经考虑了各种不同光照条件。

(3)曝光补偿　控制相应的参数使得曝光调节生效。主要是通过设定曝光时间和曝光增益来实现的。通过光强测量时得到的当前图像的照度和增益值与目标亮度值的比较来获得合适的曝光时间和增益调整量。在实际情况下,相机通常还会采用镜头的光圈/快门系统来增加感光的范围。

此外,在进行曝光和增益调整的过程中,一般都是通过变步长来调整的,这样可以提高调整的速度和精度。在当前曝光量与目标量差别在 range0 以内的时候,说明当前曝光已经满足要求,不再需要进行调整;当差别在 range1 的范围内时,说明当前曝光与要求的光照有差别,但差别不大,只需要用较小的步长来进行调节即可;当差别在 range2 的范围内时,则表明差别较大,需要用较大步长来进行调节。在实现过程中还需要注意算法的收敛性。

2. 自动对焦(automatic focus,AF)

利用物体光反射的原理,由相机上的传感器 CCD 接收反射的光强,计算机处理后,带动电动对焦装置进行自动对焦。AF 多分为二类:一类是主动式;另一类则是被动式。

根据光学知识,景物在传感器上成像最清晰时处于合焦平面上。通过更改 Lens 位置,使得景物在传感器上清晰地成像,是 focus 功能所需完成的任务。focus 分为手动和自动两种模式。自动对焦包含 CONTRAST AF、PD AF 等算法。

AF 算法的基本步骤是先判断图像的模糊程度,通过合适的模糊度评价函数求得采集到的每幅图像的评价值,然后通过搜索算法得到一系列评价值的峰值,获得最佳的对焦点是一个不断积累的过程,它通过比较每一帧图像的对比度从而获得镜头移动范围内最高的评价值点,进而确定对焦距离。最后通过电机驱动将采集设备调节到峰值所在的位置,从而得到最清晰的图像。

对焦评价函数有很多种,它主要考虑的图像因素有图像频率(清晰的图像纹理多,高频分布较多),以及图像的灰度分量的分布(图像对应的灰度图的分量分布范围越大,说明图像的细节较多,反映了图像的清晰程度)。常用的搜索算法有爬山算法,该算法也有一定的局限性,它只适用于图像本身色差较大的情况。搜索窗口有黄金分割点对焦嵌套窗口等。

3. 自动光圈(auto iris)

精确光圈控件 P-IRIS 通过控制 P-IRIS 镜头中的步进电机动态精确地控制光圈大小,主要目的是设置最佳光圈位置,以便大部分镜头中心及成像效果最佳的那部分得到使用,在此位置上光学误差可被大幅度减小,从而改善了图像质量。

P-IRIS 需要与增益和曝光时间相配合来管理光线的微小变化,从而进一步优化图像质量,使最佳光圈位置保留尽可能长的时间。但超过增益和曝光时间的调节能力时,P-IRIS 再调节光圈到不同位置。

P-IRIS 要实现的一个关键条件是需要知道光圈当前的位置情况,可用以下两种方法:

(1)控制光圈采用步进电机,通过计算步进电机走的步数来计算当前位置;

(2)如果控制光圈的是直流电机,那就需要通过 Hall 传感器来检测当下位置。

4. 黑电平校正(black level correction,BLC)

BLC 是用来定义图像数据为 0 时的信号电平。由于暗电流的影响,从传感器出来的实际原始数据并不是我们需要的黑平衡(数据并不为 0)。所以,为减少暗电流对图像信号的影响,可以从已获得的图像信号中减去参考暗电流信号,那么就可以将黑电平矫正过来,如图 6-37 所示。

**图 6-37　黑电平校正**

(a)处理前；(b)处理后

5. 镜头阴影校正(lens shade correction,LSC)

LSC 用于消除图像周边和图片中心的不一致性，包含亮度和色度两方面。ISP 需要借助一次可编程(one time programmable,OTP)存储器中的校准数据完成 LSC 功能。

由于相机在成像距离较远时，随着视场角慢慢增大，能够通过相机镜头的斜光束将慢慢减少，从而使获得的图像中间比较亮，边缘比较暗，这个现象就是光学系统中的渐晕。渐晕现象带来的图像亮度不均会影响后续处理的准确性，因此从图像传感器输出的数字信号必须先经过镜头矫正功能来消除渐晕给图像带来的影响。同时由于对于不同波长的光线透镜的折射率并不相同，因此在图像边缘的 R、G、B 值也会出现偏差，导致色差(chroma aberration)的出现，因此在矫正渐晕的同时也要考虑各个颜色通道的差异性。

常用的镜头矫正的具体实现方法是：首先确定图像中间亮度比较均匀的区域，该区域的像素不需要做矫正；以这个区域为中心，计算出各点由于衰减带来的图像变暗的速度，这样就可以计算出相应 R、G、B 通道的补偿因子(即增益)。实际项目中，可以把镜头对准白色物体，检查图像四周是否有暗角。

镜头阴影有两种表现形式：一种是 Luma shading，指由于镜头通光量从中心向边缘逐渐衰减导致画面边缘亮度变暗的现象；另一种是 Chroma shading，指由于镜头对不同波长的光线折射率不同引起焦平面位置分离导致图像出现伪彩的现象。

除了在镜头设计时通过采用具有相同色散特性而方向相反的不同光学材料组成成对的镜片组等手段来控制色差，在 ISP 过程中也能处理色差。对于横向色差，通常在图像全局上进行校正，将红、绿、蓝三个颜色通道调整到相同的放大倍数，一般通过标定三个颜色通道的增益来进行修正，为了控制标定表格的存储空间，通常只标定 $M \times N$ 个关键点，任意位置处的像素增益可以使用相邻四个标定关键点通过双线性插值的方法动态计算得到。这对于固定的光学镜头比较有效，但是对变焦镜头则难以适用。

6. 坏点校正(defect pixel correction,DPC)

所谓坏点，是指像素阵列中与周围像素点的变化表现出明显不同的像素，因为图像传感器实际是成千上万的 PD 和 MOS 元件工作在一起，因此出现坏点的概率很大。一般来讲，坏点可分为三类：第一类是死点，即一直表现为最暗值的点；第二类是亮点，即一直表现为最亮值的点；第三类是漂移点，是变化规律与周围像素明显不同的像素点。由于图像传感器中 CFA 的应用，每个像素只能得到一种颜色信息，缺失的两种颜色信息需要从周围像素中得到。如果图像中存在坏点的话，那么坏点会随着颜色插补的过程往外扩散，直到影响整幅图像。因此，在颜色插补之前需要进行坏点的消除。

由于传感器是物理器件,所以有坏点是难以避免的,而且使用时间长了坏点会越来越多。通过在全黑环境下观察输出的彩点和亮点,或在白色物体下观察输出的彩点和黑点,就可以看到无规律散落在各处的坏点。

坏点校正有以下几个步骤:

(1) 检测坏点:在 RGB 域上做 $5 \times 5$ 评估,如果某个点和周围的点偏离度超过阈值,则该点为坏点;

(2) 为了防止误判,还需要更复杂的操作,如连续评估 $N$ 帧;

(3) 纠正坏点:对找到的坏点做中值滤波,用获得的值替换原来的值即可。

**7. 颜色空间转换(CSC)**

在图像处理时,经常需要进行颜色空间的转化。例如,ISP 会将 RGB 信号转化为 YUV 信号输出。后者可以较好地进行图像灰度处理。

**8. 视觉识别(VRA)**

用于识别某一特定的景物,如人脸识别、车牌识别。ISP 可通过各种 VRA 算法准确地识别特定的景物。

## 6.5.2 数字图像信号预处理流程

如前所述,可以认为 ISP 是一个 SOC,可以运行各种算法程序,实时处理图像信号。目前,高度集成化的 CMOS 图像传感器已经可以与模拟处理电路、A/D 转换器以及 ISP 电路集成到一个芯片上,称为单芯片 CMOS 摄像机(如豪威的 OV7910 和 OV7410)。

CPU 即中央处理器,可以运行 AF、LSC 等各种图像处理算法,控制外围设备。现代 ISP 内部的 CPU 一般都是 ARM Cortex-A 系列的,如 Cortex-A5、Cortex-A7。

图像传输接口主要分两种,即并口 Parallel 和串口 CSI。CSI 是 MIPI CSI 的简称,鉴于 MIPI CSI 的诸多优点,在手机、车载领域已经广泛使用 MIPI-CSI 接口来传输图像数据和各种自定义数据。外置 ISP 一般包含 MIPI-CSIS 和 MIPI-CSIM 两个接口。内置 ISP 一般用的是并行接口。

通用外围设备指 $I^2C$、SPI、PWM、UART、WATCHDOG 等。ISP 中包含 $I^2C$ 控制器,用于读取 OTP 信息,控制音圈电机(voice coil motor,VCM)等。

一个基本的 ISP 系统的信号处理流程如图 6-38 所示。ISP 处理数据的流程首先是接收传感器端传输过来的 Bayer 图像,经过黑电平补偿(BLC)、镜头矫正(LSC)、坏点矫正(DPC)、颜色插值(demosaic)、Bayer 噪声去除、(NR 自动)白平衡(AWB)矫正、色彩矫正(color correction matrix)、Gamma 矫正、色彩空间转换(RGB 转换为 YUV)等。

**1. 颜色插值**

颜色插值是 ISP 的主要功能之一。CMOS 传感器的像素点上覆盖着彩色滤色矩阵(color filter array,CFA),光线通过 CFA 照射到像素上。CFA 由 R、G、B 三种颜色的遮光罩组成,一个遮光罩只允许一种颜色通过,因此每个像素输出的信号只包含 R、G、B 中的一种颜色信息。传感器输出的这种数据就是 BAYER 数据,即通常所说的 RAW 数据。显而易见,RAW 数据所反映的不是真实的颜色信息。颜色插值就是通过插值算法将每个像素所代表的真实颜色计算出来。

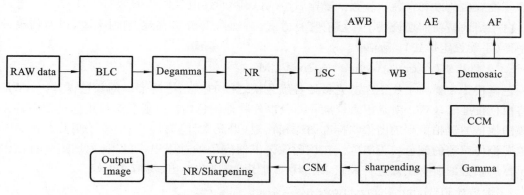

**图 6-38　ISP 信号处理流程**

光线中主要包含三种颜色信息,即 R、G、B。但是由于像素只能感应光的亮度,不能感应光的颜色,所以必须要使用一个滤光层,并使得每个像素点只能感应到一种颜色的光。

经过滤色板的作用之后,每个像素点只能感应到一种颜色。必须要找到办法来复原该像素点其他两个通道的信息,寻找该点另外两个通道的值的过程就是颜色插值的过程。由于图像是连续变化的,因此一个像素点的 R、G、B 的值应该是与周围的像素点相联系的,因此可以利用其周围像素点的值来获得该点其他两个通道的值。目前最常用的插值算法是利用该像素点周围像素的平均值来计算该点的插补值。

颜色插值算法的主要难点在于,RAW 域的任何一个像点只包含一个真实的采样值,而构成像素(R,G,B)的其他两个值需要从周围像点中预测得到。既然是预测,就一定会发生预测不准的情况,这是不可避免的,而预测不准会带来多种负面影响,包括拉链效应、边缘模糊、颜色误差等。由于彩色插值"推测式"算法,R+B 时最容易推测出来的就是洋红,也就是拍照时紫边的主色。

2. 自动白平衡(automatic white balance,AWB)

白平衡与色温相关,用于衡量图像的色彩真实性和准确性。ISP 需要实现 AWB 功能,力求在各种复杂场景下都能精确地还原物体本来的颜色。

人类视觉系统具有颜色恒常性的特点。实际生活中,不论是晴天、阴天、室内白炽灯或日光灯下,人们所看到的白色物体总是白色的,这就是视觉修正的结果。人脑对物体的颜色有一定先验知识,可识别物体并且更正这种色差。因此,人类对事物的观察可以不受光源颜色的影响。

但是图像传感器本身并不具有这种颜色恒常性的特点,获取的图像容易受到光源颜色的影响。如白炽灯照明下拍出的照片偏黄,而在户外日光充足时拍摄出来景物则偏蓝。因此,在不同光线下拍摄到的图像会受到光源颜色的影响而发生变化,而为了消除光源颜色对于图像传感器成像的影响,自动白平衡功能模拟了人类视觉系统的颜色恒常性特点,对不同色温光线条件下的白色物体,CIS 的输出都转换为接近白色。它会通过摄像机内部的电路调整,改变蓝、绿、红三个通道电平的平衡关系,使反射到镜头里的光线都呈现为消色。如果以偏红的色光来调整白平衡,那么该色光的影像就为消色,而其他色彩的景物就会偏蓝(补色关系)。

比较常用的 AWB 算法有灰度世界算法、完美反射法等。灰度世界算法基于的假设是:平均来看,世界是灰色的。完美反射法基于的假设是:白色是反射率最高的颜色,直方图上 RGB 响应最右边的部分就代表着白色的响应,所以把直方图拉齐了也就实现了白平衡。但是,如果图像里没有白色或者存在比较强的噪声,这个方法就不好用了。

白平衡调整在前期设备上一般有三种方式:自动白平衡、分档设定白平衡,以及精确设定白平衡(手动设定模式)。

3. 色彩校正(color correction matrix,CCM)

色彩校正主要为了校正在滤光板处各颜色块之间的颜色渗透带来的颜色误差。AWB 已经将白色校准了,CCM 就是用来校准除白色以外其他颜色的。一般色彩校正的过程是首先利用该图像传感器拍摄到的图像与标准图像相比较,以此来计算得到一个校正矩阵。该矩阵就是该图像传感器的颜色校正矩阵。在该图像传感器应用的过程中,可以利用该矩阵对该图像传感器所拍摄的所有图像进行校正,让色彩贴近现实、细节突出、清晰度更好。

4. 伽玛校正(Gamma correction)

传感器对光线的响应和人眼对光线的响应是不同的,人眼对暗部细节比 CIS 敏感,伽玛校正使得图像看起来符合人眼的特性。

对于输入信号的发光灰度,不是线性函数,而是指数函数,为了不使画面失真要先进行校正,这就是伽玛校正。

但实际情况是,即便显示是线性的,伽玛校正依然是必须的,因为人类视觉系统对于亮度的响应大致成对数关系,而非线性的。人类视觉对低亮度变化的感觉比对高亮度变化的感觉来得敏锐,当光强度小于 1 lx 时,常人的视觉敏锐度会提高 100 倍。

校正过程就是对图像的伽玛曲线进行编辑,检出图像信号中的深色部分和浅色部分,并进一步使两者比例增大,从而提高图像对比度效果,增加更多的暗部色阶,以对图像进行非线性色调编辑。

Gamma 曲线是一种特殊的色调曲线,当 Gamma 值等于 1 的时候,曲线为与坐标轴成 45°的直线,表示输入和输出密度相同。高于 1 的 Gamma 值将会造成输出亮化,低于 1 的 Gamma 值将会造成输出暗化。总之,我们的要求是输入和输出比率尽可能地接近于 1。一般情况下,当用于 Gamma 矫正的值大于 1 时,图像的高光部分被压缩而暗调部分被扩展;当 Gamma 矫正的值小于 1 时,图像的高光部分被扩展而暗调部分被压缩,如图 6-39 所示。Gamma 矫正一般用于平滑地扩展暗调的细节。而人眼是按照 gamma 矫正的值小于 1 的曲线对输入图像进行处理的。

(a)                                         (b)

**图 6-39　Gamma 校正**

(a)原图;(b)经过 Gamma=1/2.2 校正后的结果

现在常用的伽玛校正是利用查表法来实现的,即首先根据一个伽玛值,将不同亮度范围的理想输出值在查找表中设定好,在处理图像时,只需要根据输入的亮度,即可以得到其理想的输出值。在进行伽玛校正的同时,可以在一定范围抑制图像较暗部分的噪声值,并提高图像的对比度。还可以实现图像显示精度的调整,比如从 10 位精度至 8 位精度的调整。

5. 色彩空间变换(color space conversion,CSC)

传感器输出的 Raw data 是 RGB,但是有的处理在 YUV 上更方便,且 YUV 在存储和传输时更省带宽。YUV 是一种基本色彩空间。由于人眼对亮度改变的敏感性远比对色彩改变的大得多,因此对于人眼而言,亮度分量 Y 要比色度分量 U、V 重要得多。

在 YUV 家族中,有 YUV444、YUV422、YUV420 等格式,这些格式有些比原始 RGB 图像格式所需的内存要小很多,且亮度分量和色度分量分别存储之后,会给视频编码压缩图像带来一定好处,在 YUV 色彩空间上进行彩色噪声去除、边缘增强、后续输出转换为 jpeg 图片也会更方便。

YCbCr 在计算机系统中应用很广泛,JPEG、MPEG 均采用此格式。一般人们所讲的 YUV 大多是指 YCbCr,它其实是 YUV 经过缩放和偏移的改动版,其中 Y 表示亮度,Cr、Cb 表示色彩的色差。

6. 宽动态范围(wide dynamic range,WDR)

自然界中的光强度很宽,而人眼对高亮、极暗环境中的细节分辨能力相对较窄,摄像头的记录范围则更窄,高动态范围(high dynamic range,HDR)技术就是记录视觉范围内高亮、极暗环境中的细节分辨率。

动态范围是指摄像机支持的最大输出信号和最小输出信号的比值,或者说图像最亮部分与最暗部分的灰度比值。普通摄像机的动态范围一般在 1∶1000(60 dB)左右,而宽动态范围摄像机的动态范围能达到 1∶1800～1∶5600(65～75 dB)。宽动态技术主要用于解决摄像机在宽动态场景中采集的图像出现亮区域过曝而暗区域曝光不够的现象。简而言之,宽动态技术可以使场景中特别亮的区域和特别暗的区域在最终成像中同时看清楚。

为保证人眼看到的和显示器或者摄像头采集的图像的亮度范围相差无几,甚至更好,有时需要通过色调映射(tone mapping)来将暗处和亮处细节再现,这是纯粹为了视觉感受而进行的处理,并非真正的 HDR。

摄像机拍摄室外场景时,夏天晴朗的午后照度可以达到 100000～200000 lx,理论上拍摄这种场景需要提供高达 5000∶1 的动态范围,摄像机则需要使用至少 13 位的数据才能表示 5000∶1 的动态范围。由于数据在处理环节经常涉及除法、开方、指数等浮点运算,所以还需要预留若干个小数位以保持浮点精度,4 位二进制小数可以提供 0.0625 精度,8 位二进制小数可以提供 0.0039 精度,主流 ISP 方案中通常使用 20 位数据。

当图像在显示设备上输出时,普通的低动态范围(low dynamic range,LDR)显示器只能提供 256 级灰度,按数量级是 100∶1 的动态范围。符合 HDR10 标准的显示器可以提供 1000∶1 的动态范围,已经可以较好地还原自然场景的动态。如果此时摄像机的适配输出设备是 LDR 显示器,则该摄像机的 ISP 内部需要完成从 1000∶1 到 100∶1 的动态范围压缩。

当 WDR 模块完成多帧合成(frame stitch)后,接下来就需要对数据位宽进行压缩以节约计算资源。较合理的做法是采取逐级压缩的策略,比如在 WDR 模块先压缩到 12 位精度,经过 CCM、Gamma 等颜色处理后再进一步压缩到 10 位精度,经过 CSC 模块后进行最后一次压缩得到最终的 8 位精度输出。

从 16/20 位精度压缩到 12 位精度的过程称为色调映射,这一步骤的目的是调整图像的动态范围,将 HDR 图像映射到 LDR 图像,并尽量保证图像细节不损失,使得图像显示出更多的信息。动态范围控制(dynamic range control,DRC)模块是一个基于人眼视觉系统特性的高级多空间动态范围压缩模块。

7. 锐化(sharp)

CMOS 输入的图像将引入随机噪声、量化噪声、固定模式噪声等各种噪声,ISP 降噪处理的同时,也会不可避免地将一些图像细节给消除了,导致图像不够清晰。为了减少降噪过程中对图像细节的损失,需要对图像进行锐化处理,通过滤波器获取图像的高频分量,按照一定的比例将高频部分和原图进行加权求和以获取锐化后的图像,还原图像的相关细节。

8. 串扰(crosstalk)

串扰是由于两条信号线间的耦合、互感和互容引起线上的噪声,主要包括以下三种类型。

(1)频谱串扰。由 RGB 频谱的串扰造成,比如彩色滤镜 R 会有部分 G、B 的能量通过。彩色滤镜的通带太宽的话会增大频谱干扰,频谱干扰是不可避免的。

(2)电气串扰。不同像素的电子阱由于储存了过多的电荷而溢出到邻近的电子阱中的现象。与电子阱的容限有关,电子阱越深,容限越高,但是容限过高就会引起空间串扰。三星的 Isocell 技术在像素之间引入绝缘层减少了此项串扰。

(3)空间串扰。由于光线角度的问题,本该照射到 R 像素的光进入了相邻像素单元或其他区域的现象。随着单位面积像素数的增加,像素之间的间距太小,在没有隔离层的情况下,传感器边缘像素空间的串扰即会加剧。

上述串扰导致的结果都是图像在对角线上相邻两个像素的 GR 和 GB 值差异较大而产生不平滑的纹理状。

9. 去假彩(anti false color)

假彩是指在一幅影像中使用与全彩不同的颜色描述一项物体。

真彩色(true color)是指在组成一幅彩色图像的每个像素值中,有 R、G、B 三个基色分量,每个基色分量直接决定显示设备的基色强度产生彩色。

伪彩色(pseudo color)是指每个像素的颜色不是由每个基色分量的数值直接决定,而是把像素值当作颜色查找表(color look-up table,CLUT)的表项入口地址,去查找一个显示图像时使用的 R、G、B 强度值,再用查找出的 R、G、B 强度值合成产生彩色。

假彩色(false color)是指将多波段单色影像合成为假彩色影像。

从实现技术上讲,假彩色与真彩色是一致的,都是 R、G、B 分量组合显示,而伪彩色显示调用的是颜色表。

10. 耀斑补偿(stray light offset)

由镜片的表面反射或镜筒、反光镜组的内面所引起的反射光,到达靶面后造成画面整体或一部分产生了雾蒙,降低了图像的鲜锐度。镜片的镀膜及内面防反射处理的加强,虽然可以大幅度地减少光斑,但被摄体的状况并不相同,不可能完全消除。耀斑补偿实例如图 6-40 所示。

因此,相机内通常设计成黑色的,且其内侧都被设成粗糙的表面,其目的就是为了减小耀斑。耀斑修正一般采取做直方图的方式,然后每阶的亮度都往下降,但是这样是否会影响颜色呢?因此,耀斑修正一定要在亮度区间去做,不能在 RGB 区间做。

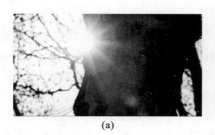 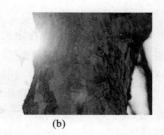

(a)　　　　　　　　　　　　(b)

图 6-40　耀斑补偿技术

（a）补偿前；（b）补偿后

11. 其他

（1）局部对比度增强：Local contrast enhancement algorithm。

（2）抗频闪：AntiFlicker。

（3）去雾：AntiFog。

（4）去雨：AntiRain。

（5）丢帧策略：LostFrameStrategy。

（6）色调色饱和度控制：单独针对 Hue、Saturation、Contrast、Brightness 各图像分量进行调节。

（7）直方图均衡化：重新分布图片的亮度，使图片的亮度分布更加均匀。

（8）图像格式转换：Data formatter。

（9）写 DMA：DMA writer controller。

# 6.6 ‖ CMOS 图像传感器接口技术

## 6.6.1　CCD 相机数字信号输出接口形式

图像信号处理的相关设备众多，传统的图像信号输入/输出采取图像处理板卡的形式，依照板卡的功能可划分为单纯功能的图像采集卡和集成图像处理功能的采集卡。单纯功能的采集卡主要完成对视频信号流的 A/D 转化和传输功能，而集成图像处理功能的采集卡还可在板卡上对采集到的图像做一定处理，如增益、滤波、调色等。

随着视觉技术的发展，模拟采集卡已被逐渐淘汰，数字图像采集卡是目前市场的主流产品。下面将简单介绍一下数字信号的接口类型。

1. GIGE 千兆网接口

千兆网协议稳定，该接口的工业相机是近几年市场应用的重点，它使用方便，连接到千兆网卡上即能正常工作。

在千兆网卡的属性中，也有与 1394 中的 Packet Size 类似的巨帧。设置好此参数，可以达到更理想的效果。

该接口的优点是：传输距离远（可传输 100 m），可多台设备同时使用，CPU 占用率小。

2. 基于 USB 的计算机接口

USB 2.0 接口是最早应用的数字接口之一，该接口开发周期短，成本低廉，是目前最为普遍的接口类型。其缺点是传输速率较慢，理论速度只有 480 Mb/s(60 MB/s)；传输距离近，信号容易衰减；在传输过程中 CPU 参与管理，占用及消耗资源较大；接口较不稳定，相机通常没有固定螺丝，在经常运动的设备上可能会有松动的危险。

USB 3.0 接口在 USB 2.0 接口的基础上新增了两组数据总线，为了保证向下兼容，USB 3.0 接口保留了 USB 2.0 接口的一组传输总线，其传输速度较快，理论速度是 USB2.0 接口的 10 倍，达到 4.80 Gb/s(600 MB/s)。在传输协议方面，USB 3.0 接口除了支持传统的 BOT 协议，还新增了 USB Attached SCSI Protocol(USAP)，可以完全发挥出 5 Gb/s 的高速带宽优势。由于总线标准是近几年才发布的，所以协议的稳定性和传输距离问题依然没有得到解决。

3. Camera Link 接口

Camera Link 标准由美国国家半导体公司(National Semiconductor, NS)的 Channel Link 技术发展而来，Channel Link 技术使用低摆幅差分电压技术，有助于降低噪声，同时使传输线缆数量缩减。现阶段，Channel Link 技术可实现传输速率 2.38 Gb/s。Camera Link 采用多路 Channel Link 信号，信号包含相机图像数据信号、时钟信号外，还包含用于实现相机控制的信号和与图像采集卡通信的串行信号。Camera Link 的接口配置包括：Base Configuration、Medium Configuration、Full Configuration 和 Deca Configuration（又称 Full Plus Configuration）。

Camera Link 接口的传输速度快，是目前工业相机中最快的一种总线类型，一般用于高分辨率、高速面阵相机或线阵相机。其缺点是传输距离较近，可传输距离仅为 10 m，且不能便携导致成本过高。

4. 1394 火线

1394 接口在工业领域中应用非常广泛，其协议、编码方式都非常不错，传输速度也比较稳定。

1394 接口，特别是 1394B 口，都有坚固的螺丝。1394 接口不太方便的地方是其未能普及，计算机上通常不包含该接口，因此需要额外的采集卡。它的传输距离近，仅为 4.5 m，占用 CPU 资源少，可多台设备同时使用，但由于接口的普及率不高，已慢慢被市场淘汰。

表 6-3 所示的为各种 CCD 数字相机接口的特点比较，选择时可结合使用场合进行具体分析。

表 6-3　常用 CCD 数字相机接口的特点比较

| 数字信号选项 | 1394火线 | Camera Link | USB 2.0 | USB 3.0 | 千兆以太网 |
|---|---|---|---|---|---|
| 图片 | | | | | |
| 数据传输速率 | 800 Mb/s | 3.6 Gb/s(全配置) | 480 Mb/s | 5 Gb/s | 1000 Mb/s |
| 设备 | 多达63个 | 11 | 多达127个 | 多达127个 | 无线 |
| 捕获委员会 | 可选的 | 需要 | 可选的 | 可选的 | 不需要 |
| 功率 | I选的 | 需要 | 可选的 | 可选的 | 必需(PoE可选) |

### 6.6.2　CMOS 数码相机的输出接口类型

现代 CMOS 图像传感器的输出接口主要有 DVP 和 MIPI 两种类型。

DVP 接口是指并行接口,它以并行方式输出图像数据。如图 6-41 所示,并行接口输出的图像信号有像素时钟(PCLK)、行信号(HSYNC)、场信号(VSYNC)、像素数据(DATA 信号)。由于并行信号的时延问题,采集信号容易出现不同步,因而并行接口传输时速度就受到了限制,一般不超过 PCLK 的最大速率,再快就会影响信号完整行问题,且其走线长度不能太长。

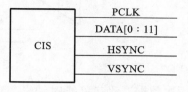

图 6-41　DVP 接口

DVP 接口的输出原理如图 6-42 所示,在一个像素时钟的上升沿,输出一个 12 位像素(位数由并行输出总线决定)。传输的像素分辨率越高,成像效果越好,但是信号线之间更容易发生时延,会造成图像偏色、失真等现象。

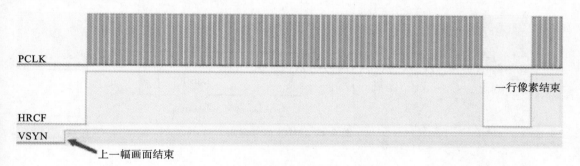

图 6-42　DVP 接口的输出示例

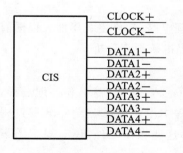

图 6-43　串行 MIPI 输出

MIPI 是由 MIPI 联盟发起的一种行业规范,其目的是使各个模块的接口标准化,从而减少设计的难度,增加灵活性。CSI(camera serial interface)是 MIPI 联盟推出的摄像头工作组的接口标准,如图 6-43 所示,最少要使用 1Lane 图像数据通道和 1Lane 时钟通道,最多使用 4Lane 图像数据通道和 1Lane 时钟通道,每数据通道可以提供高达 1 Gb/s 的传输速率。

MIPI 使用 LVDS 信号传输,其基本模型如图 6-44 所示。使用 350 mV 的低摆幅电压,其驱动需要一个 3.5 mA 的恒流源,信号在其差分线对上传输,速率高达每秒几百兆比特,加上低压幅和低电流驱动,实现输出的低功耗和低噪声。

工作原理:用一对信号线来表示一个信号,用两个信号线的差来表示信号状态。当 $P=1$、$N=0$ 时,表示信号 1;当 $P=0$、$N=1$ 时,表示信号 0。一组差分信号线称为 1Lane。使用差分信号既能提高时钟频率,又能使差分信号线上的时钟信号或数据的质量提高,使得抗干扰能力提高,特别是应对差模干扰的能力提高。

其采集信号可以在一个时钟上升沿和下降沿,如图 6-45 所示。而且一个时钟周期可以采

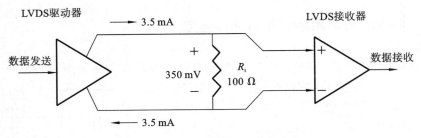

**图 6-44　LVDS 信号传输基本模型**

集两次数据。比起单线时钟采集的方式,相同频率下其传输速率增大了一倍,EMC 性能更优异。

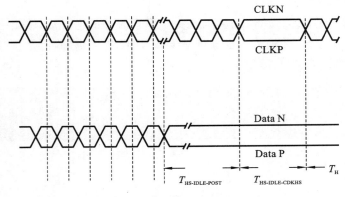

**图 6-45　MIPI 信号采集**

### 6.6.3　图像信号处理噪声分析

用图像传感器进行成像时,从传感器片上到外部信号处理电路,噪声逐级累加。根据前面介绍的噪声分析方法,我们也可以对 CCD 和 CMOS 成像过程进行噪声分析。

1. CCD 成像过程的噪声

对于 CCD 成像过程来说,噪声主要来自片上的信号电荷注入、转移、输出和处理过程,分别对应注入噪声、转移噪声和输出噪声。在信号电荷注入过程中主要是散粒噪声,转移过程中主要是界面态的俘获噪声,输出过程中主要是复位噪声。除这些噪声之外,还有固定图案噪声、暗电流噪声和高频噪声等。

CCD 输出信号除了这些较为主要的噪声的针对性措施之外,还有一些同时减弱多种噪声的方法。高频噪声主要来源于驱动脉冲的高频分量,它在 CCD 像素输出电信号时被耦合进去,还有开关打开时的尖峰脉冲,可以使用芯片补偿电路,将采样信号和补偿信号送入低通滤波器,滤去高频噪声和宽带白噪声;而前面章节详细介绍的相关双采样技术,也可以滤去较多的闪烁噪声和复位噪声。

2. CMOS 成像过程的噪声

在 CMOS 成像过程中,噪声会影响信号的质量。如图 6-46 所示,噪声种类主要包括时间噪声、环境噪声、模式噪声等。时间噪声(随机噪声)产生是因为自身的物理特性,主要是由

CMOS 传感器的半导体生产工艺决定的,以及片上或片外光电信号处理电路各处所产生的噪声。空间噪声(模式噪声)产生是因为空间电磁辐射干扰或者环境温度变化。我们可以控制环境噪声,在 PCB 设计中加入防止电磁干扰的各种措施,使图像传感器输出达到较高信噪比,保证输出信号的质量。

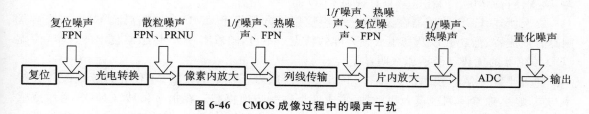

图 6-46  CMOS 成像过程中的噪声干扰

### 6.6.4  CCD 和 CMOS 图像处理技术总结

CCD 与 CMOS 传感器是被普遍采用的两种图像传感器,两者都是利用光电转换将光学图像转换为数字图像数据,其主要的差异是像素数据传送的方式不同。

在 CCD 传感器中,每一行中每一个像素的电荷数据都会依次传送到下一个像素中,由最底端那部分输出,再经由传感器边缘的放大器进行放大输出。而在 CMOS 传感器中,每个像素都会邻接一个放大器甚至 A/D 转换电路(像素级 A/D 转换器),用类似内存电路的方式将数据输出。

造成这种差异的原因在于,CCD 的特殊工艺可保证数据在传送时不会失真,因此各个像素的数据可汇聚至边缘再进行放大处理;而 CMOS 工艺的数据在传送距离较长时会产生噪声,因此必须先放大,再整合各个像素的数据。

由于数据传送方式不同,CCD 和 CMOS 传感器在效能与应用上也有诸多差异,这些差异主要包括以下方面。

(1) 灵敏度差异:CMOS 传感器的每个像素由四个晶体管与一个感光二极管构成(含放大器与 A/D 转换电路),使得每个像素的感光区域远小于像素本身的表面积,因此在像素尺寸相同的情况下,CMOS 传感器的灵敏度要低于 CCD 传感器的灵敏度。

(2) 成本差异:CMOS 传感器采用半导体电路最常用的 CMOS 工艺,可以轻易地将周边电路(如 AGC、CDS、驱动时序、DSP 等)集成到传感器芯片中,因此可以节省外围芯片的成本;除此之外,由于 CCD 采用电荷传递的方式传送数据,只要其中有一个像素不能运行,就会导致一整排的数据不能传送,因此控制 CCD 传感器的成品率比 CMOS 传感器困难许多,即使有经验的厂商也很难在产品问世的半年内突破 50% 的水平,导致 CCD 传感器的制作成本会高于 CMOS 传感器的制作成本。

(3) 分辨率差异:CMOS 传感器的每个像素都比 CCD 传感器的复杂,其像素尺寸很难达到 CCD 传感器的水平,因此,当比较相同尺寸的 CCD 传感器与 CMOS 传感器时,CCD 传感器的分辨率通常会优于 CMOS 传感器的水平。

(4) 噪声差异:由于 CMOS 传感器的每个感光二极管都需搭配一个放大器,而放大器属于模拟电路,很难让每个放大器所得到的结果保持一致,因此与只有一个放大器放在芯片边缘的 CCD 传感器相比,CMOS 传感器的噪声就会增加很多,影响图像品质。

(5) 功耗差异:CMOS 传感器的图像采集方式为主动式,感光二极管所产生的电荷会直接由晶体管放大输出,但 CCD 传感器的图像采集为被动式,需外加电压让每个像素中的电荷移动,而此外加电压通常需要达到 $12\sim18$ V,因此,CCD 传感器除了在电源管理电路设计上的难度更高之外(需外加 power IC),高驱动电压更使其功耗远高于 CMOS 传感器的水平。CMOS 的优势就是非常省电,CMOS 电路几乎没有静态电量消耗,只在电路接通时才有电量的消耗,这就使得 CMOS 的耗电量只有普通 CCD 的 $1/3$ 左右。

综上所述,CCD 传感器在灵敏度、噪声控制等方面优于 CMOS 传感器,而 CMOS 传感器则具有低成本、低功耗以及高集成整合度的特点。不过,随着 CMOS 传感器技术的进步,传统 CCD 传感器的优势已经不那么明显。

随着半导体制造技术的进步,CMOS 传感器取得了长足的发展,不仅在持续地改善分辨率与灵敏度,像素阵列规模大幅增加,集成度也进一步地提高。在很多领域,CMOS 图像传感器已经占据越来越多的高端市场。人们已经成功地将图像传感器、模数转换电路、图像处理电路等模块集成在一块 CMOS 图像传感器芯片上,从而达到低功耗、高性能、高集成度和高可靠性,并且开始突破原来成像质量差的缺点。近年来 SOC(system on chip,SOC)技术的发展使 CMOS 图像传感器在集成度上的优越性越来越明显地体现出来。

# 思 考 题

6-1 CCD 与 CMOS 在信号预处理电路上有什么区别?

6-2 为什么要在 CMOS 的正面或背面制作微透镜?

6-3 采用 Bayer 滤色器实现的单片彩色 CMOS 有什么优点?

6-4 描述 CMOS 数字图像处理器中处理的主要参数有哪些?有什么意义?

6-5 在 CMOS 图像传感器中的像敏单元信号是通过什么方式传输出去的?

6-6 为什么 CMOS 图像传感器要采用线性-对数输出技术?有什么优点?

6-7 填充因子是什么?提高填充因子的方法有哪几种?

6-8 在线阵 CCD 的 A/D 数据采集中为什么要用 Fc 和 SP 做同步信号?其中 Fc 的作用是什么?

6-9 CCD 视频信号二值化处理有哪些方法?各有什么特点?

# 参考文献

[1]  安毓英,曾晓东,冯喆珺.光电探测与信号处理[M].北京:科学出版社,2010.

[2]  王庆有.光电技术[M].3 版.北京:电子工业出版社,2013.

[3]  刘泉,江雪梅.信号与系统[M].北京:高等教育出版社,2006.

[4]  江文杰.光电技术[M].2 版.北京:科学出版社,2014.

[5]  王庆有.图像传感器应用技术[M].北京:电子工业出版社,2013.

[6]  罗昕.CMOS 图像传感器集成电路[M].北京:电子工业出版社,2014.

[7]  Willy M C S.模拟集成电路设计精粹[M].北京:清华大学出版社,2008.

[8]  毕查德·拉扎维.模拟 CMOS 集成电路设计[M].西安:西安交通大学出版社,2003.

[9]  孙军强."信息光电子学"课程讲义.

[10]  轩建平."工程测试技术"课程 PPT.

[11]  余黎静,唐利斌,杨文运,等.非制冷红外探测器研究进展(特邀)[J].红外与激光工程,
     2021,50(01):71-85.

[12]  王艺潼.紫外硅雪崩光电探测器的研究[D].北京:北京邮电大学,2021.

[13]  尤立星.超导纳米线单光子探测现状与展望[J].红外与激光工程,2018,47(12):9-14.

[14]  李亮,皮乐晶,李会巧,等.二维半导体光电探测器:发展、机遇和挑战[J].科学通报,
     2017,62(27):3134-3153.

[15]  王宏磊,吕文珍,唐星星,等.二维钙钛矿材料及其在光电器件中的应用[J].化学进展,
     2017,29(08):859-869.

[16]  袁振洲,刘丹敏,田楠,等.二维黑磷的结构、制备和性能[J].化学学报,2016,74(06):
     488-497.

[17]  张玮,杨景发,闫其庚.硅光电池特性的实验研究[J].实验技术与管理,2009,(9):
     42-46.

[18]  巩国豪.有机光电探测器底电极制备及探测器性能研究[D].成都:电子科技大
     学,2021.

[19]  荣恒.有机光电探测器封装保护层研究[D].成都:电子科技大学,2021.

[20]  李凌亮.新型光电探测器的制备与机理研究[D].北京:北京交通大学,2018.

[21]  王苹.光探测器与光接收机的 OEIC 电路级模拟[D].合肥:合肥工业大学,2005.

[22]  韩孟序,齐利芳,尹顺政.InGaAs/InP 台面型 pin 高速光电探测器[J].微纳电子技术,

2021,58(03):196-200.

[23] 梅文丽.PIN 光探测器等效模型设计及参数优化[D].北京:北京邮电大学,2008.

[24] 徐智霞,于盼盼,高建军.基于微波 S 参数测试的 PIN 光探测器小信号等效电路模型的参数提取[J].南通大学学报(自然科学版),2016,15(03):1-5.

[25] 杨梅,周强,赵钢.自适应遗传算法提取 pin 光探测器小信号模型参数的研究[J].半导体光电,2014,35(02):245-247.

[26] 赵军.光电探测器等效电路模型和实验研究[D].重庆:重庆大学,2015.

[27] 许文彪.光探测器等效电路模型的建立与参数提取[D].成都:电子科技大学,2011.

[28] 于帅.基于 CMOS 图像传感器的高速相机成像电路设计与研究[D].上海:中国科学院研究生院(上海技术物理研究所),2014.

[29] 陈学飞.面阵 CCD 成像系统外围电路设计[D].西安:中国科学院研究生院(西安光学精密机械研究所),2007.

[30] 邹义平.CMOS 图像传感器的图像降噪技术的研究[D].北京:北京邮电大学,2009.

[31] 潘银松.像素级 CMOS 数字图像传感器的研究[D].重庆:重庆大学,2005.

[32] 庄浩宇.高速高精度 CCD 模拟前端电路的研究[D].西安:西安电子科技大学,2017.

[33] 马思扬.1.25 Gbps 光接收机中限幅放大器的设计与实现[D].北京:中国科学院大学(中国科学院大学人工智能学院),2020.

[34] 刘芳园.基于 CMS 的低噪声图像传感器读出电路的设计与研究[D].长春:吉林大学,2020.

[35] 王超.宽动态范围、低噪声 CMOS 图像传感器读出电路设计[D].长沙:长沙理工大学,2018.

[36] 胡国永.基于 LED 的可见光无线通信关键技术研究[D].广州:暨南大学,2007.

[37] 黄子轩.用于光电传感器的高性能 CMOS 跨阻放大器研究[D].西安:西安电子科技大学,2021.

[38] 叶嘉雄、常大定、陈汝钧.光电系统与信号处理[D].北京:科学出版社,1997.

[39] 何兆湘.光电信号处理[M].武汉:华中科技大学出版社,2008 年.

[40] 康华光.电子技术基础 模拟部分[M].6 版.北京:高等教育出版社,2013.

[41] 龚思夏.基于 APD 的光子计数成像系统研究与设计[D].南京:南京理工大学,2011.

[42] 陈青.基于 GHz 门控的单光子差分探测电路设计[D].南京:东南大学,2020.

[43] 轩建平."工程测试技术"课程 PPT.

[44] 翟培卓, 薛松柏, 陈涛,焊缝跟踪过程传感与信号处理技术的研究进展[J].材料导报,2019,33(4):1079-1088.

[45] 康华光,秦臻,张林.电子技术基础 数字部分[M].6 版.北京:高等教育出版社,2014.

[46] 张志伟、曾光宇,张存林,等.光电检测技术[M].3 版.北京:清华大学出版社,北京交通大学出版社,2014.

[47] 杨素行.模拟电子基础简明教程[M].3 版.北京:高等教育出版社,2005.

[48] 李纪桐,面向 CMOS 图像传感器的模数转换器设计研究[D].大连:大连理工大学,2021.

[49] 崔炳哲,樊友民.光集成器件[M].北京:科学出版社,1990.

[50] 小林功郎.光集成器件[M].北京:科学出版社,2002.

［51］　冯佩珍.光集成技术概述［J］,光通信研究,1989,(3):48-56.

［52］　龚清萍,许宇.地图投影在无人机航运规划中的应用［J］.航空电子技术,2009,40(02):48-52.

［53］　庄浩宇,高速高精度 CCD 模拟前端电路的研究［D］.西安:西安电子科技大学,2017.

［54］　颜学龙,郭建峰.光电二极管型 CMOS 有源图像传感器读出电路设计验证［J］.仪器仪表学报,2007,28(10):565.

［55］　张林,林寅,胡学友,等,基于 CDS 技术的 CCD 噪声信号处理［J］.半导体光电,2007,28(2):265-267＋272.

［56］　李洪波,胡炳梁,余璐,等.基于类对比度的 CCD 相关双采样自适应技术［J］.红外与激光工程,2018,47(03):256-262.

［57］　王亚杰.用于 CMOS 图像传感器的像素级模/数转换器的研究［D］.天津:天津大学,2006.

［58］　秦良.非致冷红外、焦平面阵列读出电路的设计研究［D］.成都:电子科技大学,2006.

［59］　刘雄.用于阵列传感信号采样的高精度采样及 VGA 一体化技术研究［D］.西安:西安电子科技大学,2014.

［60］　汪震东.CMOS 可变增益放大器的研究和设计［D］.武汉:华中科技大学,2012.

［61］　藏范军.CMOS 图像传感器高速 LVDS 收发器 IP 核设计［D］.长春:吉林大学,2018.

［62］　魏聪.应用于 CMOS 传感器的前置放大器的低噪声设计［D］.成都:电子科技大学,2020.

［63］　解苗.应用于 CMOS 图像传感器的非线性 ADC［D］.西安:西安理工大学,2019.

［64］　田诗园,光电模数转换信号处理技术研究［D］.成都:电子科技大学,2018.

［65］　蒋飞宇,朱璨,俞宙.一种超宽带光电混合结构 A/D 转换器［J］.微电子学,2012,51(4):466-470.